Schnellaufende Dieselmaschinen

Beschreibungen, Erfahrungen, Berechnung
Konstruktion und Betrieb

Von

Prof. Dr.-Ing. O. Föppl
Marinebaurat a. D., Braunschweig

Dr.-Ing. H. Strombeck
Oberingenieur, Leunawerke

und

Prof. Dr. techn. L. Ebermann
Lemberg

Vierte, neubearbeitete Auflage

Mit 143 Textabbildungen und 9 Tafeln
darunter Zusammenstellungen von Maschinen von A E G
Benz, Českomoravská-Kolben-Daněk A.-G., Daimler, Deutz
Germaniawerft, Körting, L. Láng und M A N Augsburg

Springer-Verlag Berlin Heidelberg GmbH
1929

ISBN 978-3-642-98675-8   ISBN 978-3-642-99490-6 (eBook)
DOI 10.1007/978-3-642-99490-6

Vorwort zur zweiten, dritten und vierten Auflage.

Der Umfang des Buches ist gegenüber der 1. Auflage vergrößert durch Erweiterung bzw. Neuaufnahme der Abschnitte I, II 5, 9, 10, 11 und IV. Ferner sind die bisherigen Abschnitte durch einige Zeichnungen — vor allem von Ausführungsformen der MAN, Werk Augsburg, und Gebr. Körting, Hannover — bereichert worden, wobei, wie schon bei den Zeichnungen der 1. Auflage, darauf Bedacht genommen wurde, daß nur neueste Konstruktionen (nicht die für die Verfolgung des Entwicklungsganges ebenfalls oft sehr lehrreichen veralteten Ausführungen) im Buch enthalten sind. Die in Abschnitt II 11 niedergelegten Ausführungen verdanke ich Herrn Baurat Schmeißer.

Da einerseits die 1. Auflage nur Unvollständiges dem Dieselmaschinenkonstrukteur geboten hat, so daß das Buch nach dieser Richtung eine erhebliche Lücke aufwies, und da anderseits weder Herr Strombeck noch ich genügend mit Berechnung und Konstruktion vertraut waren, um diese Lücke ausfüllen zu können, habe ich Herrn Prof. Ebermann, der bis zum Jahre 1918 bei der MAN, Werk Augsburg, unter der Direktion von Dr. I. Lauster, des verdienten Mitarbeiters von Diesel, in bevorzugter Weise an der Ausbildung der schnellaufenden Dieselmaschinen mitgearbeitet hat, gebeten, sich an der Herausgabe der neuen Auflage zu beteiligen. Herr Ebermann hat die Abfassung des IV. Kapitels „Berechnung und Konstruktion" übernommen.

Es leidet zweifellos die Gruppierung des Stoffes und die Einheitlichkeit der Abfassung darunter, daß drei Bearbeiter nebeneinander an der Niederschrift des Buches tätig waren. Dieser Mangel wird aber vielleicht dadurch wieder wettgemacht, daß jetzt die Erfahrungen und Kenntnisse von drei verschiedenen Seiten in dem Buch vereinigt sind.

Die 3. Auflage ist gegenüber der 2. vor allem durch Aufnahme einer Einleitung und eines Abschnittes über verdichterlose Dieselmaschinen ergänzt worden, der für die 4. Auflage weiter ausgearbeitet wurde. Die Unterlagen für diesen Abschnitt wurden von der Motorenfabrik Deutz und der MAN Augsburg zur Verfügung gestellt.

Für die 4. Auflage ist das III. Kapitel „Erfahrungen" von Herrn Ebermann von Grund auf neu bearbeitet worden. Den geänderten Verhältnissen soll von der nächsten Auflage ab dadurch Rechnung getragen werden, daß das Buch unter den Namen Ebermann und Föppl herausgegeben werden wird.

Auch die Kapitel II und IV sind für die 4. Auflage stark verändert und der Abschnitt II 11 neu beigefügt worden.

Braunschweig, im März 1929.   O. Föppl.

Aus dem Vorwort zur ersten Auflage.

Wie auf manchen anderen Gebieten hat der Krieg auch auf dem Gebiete des Dieselmotorenbaues eine wesentlich beschleunigte Entwicklung hervorgebracht. Durch den U-Bootskrieg entstand plötzlich ein großer Bedarf an raschlaufenden Dieselmaschinen, an die hohe Anforderungen in bezug auf Leistungsfähigkeit und Betriebssicherheit gestellt wurden. Ein großer Teil der deutschen Maschinenfabriken schaffte mit Hochdruck am Bau der Dieselmaschinen. Der Massenlieferung entsprachen rasche Fortschritte, die noch besonders durch den regen Verkehr zwischen den Ölmaschinen bauenden Fabriken und den an den Maschinen Erfahrungen sammelnden Marinedienststellen gefördert wurden.

Am Bau und der Entwicklung der U-Boots-Viertaktdieselmaschinen haben sich die Firmen: Maschinenfabrik Augsburg-Nürnberg Werk Augsburg, Gebr. Körting Hannover, Benz Mannheim, Germaniawerft Kiel, Daimler Zweigniederlassung Berlin-Marienfelde und AEG Berlin beteiligt; nach Zeichnungen der MAN haben außerdem noch einige Werften (Vulkan, Blohm und Voß, Weser) gebaut. Die Zweitaktmaschine ist vor allem von der Germaniawerft entwickelt worden. Man sieht aus der Namennennung, daß die leistungsfähigsten deutschen Maschinenfabriken an dem steten Wettbewerb, die beste U-Boots-Dieselmaschine zu schaffen, beteiligt gewesen sind. Der große Aufwand zeitigte große Ergebnisse: Die schnellaufenden Dieselmaschinen sind in kurzer Zeit zu einer hohen Vollkommenheit gebracht worden, so daß sie neben geringem Gewicht und Platzbedarf bei gegebener Leistung auch eine hohe Stufe der Betriebssicherheit erreicht haben.

Der Zweck, für den die Maschinen ursprünglich bestimmt gewesen sind — als Antriebsmaschinen für U-Boote —, ist durch den unglücklichen Ausgang des Krieges hinfällig geworden: Deutschland hat für die nächsten Jahrzehnte keinen Bedarf mehr an U-Booten. Die hoch vervollkommneten Dieselmaschinen können aber nach kleinen Abänderungen für andere Zwecke Verwendung finden.

Auf meine Bitte hin hat sich Herr Dr. Strombeck, der mit mir und anderen Herren zusammen auf der Werft Wilhelmshaven die Instandsetzungsarbeiten an den maschinenbaulichen Angaben der U-Boote während des Krieges ausgeführt hat, bereit gefunden, sich an der Abfassung des Buches zu beteiligen. Herr Strombeck hat die Abfassung des III. Kapitels „Erfahrungen" übernommen.

Wilhelmshaven, im Oktober 1919.   O. Föppl.

Inhaltsverzeichnis.

Tafeln:

Einleitung.

„Dieselmaschinen" oder „Ölmaschinen"?

Zu der Zeit, als dies Buch verfaßt wurde, war vielfach das Bestreben vorhanden, die Bezeichnung „Dieselmaschine" durch „Ölmaschine" zu ersetzen. Die Anhänger dieser Bestrebung wiesen darauf hin, daß weder die Einspritzung des Brennstoffs mit Luft, noch die hohe Kompression, noch die Selbstzündung von Diesel erstmalig verwendet seien, daß Diesel tatsächlich etwas ganz anderes — nämlich die Kohlenstaubmaschine — habe erfinden wollen und daß endlich die heutige Dieselmaschine gegenüber dem von Diesel gebauten Motor weit vervollkommnet sei, so daß sie z. B. heute nur ein Bruchteil des Gewichtes auf 1 PS der alten Maschine gegenüber habe.

All diese Erwägungen scheinen mir aber nicht stichhaltig zu sein. Es kommt nicht darauf an, was Diesel erfinden wollte oder wie seine Patentschrift lautete, sondern allein darauf, was er tatsächlich geschaffen hat. Und Diesel hat tatsächlich eine Maschine geschaffen, die seiner Zeit weit vorauseilte. Das geht schon daraus hervor, daß selbst die MAN seinerzeit die größten Schwierigkeiten zu überwinden hatte, um die Maschine, deren Betriebsfähigkeit Diesel bewiesen hatte, marktfähig zu machen, und daß 15 Jahre später, als das Patent abgelaufen war, eine Reihe erstklassiger deutscher Maschinenfabriken gescheitert sind bei dem Versuch, die Dieselmaschine nachzubauen. Unwesentlich ist auch, daß einzelne, im verborgenen wirkende Erfinder Einzelheiten der Dieselmaschine schon vor Diesel versuchsweise, aber ohne Erfolg verwendet haben. Bekannt war alles, aber das Bekannte so zusammenzusetzen, daß daraus eine neue Maschinengattung wurde, die einen doppelt so hohen Wirkungsgrad wie die vor ihr bekannten Kraftmaschinen hatte und die späterhin ihren Siegeszug über die ganze Welt antrat, das war eine Tat, die es berechtigt erscheinen läßt, das Werk noch heute nach seinem Schöpfer zu benennen.

Welche Schwierigkeiten Diesel seinerzeit bei der Ausbildung des Dieselverfahrens zu überwinden hatte, wird der nachfühlen können, der sich — wie der Verfasser — an den Versuchen, Teeröl in der Dieselmaschine zu verbrennen, beteiligt hat. Wie viele Versuche wurden damals vergeblich gemacht, welche Irrwege wurden eingeschlagen — in Büchern wurde von Autoritäten erklärt: es geht nicht — und doch, wie einfach war die Aufgabe, die ja inzwischen längst befriedigend gelöst ist, im Vergleich zu Diesels Leistung, der eine neue Maschine schuf! Man brauchte ja nur vom Gasöl zu Teeröl umzuschalten, wenn die Maschine im besten Gange war, konnte zuerst mit einem Gemisch von Teeröl und Gasöl Versuche machen und Erfahrungen sammeln usw., während Diesel erst einmal einen Betriebszustand hervorbringen mußte, bis er die Erfahrungen sich nutzbar machen konnte.

Die vorstehenden Überlegungen waren der Grund, aus dem der Strömung der Zeit entgegen als Titel des Buches „Dieselmaschinen" gewählt wurde. Aus den oben genannten Gründen wollen wir allen wohlgemeinten Ratschlägen zuwider auch fernerhin an diesem Titel festhalten.

I. Beschreibung der schnellaufenden Dieselmaschinen.

1. Allgemeine Angaben.

Eine schnellaufende Dieselmaschine entwickelt bei voller Drehzahl eine Kolbengeschwindigkeit von 5—7 m/sec. Bei sehr kleinen Leistungen (25 PSe in einem Zylinder und darunter) ist die Kolbengeschwindigkeit, die proportional Hub h mal Drehzahl n ist, etwas unter der angegebenen Grenze, da in diesem Falle der Kolbenhub klein und die Drehzahl entsprechend groß ist und da die Beschleunigungskräfte, die mit $h \cdot n^2$, also mit dem Quadrate der Drehzahl anwachsen, keine zu großen Werte annehmen dürfen. Die obere Grenze von 7 m/sec wird nur in seltenen Fällen und nur bei den größten Leistungen (250—300 PSe/Zyl.) erreicht.

Die angegebenen Leistungen sind bei den früheren U-Boots-Dieselmaschinen Höchstleistungen, die die Maschine für einige Zeit bei gewissenhafter Bedienung mit schwach sichtbarem Auspuff leisten kann. Für die Marine war die Angabe der maximalen Leistung wichtig, da der Wert eines U-Boots davon abhängig war, wie rasch es einem entfliehenden Gegner unter Aufbietung der äußersten Kräfte nacheilen konnte. Für diese kurzen Zeiten — eine oder mehrere Stunden — der äußersten Anspannung mußten die Maschinen berechnet und gebaut werden, während dieselben Maschinen im gewöhnlichen Betrieb — Anmarsch und Rückmarsch — mit viel geringeren Drehzahlen und Belastungen umliefen. Bei den meisten anderen Verwendungsgebieten der schnellaufenden Dieselmaschinen, wo man an den für beschränkte Zeit erreichbaren Leistungen im allgemeinen kein Interesse hat, wird es nötig sein, andere Leistungsangaben als die bei der Marine üblichen vorzusehen. Bei den Leistungsangaben der Marine ist bei Viertaktmaschinen ein mittlerer indizierter Druck (p_i) von 8—8,4 kg/qcm und ein mittlerer effektiver Druck (p_e) von 5,5—6 kg/qcm zugrunde gelegt. Die Leistung wurde bei einer Kolbengeschwindigkeit von 5—7 m/sec erreicht. Bei Maschinen für industrielle Anlagen und für Handelsschiffe, wo vor allem größter Wert auf die Betriebssicherheit der Anlage gelegt wird und wo die Maschinen ununterbrochen mit der aus dem Leistungsschild ersichtlichen Belastung laufen müssen, darf nur mit einer Kolbengeschwindigkeit von 4—5,5 m/sec gerechnet werden; bei Dauerlast werden etwa 7 kg/qcm indizierter Druck ($p_i = 7$ kg/qcm) und 5 kg/qcm effektiver Druck ($p_e = 5$ kg/qcm) erreicht. Eine Belastung über diese Grenzen hinaus beeinträchtigt die Lebensdauer und die Betriebssicherheit der Maschinen.

Auch die Marineleistung bedeutet noch nicht die höchst erreichbare Leistung der Maschine; sie gibt nur ein Höchstmaß dessen an, was bei vollständiger Verbrennung des eingespritzten Brennstoffes eben noch erreicht werden kann. Wenn der Zylinder noch mehr Brennstoff zugeführt erhält, läßt sich die Leistung gewöhnlich bis zu einem mittleren indizierten Druck von 10—10,5 kg/qcm unter gleichzeitiger Minderung des indizierten Wirkungsgrades steigern. Bei diesen außergewöhnlich hohen Belastungen können aber die Maschinen nur kurze Zeit in Betrieb gehalten werden, da die Innenteile rasch verschmutzen. Bei der Marineleistung tritt dagegen bei richtig eingestellter Maschine noch keine außergewöhnliche Verschmutzung ein.

Wie schon erwähnt, beziehen sich die Zahlenangaben auf schnelllaufende Viertaktmaschinen, die auch in erster Linie den nachfolgenden Betrachtungen zugrunde gelegt sind, da sie weit mehr Bedeutung erlangt und Verwendung gefunden haben als die Zweitaktmaschinen. Das Wichtigste über die letzteren sowie ein Vergleich der beiden Maschinengattungen wird in einem besonderen Abschnitt S. 43 gebracht werden.

Beim Bau der schnellaufenden Dieselmaschinen sollte das Bedürfnis befriedigt werden, eine leichte, betriebssichere und ökonomische Maschine mit geringem Platzbedarf zu erhalten. Man hat deshalb alle Teile so leicht und schwach wie möglich bemessen und das Gewicht der gesamten Maschine ohne Auspuffanlage und ohne Schmieröl- und Treibölvorratsbehälter sowie ohne Kühlwasser und Öl auf 20—28 kg/PSe herabgedrückt. Die gesamte Länge einer solchen sechszylindrigen Maschine bis zum Kupplungsflansch kann für rohe Überschlagsrechnungen mit $L = 14,5\,d$ angegeben werden, wobei mit d der Zylinderdurchmesser bezeichnet ist.

2. Anordnung und Aufbau.

Eine Dieselmaschine, die im Viertakt angelassen wird[1], muß wenigstens 6 Zylinder haben, damit sie in jeder Stellung sicher anspringt. Die sechszylindrige Bauart ist deshalb bei fast allen Maschinen durchgeführt worden, sofern nicht außergewöhnlich große Leistungen, die nicht in 6 Zylindern bewältigt werden können, eine Abweichung von der Regel vorschreiben. Für das Anlassen und mit Rücksicht auf ein gleichmäßiges Drehkraftdiagramm ist es nötig, die Zündungen in den Zylindern in gleichen Abständen aufeinander folgen zu lassen; die Kurbeln der Sechszylinder-Viertaktmaschinen müssen deshalb gegeneinander um $2 \cdot 360° : 6 = 120°$ versetzt sein. Infolgedessen sind je 2 Kurbeln — deren Zylinder in der Zündfolge um $360°$ auseinanderstehen — gleichgerichtet. Unter diesen Umständen liegt es nahe, die

---

[1] Die neueren Viertaktmaschinen werden im Viertakt, die Zweitaktmaschinen im Zweitakt angelassen. Das früher vielfach angewendete Anlassen von Viertaktmaschinen im Zweitakt (siehe Kämerer: Z. V. d. I. 1912, S. 89) ist aufgegeben worden, da es verschiedene Steuerung der Einlaß- und Auslaßventile für Anlassen und Betrieb nötig machte.

Kurbelwelle symmetrisch auszubilden, da bei dieser Anordnung die
Massenkräfte und die Kippmomente restlos ausgeglichen sind.

Damit die sechszylindrige Viertaktmaschine aus jeder Stellung
sicher angelassen werden kann, muß jedes Anlaßventil mehr als 120°
Eröffnungsdauer haben. Bei sechszylindrigen Zweitaktmaschinen genügt eine halb so große Eröffnungsdauer der Anlaßventile, da jeder
Arbeitskolben bei jeder Umdrehung einen Arbeitshub ausführt. Zum
sicheren Anlassen würde deshalb schon eine dreizylindrige Anordnung
oder — mit Rücksicht darauf, daß ein erheblicher Teil des Kolben-
arbeitshubes durch die Anlaßschlitze fortfällt — wenigstens eine vier-

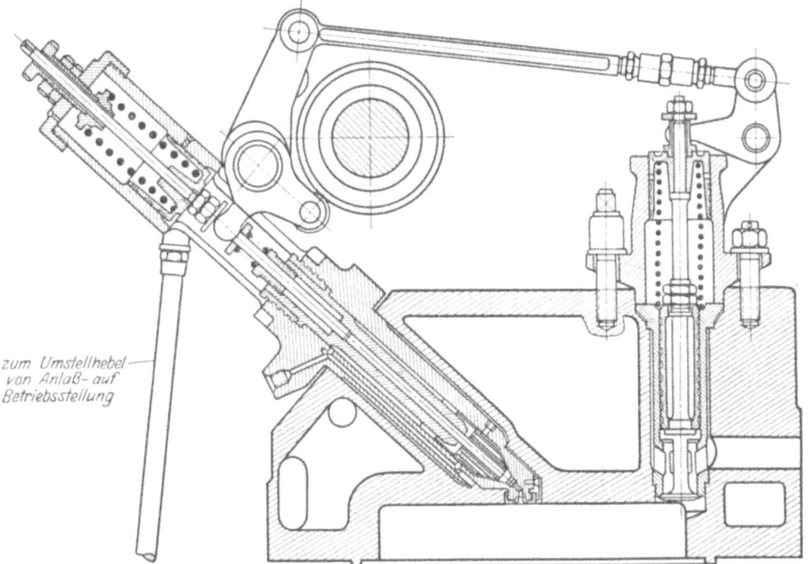

Abb. 1. Zylinderdeckel mit schrägliegendem Brennstoffventil und mit Anlaßventil (G. M. A.).

zylindrige Anordnung genügen. Mit Rücksicht auf Platzverhältnisse
und auf Massenausgleich werden aber auch schnellaufende Zweitaktmaschinen vielfach in Sechszylinderanordnung gebaut.

Um die Maschinen niedrig zu bauen und um die bewegten Massen
zur Ermöglichung eines raschen Laufes gering zu bemessen, wird bei
schnellaufenden Dieselmaschinen kein besonderer Kreuzkopf vorgesehen. Der Zapfen für das obere Schubstangenlager ist im Arbeitskolben angeordnet. Jedes Lager, besonders die umlaufenden, sind
mit Rücksicht auf Gewichtsersparnis so klein wie möglich bemessen.
Kleine Lager bedingen aber starke Schmierung, damit das Lager durch
immer wieder frisch zutretendes Öl gekühlt wird. Für schnellaufende
Dieselmaschinen ist deshalb die Verwendung von Umlaufschmierung
unbedingt erforderlich. Das Öl spritzt mit großer Geschwindigkeit von
den rasch umlaufenden Maschinenteilen ab. Um größere Ölverluste zu
vermeiden, ist das Getriebe in eine allseits verschlossene, mit Schau-

deckeln versehene Kurbelwanne eingekapselt. Das abfließende Öl wird in der Kurbelwanne gesammelt und dem Kreislauf nach erfolgter Rückkühlung und Reinigung wieder zugeführt.

Die Steuerung der Ventile erfolgt durch eine gemeinsame Nockenwelle, die in Höhe der Zylinderdeckel in der Nähe der Ventile angeordnet ist. Die Nockenwelle wird gewöhnlich durch eine lotrechte Zwischenwelle, die am Ende der Maschine sitzt, angetrieben. Die Kraftübertragung von der Kurbelwelle auf die Zwischenwelle und von dieser auf die Nockenwelle erfolgt durch Schraubenräder, die bei Viertaktmaschinen die Drehzahl im Verhältnis 2:1 verringern. Die Nockenwelle wird gewöhnlich an der einen Seite der Zylinderdeckel längsgeführt. Um möglichst kurze Übertragungsgestänge von der Nockenwelle zu den Ventilen zu erhalten, wird mitunter die Nockenwelle über den Deckeln zwischen den Ventilen angeordnet (Abb. 1). Das Brennstoffventil wird dann unter einer bestimmten Neigung zur Zylinderachse eingesetzt. Auf der Zwischenwelle oder auf der Nockenwelle ist ein Sicherheitsregler angeordnet, der auf die Brennstoffpumpe einwirkt und Überschreitungen der Höchstdrehzahl verhindert.

Die Maschine soll so aufgestellt sein, daß sie von allen Seiten gut zugänglich ist. Der Maschinistenstand, an dem sämtliche Manometer und Bedienungsgestände (Regelung der Brennstoffmenge, des Einblase-, Schmieröl- und Kühlwasserdruckes, Bedienung der Entwässerung, Anlaß und Umsteuerhebel usw.) zusammenlaufen, ist entweder in der Mitte der Maschine oder am Maschinenende auf der Seite des Luftverdichters angebracht.

3. Kurbelwelle, Kurbelwanne und Gestänge.

Die Kurbelwelle einer schnellaufenden Dieselmaschine wird für kleinere und mittlere Maschinengrößen aus einem Stück hergestellt. Bei größeren Maschinen wird häufig der Teil zum Antrieb für den Luftverdichter für sich hergestellt und an einen Flansch der Kurbelwelle angeschraubt. Wellen- und Kurbelzapfen werden zur Gewichtsersparnis und für die Schmierölführung hohl gebohrt. Die Bohrungen werden nach der Seite zu abgedichtet und untereinander durch Bohrungen in den Kurbelarmen verbunden. Durch die hohle Kurbelwelle wird das Schmieröl, das durch Bohrungen in den Lagerzapfen aus den Grundlagern in die Welle übertritt, den Schubstangenlagern und von diesen aus den Kreuzkopflagern zugeführt. Zwischen je zwei nebeneinanderliegenden Zylindern ist ein Wellenlager vorgesehen. Die Lagerböcke sind durch Streben gestützt, die die Kräfte vom Lager auf die Kurbelwanne und die Massenbeschleunigungskräfte von der Wanne aufs Fundament übertragen. Ein Wellenlager ist als Paßlager mit seitlichem Anlauf ausgebildet, um kleine Kräfte in der Richtung der Wellenachse aufnehmen zu können. Hierfür wird zweckmäßig das Wellenlager, das neben dem Schraubenrad zum Antrieb der Nockenwelle gelegen ist, ausgewählt. Die übrigen Wellenlager haben nach beiden Seiten hin mehrere Millimeter Spiel, so daß sich die Welle zur Kurbelwanne bei der Erwärmung um kleine Beträge ausdehnen kann. Die Lagerschalen sind zweiteilig, die Oberschale kann nach Lösen der Schrauben mit dem Deckel abgehoben werden. Die Unterschale sitzt drehbar im Lagerbock, so daß sie nach abgebauter Oberschale herausgedreht oder herausgedrückt werden kann. Wichtig ist dabei, daß die Herausnahme einer Unterschale ohne Hochnehmen der Kurbelwelle erfolgen kann.

Am Ende der Kurbelwelle sitzt eine Drehvorrichtung, durch die die Welle gedreht werden kann. Die Drehung geschieht mittels Handhebel durch Sperrad und Klinke, bei größeren Maschinen durch Schnecke und Schneckenrad. An Bord von Schiffen ist vielfach neben der Handdrehvorrichtung noch eine pneumatische oder elektrische Drehvorrichtung vorgesehen, die mit wenigen Handgriffen eingeschaltet und wieder abgenommen werden kann. Mit der Drehvorrichtung sollen sich Drehungen der Maschine nach beiden Richtungen vornehmen lassen.

Die Kurbelwanne ist entweder als ganzes Stück gegossen (Stahlguß oder Bronze), oder sie besteht aus einem gegossenen Gestell, an dessen Rippen die die eigentliche Wanne bildenden Bleche angenietet oder angeschweißt sind. Die letztere Ausführung hat geringeres Gewicht, sie wird vor allem bei größeren Maschineneinheiten verwendet. Bei genieteten Wannen kommen mitunter lecke Stellen vor, durch die das Öl aus der Kurbelwanne herausfließt. Die Kurbelwanne ist auf die Fundamentträger — gewöhnlich U- oder L-Eisen — mit starken und zuverlässig gesicherten Schrauben festgezogen. Zwischen Fundamentträgern und Kurbelwanne werden Beilagscheiben von 20 bis 50 mm Stärke gelegt, die bei der Montage der Maschine durch Einzelbearbeitung mit der Feile auf das richtige Maß gebracht werden, so daß die Maschine allseits fest auf dem Fundament aufsitzt. Die Fundamentschrauben sind entweder alle oder wenigstens zur Hälfte als Paßschrauben ausgebildet, die durch gemeinsames Aufreiben der Schraubenlöcher im Fundamentträger und im Kurbelwannenfuß einzeln eingepaßt werden.

Das Kurbelgehäuse muß abgeschlossen sein, damit kein Öl nach außen spritzen kann. Es ist zweckmäßig, vor jeder Kurbel einen leicht losnehmbaren Deckel am Kurbelkasten vorzusehen, damit das Getriebe rasch bloßgelegt und die Erwärmung der Laufstellen durch Befühlen mit der Hand geprüft werden kann.

In der Kurbelwanne wird die Luft infolge des aus den Lagern spritzenden Öls mit warmen Öldämpfen angereichert, so daß Explosionen — namentlich bei ungekühlten Kolben — eintreten können. Um zu verhüten, daß die mit Öl geschwängerte Luft aus dem Kurbelkasten nach dem Maschinenraum austritt und die Bedienungsmannschaft belästigt, wird gewöhnlich ein Teil der von den Arbeitszylindern angesaugten Frischluft aus der Kurbelwanne entnommen, so daß in die Kurbelwanne immer wieder frische Luft einströmt. Die Absaugung der Luft aus der Kurbelwanne, die nicht unbedingt genügt, um Kurbelwannenexplosionen unmöglich zu machen, ist früher teilweise in der Art durchgeführt worden, daß jeder Arbeitszylinder seine Luft aus dem Raum zwischen zwei benachbarten Zylindern saugte. Dieser war als Kasten ausgebildet und mit der Kurbelwanne durch einen Schlitz verbunden. Die Anordnung hat den großen Nachteil, daß bei Undichtwerden eines Zylindermantels innerhalb des Saugekastens — Porosität oder Riß — Wasser durch den Schlitz in die Kurbelwanne übertritt, ohne daß man das von außen bemerken kann. Mehr zu empfehlen ist deshalb eine Anordnung, bei der ein Zylinder seinen gesamten Bedarf an Frischluft oder einen Teil derselben einer unmittelbar an die Kurbelwanne angeschlossenen Luftsaugeleitung entnimmt. Es besteht allerdings in diesem Falle die Gefahr, daß der ausgezeichnete Zylinder viel Öldämpfe aufnimmt und deshalb besonders volle Diagramme entwickelt.

Um die Folgen einer Explosion in der Kurbelwanne einzudämmen, werden die Schaudeckel am Kurbelkasten vielfach mit Flitterblech belegt, das bei unzulässig hohen Drucksteigerungen, ohne weitergehende Beschädigungen hervorzurufen, durchgeschlagen wird. Bei ungekühlten Kolben wird mitunter der Innenteil des Kolbenbodens durch ein vorgeschraubtes Blech, das über dem Kreuzkopflager sitzt, geschützt, damit kein Öl an den heißen Kolbenboden spritzen und dort verdampfen kann.

Da die Kurbelwanne bei Schiffsmaschinen so tief liegt, daß oft nur ein geringes Gefälle für den Abfluß des Öles aus der Wanne nach dem Ölvorratsbehälter zur Verfügung steht, muß das Ölabflußrohr reichlich groß bemessen sein. Es darf nie so viel Öl in der Kurbelwanne stehen, daß die Kurbel bei der Umdrehung in das Öl hineinschlägt und es auf diese Weise stark verspritzt. Die Kurbelwanne muß deshalb nach dem Ende zu, das den Ölabfluß trägt, geneigt sein, oder es müssen Ölabflußrohre an beiden Enden vorgesehen sein.

Bei manchen Maschinen ist das Kurbelgetriebe mit Ölspritzblechen abgedeckt, die mit einem Schlitz für die Schubstange versehen und über der Arbeitskurbel so angeordnet sind, daß das aus dem Schubstangenlager herausspritzende Öl nach der Wanne abgeleitet wird. Diese Ölspritzbleche wurden mitunter nachträglich bei Maschinen eingebaut, bei denen sich herausgestellt hatte, daß im Betrieb zuviel Öl in der Kurbelwanne herumspritzte — Folgeerscheinungen des Herumspritzens waren Ölexplosionen in der Kurbelwanne oder Hochsaugen von Schmieröl durch die Kolben in die Verbrennungsräume der Arbeitszylinder verbunden mit scharfen Verbrennungen und qualmendem Auspuff. Die Spritzbleche sollen vor allem den vom Kolben freigelegten Teil der Arbeitszylindergleitfläche schützen, wenn der Kolben in der oberen Totlage steht. Mit dem Einbau der Ölspritzbleche ist der Nachteil verbunden, daß das rasche Befühlen der Lager auf Erwärmung bei kurzen Betriebspausen erschwert ist, da die Ölspritzbleche die Zugänglichkeit zu den Lagern beschränken.

Die gebräuchlichsten Formgebungen der Schubstangen sind aus den Zusammenstellungszeichnungen zu ersehen. Da bei schnellaufenden Maschinen so leicht wie möglich gebaut werden muß, versuchten einige Maschinenfabriken ursprünglich eine ungeteilte Schubstange zu verwenden, deren beide Enden als Schubstangenlager bzw. Kreuzkopflager ausgebildet waren. Die Anordnung hat sich nicht bewährt, da in diesem Falle die Veränderung des Kompressionsraumes im Arbeitszylinder zu umständlich ist. Der Kolben mußte zur Veränderung des Totraums ausgebaut, die Schubstange vom Kolbenbolzen gelöst und in ihrer wirksamen Länge durch Beilegen von Blechen unter das Kolbenbolzenlager oder gar durch Neuausgießen des Lagers verändert werden. Man ist deshalb allgemein auf die Schubstange mit aufgesetztem Schubstangenlager zurückgekommen (Abb. 2a). Zwischen beiden Teilen liegen Beilagplatten, durch deren Veränderung der Totraum des Arbeitszylinders und damit der Kompressionsenddruck eingestellt werden kann.

Die Schubstange wird gewöhnlich zur Gewichtsersparnis hohl ausgeführt. Durch die Höhlung wird das Schmieröl dem Kreuzkopfzapfen zugeführt. Am Schubstangenkopf war bei den ersten Konstruktionen ein kleines Rückschlagventil angebracht, das Öl in die hohle Schubstange eintreten, aber nicht ins Lager zurücktreten ließ (Abb. 2a). Da die Schubstange mit Rücksicht auf die Gewichtsersparnis eine Bohrung von erheblichem Durchmesser erhalten muß, dauerte es nach dem Ansetzen der Maschinen oft lange Zeit, bis die Schubstange mit Öl gefüllt und das Öl bis zu den Kreuzkopfbolzen vorgedrungen war. Diese Zeit hat mitunter genügt, um das Lager warm laufen zu lassen. Für die Ölzuführung zum Kreuzkopflager wird deshalb heute gewöhnlich ein enges Röhrchen in der Höhlung oder außen an der Schubstange befestigt. Die letztere Konstruktion (Abb. 2b) hat den Nachteil, daß das Röhrchen beim Ausbau der Kolben usw. leicht beschädigt wird, was dann erst am Warmlaufen des Kreuzkopflagers, das kein Öl mehr zugeführt bekommt, in die Erscheinung tritt. In beiden Fällen müssen die Befestigungsschrauben für das Steigröhrchen gut gesichert sein, damit eine Lösung der Befestigung durch die Erschütterungen im Betrieb ausgeschlossen bleibt. Bei der in Abb. 2c dargestellten Schubstange ist in die Höhlung ein Einsatz von niedrigem spezifischen Gewicht — Aluminium oder nicht splitterndem Holz — eingezogen, der in der Mitte auf den nötigen Durchmesser aufgebohrt ist. Eine ähnliche Anordnung ist z. B. bei der Maschine von Deutz (Abb. 32) gewählt. Es ist dabei in das Holz noch ein Röhrchen aus Metall eingezogen worden.

Auch bei der kleinsten Dieselmaschine sollte die Möglichkeit, jeden Arbeitszylinder zu indizieren, nicht fehlen. Das Indiziergestänge wird gewöhnlich bei den kreuzkopflosen Maschinen an den Kolben oder die Schubstange angelenkt und durch eine Stopfbüchse aus der öldicht abgeschlossenen Kurbelwanne herausgeführt. (Siehe Abb. 9.)

Abb. 2 a.
Schubstange.

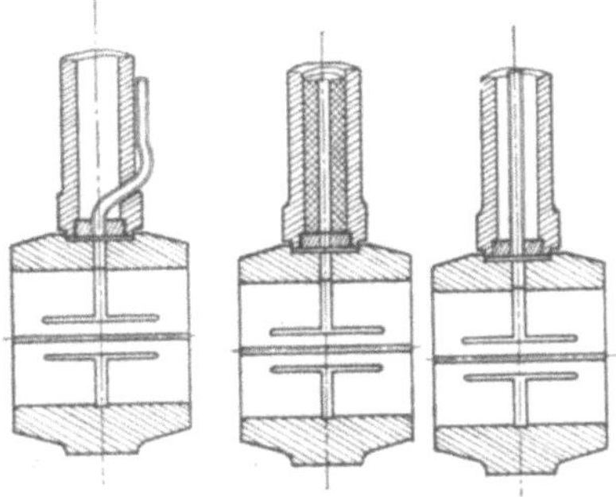

Abb. 2 b—d. Schubstangen.

4. Arbeitszylinder, Kolben und Deckel.

Im Gegensatz zu den Landdieselmaschinen werden die Arbeitszylinder bei schnellaufenden Schiffsdieselmaschinen in der Regel aus
Stahlguß mit eingesetzter gußeiserner Büchse — besonders widerstandsfähiges Spezialgußeisen — hergestellt. Die Anordnung hat gegenüber den aus e i n e m Gußstück bestehenden Zylindern den Vorteil des
geringeren Gewichtes und der Auswechselbarkeit der Büchse, wenn
einmal ein Kolben gefressen hat; ferner kann sich die Zylinderbüchse,
die im Betrieb wärmer wird als der Mantel, frei ausdehnen, so daß
Wärmespannungen vermieden werden. Bei kleineren Maschinen — unter
20 PSe/Zyl. — werden vielfach die Zylinder auch bei schnellaufenden

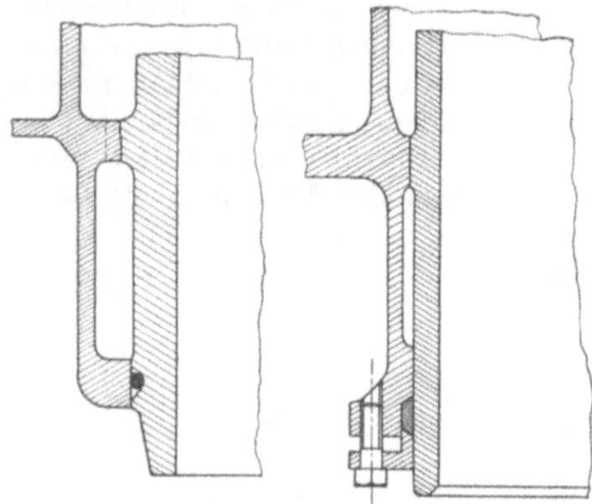

Abb. 3 und 4. Abdichtung des Zylinderkühlwasserraumes nach der Kurbelwanne zu (Anordnung nach
Abb. 3 unzweckmäßig).

Maschinen aus einem Stück aus Gußeisen hergestellt. Besondere Sorgfalt muß bei Zylindern mit eingezogener
Büchse auf die Abdichtung des Kühlmantels gegen die
Büchse nach der Kurbelwanne verwandt werden, damit nicht
bei Undichtigkeit Kühlwasser in die Kurbelwanne gelangt.
Es ist anfangs versucht worden, die Abdichtung durch
einen um die Büchse gelegten Gummiring zu bewirken
(Abb. 3), der vor dem Einziehen der Büchse in eine Nut
gelegt wird. Die Anordnung hat sich nicht bewährt, da es kaum gelingt, den Ring beim Einsetzen der
Büchse unbeschädigt bis an die gewünschte Stelle zu bringen. Eine
zuverlässige Abdichtung wird nur durch eine Stopfbüchse erzielt, die
von Zeit zu Zeit nachgezogen werden kann (Abb. 4).

Wesentlich für die Ausbildung der Arbeitszylinder ist der Umstand,
ob ein besonderes Kastengestell zwischen Kurbelwanne und Arbeitszylinder vorgesehen oder die Arbeitszylinder unmittelbar auf die Kurbelwanne gesetzt werden sollen. Erstere Anordnung ist in den Tafeln I
und III, die je eine 550-PS-Benz- und Körting-Maschine darstellen,
wiedergegeben und bedarf keiner näheren. Beschreibung. Bei der Anordnung ohne Kastengestell, die bei den MAN-Maschinen (Tafel VII)
angetroffen wird, ist die Kurbelwanne so hoch heraufgezogen, daß
die Schaudeckel einen Teil der Kurbelwanne bilden. Die Arbeitszylinder sind mit einem den Zylinder kastenartig umfassenden Fuß
ausgerüstet, mit dem sie auf die Kurbelwanne aufgesetzt werden.
Die Füße der einzelnen Zylinder bilden untereinander verbunden den
oberen Abschluß der Kurbelwanne. Die Zylindermäntel sind herauf
bis zu dem Deckel gegeneinander versteift; die Füße der Arbeitszylinder sind mit breiten Flächen aneinandergepreßt. Die Zylinder

sind auf diese Weise gut gegeneinander abgestützt. Der Aufbau macht deshalb den Eindruck besonders kräftiger Versteifung. Bei der Daimlermaschine (Tafel II) sind die Zylindermäntel so weit heruntergezogen, daß in ihren Füßen die Schaudeckel für die Kurbelwanne untergebracht sind. Bei der zuerst erwähnten Anordnung mit Kastengestell Tafeln I und III ist vorteilhaft, daß das Auswechseln eines Arbeitszylinders bei Beschädigungen, die allerdings gerade an diesem Stück nur selten eintreten, kürzere Zeit in Anspruch nimmt als bei einer Maschine ohne Kastengestell.

Die Zylinderdeckel werden durch das aus den Arbeitszylindern abfließende Kühlwasser gekühlt. Die Ausbildung des Übergangs zwi-

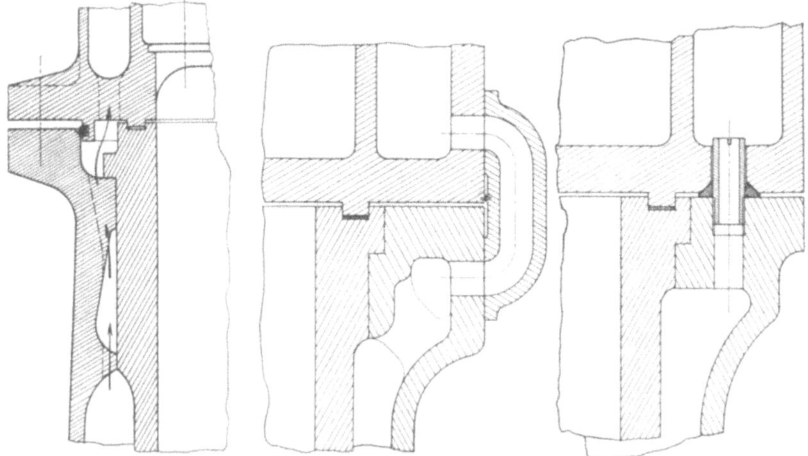

Abb. 5—7. Überleitung des Kühlwassers vom Zylinder nach dem Deckel (Anordnung nach Abb. 5 unzweckmäßig).

schen beiden Teilen erheischt besondere Beachtung. Vor allem muß die Möglichkeit ausgeschlossen sein, daß bei Undichtigkeit Wasser in den Totraum des Arbeitszylinders übertreten kann. Wenn also die Kühlwasserräume der Maschine unter Druck gesetzt werden, darf bei Undichtigkeiten nur Wasser am Zylindermantel ablaufen, aber nie ins Zylinderinnere eintreten können. Eine Konstruktion, die gegen diesen Grundsatz verstößt, ist in Abb. 5 dargestellt. Ein Kupferring dichtet den Arbeitszylinder gegen den Kühlraum, ein Gummiring den Kühlraum gegen außen ab. Der Raum zwischen beiden Ringen steht durch Bohrungen sowohl mit dem Zylinderkühlwasserraum als auch mit dem Deckelkühlwasserraum in Verbindung. Die Deckelschrauben werden so stark angezogen, daß der Kupferring allseitig anliegt. Wenn mit der Zeit der Kupferring lose wird, so tritt, da er von außen her unter dem Druck des Kühlwassers steht, Wasser in den Arbeitszylinder über. An zwei sechszylindrigen Maschinen, die mit einer Deckelabdichtung nach der Figur ausgerüstet waren, mußten schon im ersten Betriebsjahr infolge von Wasserschlägen insgesamt acht Zylinder ausgewechselt werden.

Das Kühlwasser wird zweckmäßig entweder durch Krümmer (Abb. 6) oder durch mit Gummiringen abgedichtete Röhrchen (Abb. 7) vom Arbeitszylinder nach dem Deckel übergeleitet. Die Röhrchen sind in den Zylindermantel eingeschraubt und in den Deckel mit einem oder einigen Millimetern Spiel eingepaßt; die aus Rundgummi bestehenden Abdichtungsringe werden vor Aufsetzen der Deckel über die Röhrchen gestülpt und durch Anziehen der Deckelschrauben allseits angepreßt. In beiden Fällen (Abb. 6 und 7) läuft das Wasser bei Undichtigkeiten nach außen ab, da der den Totraum abdichtende Kupferring, der in die Nut zwischen Zylinderdeckel und Laufbüchse eingelegt ist, von außen nicht unter dem Druck des Kühlwassers steht. Bei der Anordnung mit den Röhrchen muß der Deckel beim Aufsetzen und Hochnehmen sehr vorsichtig nach oben geführt werden, damit die vorstehenden Röhrchen nicht beschädigt werden. Mit Rücksicht auf die Wärmebeanspruchung des Deckels ist es vorteilhaft, wenn das Wasser in möglichst gleichmäßiger Verteilung vom Zylinder nach dem Deckel überströmt und im Deckel so geführt ist, daß sich an keiner Stelle der Unterseite des Deckels tote Ecken bilden.

Die Kühlwasserräume von Zylinder und Deckel sind bei größeren Maschinen mit Schaudeckeln oder Verschraubungen versehen, nach deren Abnahme die Räume innen gereinigt werden können. Bei Kühlung mit Salzwasser werden vielfach in die Innenräume der Zylinder und Deckel Zinkschutzplatten eingesetzt, um die Wände vor galvanischen Anfressungen zu schützen. Der innere Teil des Kühlwassermantels der Arbeitszylinder, durch den keine Wärme abgeleitet zu werden braucht, wird vielfach aus dem gleichen Grunde mit Rostschutzfarbe angestrichen.

Die Kolben werden einteilig oder zweiteilig ausgeführt. Bei zweiteiliger Ausführung dient das gekühlte obere Stück der Abdichtung des Verbrennungsraumes; es ist mit 4—6 selbstspannenden Ringen versehen. Das ungekühlte untere Stück dient der Führung und trägt den Kolbenzapfen. Am Führungsstück sind 1—2 Ölabstreifringe vorgesehen, die das überschüssige Öl von der Zylinderwandung abnehmen. Die beiden Teile sind durch Paßflächen gut zentriert und gewöhnlich durch einen in die Teilfuge gelegten Kupferring abgedichtet. Das Führungsstück wird stets aus Gußeisen hergestellt, das obere Stück kann aus Gußeisen oder (zur Steigerung der Haltbarkeit) aus Schmiedeeisen hergestellt werden. Im letzteren Falle muß es mit besonders großem Spiel in den Zylinder eingepaßt sein, da Schmiedeeisen auf der gußeisernen Zylinderwandung schlecht läuft und leicht festfrißt.

Bei kleineren Maschinen ist es nicht nötig, eine besondere Kolbenkühlung vorzusehen. Es wird genügend Wärme vom Kolbenboden an die Kolbenwandung abgeführt. Überdies ist ein kleiner Kolben steifer und gegen Temperaturspannungen unempfindlicher als ein großer Kolben. Sobald aber in einem Arbeitszylinder über 60 bis 70 PS umgesetzt werden, ist es nötig, den Kolben besonders zu kühlen. Die Kühlung braucht sich nur auf den Kolbenboden zu beschränken. Es genügt, wenn ein Teil der an den Kolbenboden während des Verbrennungsvorganges abgegebenen Wärmemenge durch das Kühlmittel abgeleitet wird, da die übrige Wärme von der Zylinderwandung und von der Luft in der Kurbelwanne bei der raschen Bewegung des Kolbens aufgenommen wird. Eine Kühlung des Kolbens mit Wasser ist mit dem Nachteil verbunden, daß dieses bei jeder Undichtigkeit in den Kühlgutzu- und -abführungsleitungen in die Kurbelwanne gelangen kann. Zur Kühlung wird deshalb in neuer Zeit fast allgemein Öl verwendet, das von der Maschinenschmierölleitung hinter dem Ölkühler abgezweigt wird. Bei der Kühlung mit Öl ist nur zu beachten, daß der Wärmeübergang zwischen Öl und Wandung viel schlechter ist als bei Wasserkühlung.

Um die Ölmenge, die zum Kühlen eines Kolbens erforderlich ist, zu bestimmen, kann folgende Überlegung angestellt werden: Zur Erzeugung einer PSe-Stunde werden etwa 200 g Brennstoff oder 2000 kcal aufgewendet. An die gekühlten Wandungen (Zylinder, Deckel, Kolben) werden davon 30%, also 600 kcal/PSe-Stunde, abgegeben. Etwa 30% der gesamten durch die Kühlung abgeführten Wärmemenge werden im Kolbenkühlöl aus der Maschine fortgeleitet. Der Unterschied zwischen den Temperaturen des vom Kolben abfließenden und zum Kolben zufließenden Öls kann bei Vollast zu 20° gewählt werden. Die spezifische Wärme des Öls beträgt $0{,}46\,\dfrac{\text{kcal}}{\text{kg}\cdot{}^\circ}$ und das spez. Gewicht 0,88 kg/l. Die Menge K des umlaufenden Öls für eine Pferdestärke und eine Stunde ist demnach

$$K = 0{,}3 \cdot 600 \cdot \frac{1}{20 \cdot 0{,}46 \cdot 0{,}88} = \sim 20 \text{ lit/PSe-Stunde.}$$

Für die Preßschmierung der Lager einer vollständig geschlossenen Maschine wird etwa $^1/_3$ jener Ölmenge gebraucht.

Das Kühlöl wurde früher den Kolben vielfach durch Posaunenrohre zugeführt. Die Verwendung von Posaunenrohren zu diesem Zweck hat den Nachteil, daß diese beim Ausziehen und Zusammengehen das von ihnen eingeschlossene Volumen verändern und deshalb ähnlich einer Pumpe wirken, die bald saugt und bald drückt. In den Kühlleitungen entstehen große Druckschwankungen, die selbst durch Anbringung von Windkesseln vor und hinter dem Kolben nicht vollständig beseitigt werden können. Bei Gelenkrohren, die im Betriebe keine Volumänderungen durchmachen, treten diese Schwierigkeiten nicht auf. Trotzdem empfiehlt es sich, auch bei Schmierung mittels Gelenkrohren, die in letzterer Zeit fast allgemein eingeführt worden sind, Windkessel vorzusehen, da durch die Beschleunigung des Kolbeninhalts bei der Bewegung des Kolbens Druckschwankungen im Öl — wenn auch nicht in dem Maße wie bei Posaunenrohren — entstehen.

Die Gelenkrohre halten oft in den Gelenken nicht ganz dicht. Es tropfen namentlich nach längerer Betriebszeit kleine Mengen Kühlgut durch die Gelenkbüchsen in die Kurbelwanne. Wenn für Schmierung und Kolbenkühlung dasselbe Öl verwendet wird, kann durch das Durchtropfen kein Schaden entstehen. Wenn aber die Kolben mit Rücksicht auf die großen abzuführenden Wärmemengen mit Wasser gekühlt werden müssen — zu dieser Maßnahme wird man vor allem bei Zweitaktmaschinen von erheblichem Zylinderdurchmesser gezwungen —,

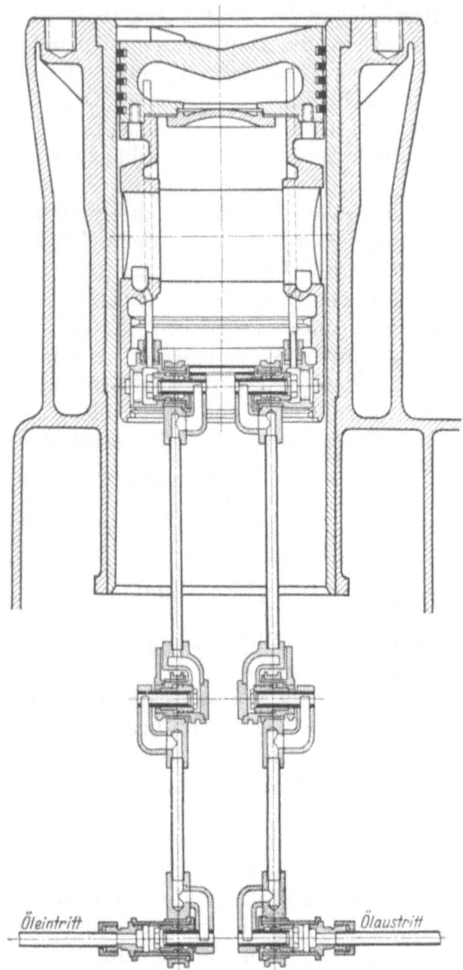

Abb. 8. Kolben mit Gelenken für Kühlölzuführung (G. M. A.).

können wegen des Durchtropfens keine Gelenkrohre Verwendung finden. In Abb. 8 ist die Kühlölzu- und -ableitung eines Kolbens, die durch Gelenke erfolgt, dargestellt. Die Zu- und Ableitungsrohre münden in der Nähe des Kolbenbodens.

In Abb. 9 ist die Werkstattzeichnung der Kolbenkühlölzuführung einer 1750 PSe - MAN - Maschine wiedergegeben. Durch die symmetrische Ausführung der Kniestücke ist dafür gesorgt, daß kein Ecken in den Gelenken auftritt.

Da sich in den Kühlräumen der Kolbenkappen bei hoher Belastung mitunter Ablagerungen abscheiden, die die Kühlwirkung verringern, empfiehlt es sich, die Kühlräume von Zeit zu Zeit mit Preßluft durchzublasen. In die Kühlölableitungen am Sammelkasten sind Dreiweghähne eingebaut (Abb. 29), mit denen die jedem Kolben zufließende Ölmenge an Hand der Thermometerangaben geregelt werden kann. Um einen Kolben mit Druckluft auszublasen, werden sämtliche Dreiweghähne bis auf einen geschlossen und Druckluft von der Anlaßflasche auf den Kühlölkasten gegeben. Die Luft fegt durch den Kolben und entweicht an einer in der Öldruckleitung freigelegten Stelle und reißt dabei die Ablagerungen mit.

Bei kreuzkopflosen Maschinen muß besondere Sorgfalt auf die Befestigung des Bolzens im Kolben verwendet werden, da ein zu strammer Sitz ein Verziehen der Nabe und ein zu loser Sitz mit der Zeit ein Ausschlagen der Nabe zur Folge haben kann. Gegen Drehung und seit-

liche Verschiebung wird der Bolzen häufig durch einen oder zwei Rund-
stifte (Abb. 10) — nicht durch Keile — gesichert, eine Anordnung,
die sich gut bewährt hat.

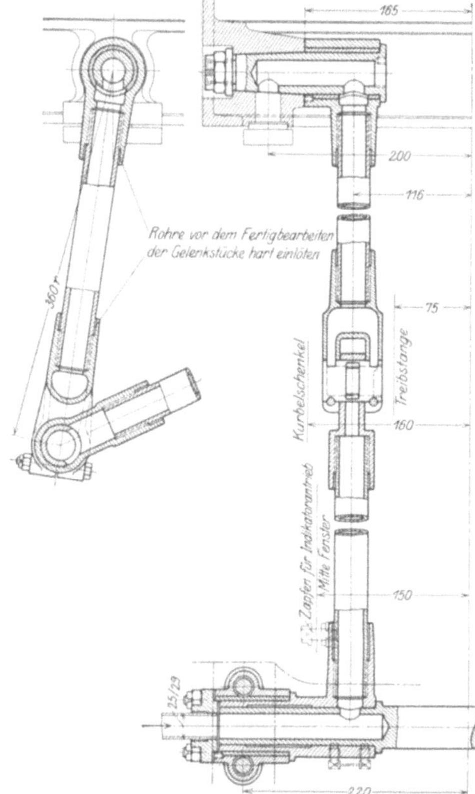

Abb. 9. Kolbenkühlölgelenke einer 1750 PSe-MAN-
Viertaktmaschine.

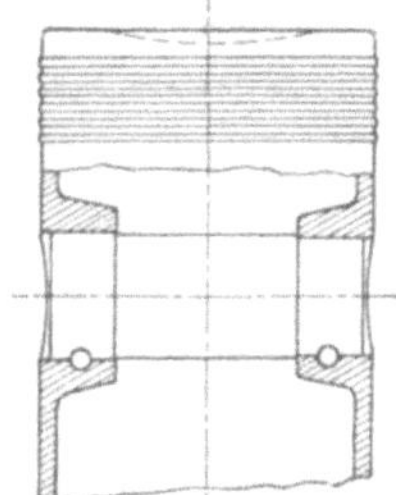

Abb. 10. Befestigung des Kolbenbolzens.

5. Ventile.

Im Brennstoffventil ist der früher ausschließlich verwendete Plattenzerstäuber in den letzten Jahren mehr und mehr durch den Schlitzzerstäuber verdrängt worden. Beim Schlitzzerstäuber wird der Weg der Einblaseluft kurz vor dem Eintritt in den Zylinder geteilt. Auf dem einen Weg gelangt die Luft bei geöffneter Brennstoffnadel ungehindert in den Zylinder. Auf dem anderen Weg trifft sie auf den während des Auspuff-, Ansauge- oder Kompressionshubes vorgelagerten Brennstoff und treibt ihn vor sich her. Der Brennstoff wird auf diese Weise an der Vereinigungsstelle der beiden Luftwege in die auf dem ersten Wege mit rascher Geschwindigkeit vorbeistreichende Einblaseluft eingespritzt; er wird von der Luft mit in den Zylinder gerissen. Der Schlitzzerstäuber ist etwa gleichzeitig von der MAN und dem schwedischen Ingenieur Hesselmann ausgebildet worden. Die Firma Benz-Mannheim führt bei den von ihr gebauten Dieselmaschinen Zerstäuber der Hesselmannschen Konstruktion in Verbindung mit besonderen Düsenplatten aus. Wesentlich für den Schlitzzerstäuber ist, daß der Zerstäubungsvorgang in nächster Nähe des Nadelsitzes stattfindet. Da das Brennstoffluftgemisch nur einen kurzen Weg nach der Zerstäubung zurückzulegen hat, ist der günstigste Zerstäubungsdruck beim Schlitzzerstäuber weniger stark von Drehzahl und Belastung der Maschine abhängig und der Verbrennungsvorgang ist gegen Abweichungen vom günstigsten Zerstäubungsdruck weniger empfindlich als beim Plattenzerstäuber.

Abb. 12 stellt ein Doppelbrennstoffventil einer 1750-PSe-MAN-Maschine dar. Der Brennstoff wird hier auf zwei Ventile verteilt, da die Verbrennungsluft im Totraum mit einem Ventil allein nicht genügend gleichmäßig in der kurzen, für die Verbrennung zur Verfügung stehenden Zeit mit Brennstoff beschickt werden kann. Die beiden Ventilnadeln 3 werden von einem Nokken und Ventilhebel 7 gesteuert. 7 wirkt mittels Gelenkstange 16 auf den zweiarmigen, in Kugelgelenkschalen geführten Hebel 8 ein, der die Bewegung durch Vermittlung der kugeligen Gelenkringe 15 an die Nadel 3 weitergibt. (Näheres über die Bedeutung des Zwischenstücks 12 und der Hilfsfeder 9 s. S. 57.)

Der Ventilkörper 1 umschließt den Ventileinsatz 4, durch den die Nadel 3 hindurchgeht. Die Luft, die durch Leitung 18 eintritt, gelangt zum Teil durch den Spalt am untersten Ende von 4 unmittelbar zum Nadelkonus und zum anderen Teil durch die etwas höher gelegenen Bohrungen in 4 zum letzten zylindrischen Stück der Nadel, um von diesem Raum aus bei Nadeleröffnung ebenfalls

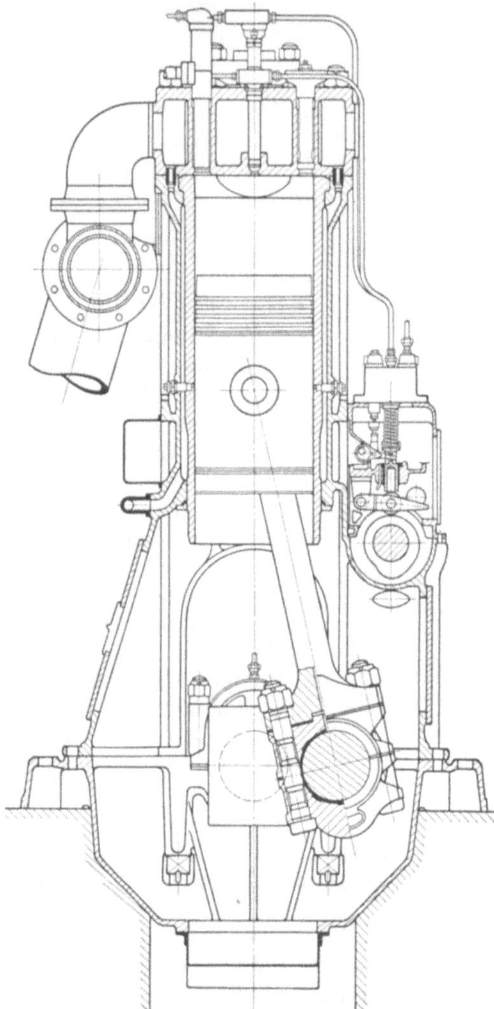

Abb. 11.   Viertakt-Dieselmaschinen mit Strahleinspritzung der WUMAG $n = 250$ 1/min; $Ne = 100$ PS/Zyl.

durch den Nadelkonus in den Zylinder einzutreten. Die auf dem zuerst beschriebenen Weg strömende Luft reißt den Brennstoff mit, der durch die Leitung 17 an den untersten Teil des Einsatzes 1 geführt ist. An der Vereinigungsstelle der beiden Luftwege kurz vor dem Nadelkonus wird der Brennstoff von den Luftteilchen, die den zu zweit genannten Weg eingeschlagen haben, zerstäubt in der Weise, wie das oben dargelegt worden ist. Die Düsenplatte 5 ist dem Ventileintritt in den Zylinder vorgelagert, um das Brennstoffluftgemisch in mehrere Strahlen aufzulösen.

In Abb. 13 ist ein Brennstoffventil der Maschinenfabrik Gebr. Körting dargestellt, bei dem ebenfalls die Zerstäubung im Gegensatz zum Plattenzerstäuber ganz in der Nähe des Nadelsitzes stattfindet. In die Einblaseluftleitung ist eine Bruchplatte 22 eingebaut, die bei Rückschlagen der Entzündung in die Einblaseluftzuleitung und dadurch bedingter erheblicher Drucksteigerung durchgeschlagen wird. Wenn die Platte durchgeschlagen wird, werden die abfliegenden Trümmer von dem darübergesetzten Fang-korb aufgenommen.

In jüngster Zeit werden die gesteuerten Brennstoffventile bei nicht zu großen Maschineneinheiten durch die luftlose Einspritzung (Strahleinspritzung) überflüssig gemacht. Brennstoffventile für Maschinen dieser Art sind in einem besonderen Abschnitt (S. 62) besprochen.

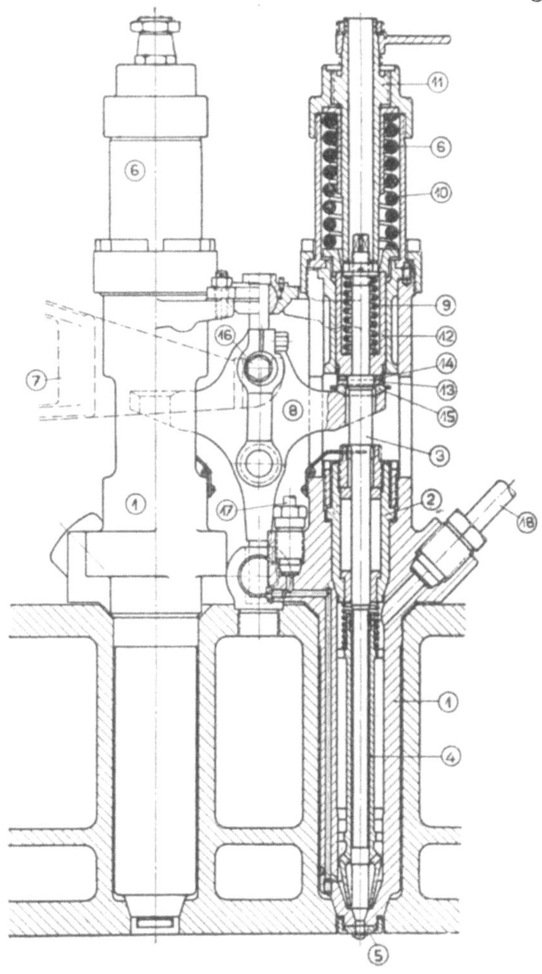

Abb. 12. Doppelbrennstoffventil einer 1750 PSe-MAN-Maschine.

Das Anlaßventil hat insofern mit dem Brennstoffventil Ähnlichkeit, als bei beiden der Innenraum des Ventils — im Gegensatz zu Ein- und Auslaßventil — unter hohem Luftdruck steht und die Ventilspindel aus diesem Raum nach außen durch eine Abdichtung geführt werden muß. Beim Brennstoffventil wird die Ventilnadel durch eine Packung hindurchgeführt; beim Anlaßventil dagegen kann keine Packung verwendet werden, da sonst die Ventilspindel, die erheblich stärkeren Durchmesser hat als eine Brennstoffnadel, zu schwer zu bewegen wäre. Die Abdichtung wird deshalb vielfach durch selbstspannende Kolbenringe bewirkt (Abb. 14).

Das Anlaßventil muß vor allem sicher schließen, da durch ein beim Anlassen hängenbleibendes Ventil große Luftmengen in den Zylinder eintreten, die weitgehende Zerstörungen zur Folge haben können. Das Ventil ist gegen die Anlaßdruckluft durch den Entlastungskolben k entlastet, durch den das Ventil bei einem Federbruch selbsttätig geschlossen wird. k ist mit Ringen a versehen, die als Führungen für die geschlitzten, selbstspannen-

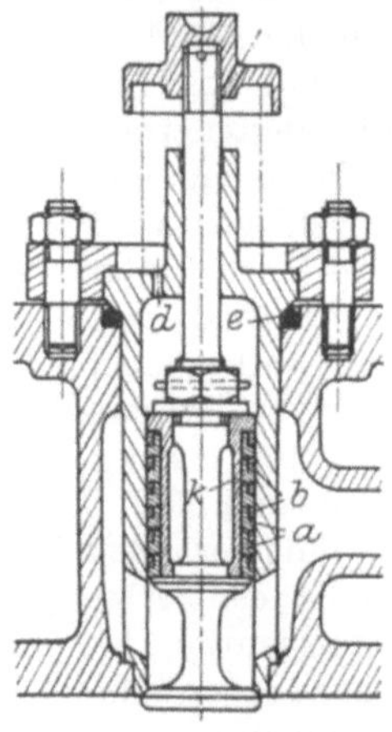

Abb. 14. Anlaßventil.

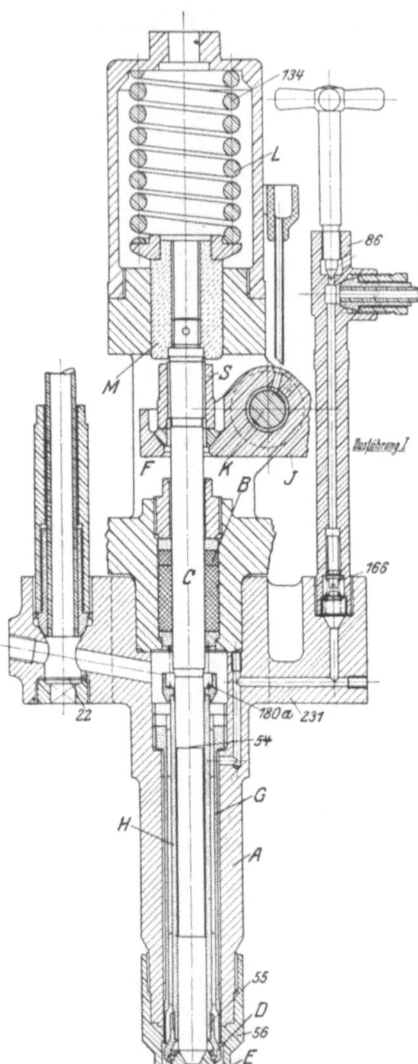

Abb. 13. Brennstoffventil einer Körting-Maschine.

den Ringe b dienen. Der Raum hinter dem Entlastungskolben steht durch Bohrungen d mit dem Maschinenraum in Verbindung. Der Spalt zwischen Ventilgehäuse und Deckelwandung ist durch Gummiring e oder — mit Rücksicht auf den hohen Luftdruck im Spalt — durch eine genau in der Stärke passende Klingeritpackung abgedichtet.

In Abb. 15 ist ein Schnitt durch ein Anlaßventil der MAN wiedergegeben. Der Luftraum im Deckel ist nach außen durch den Beilagring a abgedichtet, der auf zwei in einer Ebene liegenden Flächen gleichzeitig aufgepreßt wird.

Das Einlaßventil (Abb. 16) weist weite Durchlaßquerschnitte für die Luft und gute Luftführung auf, um den Druckabfall vom Maschinenraum nach dem Zylinderinnern während der Einsaugeperiode auf ein möglichst niedriges Maß zu beschränken. Eine starke Drosselung hätte zur Folge, daß die Leerlaufarbeit vergrößert und das zu Beginn der Verbrennung im Zylinder eingeschlossene Luftgewicht verringert würde.
Die Luftwege im Einlaß-
ventil sind deshalb weit
und mit gehörigen Ab-
rundungen versehen.

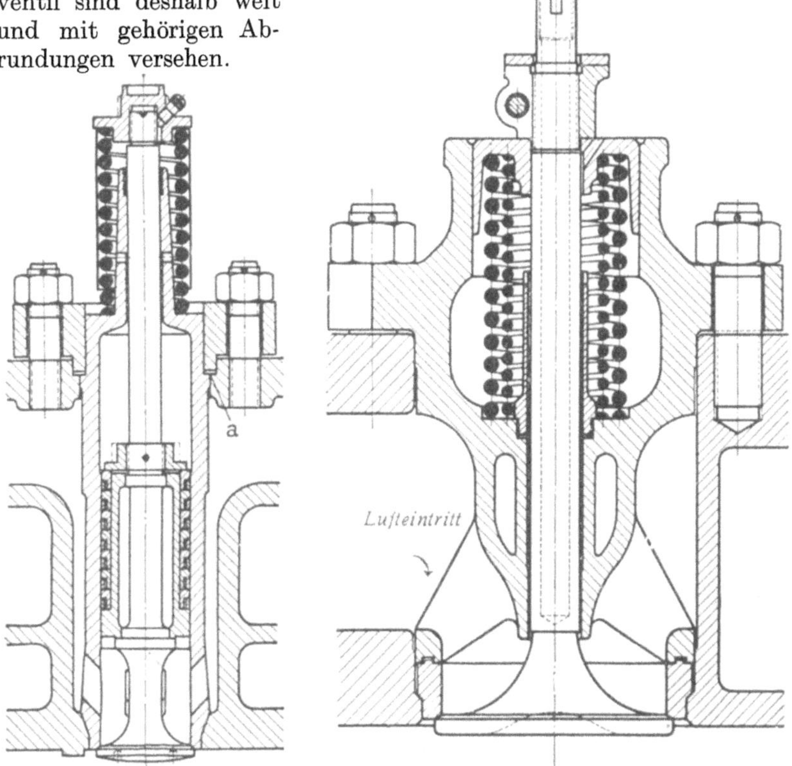

Abb. 15. u. 16. Anlaßventil und Einlaßventil einer 1750 PSe-MAN-Maschine.

Die Ausbildung eines geeigneten Auslaßventils hat besondere Schwierigkeiten bereitet, da bei den ungekühlten Ventilen vielfach die Ventilsitze von den heißen Abgasen angefressen wurden. Es hat sich deshalb als nötig herausgestellt, bei Leistungen eines Zylinders von etwa 30 PSe an die Auslaßventilgehäuse und von 60 PSe an Gehäuse und Kegel mit Wasser zu kühlen. Bei den ungekühlten Auslaßventilen der kleineren Maschinen müssen die Ventilkegel aus besonders widerstandsfähigem Material hergestellt sein. Hierfür eignet sich entweder Gußeisen — der gußeiserne Ventilteller wird auf die schmiedeeiserne Spindel aufgeschraubt — oder am besten hochwertiger Nickelstahl. Im Auslaßventil können erheblich höhere Geschwindigkeiten und deshalb ein größerer Druckabfall zugelassen werden als im Einlaßventil. Trotz des mehrfach so großen Volumens der durch das Auslaßventil tretenden Gasmengen genügen für dieses etwa gleiche Abmessungen wie für das Einlaßventil. Man führt deshalb vielfach die beiden Ventile gleich aus bis auf das Material, aus dem der Ventilkegel besteht, und bis auf ein kleines Kennzeichen, durch das Verwechslungen vorgebeugt wird. Ein Auslaßventil mit gekühltem Kegel ist in Abb. 17 dargestellt, während Abb. 18 ein Auslaßventil mit gekühltem Gehäuse zeigt.

Abb. 19 stellt das Auslaßventil einer großen MAN-Viertaktmaschine

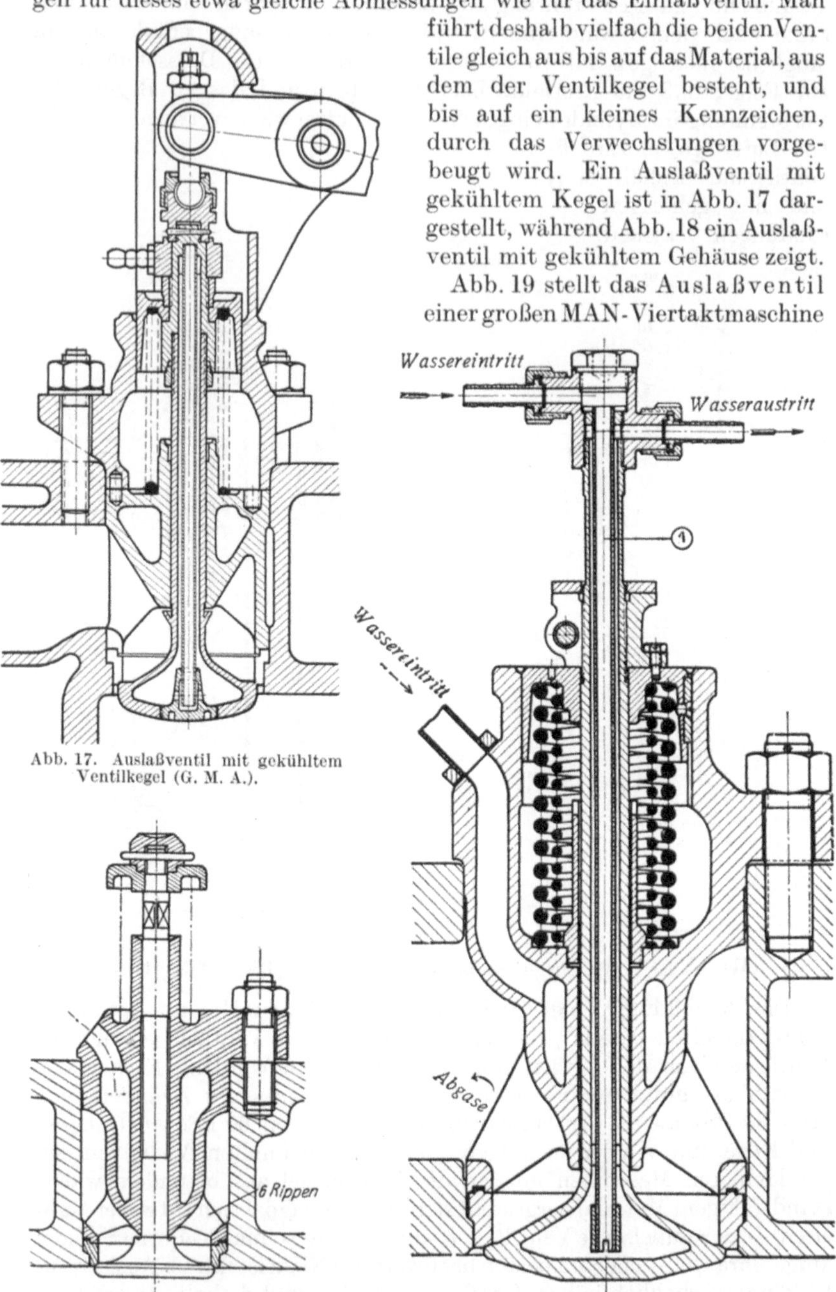

Abb. 17. Auslaßventil mit gekühltem Ventilkegel (G. M. A.).

Abb. 18. Auslaßventil mit gekühltem Gehäuse.

Abb. 19. Auslaßventil einer 1750 PSe-MAN-Maschine.

dar. Hier ist sowohl der Ventilkegel als auch das Gehäuse durch Wasser gekühlt. Die Ventilspindel ist hohl und mit einem eingesetzten Röhrchen 5 versehen. Das Wasser wird durch das Rohr bis in den hohlen Ventilkegel geführt und fließt durch den Ringraum zwischen Rohr und Spindelwandung wieder ab. Am unteren Ende ist das Rohr zum Schutz der Wandungen gegen Anfressungen mit einem Zinkschutzring umkleidet, der von Zeit zu Zeit herausgenommen und abgeklopft bzw. erneuert werden muß.

Für die Kühlung des Auslaßventils wird gewöhnlich das aus den Zylindern bzw. Zylinderdeckeln abfließende Kühlwasser verwendet. Da die Strömungsquerschnitte im Ventil geringer sind als im Zylinder, wird der abfließende Strahl gewöhnlich geteilt und der eine Teil durch das Gehäuse, der andere durch den Kegel geführt.

An keinem Zylinder darf das Sicherheitsventil fehlen, das bei 50 bis 60 kg/qcm abblasen soll. Der kleinere Druck von 50 kg/qcm genügt bei großen Maschinen, bei denen man mit 28—30 kg/qcm Endkompressionsspannung auskommt. Bis 60 kg/qcm Abblasedruck wird bei kleinen Maschinen gewählt, bei denen hoher Kompressionsenddruck (35 bis 37 kg/qcm) mit Rücksicht auf sichere Zündung beim Ansetzen nötig ist. Das Sicherheitsventil am Arbeitszylinder soll so ausgebildet sein, daß die bei seiner Betätigung austretenden Abgase nicht zufällig in der Nähe stehendes Bedienungspersonal verletzen können.

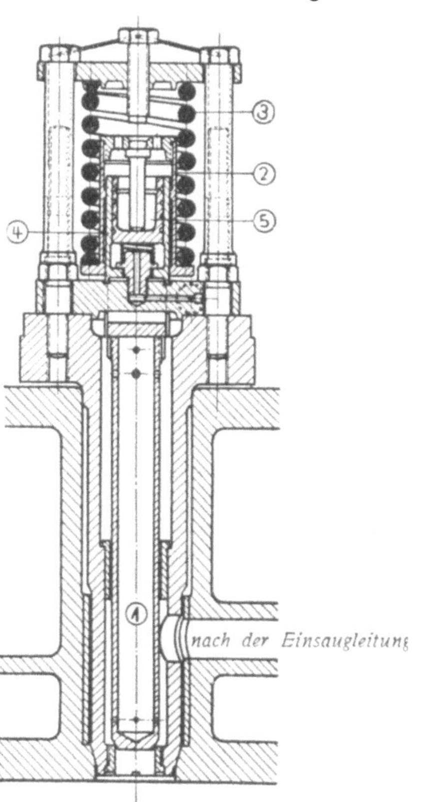

Abb. 20. Sicherheitsventil (bzw. Entspannungsventil) einer 1750 PSe-MAN-Maschine.

In Abb. 20 ist das Sicherheitsventil einer 1750-PSe-MAN-Maschine dargestellt, das zugleich auch als Entspannungsventil während des Umsteuerungsvorgangs verwendet wird. Die Feder 4 drückt den Ventilteller und den mit ihm durch eine Umführung verbundenen Ventilkegel 1 auf die Sitzfläche im Ventileinsatz. Wenn der Druck auf die Ventilfläche größer wird als die Federkraft, hebt sich das Ventil und läßt einen Teil der überschüssigen Luft oder Verbrennungsgase aus dem Zylinder entweichen. Der Federteller 3 ist hohl und drückt mit einem Stempel auf den Kolben 6, der leicht beweglich in die Zylinderbüchse 5 eingesetzt ist. Während des Umsteuervorganges wird Druckluft unter den Kolben geleitet, um die Druckkraft der Feder 4 zu überwinden und den Zylinderraum zu entlüften.

6. Steuerung und Umsteuerung.

Zum Steuern der Ventile von Dieselmaschinen werden heute ausschließlich mit Rollen versehene Hebel, die von umlaufenden Nockenscheiben betätigt werden, verwendet. Die von außerdeutschen Maschinenfabriken mehrfach verwendete Exzentersteuerung mit aufgesetzten Nocken[1] hat sich in Deutschland nicht einbürgern können. Die Maschine muß einerseits mit Preßluft — während des Anfahrens —, anderseits mit Brennstoff — während des Betriebs — umlaufen. Im ersteren Falle wird das Anlaßventil bei abgeschaltetem Brennstoffventil, im letzteren Falle das Brennstoffventil bei abgeschaltetem Anlaßventil betätigt. Einlaß- und Auslaßventil müssen in beiden Fällen in gleicher Weise arbeiten. Die Aufgabe wird — wie schon bei den ersten Dieselmaschinen — in der Weise gelöst, daß die Ventilhebel für Brennstoff- und Anlaßventil auf eine gemeinsame exzentrische Büchse gesetzt sind. Durch Verdrehen der Büchse kann entweder die Rolle des Anlaßventils oder die Rolle des Brennstoffventils in den Bereich des zugehörigen Nockens gebracht werden. In der Mittelstellung sind beide Rollen außer Eingriff.

Bei den vielzylindrigen Schiffsmaschinen ist es vorteilhaft, die Zylinder in zwei Gruppen von Anlassen auf Betrieb schalten zu können. Die beiden Gruppen der Steuerung werden zweckmäßig durch zwei Handhebel betätigt, die gemeinsam — infolge Verblockung — auf Anlaßstellung gebracht und getrennt in Betriebsstellung gelegt werden. Das gruppenweise Umschalten von Anlassen auf Betrieb ist namentlich dort nötig, wo geringe Schwungmassen auf der Welle sitzen. Wenn in diesem Falle alle Zylinder gemeinsam von Anlassen auf Betrieb umgeschaltet würden, würde die Maschine, sofern nicht sofort einige Zylinder zu zünden anfangen, nach wenigen Umdrehungen stehenbleiben. Durch das gruppenweise Umschalten wird das Anlassen sehr erleichtert.

Beim Entwurf der Steuerung einer nicht umsteuerbaren Maschine ist es dem Konstrukteur anheimgegeben, ob er die exzentrische Lagerung für die Anlaß- und Brennstoffhebel auf eine gemeinsame Welle setzen und die Welle im ganzen verdrehen will, oder ob er für jeden Zylinder eine besondere auf der Steuerwelle drehbar angeordnete exzentrische Büchse (Abb. 21 „m") vorsieht, von denen jede durch eine besondere Stange mit der Anlaßsteuerung in Verbindung steht. Wenn die Maschine umsteuerbar sein soll, ist nur die Anordnung mit den getrennten Büchsen möglich, da die Möglichkeit, die Hebelwelle im ganzen zu verdrehen, einem anderen Zwecke vorbehalten bleiben muß.

Für die Umsteuerung wird allgemein die Nockenwelle verschoben, wobei die Ventilrollen, die ursprünglich im Bereiche der Vorwärtsnocken gestanden hatten, in den Bereich der entsprechend versetzten Rückwärtsnocken gelangen. Eine Verdrehung der Nockenwelle relativ zur Kurbelwelle, die früher vielfach vorgesehen war, ist nicht nötig,

---

[1] Siehe z. B. Beschreibung der Sulzerlokomotive Z. V. d. I. 1913, S. 1327.

da sämtliche Ventile von getrennten und gegeneinander entsprechend versetzten Vorwärts- oder Rückwärtsnocken gesteuert werden. Die Verschiebung der Welle bereitet Schwierigkeiten, solange die Auslaß- und Einlaßventil-Hebelrollen auf den Nocken aufliegen. Bei der seitlichen Verschiebung der Nockenwelle ohne weitere Vorkehrung würden die Rollen oder die Hebel der Ventile, die bei der augenblicklichen Kurbelstellung für Vorwärtsgang geschlossen und für Rückwärtsgang geöffnet sein sollen, abbrechen. Die Rollen müssen deshalb während der Verschiebung der Nockenwelle von den Nocken abgehoben sein, oder die Nocken müssen mit einem seitlichen Anlauf versehen sein, damit die Rollen, die nach der Verschiebung zufällig gerade auf einem Nocken aufliegen, bei der Nockenwellenverschiebung allmählich angehoben werden. Die letztere Anordnung wird öfters bei Zweitaktmaschinen mit reiner Schlitzspülung gewählt, während bei Viertaktmaschinen gewöhnlich die Nockenwelle verschoben wird, nachdem vorher die Rollen für Ein- und Auslaßventil von den Nocken abgehoben sind. Da die Umsteuerung nur in der Stopplage der Maschine, in der Brennstoff und Anlaßrollen ebenfalls von den Nocken abgehoben sind, betätigt werden kann, stehen der Wellenverschiebung keine Hindernisse im Wege. Es ist zur Vermeidung von Bedienungsfehlern unbedingt erforderlich, daß das Abheben der Rollen von den Nocken, das Verschieben der Welle und das Wiederaufsetzen der Rollen durch die gleiche Vorrichtung betätigt wird.

Eine schematische Darstellung der in neuerer Zeit gewöhnlich verwendeten Umsteuerung ist in Abb. 21 gegeben, die die Umsteuerung einer 550-PSe-Daimlermaschine darstellt. Die eigentliche Umsteuerwelle a wird zum Zwecke der Umsteuerung um einen bestimmten Betrag — etwa 270° — gedreht. Sie hat einen Anschlag, durch den die beiden Endlagen der Umsteuerung — für „Voraus" und „Zurück" begrenzt sind. Die Welle a wird durch ein Handrad b unter Zwischenschaltung einer Übersetzung ins Langsame angetrieben. Die Übersetzung wird zweckmäßig so groß gewählt, daß das Handrad für eine Umsteuerung 3—8 mal — je nach der Größe der Maschine — umgedreht wird. Mit Welle a ist eine Kurbel c verbunden, die mittels Stange d auf die Hebelwelle e einwirkt. Die Einlaß- und Auslaßventilhebel sitzen auf den exzentrischen Wellenverdickungen f; sie werden beim Drehen der Wellen a und e gehoben, bis c den höchsten Punkt erreicht hat. Bei noch weiterem Drehen der Welle a werden die Hebel wieder gesenkt. Die Hebel für Brennstoff- und Anlaßventil sitzen auf der exzentrischen Büchse m, die durch den Anfahrhebel gedreht werden kann. In der einen Endlage des Anfahrhebels ist die Rolle des Brennstoffventilhebels, in der anderen die Rolle des Anlaßventilhebels in den Bereich der zugehörigen Nocken gebracht. In der Mittellage des Anfahrhebels sind beide Ventilhebel aus dem Bereiche der Nocken entrückt. Durch die Verblockung n wird erreicht, daß das Umsteuerrad nur gedreht werden kann, wenn der Anfahrhebel in der Mittellage steht und daß der Anfahrhebel nur ausgelegt werden kann, wenn die Umsteuerung voll auf „Voraus" oder „Zurück" eingestellt ist.

Von Welle a aus wird ferner durch Schraubenradübersetzung (in der Figur ist eine Zwischenwelle z eingeschaltet) die Welle g angetrieben, die durch Rollenscheibe h und Schiebemuffe i die Nockenwelle k verschiebt. Durch geeignete Ausbildung der Rollenscheibe h ist erreicht, daß die Nockenwelle nur bei abgehobenen Ventilhebeln verschoben wird. Während die Ventilhebel abgehoben und während sie gesenkt werden, überträgt die Rollenscheibe keine Bewegung auf die Schiebe-

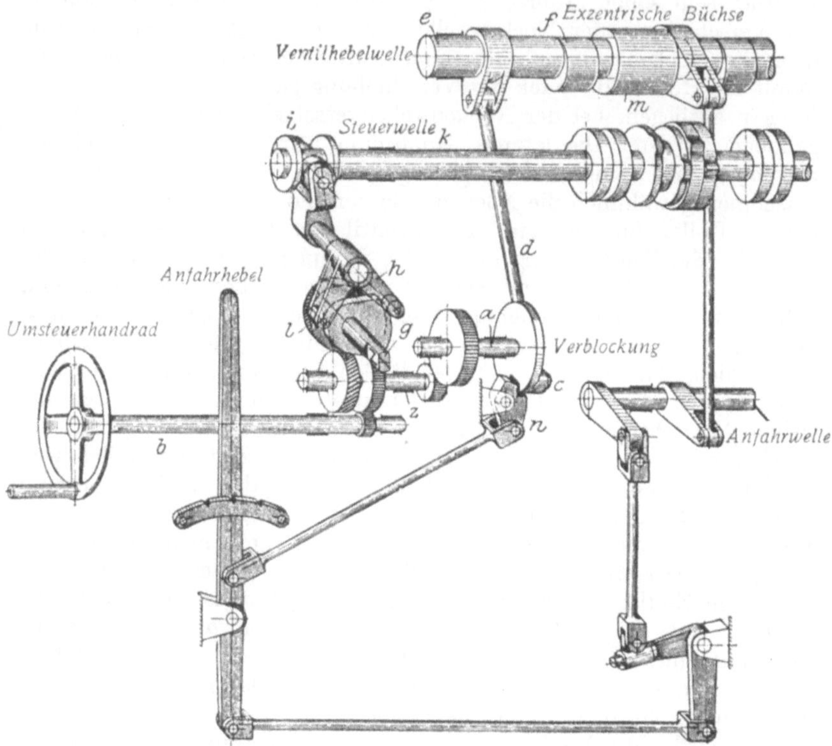

Abb. 21. Schematische Darstellung der Umsteuerung einer 550-PSe-Daimlermaschine.

muffe. Zu beachten ist, daß im Maschinenbetrieb nur die Nockenwelle k umläuft, alle übrigen Wellen der Abb. 21 stillstehen. Für den Umsteuervorgang werden die Wellen gedreht bis auf die Nockenwelle, die ohne Drehung verschoben wird.

Bei Zweitaktmaschinen, bei denen der Auspuff durch Schlitze gesteuert wird, wird gewöhnlich die Nockenwellenverschiebung ohne Abheben der Hebelrollen durchgeführt. Die Brennstoffventilrolle und die Anlaßventilrolle sind beim Umsteuern von ihren Nocken abgehoben, da die Nockenwellenschiebung nur in der Stoppstellung der Maschine ausgeführt werden kann. Dagegen kann der Einlaßventilnocken bei der Verschiebung in eine Lage kommen, in der das Ventil, das vor der Verschiebung geschlossen war, geöffnet ist. Der Einlaßventilnocken

muß deshalb mit einem seitlich verjüngten Ansatz versehen sein, damit
eine auf dem Nocken zur Auflage kommende Rolle bei der Wellenverschiebung nur ganz allmählich gehoben wird (Abb. 22). Genügender
Platz nach der Seite für die Ausbildung des Nockens ist bei Zweitaktmaschinen vorhanden, da der Auslaßventilnocken in Wegfall kommt.

Ein wichtiger Umstand, der bei der Gestaltung der Steuerung zu
beachten ist, ist die leichte Einstellbarkeit des Rollenabstandes. Vor
allem muß die Steuerung des Brennstoffventils in einfachster Weise
im Betrieb eingestellt werden können. Die Einstellung des Rollenabstandes mittels Spekulanten (s. Abb. 129) genügt beim Brennstoffventil nicht, da Abweichungen in der Steuerung durch Wärmever-
ziehungen im Betrieb, Abnutzung usw. eintreten, die von Zeit zu Zeit
an Hand der Diagramme berichtigt werden müssen. Diese Feinein-
stellung der Maschine kann nur während des Betriebes erfolgen. Eine
Maschine, deren Brennstoffventilsteuerung nur bei abgestellter Maschine
eingestellt werden kann, wird im praktischen Betrieb stets mit scharfen
Vorzündungen oder Nachzündungen
laufen und deshalb wenig haltbar sein.

Die Steuerhebelwelle von Sechszylindermaschinen wird oft aus einem
Stück hergestellt; die Lagerungen
der Welle sind an dem einzelnen
Zylinder befestigt. Bei jeder schnell-
laufenden Dieselmaschine kommt es

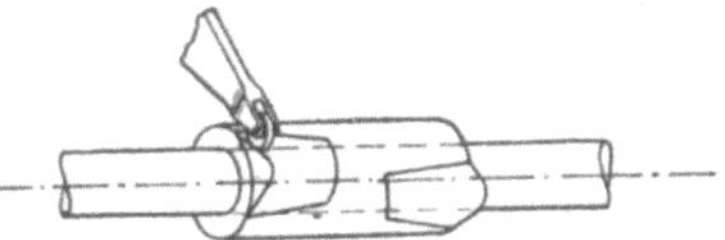

Abb. 22. Nach der Seite zu verjüngter
Nocken.

von Zeit zu Zeit vor, daß ein Deckel abgenommen werden muß, um
Überholungsarbeiten vorzunehmen. Damit man diese Arbeit in nicht
zu langer Zeit ausführen kann, muß bei der Anordnung der Befestigung
der Steuerhebelwellen-Lagerung am Zylindermantel Vorsorge getroffen
werden, daß die Deckel ohne Abbau der Hebelwelle abgenommen werden
können. Vielfach wird die Hebelwelle für jeden Zylinder getrennt ausgeführt und die einzelnen Stücke durch Flanschen miteinander verbunden, eine Anordnung, bei der der Ausbau von Ventilen und das
Abnehmen eines Zylinderdeckels sehr erleichtert ist.

Die Nockenwelle soll ebenso wie die Steuerhebelwelle bei größeren
Maschinen zu beiden Seiten eines jeden Zylinders gelagert sein, da
bei der Betätigung der Steuerung große Biegungskräfte auf die Welle
übertragen werden und da keine erhebliche Durchbiegung der Welle
wegen der damit verbundenen Beeinflussung der Ventilsteuerung eintreten darf. Die Nockenwelle ist gewöhnlich ebenfalls am Zylindermantel gelagert, wobei die Lagerböcke für Hebel- und Nockenwelle
zwecks Ausgleich der Kräfte von gemeinsamen Armen getragen werden.
Da die Hebel- und die Nockenwelle so oft und in so kurzen Abständen
gelagert sind, müssen sie mit großer Sorgfalt eingepaßt werden, zumal
die einzelnen Lager nur geringes Spiel haben dürfen.

7. Der Verdichter.

Die Verdichter der U-Boots-Dieselmaschinen wurden mitunter
als Reserveluftpumpen für andere Zwecke benutzt. Sie mußten in

besonderen Fällen Luft bis 160 Atm. aufpumpen und wurden deshalb vielfach vierstufig ausgeführt. In anderen Dieselmaschinenbetrieben, wo man im allgemeinen keinen Bedarf an so hochgespannter Preßluft hat, genügt eine dreistufige Luftpumpe. Mitunter wurden auch zweistufige Luftpumpen für schnellaufende Maschinen verwendet; sie haben sich aus folgendem Grunde weniger gut bewährt: Der maximale Enddruck im Verdichter beträgt rund 80—100 kg/qcm. Bei zweistufiger Kompression muß also in jedem Zylinder eine 9—10 fache Verdichtung vorgenommen werden, die ziemlich hohe Temperaturen zur Folge hat und die bei der teilweisen Beaufschlagung des Verdichtens im Betrieb für die obere Stufe noch erheblich höhere Werte annimmt. Die starke Erwärmung bringt leicht Betriebsstörungen mit sich. Bei langsam laufenden Landmaschinen bestehen diese Bedenken wegen der stärkeren Abkühlung der Luft durch die Wände des Arbeitszylinders während des Verdichtungshubes und wegen des niedrigeren Einblasedruckes nicht, so daß man hier im allgemeinen mit zweistufigen Verdichtern auskommt.

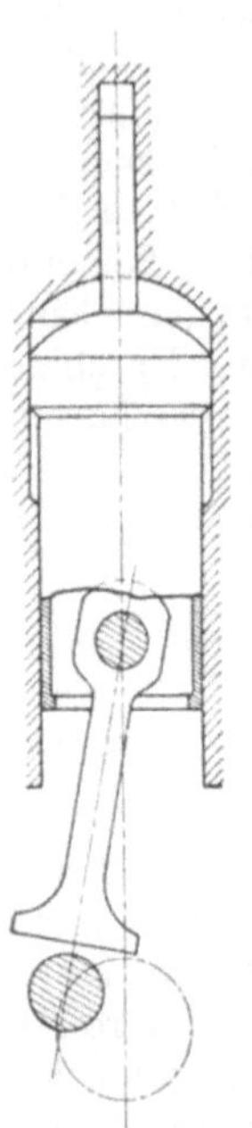

Abb. 23.
Dreistufiger
Verdichter.

Die drei Stufen des Verdichters einer schnellaufenden Maschine können an eine Kurbel angehängt werden, wenn man (Abb. 23) zwei Stufen (zweckmäßig die erste und dritte) nach oben und eine Stufe nach unten zu anordnet. Der Aufbau hat den besonderen Vorteil, daß die Druckkräfte zum Teil aufgehoben werden, das Schubstangenlager also entlastet ist. Bei der Anordnung nach der Abbildung ist ferner vorteilhaft, daß zu unterst nicht die (zeitweise mit Unterdruck arbeitende) erste Stufe, sondern die zweite Stufe, die auch beim Ansaugen Überdruck hat, gelegen ist. Es ist deshalb ausgeschlossen, daß zuviel von dem an die Zylindergleitfläche gespritzten Schmieröl hochgesogen wird und die Ventile verschmutzt, was mitunter bei den Verdichtern mit zu unterst angeordneter erster Stufe der Fall ist. Die Anordnung nach der Abbildung hat die nicht sehr schwerwiegenden Nachteile, daß der Abbau des Kompressors bei Beschädigungen und der Ausbau des Kolbens, der sich nicht mehr nach unten aus dem Zylinder herausziehen läßt, umständlich ist und daß die schädlichen Räume schwerer eingestellt werden können, da ein Höherbringen des Kolbens nicht nur eine Verkleinerung der schädlichen Räume oben, sondern auch eine Vergrößerung der schädlichen Räume unten zur Folge hat.

Um einen besseren Massenausgleich zu erzielen, wird der Verdichter bei größeren Maschinen geteilt und von zwei unter 180° versetzten Kurbeln angetrieben. Bei Anordnungen dieser Art verschwinden die Massenkräfte erster Ordnung vollständig — unter der Voraussetzung gleicher bewegter Massen in beiden Zylindern —, dagegen addieren sich die Massenkräfte zweiter Ordnung, die von der endlichen Schubstangenlänge herrühren und im doppelten Maschinentakt auftreten.

Da die Verdichter von den Ölmaschinenfabriken vielfach zu klein bemessen werden, soll einiges über den Einspritzluftverbrauch beigefügt werden.

Der Verdichter schafft bei vollständig geöffneter Drosselklappe in der Saugleitung eine Luftmenge V auf jede Umdrehung, die gleich ist dem Hubvolumen V_K der Niederdruckstufe, multipliziert mit einem Wirkungsgrad η, der ungefähr mit 0,8 eingesetzt werden kann. Die während zweier Umdrehungen geförderte Druckluft wird bei einer sechszylindrigen Viertaktmaschine dazu verwendet, um sechsmal Brennstoff in die im Arbeitszylinder verdichtete Luft einzuspritzen. Die im Arbeitszylinder komprimierte und die für die Einspritzung benötigte Luftmenge stehen in einem bestimmten Verhältnis. Es ist deshalb naheliegend, das Hubvolumen V_K der Niederdruckstufe und das Hubvolumen der vom Verdichter bedienten Arbeitszylinder ΣV_A in Verhältnis — das mit α bezeichnet werden soll — zueinander zu setzen. Es ist also:

$$\alpha = V_K : \Sigma V_A \text{ bei Zweitaktmaschinen}$$

und

$$\alpha = 2V_k : \Sigma V_A \text{ bei Viertaktmaschinen.}$$

α soll bei schnellaufenden Dieselmaschinen zwischen 0,16 und 0,18 betragen.

Die volle Leistung des Verdichters wird nur beim Aufpumpen der Anlaßflasche gebraucht. Im Betrieb wird die Ansaugeleitung des Verdichters gedrosselt, um eine geringere Förderung zu erzielen. Die Regelung der vom Verdichter geförderten Luftmenge durch Drosselung ist zwar unökonomisch; sie hat aber den wichtigen Vorzug der Einfachheit. Andere Regelarten — z. B. durch verschließbare Überströmklappen, Vergrößerung des Totraumes, Schieberregelung — haben bei den Verdichtern der Dieselmaschinen keinen Eingang finden können.

Verhältnismäßig am meisten Luft wird im Betrieb bei voller Belastung und bei kleiner Drehzahl verbraucht. Bei hoher Belastung wird hoher Einblasedruck eingestellt, damit die bei jedem Arbeitsprozeß eingespritzte Brennstoffmenge gut zerstäubt wird; bei jeder Brennstoffventileröffnung tritt deshalb mit der größeren Brennstoffmenge auch mehr Einblaseluft in den Arbeitszylinder über als bei niedrigerem Einblasedruck. Bei niedriger Drehzahl ist das Brennstoffventil längere Zeit geöffnet, so daß trotz des niedrigeren Einblasedruckes bei jeder Ventileröffnung mehr Einblaseluft in den Arbeitszylinder übertritt als bei hoher Drehzahl. (Eine Ausnahme tritt ein, wenn die Eröffnungsdauer oder der Eröffnungshub des Brennstoffventils mit der Maschinenbelastung geregelt wird, wie es bei den neueren Maschinen vielfach der Fall ist. Siehe S. 55.) Von der kurzen Zeit des Aufpumpens der Anlaßflaschen abgesehen ist der Verdichter für den Betrieb zu groß bemessen; er arbeitet unwirtschaftlich, da die Luft beim Eintritt gedrosselt und beim Rückgang des Kolbens wieder verdichtet werden muß. Das Bestreben liegt deshalb nahe, den Verdichter mit Rücksicht auf einen günstigen Brennstoffverbrauch so klein wie möglich auszuführen. Tatsächlich schneiden Maschinen mit einem verhältnismäßig kleinen Verdichter ($\alpha = 0{,}12$ bis $0{,}14$) auf dem Probestand und bei der Abnahme in bezug auf Ölverbrauch ein wenig günstiger ab als Maschinen gleicher Art mit einem reichlichen Verdichter. Im Betrieb stellen sich aber bei ersteren Maschinen oft Schwierigkeiten ein, da der Verdichter bei kleinen Einstellungsfehlern — zu langem Eröffnen der Brennstoffventile, kleinen Undichtigkeiten des Verdichterkolbens, kleinen Undichtigkeiten der Einblaseluftleitung, leichtem Blasen der Brennstoffnadeln — nicht mehr genügend Luft fördert. Es müssen dann oft langwierige Versuche und Nachforschungen angestellt werden, um die für die Betriebssicherheit der Maschine an sich unwesentlichen Störungen, die bei einem von vornherein knapp bemessenen Verdichter die Aufrechterhaltung des Betriebes infolge ungünstigen Einblasedrucks unmöglich machen, zu beheben. Wenn der Verdichter dagegen reichlich bemessen ist, wird man in einem solchen Falle das Drosselventil der Einblasepumpe etwas über die normale Stellung hinaus öffnen und damit zwar ein wenig unwirtschaftlicher arbeiten, aber doch den Betrieb aufrechterhalten können. Im Interesse der Betriebssicherheit soll deshalb α bei schnellaufenden Maschinen mindestens $0{,}16$ betragen.

An Bord von Schiffen muß für alle Fälle ein Reserveluftverdichter, mit dem die Anlaßflasche im Notfall aufgeladen werden kann, vorgesehen sein.

8. Brennstoffpumpe mit Schwimmer.

Die Brennstoffpumpe besitzt für jeden Arbeitszylinder einen Plunger, der bei allen Belastungen gleiches Hubvolumen hat, ferner ein Saugventil und zwei Druckventile. Zur Regelung der Fördermenge der Brennstoffpumpe wird das Saugventil während eines Teiles des Plungerdruckhubes durch einen Stößel am Schließen gehindert, so daß der Brennstoff in den Saugraum zurückfließen kann. Der Arbeitshub des Plungers beginnt erst, wenn der Stößel das Saugventil freigegeben hat. Die Regelung der Stößelbetätigung, die das Saugventil je nach der Belastung kürzere oder längere Zeit aufdrückt, ist verschieden. Gewöhnlich wird das Stößelgestänge unmittelbar an die Plungerführung, mit der es sich auf- und abbewegt, angelenkt. Die Regulierung erfolgt durch ein zwischengeschaltetes Glied, gewöhnlich ein Exzenter, durch dessen Verdrehung das auf- und abgehende Stößelgestänge in der Höhenlage eingestellt wird. Die jetzt allgemein verwendete Brennstoffpumpe war ursprünglich durch ein inzwischen abgelaufenes Patent der MAN geschützt.

Es ist für die Zerstäubung des Brennstoffes und für die Verbrennung ziemlich belanglos, zu welcher Zeit der Brennstoff im Brennstoffventil vorgelagert wird, ob also der Plungerdruckhub mit dem Ansauge-, Kompressions-, Arbeits- oder Auspuffhub des Kolbens zusammenfällt.

Beim Bau der Brennstoffpumpe muß darauf geachtet werden, daß in den Arbeitsraum der Pumpe eingetretene Preßluft sofort wieder entweichen kann. Wie die Luft eintritt, soll in einem späteren Abschnitte erklärt werden. Hier genügt die Angabe, daß unter Umständen Druckluft von mehreren Atmosphären Spannung in den Arbeitsraum eintritt und daß sie bei ungeeigneter Konstruktion der Pumpe nicht so leicht wieder entfernt werden kann. Beim Arbeiten des Plungers wird die Luft bald zusammengedrückt, bald entspannt. Durch das Saugventil, das bei jeder Umdrehung der Pumpenwelle einmal aufgedrückt wird, entweicht die Luft, die unter dem Saugventil steht, wenn das Saugventil so angeordnet ist, daß es nach unten zu öffnet (Abb. 24). Die übrige Luft wird beim Plungerdruckhub verdichtet, kommt aber nicht auf eine genügend hohe Spannung, um das Druckventil, das von der anderen Seite her unter dem Druck der Einblaseluft steht, zu öffnen. Die Pumpe fördert nicht. Um solche Versager unmöglich zu machen, soll die Pumpe so gebaut sein, daß die Luft von selbst sofort nach dem Ansetzen möglichst vollständig entweichen kann. Um dies zu erreichen, wird das Saugventil, das bei jeder Umdrehung aufgedrückt wird, möglichst an der höchsten Stelle des Pumpenraumes angeordnet, oder es wird eine Entlüftungsschraube im Raum zwischen den beiden Druckventilen vorgesehen, die bei einem Versagen der Pumpe für kurze Zeit geöffnet wird. An den Pumpenraum ist ferner eine Handpumpe angeschlossen, mit der die Druckleitung vor dem Ingangsetzen der Maschine aufgepumpt wird.

In der schematischen Zeichnung 24 ist *1* der Brennstoffpumpen-

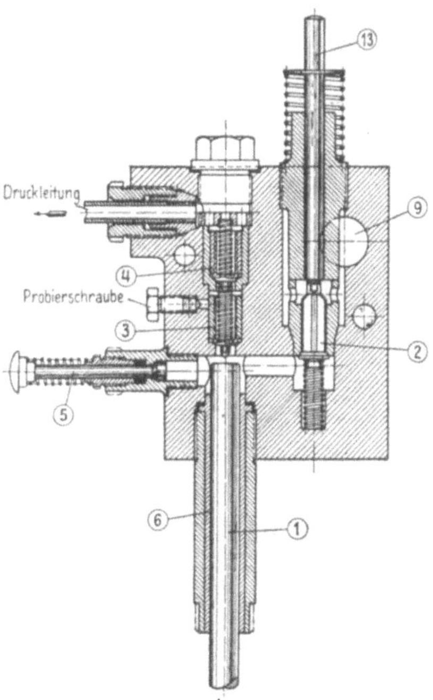

Abb. 24. MAN-Brennstoffpumpe.

plunger, der in die Büchse *6* schließend eingepaßt ist, um Brennstoffverluste zu vermeiden. Das Saugventil *2* öffnet sich infolge des Unterdruckes beim Niedergehen des Plungers, und es wird überdies durch den Stempel *13* während eines Teiles des Plungersaug- und -druckhubes aufgedrückt. Zwischen den beiden Druckventilen *3* und *4* ist eine Probierschraube vorgesehen, die zur Kontrolle der Förderung geöffnet wird, wenn die Pumpe beim Ansetzen der Maschine versagt, und durch die evtl. Luft aus dem Pumpendruckraum abgelassen werden kann. Mit der Handpumpe *5* wird eine kleine Brennstoffmenge vor dem Ansetzen der Maschine in das Brennstoffventil gepumpt. Der Stößel *13* wird im Takt des Plungers auf und nieder bewegt. In seiner unteren Lage drückt er das Saugventil *2* auf. Die Dauer dieses Offenhaltens wird durch ein von Hand oder vom Regler beeinflußtes Exzenter gesteuert, das die mittlere Höhenlage des Stößels einstellt. Durch die Leitung *9* steht die Brennstoffpumpe mit dem Vorratsbehälter in Verbindung.

In die Zuleitung zur Brennstoffpumpe wird vielfach unmittelbar vor die Pumpe ein Schwimmer gesetzt, der gleichen und vor allem nicht zu hohen Zulaufdruck regelt. Bei zu hohem Zulaufdruck — wenn also der Brennstoffvorratsbehälter wesentlich über der Maschine liegt — kann es vorkommen, daß nach dem Abstellen der Maschine Brennstoff durch die Sauge- und Druckventile der Pumpe hindurchfließt und den Zerstäuber im Brennstoffventil anfüllt. Das unbeabsichtigte Zulaufen des Brennstoffs ins Brennstoffventil kann natürlich nur bei abgestelltem Einblasedruck eintreten. Sobald wieder angesetzt wird, gelangt die große Menge Brennstoff bei der ersten Öffnung des Brennstoffventils plötzlich in den Zylinder und hat dort eine scharfe Zündung mit hohem Druckanstieg zur Folge. Die Gefahr wird vermieden, wenn vor der ziemlich tief sitzenden Brennstoffpumpe ein Schwimmer angeordnet ist, der den Flüssigkeitsspiegel tiefer hält als die Brennstoffventile im Zylinderdeckel (Abb. 25). Der Schwimmer soll so ausgebildet sein, daß der Brennstoff bei Undichtigkeit des Schwimmerventils durch ein Entlüftungsloch in den Maschinenraum abfließt und daß das Schwimmerventil durch einen vorragenden Stift oder Knopf, der am Schwimmerkörper angreift, von außen gelüftet werden kann.

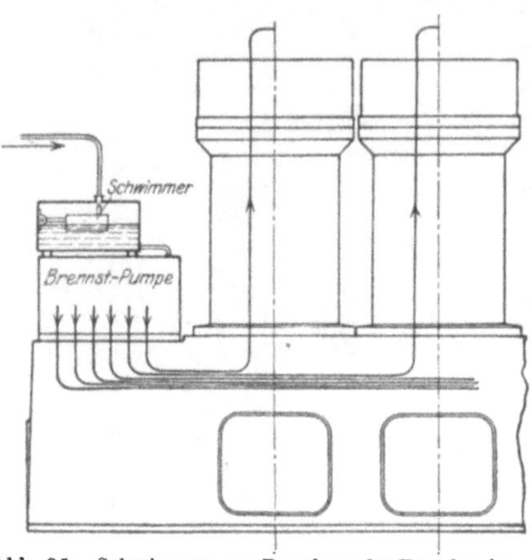

Abb. 25. Schwimmer zur Regelung des Druckes im Brennstoffpumpen-Saugraum.

Der Brennstoffpumpe bzw. dem Schwimmerkasten soll der Brennstoff unter einem geringen Überdruck zufließen, da sich die Anordnung nicht für Saugbetrieb eignet. Wenn der Brennstoffvorratsbehälter tiefer als die Maschine liegt, muß deshalb eine Zubringpumpe vorgesehen werden, die den Brennstoff aus dem Behälter saugt und der eigentlichen Brennstoffpumpe zuführt. Die Zubringpumpe pumpt den Brennstoff zweckmäßig in einen über der Brennstoffpumpe liegenden Verbrauchsbehälter, der von Zeit zu Zeit durch die Zubringpumpe aufgefüllt wird.

9. Ölpumpe und Schmierung.

Die Ölpumpe saugt das Öl durch eine möglichst kurze gerade Leitung aus dem Ölverbrauchstank, der unter der Kurbelwanne angebracht ist, und drückt es durch Ölfilter und -kühler in die Öldruckleitung. Das Schmieröl wird jedem Grundlager getrennt, und zwar gewöhnlich von oben durch ein Zuleitungsrohr, das in der Mitte des Lagerdeckels einmündet, zugeleitet. In der Regel ist der Grundlagerzapfen angebohrt, so daß das Öl aus dem Lager in die hohle Welle und von dieser aus in das untere Schubstangenlager des benachbarten Arbeitszylinders übertreten kann. (Siehe z. B. die in Tafel VIII dargestellte Maschine der Germaniawerft.)

Die Speisung der Kurbelwelle mit Öl für die Schmierung der Schubstangen ist verschiedentlich von einer einzigen am Wellenende befindlichen Zuführungsstelle aus erfolgt. Die Welle war in einem solchen Fall mit einer ununterbrochenen Höhlung versehen, von der aus eine Öffnung nach jedem Schubstangenlager Öl übertreten ließ. Die Anordnung hat sich nicht bewährt, da die verschiedenen Zapfstellen bei

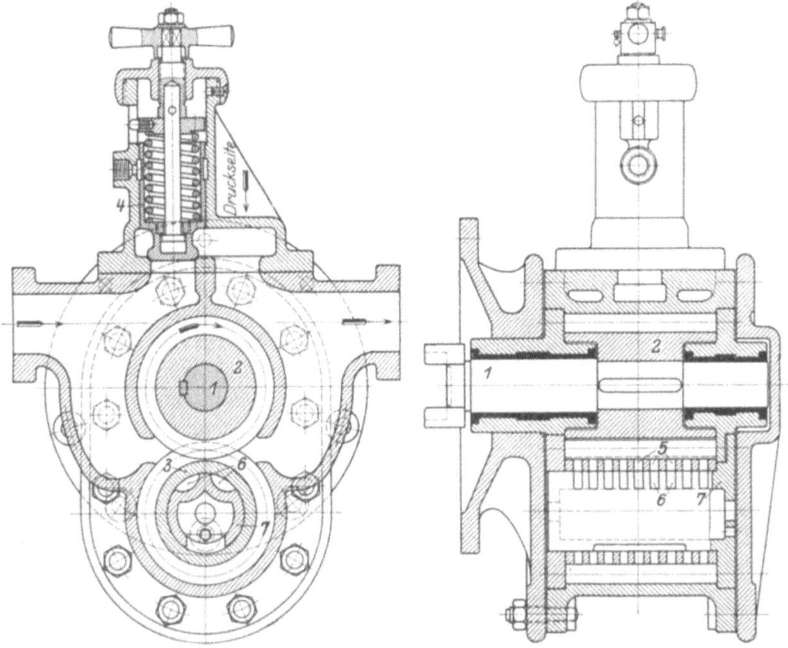

Abb. 26. Zahnradschmierölpumpe der Firma Neidig in Mannheim.

einer sechszylindrigen Maschine unter zu sehr verschiedenen Drücken stehen. Die der Zuführungsstelle am nächsten gelegenen Lager werden bei dieser Anordnung, namentlich sobald sie etwas viel Spiel haben und das Öl aus ihnen leicht entweichen kann, wesentlich gründlicher geschmiert als die am weitesten abgelegenen Lager. Bei der vorher genannten Schmierung des Kurbelzapfenlagers vom benachbarten Grundlager aus wird eine gleichmäßigere Schmierung erzielt. Vom Kurbelzapfenlager aus steigt das Schmieröl, soweit es nicht durch das Lager selbst abströmt, durch die hohle Schubstange in der auf S. 9 beschriebenen Weise zum Kolbenbolzenlager empor.

Die Ölpumpe wird gewöhnlich als Zahnradpumpe ausgebildet, die bei unsteuerbaren Maschinen mit Klappen für die Umsteuerung der Pumpe ausgerüstet ist. In Abb. 26 ist eine nicht umsteuerbare Pumpe, die von der Maschinenfabrik A. Neidig, Mannheim, vielfach für die Ölmaschinenfabriken geliefert worden ist, dargestellt. Das auf der

Antriebswelle *1* sitzende Zahnrad *2* treibt das Zahnrad *3* an und fördert das Öl. Wenn der Druck eine festgesetzte Grenze — etwa 7 Atm. — übersteigt, wird das Sicherheitsventil, auf dessen Entlastungskolben *4* der Öldruck einwirkt, geöffnet; es kann dann Öl aus dem Druckraum nach dem Saugraum abfließen. Bei dieser Pumpe ist die Entlastung der Zahnradzapfen besonders bemerkenswert. Das Zahnrad *3* ist nämlich mit Bohrungen *5* zwischen den Zähnen — aus der Seitenansicht Abb. 26 ersichtlich — versehen, die über entsprechende Vertiefungen *6* des Zapfens *7* hinweggleiten. Durch die Bohrungen kann das Öl, das beim Kämmen der Zahnräder eingeschlossen und komprimiert wird, entweichen, ohne einen Rückdruck auf die Lagerzapfen auszuüben, wie es bei nicht entlasteten Zahnrädern der Fall ist.

Der Antrieb der Pumpe erfolgt entweder unmittelbar von der Kurbelwelle oder von der Steuerwelle aus. Die Pumpe saugt aus einem Vorratsbehälter, in den das in der Maschine verbrauchte (erwärmte) Öl abfließt, und drückt durch Ölkühler und Ölfilter in die Schmieröldruckleitung. Es wäre unzweckmäßig, das Ölfilter oder gar den Ölkühler in die Saugleitung der Pumpe zu setzen, da erfahrungsgemäß eine Steigerung des Widerstandes in der Saugleitung, die schon bei geringer Schmutzablagerung eintritt, das Versagen der Pumpe zur Folge haben kann. Die Saugleitung soll vielmehr so kurz wie möglich sein.

Zur Regelung des Öldrucks ist ein Umlaufventil vorgesehen, durch das Öl von der Druckleitung zur Saugleitung abgelassen werden kann. Bei der Pumpe Abb. 26 ist das Sicherheitsventil zugleich als Umlaufventil ausgebildet.

Die Ölfilter bestehen gewöhnlich aus Drahtsieben, die in einen Behälter leicht herausnehmbar (für die Reinigung) eingesetzt sind; sie werden doppelt und umschaltbar ausgeführt. Während die eine Seite gereinigt wird, wird mit der anderen Seite der Maschinenbetrieb aufrecht erhalten. Beim Reinigen des Ölfilters ist gut auf die Beschaffenheit des Rückstandes zu achten, da sich im Ölfilter mitunter Anzeichen für eine bevorstehende Maschinenstörung vorfinden. Die Rückstände im Ölfilter bestehen gewöhnlich aus Sandkörnchen, Koks, Holz- und Baumwollfasern oder Weißmetallkörperchen.

Bei der Konstruktion des Ölkühlers ist zu beachten, daß der Wärmeaustausch zwischen Öl und Wandung viel träger erfolgt als zwischen Kühlwasser und Wandung. Die den Wärmeaustausch vermittelnden Wandungen der Kühlrohre des Ölkühlers haben deshalb Wärmegrade, die wesentlich näher der Kühlwassertemperatur als der Öltemperatur liegen. Um bei einem Kühler mit gegebener Austauschfläche eine möglichst hohe Kühlwirkung zu erzielen, ist es nötig, in erster Linie den Austausch zwischen Öl und Wandung durch günstigste Führung des Öls möglichst zu steigern, während durch Verbesserung der Kühlwasserführung keine nennenswerte Steigerung der Kühlwirkung zu erzielen ist. Das Öl streicht aber an der Wandung beim Strömen durch gerade Rohre infolge seiner großen Zähigkeit in parallelen Strahlen entlang, wobei nur die an der Wandung entlang gleitenden Strahlen am Wärmeaustausch beteiligt sind, während die Strahlen in der Mitte des Rohres ihre Temperatur wenig ändern. Diese Tatsache, die für die Konstruktion des Ölkühlers wesentlich ist, wurde durch folgenden Versuch bestätigt:

In einem Doppelröhrenwärmeaustauscher (Abb. 27) wurde Öl von etwa 60° durch Wasser mit etwa 10° Eintrittstemperatur gekühlt. Der Kühler bestand aus 16 Einzelelementen; das Kühlwasser floß mit 15° ab. Das Öl strömte durch die Innenrohre, das Kühlwasser durch die Mantelrohre. Durch Befühlen der Wandungen wurde festgestellt, daß die Temperatur an der Stelle *a* verhältnismäßig niedrig — etwa 20° — und an der Stelle *b* recht hoch — etwa 50° — war. Die niedrige Temperatur an der Stelle *a* war darauf zurückzuführen, daß die im Innenrohr *c* längs der Wandung hinströmenden Ölfäden vom Kühlwasser stark gekühlt waren. Bei der Umlenkung des Öls im Kniestück *d* trat eine Mischung des Inhalts ein, die die Erwärmung der Wandung an der Stelle *b* zur Folge hatte.

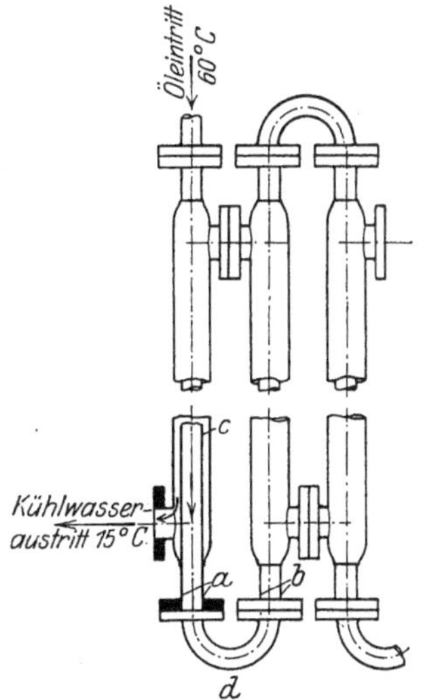

Abb. 27. Versuchsölkühler in Doppelröhrenanordnung.

Der Versuch lehrt, daß das Öl im Ölkühler zur Erzielung eines regen Wärmeaustausches oft in der Richtung abgelenkt werden muß. Ein neuzeitlicher Ölkühler, der diesem Erfordernis gerecht wird, ist in Abb. 27 wiedergegeben.

Im Ölkühler soll bei Seewasserkühlung größerer Druck im Öl als im Kühlwasser herrschen, damit bei Undichtheiten Öl ins Kühlwasser, aber kein Kühlwasser ins Öl übertreten kann. Hinter dem Kühler oder schon im Kühler selbst teilt sich bei größeren Maschinen die Ölleitung. Ein Teil wird zum Schmieren der Lager, der Hauptteil aber zum Kühlen der Kolben verwendet.

Die Kühlung der Kolben unterscheidet sich dadurch von der Kühlung der anderen Maschinenteile, daß sie besonders sorgfältig beaufsichtigt werden muß. Infolge der Beschleunigungskräfte, denen der kühlende Inhalt des Kolbens unterworfen ist, treten in den Zu- und Abflußleitungen der Kolben leicht starke Druckschwankungen auf, die die gleichmäßige Verteilung des Kühlöls auf die einzelnen Kolben beeinträchtigen. Die Gefahr des Warmlaufens eines Kolbens ist ferner deshalb besonders groß, weil die Kolben im Betriebe nicht durch Befühlen mit der Hand geprüft werden können. Unzulässige Erwärmung eines Kolbens hat sein Festfressen im Zylinder zur Folge. Um dieser Gefahr vorzubeugen, wird das Kolbenkühlöl eines jeden Zylinders getrennt abgeleitet und durch Thermometer, von denen je eines in jede Abflußleitung eingeschaltet ist, auf Temperaturerhöhung geprüft. Ein Kolbenkühlöl-Abflußkasten, in dem die verschiedenen Kühlölabflüsse zusammengeführt und durch eine Glasscheibe sichtbar gemacht sind,

ist in Abb. 28 dargestellt, die eine von der Unterseebootsinspektion in
Kiel für alle U-Boote entworfene Ausführung wiedergibt. Bei der
Anbringung des Kühlölabflußkastens wurde öfters eine nicht genügend
weite Ölabflußleitung vom Kasten nach dem Sammelbehälter vorgesehen. Die Folge davon waren Stauungen des Öls im Kasten, die
die Beobachtung der vom Kolben kommenden Ölstrahlen unmöglich
machen. Die Abflußleitung soll z. B. erfahrungsgemäß bei einer 500-P S.-
Maschine und bei einem Gefälle von 1,5 m etwa 80 mm l. W. haben,

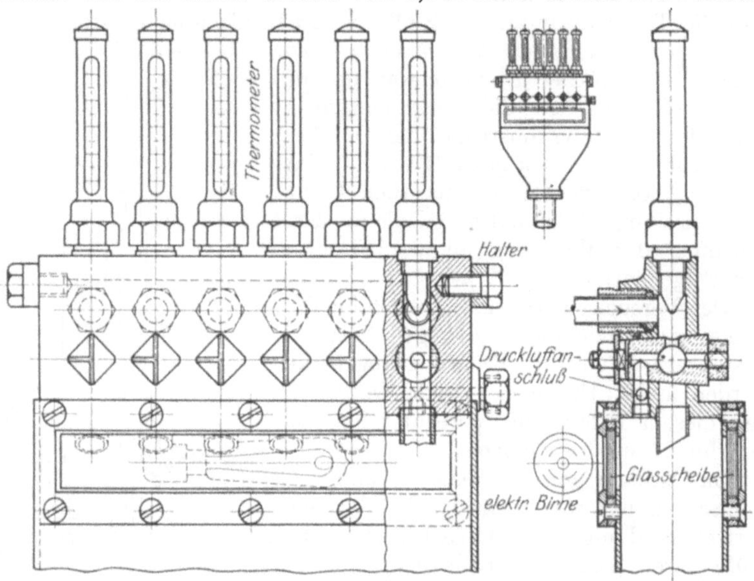

Abb. 28. Kolbenkühlöl-Abflußkasten nach Angaben der U. I., Kiel.

wenn der Sammelbehälter so nahe beim Abflußkasten liegt, daß die
Abflußleitung nicht länger als 4 m ist.

Der Zuleitungsdruck für Kolbenkühlöl darf nicht zu niedrig sein,
damit bei den Massenbeschleunigungen an keiner Stelle Unterdruck entsteht. Empfehlenswert ist ein Kolbenkühlöldruck von 3—3,5 Atm. bei
Höchstdrehzahl. Andererseits soll in der Schmierölleitung kein zu hoher
Druck gehalten werden, da sonst das aus den Lagern heraustretende
Öl zu stark in der Kurbelwanne herumspritzt. Der Schmieröldruck mag
bei Höchstdrehzahl 2—2,5 Atm. betragen. Zum Einregeln derselben
wird ein Drosselventil oder Druckminderventil in die nach den Schmier-
stellen der Lager abzweigende Leitung gesetzt. An dieser Stelle wird
der Druck von etwa 3 Atm. hinter dem Ölkühler auf etwa 2 Atm. in
der Schmierölleitung herabgemindert. Der Druck in der Öldruckleitung
hinter der Pumpe wird durch ein Sicherheits- und Öldruckregelventil
eingestellt, das einen Teil des Öls in die Saugleitung (Nr. 14 Abb. 30)
zurückfließen läßt.

Ein Ventil zur Einstellung des gewünschten Druckes in der Öldruckleitung ist in Abb. 29 dargestellt. Durch Drehen des Handrades a

wird die Muffe *b* hochgeschraubt, die durch Vermittlung der Schraubenmutter *c* auf die Ventilspindel *d* und den Kegel *e* einwirkt. Wenn der Druck unter dem Ventilkegel *e* zu groß wird, wird das Ventil unter Zusammendrücken der Feder *f* weiter geöffnet.

In Abb. 30 ist der Schmierölleitungsplan einer 550-PS-Maschine der MAN dargestellt. Die Anordnung ist dadurch besonders ausgezeichnet, daß das Kolbenkühlöl nur einen Teil des Ölkühlers durchläuft und dann abgezapft wird, während das Schmieröl das Ende des Ölkühlers allein durchströmt. Das den Lagern zugeführte Schmieröl ist deshalb nach Verlassen des Kühlers stärker abgekühlt als das Kolbenkühlöl. Das Schmieröl soll so stark, wie es die Kühlwassertemperatur zuläßt, gekühlt werden. Das Kolbenkühlöl dagegen braucht nicht so kalt in den Kolben einzutreten, da der Temperaturunterschied zwischen Kolbenbodenwandung und Öl sehr groß ist. Für Kolbenölkühlung und Schmierölkühlung werden deshalb verschieden hohe Temperaturgrade angestrebt, die durch die besondere Ölführung erreicht werden. Die Anordnung ist durch D. R. P. 298 956 geschützt.

Die Gleitflächen der Arbeitskolben von kreuzkopflosen Maschinen mit geschlossener Kurbelwanne werden im allgemeinen im Betrieb nicht durch besondere Leitungen geschmiert, da aus der Kurbelwanne genügend Öl an die Gleitbahn spritzt und vom Kolben verteilt wird. Es ist aber empfehlenswert, die Arbeitskolben vor der Inbetriebsetzung nach längerem Stillstand der Maschine zu schmieren. Eine besondere Hochdruckschmierung ist für den Verdichter vorgesehen. Jede Stufe erhält eine bestimmte durch einen kleinen Schmierölpumpenkolben zugemessene Ölmenge. Die zunächst der Kurbelwanne gelegene Stufe des Verdichters braucht nicht besonders geschmiert zu werden, wenn aus der Kurbelwanne genügend Ölspritzer an die Gleitbahngelangen. Als Schmierpumpe für den Verdichter werden vielfach Boschöler verwendet, die sich gut bewährt haben.

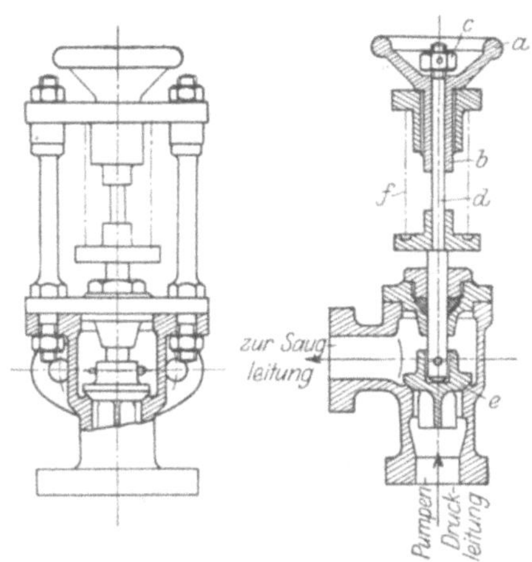

Abb. 29. Vereinigtes Regel- und Sicherheitsventil für Öl- und Kühlwasserleitungen.

10. Kühlpumpe und Kühlung.

Eine besondere Kühlwasserpumpe ist nötig, wenn das Kühlwasser der Maschine nicht von selbst unter Druck zufließt. Im Gegensatz zur Schmierpumpe eignen sich Zahnradpumpen nicht für die Förderung des Kühlwassers, da zu leicht Verschmutzungen eintreten und da die Zahnräder bei eiserner Ausführung verrosten und bei bronzener Ausführung rasch abnutzen würden. Als Kühlpumpen werden deshalb

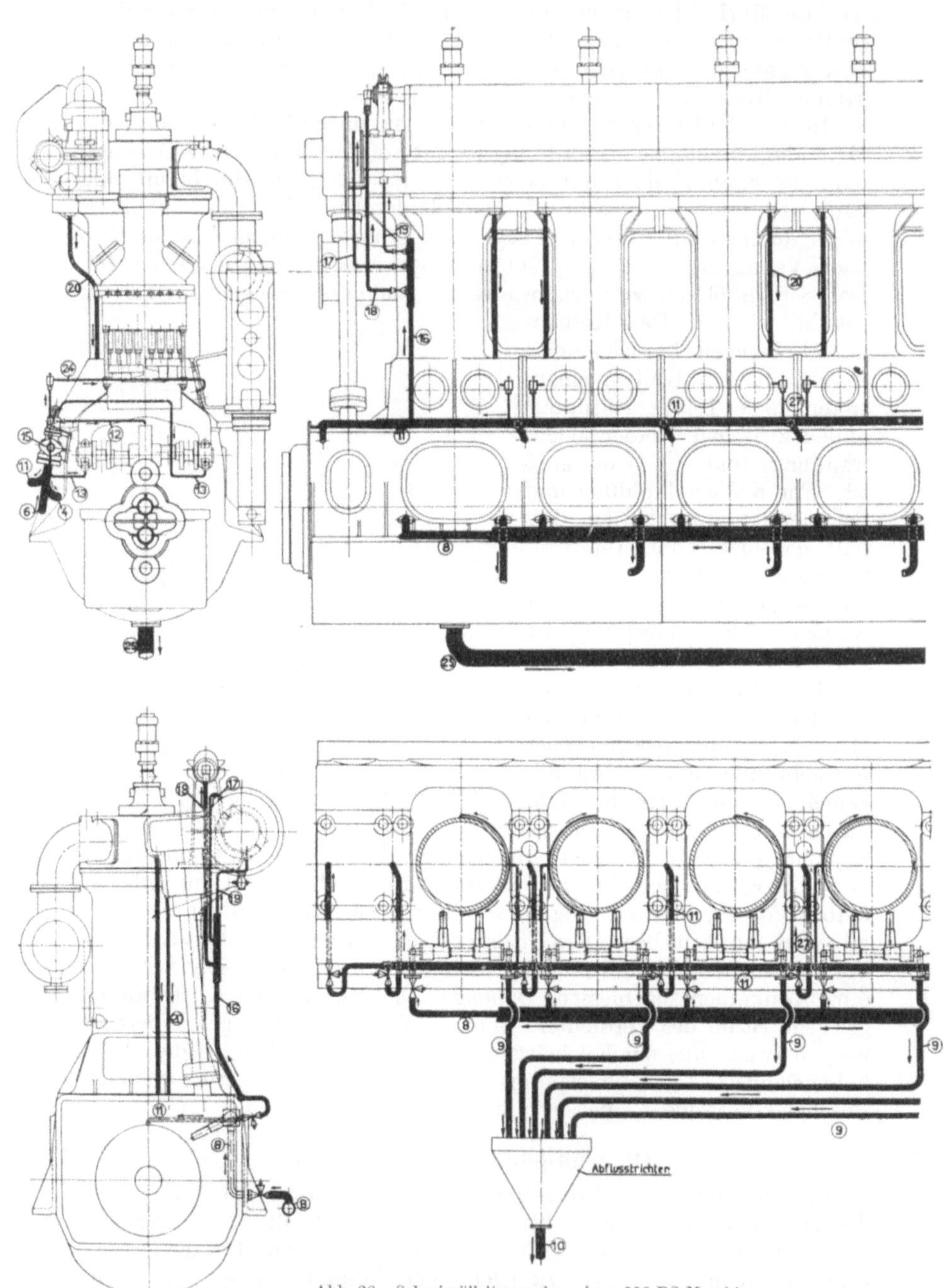

Abb. 30. Schmierölleitungsplan einer 550-PS-Maschine.

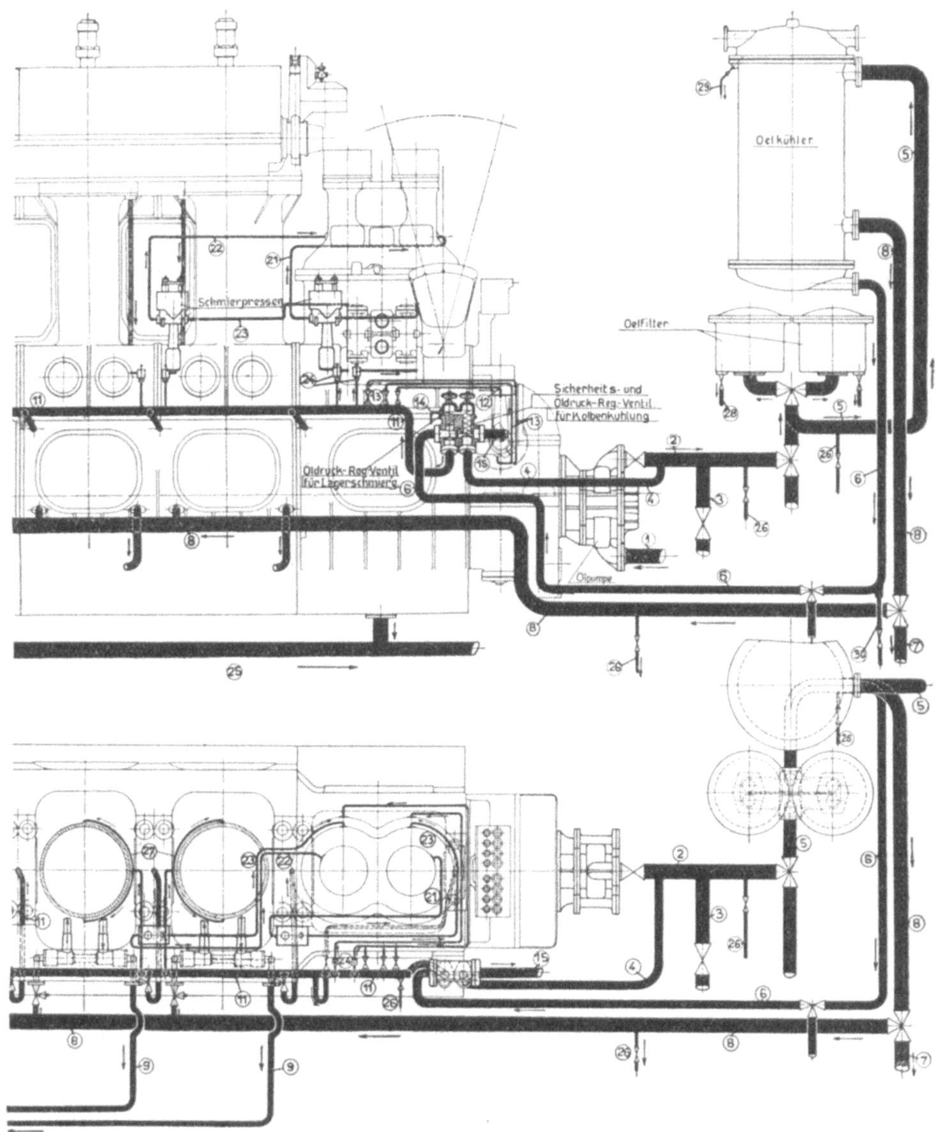

(Nr. 1 Saugleitung der Ölpumpe aus Betriebsbehälter, 2 Druckleitung der Ölpumpe zum Filter, 3 Druckleitung der Reservepumpe zum Filter, 4 zum Sicherheitsventil, 5 vom Ölfilter zum Ölkühler, 6 vom Ölkühler zur Lagerschmierung, 7 Verbindungsleitung von St.B.- nach B.B.-Maschine, 8 vom Ölkühler zu den Kolben, 9 von den Kolben zum Trichter, 10 zum Betriebbehälter, 11 vom Öldruckregelungsventil zu den Kurbellagern, Kurbeln und Kolbenzapfen, 12 zu den Schraubenrädern, 13 zu den Brennstoffpumpenlagern, 14 Ablauf vom Öldruckregelventil, 15 Abflußleitung vom Sicherheitsventil, 16 Zuflußleitung vom Verteiler, 17 zum Schraubenradgehäuse, 18 zu den Hebelachsen, 19 zu den Steuerwellenlagern, 20 Abfluß von der Steuerwellenverschalung nach der Kurbelwanne, 21—23 von den Schmierpressen zu den Luftpumpenzylindern, 24 von der Zylinderhilfsschmierung zum Luftpumpenzylinder Stufe II, 25 Abfluß von der Kurbelwanne, 26 Manometerleitungen, 27 Hilfsschmierung für Arbeitszylinder, 28 Schlammabfluß vom Ölfilter, 29 Entlüftung des Ölkühlers, 30 Abflußleitung des Ölkühlers.)

allgemein Kolbenpumpen verwendet, die am Ende der Kurbelwelle angeordnet sind. Bei diesen Pumpen — kleinere Maschinen haben gewöhnlich Plungerpumpen, große Maschinen doppeltwirkende Kolbenpumpen — muß mit besonderer Sorgfalt das Übertreten von Kühlwasser aus dem Arbeitsraum der Pumpe in die Kurbelwanne verhütet werden. Zu diesem Zwecke ist in den Packungsraum des Plungers oder der Stopfbüchse ein Zwischenraum eingeschaltet, der nach außerhalb entwässert ist. Die kleinen durch die Packung tretenden Kühlwassermengen fließen nach außen ab und gelangen nicht in die Kurbelwanne. Die Kühlwasserpumpe soll mit einem Windkessel versehen sein. Nach Vorschriften der U-Boots-Inspektion sollte bei U-Boots-Dieselmaschinen die Wassergeschwindigkeit im Saug- und Pumpenraum nicht über 2 m/sec und in den Ringplattenventilen nicht über 4 m/sec betragen.

Das Kühlwasser muß dem Ölkühler, dem Verdichter, den Luftkühlern, den Arbeitszylindern, den Deckeln, bei Schiffsmaschinen der gekühlten Auspuffleitung, bei großen Maschinen den Auspuffventilen und den Auspuffventilkegeln zugeführt werden. Bei geschlossenem, nicht kontrollierbarem Kühlwasserabfluß — z. B. bei Schiffsmaschinen — ist es nicht empfehlenswert, die Kühlwasserleitungen in zu viele Parallelleitungen zu zersplittern, da sonst die Gefahr besteht, daß das Kühlwasser ungleichmäßig verteilt wird. Es ist deshalb üblich, jeden Kühlwasserparallelstrang durch mehrere zu kühlende Körper hintereinander durchzuleiten.

An Bord der U-Boote hatte sich durch die Vermittlung der Inspektion des U-Boot-Wesens allmählich ziemlich einheitlich etwa die folgende Kühlwasserführung herausgebildet. Das gesamte aus der Pumpe austretende Kühlwasser wird durch den Ölkühler geschickt, nachdem eine nach der Kühlwassersaugeleitung geführte Überströmleitung zur Regelung des Druckes abgezweigt worden ist. Für den Ölkühler ist eine Umgehungsleitung vorgesehen, damit der Ölkühler bei Undichtheiten abgeschaltet werden kann. Hinter dem Ölkühler gabelt sich die Kühlwasserleitung. Ein Strang führt durch die verschiedenen Luftkühlerstufen zum Verdichter, je ein Strang führt zu jedem Arbeitszylinder, von da zum Deckel und dann zum Auslaßventil. Wenn sowohl Auslaßventilgehäuse als auch Auslaßkegel gekühlt werden, ist es empfehlenswert, beide durch zwei parallele Kühlwasserstränge zu kühlen, da das Durchleiten des gesamten Deckelkühlwassers durch den Ventilkegel Schwierigkeiten machen würde. Das gesamte aus dem Verdichter und den Arbeitszylindern abfließende Kühlwasser wird an Bord zur Kühlung der Auspuffleitung verwendet.

Bei Landmaschinen mit ungekühlter Auspuffleitung ist es zweckmäßig, das Kühlwasser eines jeden Stranges getrennt und sichtbar abfließen zu lassen. Man kann dann von Zeit zu Zeit die Menge und die Temperatur nachmessen und durch Unterhalten eines Gefäßes, auf dessen Boden das Abflußrohr mündet, feststellen, ob Luftblasen mit dem Kühlwasser mitgerissen werden. Luftblasen lassen auf eine Undichtigkeit eines unter Luftdruck stehenden Raumes schließen. Das abfließende Kühlwasser soll nicht vor dem Austritt ins Freie ein Abschlußorgan, das beim Stillsetzen der Maschine geschlossen wird, durchströmen dürfen. Wenn ein solches aus einem besonderen Grunde doch nötig ist, muß ein Sicherheitsventil auf die Kühlwasserdruckleitung gesetzt werden, da das Abschlußorgan erfahrungsgemäß beim Ansetzen der Maschine durch Bedienungsfehler zu spät geöffnet wird. Ohne Sicherheitsventil kann ein solcher Bedienungsfehler schlimme Wirkungen zur Folge haben.

Früher sind mitunter die Grundlager am unteren Teil der Lagerschalen mit Wasser gekühlt worden. Mit dieser Anordnung ist die Gefahr verbunden, daß Kühlwasser bei Undichtigkeiten in die Kurbelwanne eintritt. Es ist deshalb zweckmäßig, die Grundlager nicht mit Wasser zu kühlen, sondern durch die Lager so viel Schmieröl durchzupumpen, daß die Reibungswärme in genügendem Maße von dem abfließenden Schmieröl abgeführt wird. Es ist bei Schiffsmaschinen empfehlenswert, eine Reserveschmierung und -kühlung vorzusehen, die bei einem Ausfall der an die Maschine angehängten Pumpen in Tätigkeit gesetzt werden. Die Reserveölpumpe wird bei Maschinen mit ölgekühlten Kolben sofort nach dem Stillsetzen der Dieselmaschine für kurze Zeit angestellt, um die Kolben, die in ihren dicken Böden große Wärmemengen aufgespeichert haben, nachzukühlen. Ohne Nachkühlung wird das in den Kolben zurückgebliebene stagnierende Kühlöl so stark erhitzt, daß sich Koksteilchen am Kolbenboden ablagern, die späterhin den Wärmedurchtritt durch den Kolbenboden erschweren.

Bei der Kühlung mit Seewasser ist zu beachten, daß die vom Kühlwasser umspülten Räume mit der Zeit stark angefressen werden. Die Beschädigungen treten vor allem an den Stellen auf, die im Betrieb am stärksten erwärmt werden; ferner unterstützt wirbelnde Bewegung des Kühlwassers, die bei Richtungsänderungen des Kühlwassers — also bei der Strömung um Ecken oder Kanten — auftritt, das Fortschreiten der Anfressungen. Besonders gefährdet sind ferner die Schweißstellen. Die Erscheinung ist auf elektrische Einwirkungen zurückzuführen. Durch vorbeugende Maßnahmen können die elektrischen Ströme an unschädliche Stellen gebannt werden. Als sehr wirkungsvoll in dieser Richtung hat sich das Anbringen von Zinkschutzplatten in den von Kühlwasser umspülten Leitungen erwiesen. Der Zinkschutz wird zweckmäßig an die zu schützenden Wandungen in etwa 20 mm starken Platten so angeschraubt, daß sie allseitig vom Kühlwasser umspült werden. Zwischen Zink und Wandung soll gute leitende Verbindung hergestellt sein.

Die Zinkschutzplatten zersetzen sich mit der Zeit; an ihrer Oberfläche setzt sich dabei ein schwammiger schlechtleitender Niederschlag ab, der die Wirkung mehr und mehr beeinträchtigt. Die Platten müssen deshalb von Zeit zu Zeit — etwa nach 300—1000 Betriebsstunden — losgenommen und durch Abklopfen mit dem Hammer von Ablagerungen befreit oder erneuert werden; zu diesem Zwecke müssen sie leicht losnehmbar und gut zugänglich angeordnet sein.

Es ist anzunehmen, daß das Cumberlandverfahren[1], bei dem zum Schutze von Kondensatoren und Kesseln gegen Anfressungen elektrische Gegenströme in die vom Wasser berührten Teile geschickt werden, mit Erfolg auch bei Dieselmaschinen verwendet werden kann.

Die nicht durch Zinkschutz usw. gegen Anfressungen geschützten Wandungsteile der Kühlwasserräume — z. B. die Kühlwasserräume der Arbeitszylinder — werden namentlich an den Stellen, die nicht dem Wärmedurchgang dienen, durch Anstreichen mit Lacken, Ölfarben, Teer oder ähnlichen Schutzmitteln vor der Einwirkung des Kühlwassers bewahrt. Kupferne und messingne Teile werden vielfach durch Verzinnen — Eintauchen in ein flüssiges Zinnbad — widerstandsfähiger gegen elektrische Einwirkungen gemacht. Schmiedeeiserne Teile, die ganz besonders stark angegriffen werden, werden ebenfalls verzinnt oder in Ermangelung eines Zinnbades verbleit.

11. Auspuffanlage.

Bei Schiffsmaschinen werden die Auspuffleitungen und der Auspufftopf gekühlt, da die heißen Rohre bei ungekühlter Ausführung die Bedienung der Maschine erschweren und den Maschinenraum zu stark erwärmen würden. Bei Landmaschinen von größeren Abmessungen werden ebenfalls die im Maschinenraume liegenden Auspuffleitungen gekühlt. Wenn die Auspuffleitung gekühlt ist, wird sie zweckmäßig tiefer gelegt als die Auslaßventile, damit das bei Undichtigkeiten in die Auspuffleitung übertretende Wasser unter keinen Umständen in die Arbeitszylinder gelangen kann. Die gekühlte Auspuffleitung wird aus Gußstücken oder aus geschweißten schmiedeeisernen oder kupfernen Teilen zusammengesetzt. Am meisten bewährt haben sich die kupfernen Leitungen, bei denen kleine Ungenauigkeiten an den Paßflächen — z. B. nach Auswechseln eines Zylinderdeckels — beim Festziehen der Schrauben besser nachgearbeitet werden können als bei schmiedeeisernen und namentlich gußeisernen Leitungen. Die kupfernen Leitungen haben überdies vor den schmiedeeisernen den Vorteil, daß die Kühlräume weniger stark durch das Seewasser angegriffen werden, was gerade bei den heißen Auspuffinnenrohren sehr wichtig ist.

Für die Bemessung der Weite der Auspuffsammelleitung kann folgende Überlegung angestellt werden. Es wird angenommen, daß die Temperatur der vom Arbeitszylinder angesaugten Frischluft etwa 300° absolut und die Temperatur der Abgase im Auspuffrohr etwa 600 bis 700° absolut beträgt. Das sekundliche Volumen V_A der Abgase ist also mindestens doppelt so groß als das sekundliche Volumen V_L der angesaugten Frischluft. Für eine ausgeführte Maschine von der effektiven Leistung N_e und dem effektiven Druck $p_e = 5 \, \mathrm{kg/qcm}$ besteht aber folgende Beziehung:

$$N_e = 10 \, p_e \cdot V_L \cdot \tfrac{1}{15} = \tfrac{50}{15} \, V_L \quad (N_e \text{ in PS}; \; p_e \text{ in kg/qcm}; \; V_L \text{ in l/sec}),$$
$$V_L = 1,5 \, N_e$$

und $V_A = 3 \, N_e$ bis $3,8 \, N_e$.

---

[1] Siehe Z. V. d. I. 1917, S. 140.

Die mittlere Geschwindigkeit v_S in der Auspuffsammelleitung soll bei schnellaufenden Dieselmaschinen keinesfalls über 40 m/sec betragen, da sonst die vom Arbeitskolben während des Auspuffhubes geleistete Arbeit zu groß wird. In dem Anschlußstück, das vom Zylinderdeckel nach der Auspuffsammelleitung führt, soll die mittlere Geschwindigkeit v_A während des Auspuffhubes des betreffenden Kolbens nicht über 50—70 m/sec betragen. Die geringere Geschwindigkeit v_S in der Sammelleitung — tatsächlich ist der Unterschied zwischen den zulässigen Werten von v_A und v_S noch größer als angegeben, da die Abgastemperatur an der Stelle v_A über 600° abs. und an der Stelle v_S infolge der inzwischen erfolgten Abkühlung 600° abs. oder darunter beträgt — ist durch den Umstand begründet, daß bei engen, langen Sammelleitungen leicht erhebliche Gasschwingungen auftreten, eine Gefahr, die bei den kurzen Anschlußleitungen gewöhnlich nicht besteht. Bei den für U-Boote gebauten Dieselmaschinen war man aus Platzmangel teilweise auf Werte für v_S von 50 m/sec und für v_A von 100 m/sec bei höchster Belastung, die allerdings immer nur kurze Zeit gefahren wurde, gegangen.

Die Auspuffleitungen der einzelnen Zylinder sollen in die Sammelleitung nach Möglichkeit hosenförmig eingeführt werden. Unter 90° einmündende Leitungen machen hohen Gegendruck für das Abströmen der Abgase erforderlich.

Der gekühlte Auspufftopf wird gewöhnlich mit einer Schiebestopfbüchse versehen, die eine Ausdehnung des im Betrieb erwärmten Innentopfes zum kalten Mantel zuläßt. Über die erforderliche Größe des Auspufftopfs werden die verschiedensten Angaben gemacht. Wenn der Inhalt des Auspufftopfs 3—5 l/PSe beträgt und für mehrfache Ablenkung der durch den Topf strömenden Abgase gesorgt ist, wird bei schnellaufenden Maschinen schon eine genügende Dämpfung des Auspuffgeräusches erzielt. Auf U-Booten begnügte man sich mit 1,5 bis 2 l/PSe Inhalt. Die Ablenkung des Abgasstromes erfolgt gewöhnlich durch mit Durchtrittsöffnungen versehene Zwischenwände, durch die der Auspufftopf in Kammern abgeteilt ist. Die Öffnungen sind gegeneinander versetzt, so daß die Bewegungsenergie der in eine Kammer eintretenden Abgase durch Wirbelungen vernichtet wird und die Strömungsenergie in der Austrittsöffnung jedesmal neu durch den Druckunterschied zwischen dieser und der folgenden Kammer erzeugt werden muß.

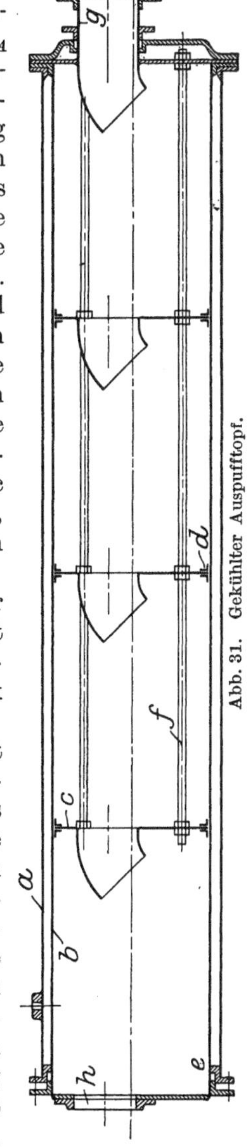

Abb. 31. Gekühlter Auspufftopf.

Der in Abb. 31 dargestellte Auspufftopf besteht aus dem Mantelrohr a, dem Innenrohr b und dem mit Prallflächen versehenen Eingeweide c. b ist auf der linken Seite durch eine Schiebestopfbüchse e mit a verbunden. Die Prallbleche sind durch 4 Distanzbolzen f untereinander verbunden. c ist am rechten Ende mit dem Auspufftopfdeckel verschraubt und liegt sonst frei beweglich in b. Die Auspuffgase treten bei g in die erste Kammer des Auspufftopfes ein und verlassen ihn bei h.

Sehr nützlich ist es, wenn im Maschinenraum am Auspuffrohr ein Probierröhrchen, das durch einen Hahn abgestellt wird, angebracht ist. Der Maschinist kann dann von Zeit zu Zeit den Auspuff auf Sichtbarkeit und Ruß kontrollieren.

II. Einige Sonderheiten.

1. Zweitakt- oder Viertaktmaschine?

Die Zweitaktmaschine braucht eine Spülpumpe, also eine verhältnismäßig umfangreiche und umständliche Hilfsmaschine. Da bei kleinen Maschinen der Hinzutritt einer besonderen Hilfsmaschine störender ins Gewicht fällt als bei großen Einheiten, werden im allgemeinen nur größere Maschinen nach dem Zweitaktverfahren betrieben.

Die Zweitaktbauart hat aber in bezug auf Einfachheit der einzelnen Bauteile nicht nur Nachteile, sondern auch wesentliche Vorteile vor der Viertaktmaschine. Der Auspuff, der bei jeder Umdrehung einmal erfolgt, kann durch Schlitze abgeleitet werden, die in der Zylinderwandung vorgesehen sind. Die Auspuffventile, die gerade bei größeren Viertaktmaschinen durch die Notwendigkeit der Kühlung besonders umständlich sind, fallen weg. Die Steuerung wird dadurch wesentlich vereinfacht. Bei vielen Zweitaktmaschinen wird nicht nur der Auspuff, sondern auch der Einlaß durch Schlitze, die den Auslaßschlitzen gegenüberliegen, gesteuert. Dann sitzen im Zylinderdeckel nur noch zwei gesteuerte Ventile: Brennstoffventil und Anlaßventil. Diese Maschinen mit reiner Schlitzsteuerung lassen sich auf einfachste Weise umsteuerbar ausbilden, da von jedem Zylinder nur zwei Ventile umgesteuert zu werden brauchen. Ein weiterer Vorteil der Maschinen mit reiner Schlitzspülung ist der besonders einfache Zylinderdeckel, in dem nur wenige Durchbohrungen für die Ventile vorhanden sind.

Aber gerade durch die Spülung wird auch wieder die Grenze gesteckt für die Anwendbarkeit der Zweitaktmaschine. Bei der Viertaktmaschine steht ein voller Hub für das Austreiben der Abgase und ein voller Hub für den Eintritt der frischen Luft — im ganzen also 360° — zur Verfügung. Bei den Zweitaktmaschinen müssen beide Vorgänge innerhalb 90—130° Kurbelwellenumdrehung durchgeführt werden. Unter diesen Umständen ist es erklärlich, daß zum Laden der Viertaktmaschinen nur einige Hundertstel Atmosphären Druckunterschied zwischen Außenluft und Zylinderraum nötig sind, während der Spüldruck bei Zweitaktmaschinen mehrere Zehntel Atmosphären beträgt.

Die Schwierigkeit, den Auspuff- und Ladevorgang in der zur Verfügung stehenden Zeit zu bewältigen, wächst mit der Größe des Zylinderdurchmessers d und der Drehzahl n. Bei zwei verschieden großen Zweitaktmaschinen sind in der Zeiteinheit Luftgewichte durch die Schlitze zu blasen, die proportional $d^2 h n$ sind. Die freien Schlitzquerschnitte verhalten sich aber bei verschieden großen Maschinen wie

$[d \cdot h]$, wenn bei beiden Maschinen verhältnisgleiche Teile des Gesamthubes h des Arbeitskolbens für die Spülung vorgesehen sind. Die Spüldrücke sind abhängig von dem Verhältnis $\dfrac{d^2 h n}{d h} = d \cdot n$. Wenn $d \cdot n$ bei zwei sonst verschiedenen Maschinen das gleiche ist, dann sind bei prozentual gleichen Schlitzlängen gleiche Spüldrucke zu erwarten. Je größer das Produkt $d\,n = z$ — auch Spülungszahl genannt — ist, desto schwieriger ist die Spülung zu beherrschen[1]. Für die höchsten in Frage kommenden Werte von z von $120\,000 - 150\,000 \; \text{mm} \cdot \dfrac{\text{Umdr.}}{\text{min}}$ betragen die erforderlichen Schlitzlängen 22—30% des Gesamthubes. Das nutzbare Hubvolumen einer solchen Maschine ist, da die Verdichtung der nach dem Spülvorgang im Arbeitszylinder eingeschlossenen Frischluft erst nach Abschluß der Auslaßschlitze beginnt, nur 78—70% des rechnungsmäßigen Hubvolumens.

Gerade bei schnellaufenden Dieselmaschinen bereitet die Bemessung der Auslaßschlitze und der Spülschlitze erhebliche Schwierigkeiten, da z wegen der hohen Umdrehungszahl immer einen großen Wert hat. Um nicht zu viel vom Gesamthub des Kolbens für Auslaß- und Spülvorgänge opfern zu müssen, hat man öfters Auslaß- und Einlaßschlitze so knapp bemessen, daß die Spülluft bei der höchsten Drehzahl nur mit erheblichem Überdruck (0,6—0,8 Atm.) durch den Arbeitszylinder gejagt werden konnte. In diesem Falle erfordert die Spülpumpe einen beträchtlichen Teil der indizierten Maschinenleistung. So war z. B. bei einer bestimmten Maschine, deren Auslaßschlitzlänge 18% des Gesamthubvolumens ausmachten, ein Spüldruck von 0,7 Atm. und eine indizierte Spülpumpenarbeit von 12% der indizierten Zylinderleistung erforderlich. Hätte man 24% statt 18% vom Hubvolumen für den Auslaß- und Spülvorgang geopfert, so hätte man allerdings ein nutzbares Hubvolumen von nur 76% (statt 82%) des Gesamthubes gehabt. In der Maschine hätte nach der Änderung entsprechend weniger Brennstoff verbrannt werden können als in der Maschine mit den kurzen Schlitzen. Der höchst erreichbare mittlere indizierte Druck wäre deshalb nach der Änderung nur $\dfrac{76}{82}$mal so groß gewesen wie vorher. Der Spülpumpendruck wäre aber durch die Vergrößerung der Auslaß- und Einlaßquerschnitte von 0,7 auf 0,3 Atm., die Spülpumpenarbeit also von 12% auf etwa 6% herabgedrückt worden. Der effektive Wirkungsgrad, der bei der ausgeführten Maschine mit den zu kurzen Schlitzen 62% betrug, wäre auf 68% gesteigert worden, da der Minderarbeitsbedarf der Spülpumpe der Nutzleistung zugute gekommen wäre. Die Maschine hätte also mit größeren Auslaß- und Einlaßquerschnitten bei einem Brennstoffverbrauch vom $\dfrac{76}{82} = 0{,}93$fachen das $\dfrac{76 \cdot 68}{82 \cdot 62} = 1{,}02$fache geleistet von den entsprechenden Werten der Maschine mit den zu kurzen Schlitzen. Die Betrachtung verschiebt

---

[1] Siehe auch O. Föppl: „Berechnung der Kanallängen von Zweitakt-Ölmaschinen mit Schlitzsteuerung". Z. V. d. I. 1913, S. 1939.

sich noch weiter zugunsten der Maschine mit den langen Schlitzen, da die Spülluft bei niedrigem Spülluftdruck auch niedrige Temperatur hat. Das bei Abschluß der Schlitze im Zylinder eingeschlossene Luftgewicht ist aber um so größer, je größer das bezogene Gewicht der Luft, je niedriger also die Temperatur ist. — Bei der angeführten Maschine ist diese Überlegung nicht beachtet worden. Die Maschine hat deshalb so ungünstig gearbeitet, daß sie nicht lebensfähig war.

Das Beispiel zeigt, daß die richtige Bemessung von Auslaß- und Einlaßquerschnitten eine Lebensfrage für die Zweitaktmaschine ist. Die genügend große Bemessung macht um so mehr Schwierigkeiten, je größer die Maschine und je größer die Drehzahl ist. Gar manche früher gebaute Zweitaktmaschine ist wegen zu geringen Auslaß- und Einlaßquerschnitten nicht lebensfähig gewesen. Bei richtig dimensionierten schnellaufenden Zweitaktmaschinen sollte der Spüldruck bei der Höchstdrehzahl nicht über 0,2 Atm. für Landmaschinen und nicht über 0,25 bis 0,30 Atm. für Schiffsmaschinen betragen — Werte, die aber bei den zur Zeit im Betrieb befindlichen schnellaufenden Dieselmaschinen vielfach erheblich überschritten werden. Die vorausgehenden Überlegungen haben nicht nur für Zweitaktmaschinen mit reiner Schlitzsteuerung, sondern auch für Maschinen mit Spülventilen Gültigkeit. Bei den letzteren kann man durch Vergrößern der Auspuffschlitze die Eröffnungsdauer der Spülventile entsprechend verlängern und auf diese Weise den Spülluftdruck herabsetzen.

Bei Viertaktmaschinen werden die Abgase beim Auspuffhub des Kolbens bis auf den im Totraum zurückbleibenden Rest — etwa 7% des Gesamtvolumens — aus dem Arbeitszylinder getrieben. Für die nächstfolgende Zündung steht deshalb ein verhältnismäßig sauerstoffreicher Zylinderinhalt zur Verfügung. Bei der Zweitaktmaschine ist die Beschickung des Arbeitszylinders mit Frischluft für den folgenden Arbeitsvorgang wesentlich unvollkommener. In den toten Ecken des Zylinderraums bleiben beim Durchspülen mit Frischluft immer erhebliche Mengen von Abgasen zurück, die die Ladeluft verunreinigen. Infolge der geringeren Qualität der Verdichtungsluft können deshalb in der Zweitaktmaschine bei jeder Betätigung des Brennstoffventils nur geringere Brennstoffmengen verbrannt werden als in einer Viertaktmaschine von gleichen Zylinderabmessungen. Da außerdem bei der Viertaktmaschine ziemlich der volle Kolbenhub, bei der Zweitaktmaschine aber nur der Hub nach Abschluß der Auspuffschlitze zur Verfügung steht, lassen sich im ersteren Falle größere mittlere Drucke erzielen als im letzteren Falle. Der effektive mittlere Druck p_e einer schnellaufenden Viertaktmaschine bei Marinehöchstleistung beträgt etwa 5—6 kg/qcm ($p_i = 7{,}5 \sim 8{,}5$ kg/qcm) und der einer Zweitaktmaschine 3,5—4 kg/qcm ($p_i = $ etwa 6 kg/qcm), d. h. das Hubvolumen der Arbeitskolben ist so bemessen, daß zur Erzielung der vorgeschriebenen Marineleistung die angegebenen Drucke im Zylinder erreicht werden müssen. Wenn noch mehr Brennstoff eingespritzt wird, können noch etwas höhere indizierte Drucke erzielt werden. Die Maschine ist dann aber überlastet und rußt. Die Viertaktmaschine hat unter Berücksichtigung der obigen Angaben für p_e und unter Berücksichtigung des Umstandes, daß bei ihr doppelt so viele Hube wie bei der Zweitaktmaschine für einen Arbeitsprozeß erforderlich sind, ein im Verhältnis 1:0,7 größeres Hubvolumen nötig als eine gleich starke schnelllaufende Zweitaktmaschine. Trotz dieser erheblichen Unterschiede in den Zylinderabmessungen läßt sich die schnellaufende Zweitaktmaschine kaum mit geringerem Gewicht für die effektive Pferdestärke bauen als die Viertaktmaschine, da bei ersterer die Spülpumpen hinzukommen.

Der Verbrauch an Brennstoff für die effektive Pferdestärkestunde ist bei der Zweitaktmaschine etwas größer als bei der Viertaktmaschine. Eine schnelllaufende Viertaktmaschine verbraucht bei richtiger Einstellung und voller Belastung 200 bis 215 g/PSe-Std. gegen 215 bis 225 g/PSe-Std. der schnellaufenden Zweitaktmaschine. Der Mehrverbrauch der Zweitaktmaschine ist eine Folge der zusätzlichen Arbeit der Spülpumpe, die nur zum Teil durch geringere Reibungsarbeit — auf jeden Arbeitshub dreht sich die Maschine nur halb so oft um — ausgeglichen wird. Auch der Schmierölverbrauch ist bei der Zweitaktmaschine größer, da in den Spülpumpen eine weitere Verbrauchsstelle vorhanden ist und durch die Spülluft Öl in die Arbeitszylinder geführt und dort verbrannt wird. Außerdem werden kleine Mengen Schmieröl bei jedem Eröffnen der Auspuffschlitze von den Abgasen durch die Schlitze mit fortgerissen. Der

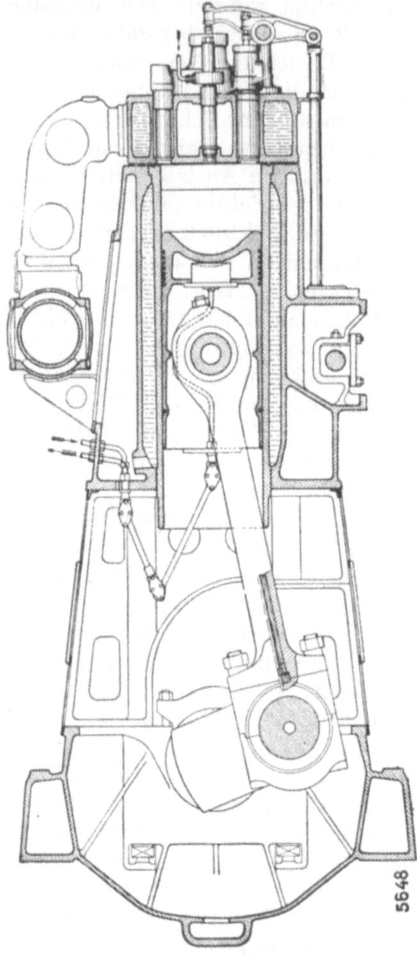

Abb. 32. Dieselmaschine mit Strahleinspritzung von Deutz, ölgekühlter Kolben, Zylinderbohrung $D = 460$ mm, Hub $H = 720$ mm.

Schmierölverbrauch einer guten Zweitaktmaschine beträgt auf dem Probestand bei richtiger Einstellung und Wartung 8—10 g/PSe-Std., der einer guten Viertaktmaschine 5—6 g/PSe-Std. In der Praxis ist mit höheren Verbrauchszahlen zu rechnen. Namentlich im Schiffsbetrieb werden mitunter größere Schmierölmengen dadurch unbrauchbar, daß z. B. durch Undichtigkeit der Ölkühler Seewasser ins Öl gelangt.

Wegen der größeren Wärmeentwicklung im Zylinder der Zweitaktmaschine — bei gleicher Drehzahl erfolgen doppelt so viele Zündungen wie bei der Viertaktmaschine — muß auf die Konstruktion der Zylinderdeckel besonders große Sorgfalt verwendet werden. Die Deckel der Zweitaktmaschine werden deshalb vielfach nicht aus Gußeisen, sondern aus Stahlguß oder noch besser Schmiedeeisen hergestellt. Durch geeignete Wasserführung muß dafür gesorgt sein, daß die Wärme vom Deckelboden gut abgeführt wird. Hoch beansprucht ist ferner der Kolbenboden der Zweitaktmaschine, der ebenfalls zweckmäßig aus Schmiedeeisen hergestellt und auf das gußeiserne Führungsstück aufgeschraubt wird. Wenn irgend möglich sollte der Kolbenboden mit Öl gekühlt werden; bei Wasserkühlung besteht gerade bei schnellaufenden, kreuzkopflosen Maschinen mit geschlossener Kurbelwanne die Gefahr, daß Kühlwasser durch Undichtigkeiten in die Kurbelwanne gelangt und sich mit dem darin befindlichen Schmieröl vermischt, und daß die Abdichtungen der Posaunen leichter Betriebsstörungen zur Folge haben können, als die Gelenkzuführung der ölgekühlten Kolben. — Mit Rücksicht auf die großen Nachteile, die mit dem Übertritt von Wasser in die Kurbelwanne verbunden sind, kann die Zuführung des Kühlgutes bei wassergekühlten Kolben nicht durch die einfachen, aber stets etwas durchlässigen Gelenke erfolgen, sondern es müssen die für Ausführung und Betrieb wenig erfreulichen Posaunen verwendet werden.

Der Kühlung des Kolbenbodens mit Öl stehen bei Zweitaktmaschinen Schwierigkeiten entgegen, die um so größer sind, je größere Zylinderabmessungen und Drehzahlen in Frage kommen. Da das zur Kühlung verwendete Schmieröl geringe Wärmeleitfähigkeit hat, wird oft gerade bei Zweitaktmaschinen nicht genügend Wärme vom Kolbenboden durch das Kühlöl abgeführt. Die an der Bodenwandung entlang streichende Ölschicht verkokt dann und setzt sich als harte Kruste an der Wandung ab. Der Wärmedurchgang durch die Wandung wird dadurch verschlechtert; die Kolbenböden werden nicht mehr genügend gekühlt und bekommen Sprünge. Zur Vermeidung dieses Nachteiles soll das Kühlöl bei Zweitaktmaschinen mit hoher Geschwindigkeit und unter häufiger Richtungsänderung über den Kolbenboden (ähnlich wie bei der Körting-Viertaktmaschine, Tafel III, oder der MAN-Viertaktmaschine, Tafel VII) geleitet werden. Bei größeren Maschinenleistungen (über 150 PSe/Zyl.) muß man bei schnellaufenden Zweitaktmaschinen auf die Ölkühlung verzichten und zur Wasserkühlung der Kolben übergehen. Das ist ein sehr folgenschwerer Schritt, der unter Umständen die Betriebssicherheit der ganzen Maschine in Frage stellen kann.

Eine besonders große Schwierigkeit, die beim Bau von Zweitaktmaschinen mit eingesetzter Zylinderbüchse zu überwinden ist, bereitet die Abdichtung des Zylinderkühlwasserraumes gegen die Innenräume. Bei der Viertaktmaschine wird der Spalt zwischen Zylinderbüchse und Zylinderwandung durch eine Stopfbüchse (Abb. 3) abgedichtet, die im Bedarfsfalle nachgezogen werden kann. Wenn die Stopfbüchse von Zeit zu Zeit nachgesehen und unter Umständen nachgezogen oder neu verpackt wird, ist es ausgeschlossen, daß Kühlwasser in die Kurbelwanne übertritt. Bei der Zweitaktmaschine liegen die Verhältnisse wesentlich ungünstiger, da der Kühlwasserraum in der Mitte durch die Auslaß- und bei einigen Maschinen auch durch die Einlaßschlitze

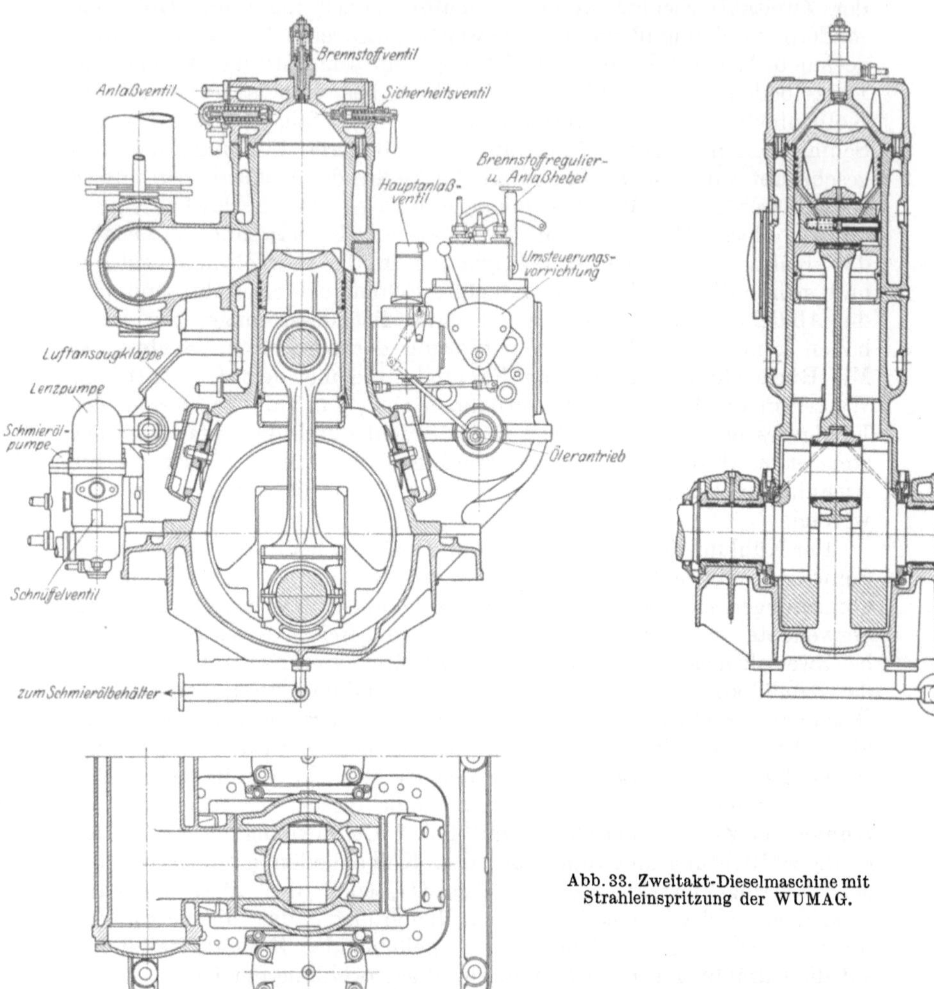

Abb. 33. Zweitakt-Dieselmaschine mit Strahleinspritzung der WUMAG.

durchbrochen wird. Der Raum unterhalb und oberhalb der Schlitze ist mit Kühlwasser angefüllt. Zwischen Zylindermantel und der eingesetzten Büchse ist in den Schlitzen eine Fuge, durch die bei ungenügender Verpackung Kühlwasser in den Abgasraum eintreten kann. Es besteht deshalb immer die Gefahr, daß Kühlwasser entweder von oben oder von unten in die Auspuffschlitze eintritt. Am sichersten würden natürlich nachziehbare Stopfbüchsen wirken, die sich aber kaum an dieser Stelle anbringen lassen. Bei Maschinen mit aus einem Gußstück bestehendem Arbeitszylinder — eine Anordnung, die bei langsamlaufenden Zweitaktmaschinen gewöhnlich bevorzugt wird — tritt dieser Nachteil nicht in die Erscheinung.

In bezug auf die Instandhaltungsarbeiten hat die Zweitaktmaschine, sofern sie nicht mit einem der im Vorausgehenden aufgeführten Gebrechen schwerwiegender Art behaftet ist, manche Vorzüge vor der Viertaktmaschine voraus. Eine große Arbeitsersparnis wird vor allem durch den Fortfall der Auspuffventile erzielt, die bei Viertaktmaschinen wegen der ungünstigen Lage im heißen Abgasstrom mitunter Betriebsstörungen erleiden und oft nachgeschliffen werden müssen. Ferner brauchen die Lager — vor allem Kurbel- und Kolbenbolzenlager — bei der Zweitaktmaschine weniger häufig nachgepaßt zu werden, da der Arbeitskolben im Gegensatz zur Viertaktmaschine während der ganzen Umdrehung durch den Druck im Zylinder belastet ist, so daß bei Lagerspiel kein Klopfen des Kolbens eintritt. Das Lagerspiel muß erst dann beseitigt werden, wenn aus dem Lager zuviel Schmieröl entweicht und der erforderliche Schmieröldruck nicht mehr gehalten werden kann.

Die Zweitaktmaschine hat ferner vor der Viertaktmaschine den Vorzug des gleichmäßigeren Drehmomentes voraus. Sie kann überdies schon mit 4 Zylindern sicher angelassen werden, während die Viertaktmaschine mindestens 5 Zylinder zum Anlassen aus jeder Stellung heraus nötig hat.

Die vorstehenden Ausführungen kann man dahin zusammenfassen, daß beim Bau von Zweitaktmaschinen größere Schwierigkeiten zu überwinden sind als bei Viertaktmaschinen. Wenn die Schwierigkeiten glücklich gelöst sind, hat die Zweitaktmaschine manchen Vorzug vor der Viertaktmaschine voraus. Wenn das Produkt aus Drehzahl und Zylinderdurchmesser große Werte annimmt, stellt sich dem Bau der Zweitaktmaschine eine besondere Schwierigkeit entgegen: die freien Durchtrittsquerschnitte für Einlaßluft und Auspuffgase erfordern einen erheblichen Prozentsatz des Kolbenhubes. Die Zweitaktmaschine kann deshalb mit der langsamlaufenden Viertaktmaschine leichter in Wettbewerb treten als mit der schnellaufenden. Wenn die kreuzkopflosen Maschinen so groß sind, daß man bei Viertaktmaschinen noch mit ölgekühlten Kolben auskommt, für die Zweitaktmaschine aber schon Wasserkühlung vorsehen muß, ist der Viertaktmaschine unbedingt der Vorzug vor der Zweitaktmaschine zu geben.

Solange deshalb noch die langsamlaufende Viertaktmaschine mit der Zweitaktmaschine im Wettbewerb stehen kann, wird die schnellaufende Viertaktmaschine der schnellaufenden Zweitaktmaschine überlegen sein. Zur Zeit gehen erst die Anstrengungen darauf hinaus, die langsamlaufende Viertaktmaschine zu verdrängen. Erst wenn das geschehen ist, wird der weitere Schritt, die schnellaufende Zweitaktmaschine einzuführen, Aussicht auf Erfolg haben können.

2. Angehängte oder selbständige Hilfsmaschinen.

Die für den Betrieb einer Dieselmaschine nötigen Hilfsmaschinen verbrauchen einen wesentlichen Teil der indizierten Diagrammarbeit. Da oft ein beschränkter Hauptmaschinenraum — namentlich auf Schiffen — zur Verfügung steht, in dem eine möglichst große Dieselmaschine untergebracht werden soll, liegt das Bestreben nahe, die Leistung der Hauptmaschine durch Absonderung der Hilfsmaschinen zu erhöhen und diese in verfügbaren Ecken oder Nebenräumen unterzubringen. Dies Bestreben wird noch durch den Umstand erhöht, daß die Betriebssicherheit von großen Einheiten zunimmt, wenn die Arbeitszylinderabmessungen durch Abspaltung der Hilfsmaschinen verringert werden können. Es ist deshalb nicht unwahrscheinlich, daß man, sobald man einmal sehr große Einheiten von 5000—10 000 PS betriebssicher bauen kann, die Hilfsmaschinen von der Hauptmaschine trennen wird. Für so große Maschinenanlagen ist ohnehin reichliche Bedienung erforderlich, so daß die rasche Inbetriebnahme der Hilfsmaschinen gleichzeitig mit dem Ansetzen der Hauptmaschinen keine Schwierigkeiten bereiten wird.

Jede abgespaltene Hilfsmaschine muß besonders in Gang gesetzt, beaufsichtigt und der Gangart der Hauptmaschine angepaßt werden. Im Gegensatz dazu erfordert die Bedienung einiger angekuppelten Hilfsmaschinen keine Aufmerksamkeit, und zwar trifft das für alle Hilfsmaschinen zu, die sich ganz von selbst in ihrer Förderung dem der jeweiligen Umdrehungszahl entsprechenden Bedarf anpassen (vor allem Kühlwasserpumpe und Spülpumpe). Für die einzelnen Hilfsmaschinen sind die folgenden Überlegungen maßgebend:

Die Abspaltung der Kühlwasser- und Schmierölpumpe kommt am wenigsten in Frage, da beide Pumpen nur geringe Leistung verbrauchen. Überdies fördern die angehängten Pumpen der Umdrehungszahl verhältnisgleiche Mengen, was dem jeweiligen Bedarf entspricht. Bei sehr kleinen Drehzahlen könnte es allerdings vorkommen, daß die Ölpumpe nicht genügend hohen Druck hält, so daß das Öl aus den Schubstangenlagern abfließt, ohne bis zum Kolbenzapfen aufzusteigen. Die angehängte Ölpumpe muß deshalb so groß bemessen werden, daß sie auch bei kleinen Drehzahlen genügend hohen Öldruck halten kann. Im normalen Betrieb fördert sie dann zu viel Öl. Das überschüssige Öl wird bei hohen Drehzahlen durch ein Regulierventil abgelassen, und die Fördermenge der Pumpe wird nur bei niedrigen Drehzahlen voll ausgenützt. Wenn die Kühlpumpen von der Hauptmaschine getrennt werden, wird der Zylinder bei zurückgehender Leistung der Hauptmaschine zu kalt — sofern nicht mit der Drehzahl der Hauptmaschine auch die Drehzahl der Kühlwasserpumpe sofort verändert wird. Das macht sich namentlich beim Manövrieren störend bemerkbar. Wenn aus irgendeinem Grunde die Trennung der Kühlpumpe von der Hauptmaschine nötig ist, empfiehlt es sich deshalb, die Regelung der Drehzahl der Pumpe mit der Regelung der Brennstoffpumpe starr zu verbinden.

Wegen des geringen Platzbedarfs der Kühlwasser- und Schmierölpumpe und wegen der Wichtigkeit dieser beiden Hilfsmaschinen für
den Betrieb der ganzen Anlage ist es zweckmäßig, außer den angehängten
Pumpen noch Reserveöl- und -kühlwasserpumpen vorzusehen, die in
Gang gesetzt werden, wenn die angehängten Pumpen eine Störung
im Betrieb erleiden. Mit Rücksicht auf den geringen Platz- und Arbeits-
bedarf sollten Schmieröl- und Kühlwasserreservepumpen bei keiner
Schiffsölmaschine von über 400 PS fehlen.

Die Frage, ob man den Verdichter und die Spülpumpe von Zweitaktmaschinen von der Hauptmaschine trennen soll, ist schon oft eingehenden Erwägungen unterzogen worden. Der Verdichter erfordert
8—10%, die Spülpumpe bei rasch laufenden Maschinen oft gar 10 bis
15% der indizierten Leistung. Durch Abtrennung beider Hilfsmaschinen
wird der effektive Wirkungsgrad einer Zweitaktmaschine von 60—65
auf 75—85%, die effektive Leistung also um ein Drittel erhöht; dafür
muß an anderer Stelle eine Hilfsmaschine aufgestellt werden. Beide
Pumpen erfordern überdies viel Platz; sie machen, wenn sie an die
Hauptmaschine angehängt sind, weitere Kurbelkröpfungen an der ohnehin schon viel gekröpften Kurbelwelle nötig; um Platz in der Länge
zu sparen, wird oft der angehängte Verdichter seitlich neben die Maschine
gesetzt und durch einen Balancier angetrieben. Diese Anordnung gibt
erst recht keine glückliche Lösung, da der Antrieb des Verdichters
große Kräfte verzehrt. Die Balancierübertragung verbraucht deshalb
viel Reibungsarbeit.

Die Spülpumpe der Zweitaktmaschine ist weniger für die Trennung
geeignet als der Verdichter, da die Spülluft bei allen Drehzahlen sehr
genau das 1,2—1,4fache des nutzbaren Arbeitszylinderhubvolumens
sein muß. Durch Vergrößern der Spülluftmenge über diesen Betrag
hinaus wird sofort die Spülpumpenarbeit wesentlich erhöht, der Wirkungsgrad der Anlage also verkleinert und durch Verringern unter
den angegebenen Betrag wird die Spülung verschlechtert, so daß erhebliche Mengen von Rückständen im Arbeitszylinder für den nachfolgenden Arbeitsvorgang zurückbleiben. Die angehängte Spülpumpe wird den Erfordernissen gerecht, da sie unabhängig von der
Drehzahl auf jeden Arbeitszylinderhub die gleiche Luftmenge fördert.
Die getrennte Spülpumpe dagegen könnte nur sehr schwer den beim
Manövrieren an sie zu stellenden Anforderungen angepaßt werden.

Eine Reservespülpumpe kommt selbst für die größten Anlagen
kaum in Frage, da sie sehr umfangreiche Vorkehrungen nötig machen
würde. Wenn die Spülpumpe versagt, fällt ein so großer Teil der Maschine
aus, daß es berechtigt ist, die ganze Maschine daraufhin abzustellen.
Dagegen muß namentlich bei Schiffsmaschinen ein Reserveverdichter
vorgesehen werden, mit dem die Anlaßflaschen nach Verbrauch der
Anlaßluft im Notfall aufgepumpt werden können.

3. Sicherheitsvorkehrungen gegen besonders scharfe Explosionen.

Scharfe Explosionen beeinträchtigen die Lebensdauer einer Dieselmaschine. Sie müssen deshalb nach Möglichkeit vermieden werden.

4*

Eine Reihe von Vorkehrungen an den modernen Dieselmaschinen dient dazu, das Auftreten von Fehlzündungen auszuschließen; andere dienen dazu, die scharfen Drücke, die bei Fehlzündungen auftreten, unschädlich zu machen. Für den letzteren Zweck sind die Sicherheitsventile auf den Arbeitszylindern bestimmt, die beim Auftreten von höheren Drücken als 50—60 Atm. abblasen. Im Betrieb treten übermäßig hohe Drücke in den Arbeitszylindern selten und nur unter besonderen Umständen ein. Wenn z. B. eine Brennstoffnadel zu stramm verpackt ist und deshalb in geöffnetem Zustande in der Packung hängenbleibt, oder wenn ein Teil an der Steuerung bricht, so daß ein Brennstoffventil während der ganzen Umdrehung offen stehen bleibt, so gelangt der Brennstoff zu früh in den Zylinder und verbrennt schon vor oder im oberen Kolbentotpunkt unter starker Drucksteigerung. Durch das Sicherheitsventil auf dem Zylinder entweicht dann ein Teil der hochgespannten Abgase unter schußähnlichem Knallen. Noch wichtiger als das Vermeiden von starken Drucksteigerungen im Betrieb ist das Verhüten von Fehlzündungen während der Anlaßzeit. Die scharfen Zündungen, die während des Anlassens mit Druckluft mitunter auftreten, sind besonders gefährlich, wenn sie darauf zurückzuführen sind, daß ein Teil der Anlaßluft durch nicht richtiges Arbeiten eines Anlaßventils oder durch Hängenbleiben eines Anlaßventils in geöffneter Stellung im Arbeitszylinder zurückgeblieben ist. Wenn in diese Übermenge an Verbrennungsluft, die ohne Brennstoff schon auf 50—60 Atm. komprimiert wird, Brennstoff eingespritzt wird, so können derartig große Drucksteigerungen entstehen, daß die überschüssigen Gase nicht rasch genug durch das Sicherheitsventil entweichen können und einen Maschinenteil zu Schaden bringen. Es wird dann entweder der Zylinderdeckel abgerissen, oder — ein Fall, der an Bord eines U-Boots vorgekommen ist — die Kolbenstange wird durchgeknickt, und der Kolben fliegt mit großer Macht aus der Zylinderbüchse in die Kurbelwanne und richtet arge Verwüstungen in der Umgebung an. Oft macht sich zu hoher Druck im Arbeitszylinder bei versagendem Sicherheitsventil in der Weise bemerkbar, daß beim Öffnen des Brennstoffventils die heißen Gase aus dem Zylinder ins Brennstoffventil zurückschlagen und die ölgeschwängerte Einblaseluft zur Entzündung bringen. Die Folge davon sind Zerstörung des Brennstoffventils und Durchschlagen der Einblaseluftleitung.

Zwischenfälle der angegebenen Art, die beim Anlassen der alten Schiffsdieselmaschinen mitunter vorkommen, können nur durch vorbeugende Maßnahmen verhindert werden, wie sie bei den neueren Dieselmaschinen allgemein vorgesehen werden. Solche vorbeugende Maßnahmen sind:

a) **Drosselung der Anlaßluft.** Hinter der Anlaßflasche wird die hochgespannte Luft, bevor sie in die eigentliche Anlaßleitung der Maschine eintritt, durch ein zwischengeschaltetes Druckminderventil auf 12—20 Atm. abgedrosselt. Die Anlaßleitung muß ohnehin so stark bemessen sein, daß die Maschine noch anspringt, wenn der Druck in der Anlaßflasche auf etwa 20 Atm. herabgesunken ist. Es liegt deshalb nahe, einen höheren Druck in der Anlaßleitung, der die Gefahr einer übermäßigen Luftansammlung in einem Arbeitszylinder in sich birgt, durch Einschalten des Druckminderventils auszuschließen. Bei Versagen des Druckminderventils tritt ein auf die Anlaßleitung gesetztes Sicherheitsventil in Tätigkeit.

b) Die Anlaßleitung wird nur während des Anlassens unter Druck gesetzt, beim Umschalten auf Betrieb aber entlüftet. Durch irgendeinen unglücklichen Zufall — z. B. Bruch eines Steuerungsteiles — kann es vorkommen, daß das Anlaßventil während des Betriebes plötzlich aufgedrückt wird. Währe die Anlaßleitung unter Druck, könnte der Arbeitszylinder in einem solchen Fall bei der Einsaugperiode mit vorgespannter Luft angefüllt werden, die bei der nachfolgenden Verbrennung heftige Drucksteigerungen bewirken würde. Solche Fälle werden durch Entlüftung der Anlaßluftleitung ausgeschlossen.

c) Niedriger Einblasedruck während der Anlaßzeit. Bei der ersten Brennstoffventileröffnung nach dem Anlassen kann unter Umständen eine übergroße Brennstoffmenge im Brennstoffventil vorgelagert sein. Damit dieser Brennstoff nicht zu plötzlich in den Zylinder übertritt und dort explosionsartig verbrennt, wird während des Anlassens ein niedriger Einblasedruck (40—45 Atm.) eingestellt. Die Einblaseluft treibt dann den Brennstoff infolge des verhältnismäßig geringen Druckunterschiedes zwischen Brennstoffventil und Kompressionsraum langsam in den Zylinder ein. Der niedrige Einblasedruck während des Anlassens ist auch schon deshalb nötig, weil die Maschine während des Anlaßvorgangs langsam umläuft, das Brennstoffventil also verhältnismäßig lange Zeit geöffnet wird. Aus dem gleichen Grunde wird bei manchen Maschinen der Brennstoffnadelhub während des Anlassens vermindert (s. Nadelhubregelung).

d) Ausschalten der Brennstoffpumpe während des Anlassens. Um zu verhüten, daß während des Anlassens mit Preßluft — während dieser Zeit bleibt ja die Brennstoffnadel geschlossen — zuviel Brennstoff in das Brennstoffventil eingepumpt wird, ist die Steuerung der Brennstoffpumpe mit der Anlaßsteuerung gekuppelt. Solange der Anlaßhebel auf „Anlassen" liegt, sind die Saugventile der Brennstoffpumpe angehoben, die Pumpe fördert nicht. Mit dem Legen des Anlaßhebels auf Betrieb wird die Förderung der Pumpe freigegeben.

e) Entlüften der Arbeitszylinder während des Umsteuerns. Besonders groß ist die Gefahr des Ansammelns übermäßiger Luftmengen im Arbeitszylinder während des Umsteuerns. Die Maschine, die z. B. nach „Voraus" läuft, wird nach Umlegen der Steuerung durch die für den Rückwärtsgang gesteuerte Anlaßluft gebremst und nach Stillstand rasch auf Rückwärtsgang beschleunigt. Da die Maschine warm ist, kann die Steuerung mitunter nach weniger als zwei Umdrehungen nach dem Stillstand von „Anlassen rückwärts" auf „Betrieb rückwärts" umgelegt werden, ohne daß Aussetzen der Zündung zu befürchten ist. Es ist die Möglichkeit vorhanden, daß noch in einem Zylinder

Bremsluft vom Ende des Vorwärtsgangs her vorhanden ist. Die Gefahr ist doppelt groß bei Maschinen, deren Zylinder in zwei Gruppen von „Anlassen" auf „Betrieb" umgeschaltet werden, da bei diesen Maschinen die erste Gruppe schon sehr kurz nach dem Anspringen der Maschine nach „Rückwärts" auf „Betrieb" geschaltet wird. Um die großen Drucksteigerungen infolge der Luftansammlung zu vermeiden, werden vielfach sämtliche Arbeitszylinder während des Umsteuerns entlüftet. (Siehe Abb. 20 mit Entspannungskolben 5.) Diese Maßnahme ist auch aus dem Grunde nötig, weil Einlaß- und Auslaßventile während des Umsteuervorganges nicht arbeiten. Die Luftmengen, die unter Umständen durch ein undichtes Anlaß- oder Brennstoffventil in den Zylinder übertreten, können also nicht entweichen und haben hohe Spannungen am Ende des Verdichtungshubes zur Folge. Zweitaktmaschinen brauchen während des Umsteuerns nicht entlüftet zu werden, da die Auspuffschlitze im Zylinder unabhängig von der Stellung der Steuerung stets in der äußersten Totlage des Kolbens geöffnet werden.

Im Zusammenhang mit den vorstehend genannten Sicherheitsvorkehrungen zum Schutze der Arbeitszylinder sollen folgende Sicherheitsvorkehrungen an anderen Stellen angeführt werden:

f) **Sicherheitsventile hinter jeder Verdichterstufe.** Durch Bruch eines Ventils oder durch ähnliche Ursachen kann es vorkommen, daß der gesamte Druck der nachfolgenden Verdichterstufe auf die vorausgehende zu wirken kommt. Infolge einer solchen Unregelmäßigkeit treten leicht Beschädigungen am Aufnehmer der niederen Verdichterstufe ein, der nicht für den hohen Druck bemessen ist. Da mit dem zeitweisen Versagen eines Verdichterventils auch bei den besten Maschinen gerechnet werden muß, soll hinter jeder Verdichterstufe ein Sicherheitsventil angebracht sein, das die überschüssige Luft bei unzulässig hohen Drucksteigerungen entweichen läßt.

g) **Sicherheitsventile in den Wasserräumen der Luftkühler.** Sie dienen dazu, um Drucksteigerungen, die durch Bruch eines Rohres im Kühler, verbunden mit Luftübertritt in den Kühlwasserraum, entstehen können, unschädlich zu machen. Statt dieser Sicherheitsventile werden auch oft Bruchplatten verwendet.

h) **Sicherheitsventile in den Schmieröl- und Kühlwasserdruckleitungen.**

i) **Bruchplatten in der Einblaseluftleitung.** Bei Dieselmaschinen, die nicht mit verkleinertem Hube der Brennstoffnadel angelassen werden, ist es mitunter vorgekommen, daß der Druck im Arbeitszylinder bei der ersten scharfen Zündung höher stieg als der Druck im Brennstoffventil. Infolgedessen schlugen die heißen Gase in das Brennstoffventil zurück und brachten dort das vorgelagerte Brennstoffluftgemisch zur Entzündung; der Druck in der Einblaseluftleitung stieg örtlich auf ungewöhnlich hohe Werte und zerstörte den Zerstäuber und die Einblaseluftleitung. Um eine Übertragung dieser Einblaseluftleitungsexplosionen vom einen zum anderen Brennstoffventil unmöglich zu machen, hat man verschiedentlich Rückschlagventile in die Einblaseluftleitung eingebaut, die die Strömung der Einblaseluft nur in der Richtung nach dem Brennstoffventil, nicht aber in umgekehrter Richtung zuließen. Die Anordnung hat sich nicht allgemein eingebürgert, da ihr von ihren Gegnern nachgesagt wird, daß die Drucksteigerung durch die Rückschlagventile nicht nur örtlich gebannt, sondern zugleich auch an dieser Stelle aufs äußerste gesteigert wird. Empfehlenswerter ist es, Maschinen, die zu Explosionen in der Einblaseleitung neigen, durch Sicherheitsventile — oder noch besser durch die schon von Diesel empfohlenen Bruchplatten, die in die Einblaseluftleitung in geeigneter Weise eingebaut werden — zu schützen.

Die Rückschlagventile beim Brennstoffventil in der Brennstoffleitung dienen nicht zur Sicherung gegen Explosionen, sondern zum Zurückhalten der Einblaseluft beim Öffnen des Probierventils in der Brennstoffleitung.

4. Nadelhubregelung.

Zur Zerstäubung des Brennstoffs vor dem Einspritzen in den Zylinder werden bei den verschiedenen Belastungen und Drehzahlen verschieden große Einblaseluftmengen benötigt. Die Einblaseluftmenge wird einerseits durch den Einblasedruck geregelt. Je höher der Einblasedruck ist, desto mehr Luft wird bei jeder Eröffnung der Brennstoffnadel in den Arbeitszylinder eingepreßt. Bei gleicher Drehzahl mag z. B. der Einblasedruck zwischen 45 Atm. (Leerlauf) und 65 Atm. (Vollast) schwanken. Im ersteren Fall steht für die Einspritzung ein Druckgefälle von 45 auf 32 Atm. — Verbrennungsdruck zu 32 Atm. angenommen — und im letzteren Fall ein Gefälle von 65 auf 35 Atm. — Verbrennungsdruck 35 Atm. — zur Verfügung. Bei Vollast wird deshalb, gleiche Ventileröffnung und gleiche Drehzahl in beiden Fällen vorausgesetzt, um 30—50% mehr Einblaseluft verbraucht als bei Leerlauf.

Wenn außer der Belastung auch die Drehzahl in weiteren Grenzen geändert wird — wie das z. B. bei Schiffsdieselmaschinen der Fall ist —, dann genügt die Regelung der Einblaseluftmenge durch den Einblasedruck allein in vielen Fällen nicht. Bei den niedrigen Drehzahlen bleibt das Brennstoffventil längere Zeit geöffnet als bei hohen Drehzahlen; es tritt deshalb bei langsamem Lauf mehr Einblaseluft pro Umdrehung in den Arbeitszylinder über als bei voller Drehzahl. Das ist gerade deshalb bei Schiffsmaschinen doppelt ungünstig, weil niedrige Drehzahlen mit kleiner Last zusammenfallen, bei der man mit besonders wenig Einblaseluft die besten Ergebnisse erzielt. Von verschiedenen Dieselmotorenfabriken sind deshalb die Maschinen zwecks Verringerung der Einblaseluftmenge bei niedrigen Drehzahlen mit Vorkehrungen zur Beschränkung der Eröffnungsdauer und des Eröffnungshubes der Brennstoffnadel ausgerüstet worden.

Die nächstliegende und einfachste Vorrichtung zur Beschränkung des Nadelhubes besteht darin, daß die Anlaßbrennstoffsteuerung nicht voll auf Brennstoff ausgelegt wird, so daß die Rolle am Brennstoffhebel nicht in den vollen Bereich des Nocken gebracht wird; der Ab-

stand zwischen Brennstoffrolle und Nockenscheibe beträgt also· bei
langsamer Drehzahl einen oder mehrere Millimeter gegen etwa 0,4 mm
bei voller Drehzahl. Der Erfolg dieser Maßnahme ist, daß die Nadel
später eröffnet, früher geschlossen und weniger stark angehoben wird.
Die Anordnung, die den wichtigen Vorzug der Einfachheit hat, ist mit
folgenden beiden Nachteilen behaftet. Sobald innerhalb weiterer Grenzen reguliert wird, wird leicht der Eröffnungsbeginn
zu stark verändert, so daß entweder bei kleiner Last
Spätzündungen oder bei großer Last Frühzündungen
eintreten. Die Anordnung läßt ferner keine Fein-
regelungen zu, da die beim Anschlagen der Brennstoffnadeln an die Hebelrollen entstehenden Kräfte
einen erheblichen Rückdruck auf die Hubregelung
haben, die deshalb in den beiden Endlagen „volle
Drehzahl" und „langsame Drehzahl" gut festgeklemmt werden muß.

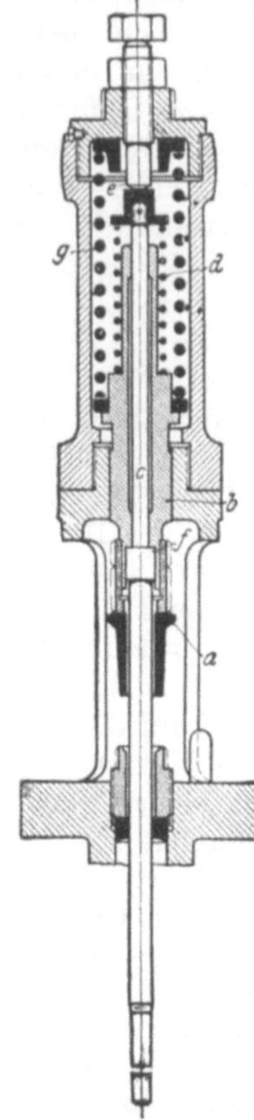

Abb. 34. Nadelhubrege-
lung durch Feder und
verstellbaren Anschlag.

Bei Maschinen, bei denen die Nockenwelle für
die Umsteuerung verschoben wird, ohne daß die
Rollenhebel abgehoben werden, wird vielfach neben
den Betriebsnocken ein Nocken für langsamen
Gang gesetzt; die beiden Nocken sind durch ein
verjüngtes Übergangsstück miteinander verbunden.
Durch Verschieben der Nockenwelle um einen kleinen
Betrag kann bald der eine, bald der andere Nocken
in den Wirkungsbereich der Rolle gebracht werden.
Diese Anordnung kann im allgemeinen nur bei Zweitaktmaschinen verwendet werden, da bei den Umsteuerungen von Viertaktmaschinen gewöhnlich die
Nockenwelle nur verschoben werden kann, nachdem vorher die Hebelrollen abgehoben sind. Während des Betriebes dürfen aber die Hebelrollen
nicht zum Übergang von hohen auf niedrigere
Drehzahlen von den Nockenscheiben abgehoben
werden.

Eine andere Art der Nadelhubregelung, die bei
den von der Maschinenfabrik Augsburg-Nürnberg
gebauten Maschinen angetroffen wird, ist in Abb. 34
dargestellt[1]. Die Nockensteuerung wird bei den verschiedenen Drehzahlen überhaupt nicht beeinflußt,
die Nadel öffnet und schließt also bei allen Drehzahlen zu gleicher Zeit.
Die dem Ventilhebel vom Brennstoffnocken mitgeteilte Bewegung wird
durch den Kugelsitz a nicht unmittelbar, sondern durch Zwischenschaltung einer stark vorgespannten Feder d an die Brennstoffnadel übertragen. Die Nadel vergrößert ihren Hub nur so lange, bis der Ventilteller

---

[1] Eine eingehende Beschreibung der Vorrichtungen, mit denen der Einspritzvorgang bei Dieselmaschinen beeinflußt werden kann, findet sich in dem Aufsatz von L. Ebermann: „Die Beeinflussung der Brennlinie bei Dieselmotoren".
Z. V. d. I. 1920, S. 425.

von *d* gegen eine in der Höhe verstellbare Schraube *e* anschlägt. Wenn der Nocken eine weitere Hebung von *a* bewirkt, so wird dadurch nur das Zwischenstück *b* relativ zur Nadel verschoben und die Feder *d* zusammengedrückt. (In der Abbildung ist die Stellung wiedergegeben, in der der obere Federteller eben den Anschlag *e* berührt.) Beim Zusammendrücken der Feder *d* wird das Zwischenstück *b* vom Nadelbund *f* abgehoben. Die Schließung erfolgt bei ablaufendem Nocken durch die eigentliche Ventilfeder *g*, die das Zwischenstück *b* so lange längs der Nadel verschiebt, bis der Anschlag *f* erreicht ist. Dann nimmt *b* die Nadel mit und drückt sie schließlich vermittels der Federkraft *g* auf ihren Sitz.

Die Abb. 34 stellt eine Versuchsausführung dar, bei der die Anschlagschraube nur mit dem Schraubenschlüssel verstellt werden kann. Bei praktischen Ausführungen ist die Anschlagschraube nach außen mit einem Hebel verbunden, durch dessen Verdrehung der Anschlag in der Höhenlage verstellt wird. (Siehe das Gestänge *49* in Abb. 35 links oben.)

Der Anschlag *e* wird bei den verschiedenen Drehzahlen in der Höhe verstellt; bei langsamer Drehzahl ist nur ein kleiner Spalt zwischen Nadel *c* und Anschlag *e*, um den die Nadel geöffnet werden kann; bei voller Drehzahl ist der Anschlag aus dem Bereiche der Nadelbewegung gebracht, so daß die Nadel ungehindert bis zum vollen Betrage vom Nocken geöffnet wird. Das Diagramm, das den Nadelhub abhängig von der Zeit darstellt, stimmt also bei langsamer Drehzahl im Eröffnungs- und Schließstück mit dem Raschlaufdiagramm überein; das mittlere Stück ist bei langsamer Drehzahl durch eine horizontale Linie, die den Nadelhub bis zum Anschlag mißt, wiedergegeben. Die Vorspannung der Feder *d* muß größer sein als die Beschleunigungskraft, die auf die Nadel bei der Ventileröffnung übertragen werden muß.

Die Nadelhubregelung ist mit der Regelung der Brennstoffpumpe starr gekuppelt, so daß bei geringer Last selbsttätig ein geringer Nadelhub eingestellt wird.

In Abb. 35 ist das Zusammenwirken von Brennstoff und Nadelhubregelung in der an einer 1750-PSe-MAN-Maschine vorgesehenen Anordnung dargestellt. *1* ist der Brennstoffpumpenplunger und *2* das Saugventil, das in der in Abb. 24 dargestellten Weise vom Plungergestänge aus durch Vermittlung der Teile *10, 11, 12* gesteuert wird. Die Regelung der Brennstoffpumpe erfolgt durch das Handrad *16*, bei dessen Verdrehung die Stange *17* und die Welle *15* bewegt werden. Da der Hebel *10* auf der Welle *15* exzentrisch gelagert ist, wird das Reguliergestänge *11, 12* durch Verdrehung der Welle in der Höhenlage verstellt. Es werden auf diese Weise die Zeitdauern geändert, während deren sich die Saugventile unbelästigt an den Hebeln *12* schließen können. Unabhängig von der Fördermengenregelung werden die Saugventile durch den Hebel *36* dauernd aufgedrückt, solange sich die Steuerung der Maschine in Anlaß- oder Stoppstellung befindet. Zu diesem Zweck ist mit dem Anlaßhebel *28* das Gestänge *30, 32, 35* und der Hebel *36* verbunden, der die Saugventile der Brennstoffpumpe

nur frei gibt, wenn die Steuerung auf Betrieb steht. Da die Maschine
der Abb. 35 in 2 Gruppen von je 3 Zylindern angelassen werden kann,
sind 2 Anlaßhebel vorhanden, von denen jeder auf je 3 Saugventile

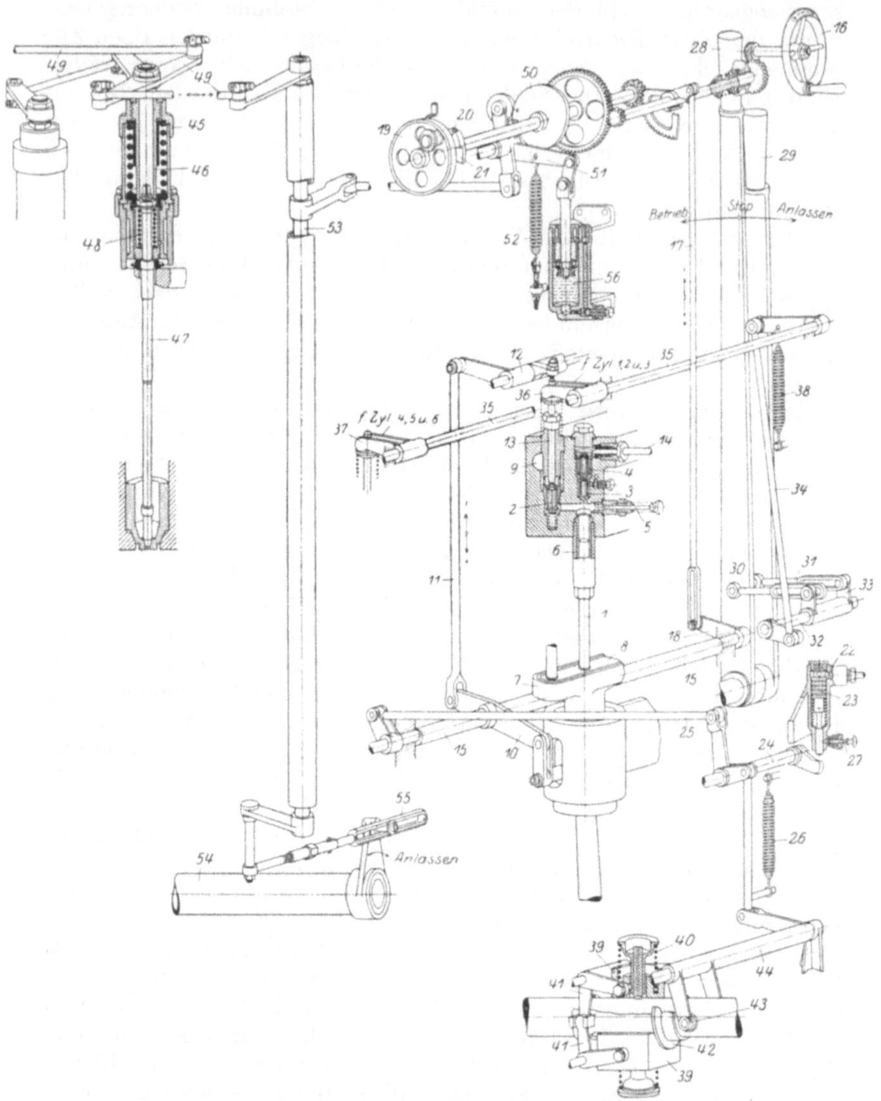

Abb. 35. Brennstoff- und Nadelhubregelung einer 1750-PS-Schiffsdieselmaschine der MAN,
Werk Augsburg.

der Brennstoffpumpe einwirkt. Die Saugventile der Brennstoffpumpe
können ferner vom Sicherheitsregler (*39—43*) aus durch Vermittlung
des Gestänges *44, 25, 11* dauernd aufgedrückt werden, sobald die
Umdrehungszahl der Maschine eine Höchstgrenze überschritten hat.

Auf das Gestänge *25, 11* wirkt auch die Fernabstellvorrichtung *22, 23* ein, die durch Druckluft betätigt wird und mit der die Förderung der Brennstoffpumpe unterbrochen und au diese Weise die Maschine abgeschaltet werden kann.

Das Handrad *16* verstellt gleichzeitig mit der Fördermenge der Brennstoffpumpe auch den Nadelhub in der auf S. 57 beschriebenen Weise. Auf der Gestängewelle sitzt die Nockenscheibe *50*, auf die eine Rolle durch die Feder *52* angedrückt wird. Der Rollenhebel wirkt durch die Welle *53* auf das Gestänge *49* ein und verändert bei der Verstellung die Höhenlage der Anschlaghülse *46* (in Abb. 34 als einfache Schraube *e* dargestellt), um auf diese Weise die Begrenzung des Nadelhubes (*47*) der Belastung der Maschine anzupassen. Das Nadelhubgestänge wird bei Schiffsmaschinen gewöhnlich so eingestellt, daß der kleinste freie Nadelhub bei kleinster Belastung etwa $^1/_2$ mm und der volle Nadelhub bei Belastungen von über $^1/_2$ oder $^2/_3$ Last etwa 2 mm beträgt.

Wenn die Steuerwelle *54* auf „Anlassen" gelegt wird, so wird durch das Gestänge *55, 53* unabhängig von der Stellung des Handrades *16* kleinster Nadelhub eingestellt. Die Rolle ist dabei zwangläufig von der Nockenscheibe *50* abgehoben, die Feder *52* also gespannt. Beim Umschalten auf Betriebsstellung bewirkt die Ölbremse *56*, daß die Rolle von der Feder *52* nur allmählich in den Bereich der Nockenscheibe gebracht wird. Bei den ersten Umdrehungen der Anfahrperiode ist deshalb stets kleiner Nadelhub eingestellt, was mit Rücksicht auf die anfänglich vorhandene niedrige Umdrehungszahl sehr erwünscht ist.

5. Einblasedruckregelung.

Zu jeder Drehzahl und jeder Belastung gehört ein ganz bestimmter günstigster Einblasedruck, dessen Höhe bei den verschiedenen Maschinen von der Gestaltung des Zerstäubers im Brennstoffventil, dem Grad der Verdichtung usw. abhängt. Die Regelung des Einblasedruckes erfolgt entweder von Hand oder durch den Regler. Bei der letzteren Anordnung soll stets eine Handregelung zwischengeschaltet sein, mit der man den Bereich, in dem der Regler wirkt, einstellen kann. Die Handregulierung muß also betätigt werden, wenn z. B. ein anderer Brennstoff oder eine andere Einstellung der Maschine mit mehr oder weniger Voreilen höhere oder niedrigere Einblasedrucke bei allen Belastungen nötig machen.

Gewöhnlich wird der Einblasedruck nur von Hand geregelt. Die einfachste Art der Regelung ist die, bei der eine Drosselklappe in der Saugleitung des Verdichters verstellt wird. Die Anordnung ist mit dem Nachteil verbunden, daß der Einblasedruck nur sehr langsam der Betätigung des Regelorgans folgt, da sich die Veränderung der angesaugten Luftmenge nacheinander in den einzelnen Verdichterstufen bemerkbar machen muß. Um den Einblasedruck augenblicklich der Gangart der Maschine anpassen zu können, wird oft ein Druckminderventil in die Hochdruckleitung hinter dem Verdichter eingeschaltet, das von Hand verstellt wird (Abb. 36). Das Druckminder-

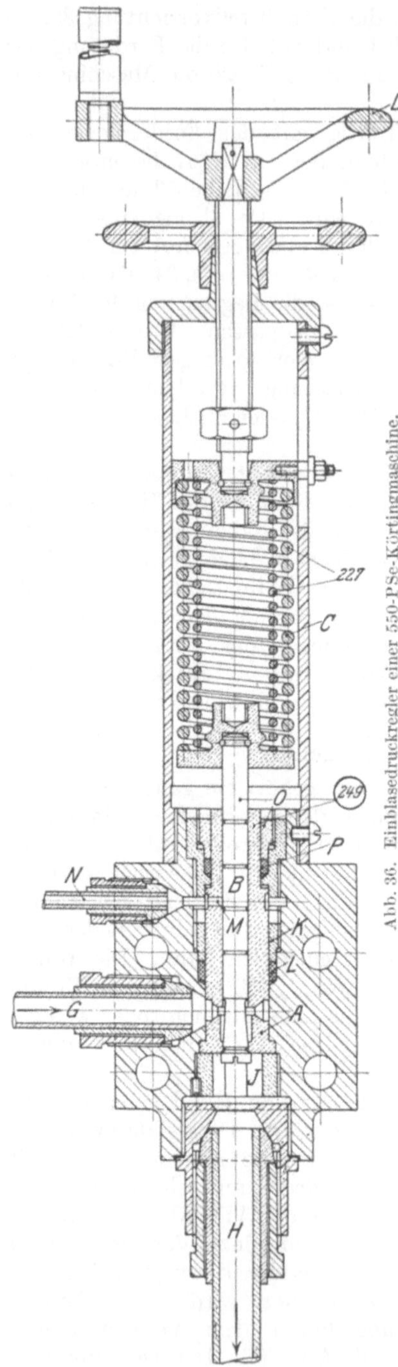

Abb. 36. Einblasedruckregler einer 550-PSe-Körtingmaschine.

ventil regelt, solange die Handregulierung an ihm nicht verstellt wird, konstanten — d. h. vom Enddruck des Verdichters unabhängigen — Einblasedruck. Die Luft wird also über den Einblasedruck hinaus verdichtet und in dem Druckminderventil auf den richtigen Druck heruntergedrosselt. Vor dem Druckminderventil treten bei raschen Belastungsänderungen oft starke Druckänderungen ein, die der Maschinist durch Betätigung der Drosselklappe in der Saugleitung, die auch bei dieser Anordnung nicht fehlen darf, nach Möglichkeit mildert. Ohne das Nachregeln von Hand kann theoretisch die richtige Luftmenge bei den verschiedenen Belastungen überhaupt nicht, praktisch nur unter großen Druckschwankungen vor dem Druckregler erreicht werden. Denn bei einer beliebigen Stellung der Handregulierung regelt das Druckminderventil in der Druckleitung einen ganz bestimmten Einblasedruck; es wird eine ganz bestimmte, von der Förderung des Verdichters unabhängige Luftmenge verbraucht. Wenn die Drosselklappe in der Verdichtersaugleitung etwas weiter geöffnet ist, als dieser Luftmenge entsprechen würde, dann steigt der Verdichterenddruck weiter und weiter an; bei den höheren Drucken hat der Verdichter einen etwas geringeren volumetrischen Wirkungsgrad. Beharrungszustand zwischen geförderter und gebrauchter Luft tritt erst dann ein, wenn die Luftförderung des Verdichters infolge der Verschlechterung des volumetrischen Wirkungsgrades auf den Luftbedarf herabgedrückt ist.

Man hat versucht, die Luftmenge selbsttätig durch Einwirkung des Verdichterenddruckes auf die Drosselklappe — neben der Regelung des Einblasedrucks durch das Druckminderventil in der Hochdruckleitung — zu regeln. Diese Aufgabe bietet aber die Schwierigkeit, daß die Veränderung in der Einstellung der Drosselklappe erst nach geraumer Zeit in der Hochdruckstufe des Verdichters wirksam wird. Es treten deshalb leicht Überregulierungen ein. Das Nachregeln der angesaugten Luftmenge durch Verstellen der Drosselklappe von Hand wird sich deshalb bei Dieselmaschinen kaum vermeiden lassen.

Wesentlich verschieden ist die Abhängigkeit des Einblasedrucks von der Drehzahl bei Land- und bei Schiffsmaschinen. Landmaschinen laufen in der Regel bei allen Belastungen mit etwa der gleichen Drehzahl um; bei Vollast ist die niedrigste Drehzahl vorhanden, bei Leerlauf die höchste. Der Unterschied zwischen beiden Drehzahlen ist je nach der Ausbildung des Reglers zwischen 1 und 5%. Bei Vollast — also bei niedrigster Drehzahl — ist der höchste Einblasedruck, bei Leerlauf — höchster Drehzahl — der niedrigste Einblasedruck nötig. Gewöhnlich wird bei Landmaschinen auf den Einblasedruckregler verzichtet; der Maschinist stellt von Hand einen mittleren Einblasedruck ein, der für alle Drehzahlen beibehalten wird.

Bei Schiffsmaschinen treten sehr große Schwankungen in der Drehzahl auf — Höchstdrehzahl: niedrigste Drehzahl etwa = 4:1. Im Gegensatz zu den Landmaschinen ist bei niedrigster Drehzahl das kleinste Drehmoment, bei höchster Drehzahl das größte Drehmoment zu überwinden. Da sowohl Drehzahl als auch Belastung in weiten Grenzen geändert werden, ist es bei größeren Schiffsmaschinen immer nötig, den Einblasedruck dem jeweiligen Maschinengang anzupassen, also ein Druckminderventil hinter dem Verdichter einzuschalten. Der Maschinist, der bei Schiffsdieselmaschinen ohnehin stets im Maschinenraum anwesend sein muß, bedient das Druckminderventil von Hand bei Drehzahländerungen. Er sorgt durch Betätigung des Drosselventils in der Saugleitung dafür, daß der Verdichter einen höheren Druck als den für Einblasezwecke nötigen schafft, und er paßt den Einblasedruck mit dem Druckminderventil in der Hochdruckleitung der jeweiligen Gangart unabhängig vom Verdichterenddruck an.

Abb. 36 stellt einen Einblasedruckregler dieser Art in der von der Maschinenfabrik Körting verwandten Ausführung dar. Die Einblaseluft tritt durch Leitung G in das Ventil ein und strömt durch H den Brennstoffventilen zu. Die Druckminderung von G nach H erfolgt durch den Kopf der Ventilspindel B, der je nach der Höhenlage von B größere oder kleinere Querschnitte am Sitz des Ventilkörpers A freilegt. Die Ventilspindel ist aus dem Druckraum nach außen geführt und durch eine Labyrinthdichtung abgedichtet. Um die durch die Labyrinthdichtung entweichenden kleinen Luftmengen wieder der Maschine zuzuführen, ist die Labyrinthdichtung durch die Leitung N an den Druckraum der Niederdruckstufe des Verdichters angeschlossen.

Da der Durchmesser des oberen Teils der Ventilspindel ebenso groß ist wie der engste Durchmesser des Ventilsitzes, ist die Ventilspindel vom Zuleitungsdruck der Einblaseluft in der Leitung G entlastet. Es wirkt auf sie einerseits der Einblasedruck im Raum H nach oben und der Druck der Feder C nach unten. Wenn der Federdruck auf die Spindel größer ist als der Gegendruck der Einblaseluft, senkt sich die Spindel und gibt einen größeren Querschnitt frei. (Voraussetzung ist natürlich, daß der Druck in der Zuleitung G stets höher gehalten wird als in der Einblaseluftleitung H.) Es steigt infolgedessen der Gegendruck in Leitung H so lange, bis sich die an der Spindel angreifenden beiden Kräfte im Gleichgewicht befinden. Auf diese Weise ist erreicht, daß zu jedem Federdruck ein ganz bestimmter Druck der Einblaseluft hinter dem Ventil — unabhängig vom Zuleitungsdruck der Einblaseluft — gehört. Der Druck der Feder C auf die Ventilspindel wird durch das Handrad D, mit dem der Federteller heruntergeschraubt werden kann, dem jeweiligen Maschinengang angepaßt. Das kleinere Handrad unterhalb D dient dazu, um die Druckschraube in der augenblicklichen Stellung festzuklemmen und auf diese Weise zu verhüten, daß sich die Einstellung der Spindel infolge Erschütterungen in unbeabsichtigter Weise während des Maschinenganges verändert. Am oberen Federteller ist — in der Abb. 36 die Schraube auf der rechten Seite — ein Zeiger angebracht, dessen Höhenstellung die Lage des oberen Ventiltellers und damit die Druckluft der Feder und den Gegendruck der Einblaseluft angibt.

Das Druckminderventil kann selbsttätig von einem besonderen Regler verstellt werden. Bei den MAN-Schiffsdieselmaschinen erfolgt die Regelung des Einblasedrucks durch eine kleine Pumpe, die mit der Brennstoffpumpe verbunden ist und die den Einblasedruck abhängig von der Drehzahl und der Belastung einstellt. Die Anordnung ist in der Literatur eingehend behandelt worden (s. z. B. Z. V. d. I. 1920, S. 429).

Bei Land- und Schiffsmaschinen ist es wichtig, beim Ansetzen der Maschine niedrigen Einblasedruck zu halten, da sonst leicht scharfe Zündungen auftreten. Da gerade beim Anlassen wegen der vielen nacheinander vorzunehmenden Betätigungen mitunter Bedienungsfehler vorkommen, werden die Schiffsdieselmaschinen oft mit selbsttätigen Vorrichtungen zur Minderung des Einblasedrucks während der Anlaßperiode ausgerüstet (Abb. 35, Anordnung *49, 53, 55*).

6. Einspritzung ohne Luft.

Der wichtigste Fortschritt, der in der Vervollkommnung der Dieselmaschine in den letzten Jahren erzielt worden ist, besteht in der Durchbildung der luftlosen Einspritzung, bei der der Verdichter gespart wird. Die Verdichtung auf die hohen Drücke, die für die Einspritzung benötigt werden, macht einen mehrstufigen Verdichter (bei kleinen Maschinen 2, bei großen 3 Stufen) erforderlich. Die Luft darf nicht zu stark erhitzt werden, da sonst in der verdichteten Luft Schmierölexplosionen durch Selbstzündung entstehen können und da durch die Erwärmung der Wirkungsgrad des Verdichters erniedrigt wird. Es sind deshalb Luftkühler in die Luftleitung zwischen die einzelnen

Stufen und nach der letzten Stufe eingebaut, in denen die bei der Verdichtung erhitzte Luft abgekühlt wird. Die einzelnen Verdichter- und Kühlerstufen müssen von Zeit zu Zeit entlüftet werden. Ferner muß der Einblaseluftdruck der Gangart der Maschine angepaßt werden, was bei größeren Maschinen vom Einblasedruckregler besorgt wird.

Es ist also ein großer Apparat, der zur Lieferung und Regelung der nötigen Einspritzluft aufgewendet werden muß. Und gerade an diesen Teilen treten vielfach Störungen auf, sei es, daß ein Ventil im Verdichter undicht wird oder hängen bleibt und die Luft infolgedessen von der höheren Stufe nach der unteren strömt, oder daß ein Kühler undicht wird und Luft nach außen oder ins Kühlwasser entweichen läßt oder auch Kühlwasser nach außen abfließt, oder daß Kolbenringe, Ventile oder Kühler infolge zu reichlich gegebenen Schmieröls, das von der verdichteten Luft mitgerissen wird, verschmutzen. Bei so vielen Umständen und Störungsmöglichkeiten, die der Verdichter mit sich bringt, liegt es nahe, daß man schon frühzeitig versucht hat, den Verdichter ganz fortzulassen und den Brennstoff unmittelbar in die im Arbeitszylinder verdichtete Luft einzuspritzen.

Man kann das Ziel auf die Weise erreichen, daß man die nötige Einspritzluft aus dem Zylinder abzapft, in einen Hilfsraum mit einer geringen Brennstoffmenge zur Entzündung bringt und mit Hilfe des hochverdichteten Gemisches die Hauptmenge des Brennstoffs durch einen engen Hals in den Zylinder einspritzt, wo er sich mit der Hauptluft mischt und verbrennt. Bei diesen Maschinen, den Vorkammer-Dieselmaschinen, wird die Vorkammer im Betrieb rotglühend und ruft dadurch eine sichere Zündung hervor. Um die Maschine in Gang zu bringen, bedient man sich vielfach einer Anwärmlampe. Der Vorteil der Vorkammer-Dieselmaschine liegt in der einfachen Bauweise, während als Nachteile höherer Brennstoffverbrauch und die Unmöglichkeit, die Maschinen mit Rücksicht auf die Betriebssicherheit in größeren Einheiten zu bauen, gebucht werden müssen.

Man ist in den letzten Jahren noch einen Schritt weiter gegangen, hat auf Zuhilfenahme der Luft für die Zerstäubung ganz verzichtet und den Brennstoff unmittelbar in den Arbeitszylinder eingespritzt. Auf diesem Wege hat man so wesentliche Erfolge erzielt, daß wir an der luftlosen Einspritzung (oder nach Nägel[1] auch Strahleinspritzung) nicht vorbeigehen können.

Die Zerstäubung des Brennstoffs soll also bei der Dieselmaschine mit Strahleinspritzung einfach dadurch erfolgen, daß man den Brennstoffstrahl in die Verbrennungsluft einspritzt. Es liegt auf der Hand, daß die Zerstäubung um so gründlicher in der zur Verfügung stehenden kurzen Zeit erfolgt, mit je größerer Geschwindigkeit der Strahl in den Zylinder eintritt. Zu diesem Zwecke muß die Düse möglichst eng bemessen sein und der Brennstoff, dessen Menge für jeden Verbrennungsvorgang genau vorgeschrieben ist, auf möglichst hohen Druck gebracht werden. Die Grenzen für den Druck sind durch die Betriebs-

---

[1] Nägel: Die Dieselmaschine der Gegenwart. Z. V. d. I. 1923. An dieser Stelle ist das Thema eingehend behandelt.

sicherheit der Anlage gegeben; gewöhnlich werden 200—300 Atm. vorgesehen. Man ist aber auch schon auf wesentlich höhere Drucke gegangen. So gibt Mader[1] an, daß er Einspritzdrucke bis 700 Atm. angewendet hat. Mader macht an dieser Stelle mit Recht darauf aufmerksam, daß bei der Strahlzerstäubung nicht die Gefahr besteht,
daß die Düse — ähnlich wie das bei Einspritzung mit Luft öfters
vorkommt — vom Verbrennungsraum aus zuwächst, da die Düse
durch den Brennstoff gekühlt wird und eine Verbrennung vor Eintritt in den Zylinder wegen der Abwesenheit von Sauerstoff ausgeschlossen ist.

Weiterhin ist noch wichtig, daß der eingespritzte Brennstoff von
der Düse ab einen möglichst großen Weg in der verdichteten Luft
zurücklegt. Denn sobald der Strahl gegen eine feste Wandung prallt,
wird zwar die mitgerissene Luft abgelenkt, aber der feinverteilte Brennstoff infolge der Zentrifugalkraft an der Wandung ausgeschieden. Durch
Umlenken eines Strahles kann man die Luft von den mitgerissenen
Flüssigkeitsteilchen befreien, und das muß hier gerade vermieden
werden. Bei der verdichterlosen Einspritzung ist deshalb der Ausbildung des Verbrennungsraumes besondere Beachtung zuzuwenden.
Dieser Gesichtspunkt ist schon wichtig bei der Dieselmaschine mit
Verdichter: Auch hier muß jedes Brennstoffteilchen mit dem für die
Verbrennung nötigen Luftteilchen in kurzer Zeit zusammengebracht
werden. Günstig ist aber, daß der Brennstoff schon einen Teil der
Luft als Einspritzluft mitführt und daß die im Totraum eingeschlossene
Verbrennungsluft durch die Einspritzluft in wirbelnde Bewegung gebracht wird. Bei der Strahleinspritzung können im Gegensatz zur Lufteinspritzung die geringen eingespritzten Mengen keine wirbelnde Bewegung der Verbrennungsluft hervorrufen. Die Wirbelung setzt erst
mit der Verbrennung selbst ein. Da die Verbrennungsluft nicht zum
Brennstoff kommt, muß der Brennstoff zur Luft gebracht werden;
es ist deshalb ganz besonders wichtig, daß der Brennstoffstrahl auf
seinem Weg durch den Verbrennungsraum recht viel Verbrennungsluft
durcheilt. Dieser Bedingung wird am besten die seitliche Einspritzung
der Luft — Brennstoffeintrittsrichtung senkrecht zur Zylinderachse —
gerecht, da bei ihr der Strahl den ganzen Zylinderdurchmesser zurücklegen kann, bis er auf eine feste Wand trifft. Wenn der Brennstoff
dagegen in Richtung der Zylinderachse eingespritzt wird, muß der
Verbrennungsraum durch Wölbung des Kolbenbodens möglichst kom-
pakt ausgebildet sein.

Es ist noch ein dritter Punkt, der neben der hohen Brennstoff-
verdichtung und der geeigneten Ausbildung des Verbrennungsraumes
zu beachten ist: die Steuerung der Brennstoffeinspritzung. Bei der
Einspritzung mit Luft wird die Maschine durch die Brennstoffnadel
gesteuert, die die Brennstoffluftleitung kurz vor dem Eintritt in den
Verbrennungsraum abschließt und die auf eine entsprechend bemessene
Zeit das Gemisch unter fast unveränderlichem Druck in den Zylinder

---

[1] O. Mader, Z. V. d. I. 1925. S. 1375.

eintreten läßt. Bei der luftlosen Einspritzung steht der Nadelsteuerung die Schwierigkeit entgegen, daß der Druck der Flüssigkeit während der Einspritzung zu stark abfallen und der Brennstoff deshalb nicht gleichmäßig in den Zylinder eintreten würde. Man könnte vielleicht diese Schwierigkeit dadurch beheben, daß man ein federndes Kissen (z. B. einen Windkessel) in die Brennstoffleitung einschaltet, das beim Austritt von wenigen Kubikzentimetern Brennstoff den Druck nicht zu stark abfallen läßt. Da aber auch dieser Windkessel durch die Regelung des Luftvolumens bzw. durch die Ausbildung eines geeigneten Federkissens erhebliche Schwierigkeiten bereitet, hat man bisher einen anderen Weg beschritten: Man regelt den Verbrennungsvorgang durch die Brennstoffpumpe, und man bedient sich dabei der gewöhnlichen Brennstoffpumpensteuerung mit gesteuertem Saugventil, die bereits auf S. 29 eingehend beschrieben und in Abb. 24 dargestellt ist. Die Genauigkeit, mit der der Brennstoffstrahl eingespritzt werden muß, erfordert allerdings einige wesentliche Änderungen in der Plungerbetätigung gegenüber Abb. 24, auf die im nachfolgenden noch eingegangen werden wird.

Bei dieser Anordnung steht die ganze Brennstoffleitung von der Pumpe bis zum Arbeitszylinder dauernd ohne Abschlußvorgang mit dem Zylinderinnern in Verbindung, und es besteht die Gefahr, daß entweder nach Abschluß der Verbrennung noch einige Tröpfchen Brennstoff in den Zylinder nachtropfen oder daß Gase aus dem Zylinder in die Brennstoffleitung eintreten und den Brennstoff zurücktreiben. Diese Gefahr kann man aber dadurch, daß man kurze Brennstoffleitungen nimmt und in diesen jedes Luftkissen vermeidet, unschädlich machen. Die Brennstoffeinspritzung wird durch das Aufheben des Brennstoffpumpensaugventils nach der Einspritzung so plötzlich entlastet, daß der Druck in ihr rascher sinkt als im Arbeitszylinder, und wenn dann die Brennstoffsäule durch die Abgase etwas zurückgedrückt wird, so hat das schließlich nur zur Folge, daß der Anstieg des Druckes in der Brennstoffleitung etwas früher ansetzen muß, um zuerst diese Abgasereste auszutreiben. Dieser letztere Gesichtspunkt wird namentlich beim langsamen Gang der verdichterlosen Dieselmaschine eine Rolle spielen. Um das Rückschlagen von verdichteter Luft in die Brennstoffleitung zu verhüten, hat die Motorenfabrik Deutz ein Rückschlagventil vorgesehen, das nur Brennstoff in den Zylinder, nicht aber verdichtete Luft in die Brennstoffleitung eintreten läßt.

Bauart MAN.

Nach diesen Vorbemerkungen wollen wir uns der Besprechung ausgeführter verdichterloser Dieselmaschinen zuwenden, um deren Ausbildung sich die Firmen MAN und Deutz besondere Verdienste erworben haben. In Abb. 37 u. 38 ist der Schnitt durch eine verdichterlose MAN-Maschine dargestellt. Der allgemeine Aufbau ist ähnlich wie bei Maschinen mit Verdichter. Die Steuerwelle liegt in halber Höhe, da der für den Aufbau schnellaufender Dieselmaschinen mit Verdichter

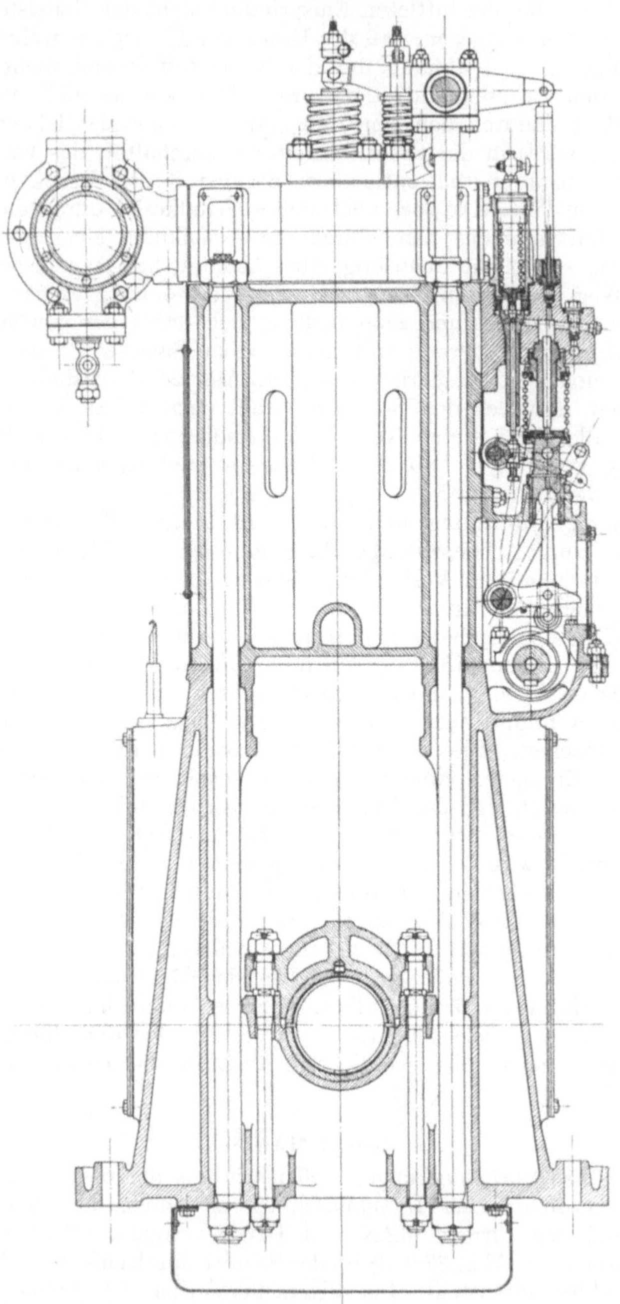

Abb. 37 u. 38. Verdichterlose Dieselmaschine der MAN-

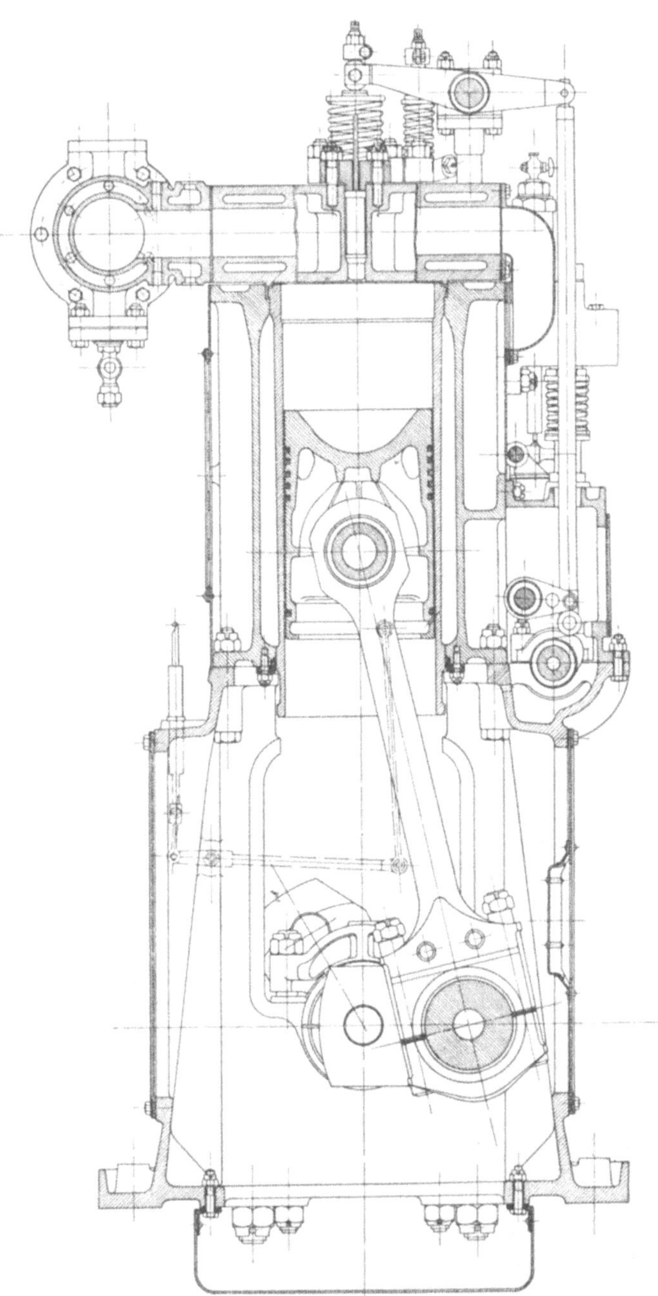

Augsburg. (Siehe dazu auch Abbildung 136 bis 138.)

wesentliche Gesichtspunkt, die Steuerung für das Brennstoffventil möglichst kurz zu halten, hier wegfällt. Die Steuerung des Einspritzvorgangs erfolgt durch die Brennstoffpumpe, die deshalb möglichst nahe an die Steuerwelle herangerückt ist. Bei verdichterlosen Dieselmaschinen ist es besonders wichtig, den Beginn des Arbeitens der Brennstoffpumpe und die Plungergeschwindigkeit nach genau festgelegten Gesetzen zu steuern. Die in Abb. 24 dargestellte Brennstoffpumpe genügt diesen Bedürfnissen nicht. Man ist wieder zur Nockensteuerung des Brennstoffplungers übergegangen. Der Steuernocken für die Brennstoffpumpe sitzt auf der Maschinensteuerwelle und er wirkt unmittelbar auf den Plunger ein. Die Einspritzung beginnt 10—15° vor der Totlage des Arbeitskolbens. Das Ende des Pumpendruckhubes wird dagegen ähnlich wie in Abb. 24 durch Öffnen eines Überströmventils hervorgerufen, das durch einen Stößel aufgedrückt wird. Die Einspritzung reißt deshalb plötzlich ab, wie es auch das Diagramm erfordert. Auf die Stößelsteuerung wirkt der Regler ein, der den Endzeitpunkt der Förderung der Belastung anpaßt.

Vom Brennstoffpumpendruckraum führt eine kurze Leitung zur Einspritzdüse (Abb. 39). Es ist darauf Bedacht genommen, daß die Brennstoffleitung so wenig Volumen wie möglich enthält und daß vor allem keine toten Ecken vorhanden sind, in denen sich Luftblasen festsetzen könnten. Die Brennstoffdüse ist auf den Ventilkörper aufgesetzt. Sie enthält mehrere feine Bohrungen, die möglichst gleichmäßig den Verbrennungsraum beschicken. Im Interesse einer möglichst innigen Berührung zwischen Brennstoffstrahl und Verbrennungsluft würde es sich empfehlen, recht viele Bohrungen

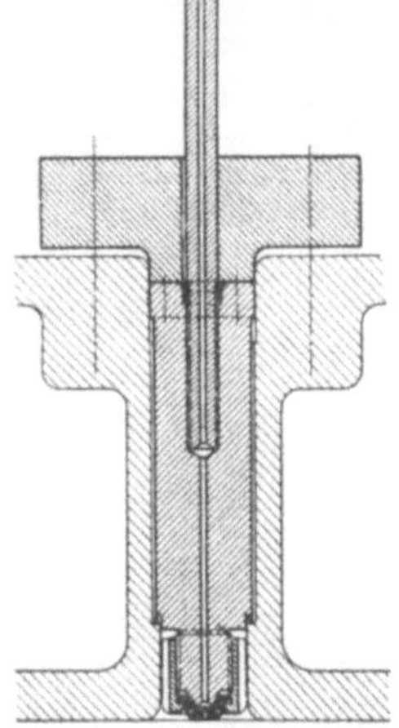

Abb. 39. Offene Düse zur MAN-Maschine, Abb. 37.

in der Düse vorzusehen. Da aber der Gesamtquerschnitt der Bohrungen durch die Brennstoffmenge, den Einspritzdruck und die für die Einspritzung zur Verfügung stehende Zeit bestimmt ist, muß der Durchmesser der Bohrungen um so kleiner ausfallen, je größer die Anzahl der Löcher ist. Zu kleine Bohrungen in der Einspritzdüse haben aber den Nachteil, daß sich einzelne Öffnungen durch winzige, dem Brennstoff beigefügte Verunreinigungen verstopfen können. Bei kleinen Einheiten muß man sich deshalb mit einer Bohrung begnügen und man darf auch bei großen Einheiten die Zahl der Bohrungen nicht zu weit steigern.

Am Arbeitskolben der Abb. 37 fällt auf, daß er sehr stark ausgehöhlt ist. Der Verbrennungsraum in der Kolbentotlage hat deshalb angenähert die Form einer Halbkugel, die für eine gleichmäßige Beschickung der Verbrennungsluft mit Brennstoff besonders geeignet ist.

In den Abb. 136 bis 138 sind weitere Einzelheiten der vorstehend beschriebenen MAN-Dieselmaschine dargestellt.

In letzter Zeit hat die MAN einen 4—6zylindrigen Fahrzeug-Diesel-
motor mit Strahleinspritzung auf den Markt gebracht, der in Längs-
schnitt und Querschnitt in Tafel V dargestellt ist. Der Zylinderdurchmesser D ist 115 mm, der Kolbenhub $H = 180$ mm und die
Drehzahl $n = 1000-1150$ Umdrehungen/min. Die mittlere Kolbengeschwindigkeit beträgt also 6—7 m/sec. Die Massenbeschleunigungskräfte hängen aber nicht von der mittleren Kolbengeschwindigkeit,
also von $n \cdot H$ ab, sondern von $n^2 H$. Gegenüber größeren Maschinen
mit gleicher Kolbengeschwindigkeit treten hier verhältnismäßig wesentlich größere Kolbenbeschleunigungen auf. Um trotzdem die Massenkräfte pro qcm Kolbenfläche nicht zu groß werden zu lassen, sind
die Kolben aus Leichtmetall hergestellt. Auch bei den Kolbenstangen
ist durch Wahl eines I-Querschnitts an Gewicht gespart worden. Das
Auge für den Kolbenbolzen ist mit einer Büchse versehen, die sich
drehen kann, so daß die Büchse innen und außen als Lager dient. Um
die ganze Maschine leicht zu halten, ist ähnlich wie bei den Benzin-
Automotoren das Kurbelgehäuse aus Aluminium gegossen. Die Lauf-
zylinder sind aus Spezialgußeisen in einem Block hergestellt. Sie
tragen die Zylinderköpfe, von denen je zwei zu einem Block vereinigt
sind. Zwischen Zylinderkopf und Zylinder ist eine Kupfer-Asbest-
dichtung eingesetzt. Die Kurbelwelle ruht auf 4 Rollenlagern, die
zwischen je zwei Zylindern angeordnet sind. Das hat den Vorteil,
daß sich die Maschine sehr kurz baut. Natürlich ist der Ausbau der
Kurbelwelle in diesem Falle nicht so einfach durchzuführen wie bei
Gleitlagern.

Die beiden Steuerwellen, die im Gehäuse untergebracht sind, werden
von der Kurbelwelle aus durch Stirnräder angetrieben. Die Schwinghebel, die den Hub von den Nocken auf Einlaß- und Auslaßventil
übertragen, bewegen sich entweder auf Kugellagern oder auf Bronze-
gleitbüchsen. Von der Einlaßsteuerwelle aus wird die Brennstoffpumpe
angetrieben, während mit der Auslaßsteuerwelle die Wasserpumpe und
evtl. die Lichtmaschine durch ein Zwischenrad in Verbindung stehen.
Der Kompressionsenddruck ist wie bei allen kleinen Dieselmaschinen
verhältnismäßig hoch (50—60 Atm.). Das ist nötig, um in der zur
Verfügung stehenden kurzen Zeit die Verbrennung durchführen zu
können.

Die Brennstoffpumpe ist in Abb. 40 dargestellt. Der Plunger a
wird durch den Nocken b unter Zwischenschaltung der Rolle c angetrieben. Durch Verstellung des Exzenters d wird c früher oder später
in den Bereich des Nockens gebracht und damit der Förderbeginn
der Pumpe verändert. Das Saugventil e öffnet selbsttätig. Zur Beendigung der Förderung wird das Überströmventil f aufgestoßen und
auf diese Weise die eingespritzte Brennstoffmenge geregelt. In die
Brennstoffdruckleitung ist ein Rückschlagventil eingebaut, hinter dem
sich die Leitung nach den beiden Einspritzventilen verzweigt.

Das Überströmventil wird durch die Exzenterwelle g gesteuert,
die vom Regler beeinflußt wird und auch von Hand verstellt werden
kann. Gleiche Füllung in allen Zylindern wird durch Verstellung der

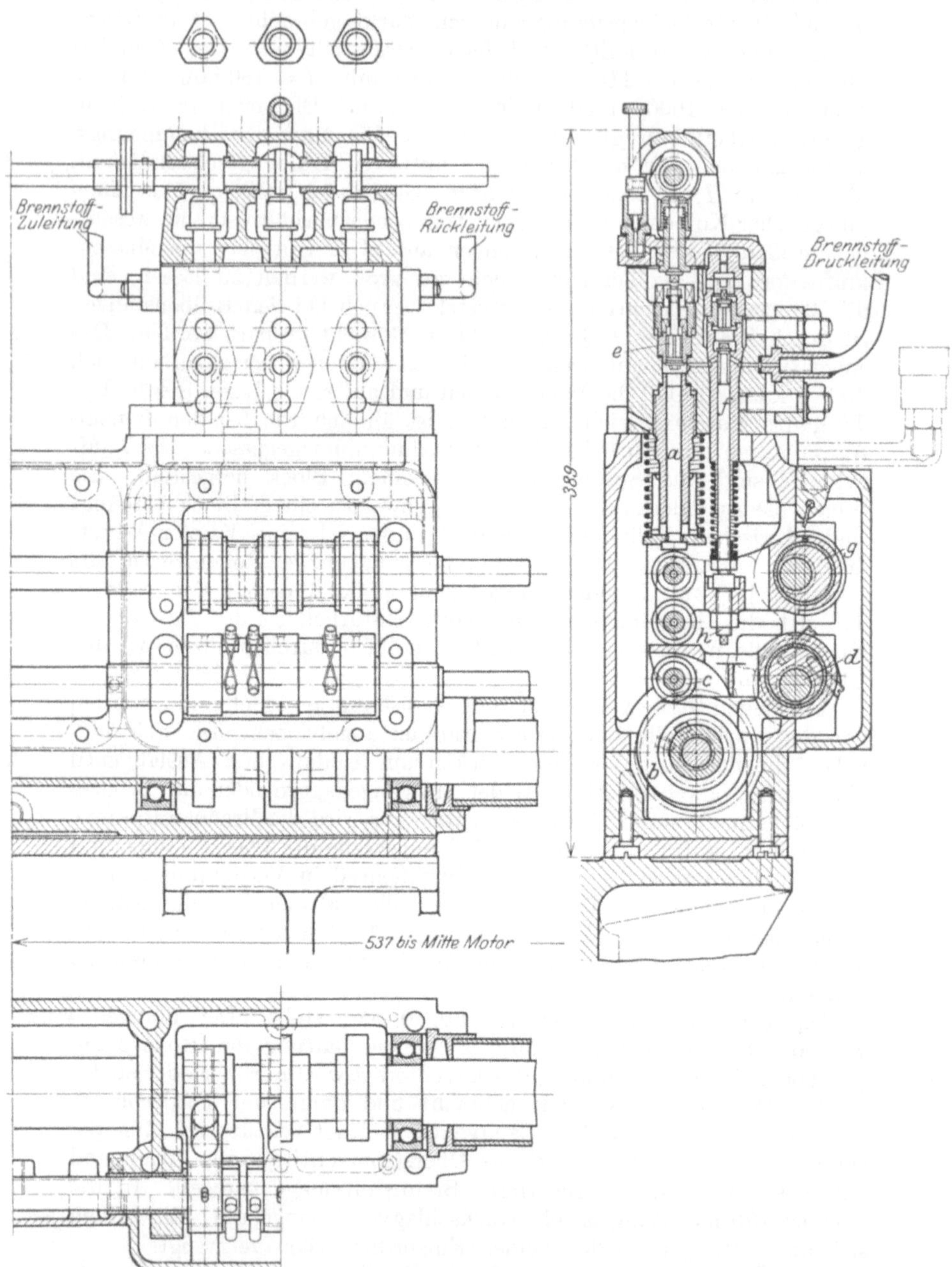

Abb. 40. Brennstoffpumpe zur MAN-Maschine mit Strahleinspritzung nach Tafel V.

Schraube h erreicht. Durch Verschieben der Rolle c wird der Zündbeginn verändert. Bei Früheinspritzung erhält man höhere Verbrennungsdrücke und vielleicht etwas vollkommenere Verbrennung.
Zur Schonung der Maschine soll c im normalen Betrieb auf Spät-
einspritzung stehen. Ganze Früheinstellung soll nur bei Drehzahl-
steigerungen und kurzen Überlastungen der Maschine verwendet werden.

Die Brennstoffdruckleitung zwischen Ölpumpe und Maschine besteht aus Messing- oder Stahlrohr von 1,5—2,0 mm l. W. Ein Rückschlagventil in der Druckleitung verhindert bei Störungen an den
Pumpenventilen das Rücktreten von komprimierter Luft aus dem
Arbeitszylinder in die Brennstoffpumpe. Hinter dem Rückschlagventil,
das in der Nähe des Zylinderkopfes liegt, verzweigt sich die Druckleitung nach den beiden Einspritzventilen.
Die Einspritzventile sitzen seitlich am
Zylinderkopf (s. Tafel V; Seitenriß). Infolge der tangentialen Einspritzung wird
die Verbrennungsluft im Zylinder in krei-
sende Bewegung versetzt, so daß immer
wieder neue unverbrannte Luftteilchen in
den Bereich der Brennstoffstrahlen kommen. Die Einspritzdüse selbst (Abb. 41)
ist nach dem Zylinder offen; die Bohrung
der Düsenplatte beträgt etwa 0,25 mm.

Der Brennstoff fließt der Brennstoffpumpe mit etwa 0,2 Atm. Überdruck zu.
In die Zuflußleitung ist ein Feinfilter eingebaut, durch das Verunreinigungen von
der Brennstoffpumpe und vor allem von
der Düsenplatte ferngehalten werden.

Um den Motor leichter von Hand durch-
drehen zu können, ist eine Dekompressions-
vorrichtung vorgesehen, die das vollständige
Schließen der Auslaßventile verhindert.

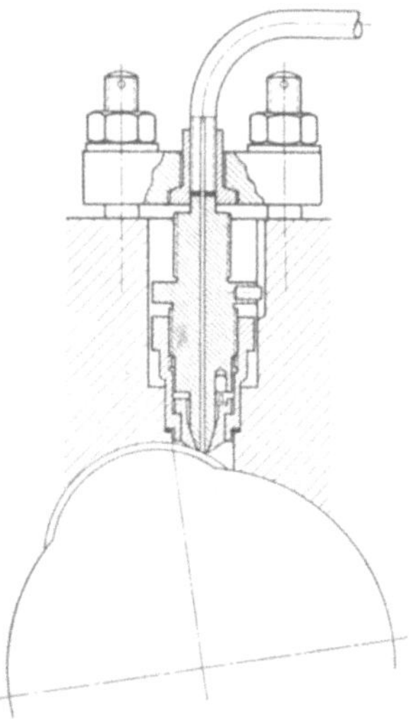

Abb. 41. Einspritzdüse zur MAN-
Maschine Tafel V.

Die oberen Einstellmuttern der Ventilstößel tragen Teller, die im
normalen Betrieb (also bei Kompression) in eine Vertiefung der De-
kompressionswelle eindringen, während sie bei Dekompressionsstellung
der Welle aufsitzen, bevor der Ventilteller seinen Sitz erreicht. Beim
Anlassen wird zuerst das Auslaßventil von einem der mittleren Zylinder
in Kompressionsstellung gebracht, während die übrigen Zylinder noch
dekomprimiert sind. Die letzteren werden erst für die Kompression
freigegeben, sobald die Zündung in dem einen ausgezeichneten Zylinder
eingesetzt hat. Vor dem Anlassen wird eine Anwärmeflamme ent-
zündet, die den Zylinderkopf erwärmt. Durch Öffnung des Entlüf-
tungshahnes an der Brennstoffpumpe muß man sich überzeugt haben,
daß die Pumpe an allen Stellen richtig fördert und daß vor allem
auch keine Luft in der Pumpe ist.

Die Abb. 42 bis 44 beziehen sich auf einen umsteuerbaren Sechs-
zylinder-Viertakt-Schiffsdieselmotor mit Strahleinspritzung. Die Lei-

stung N_e der Maschine beträgt 700 PS, Zylinderdurchmesser $D =$ 425 mm, Kolbenhub $H = 600$ mm.

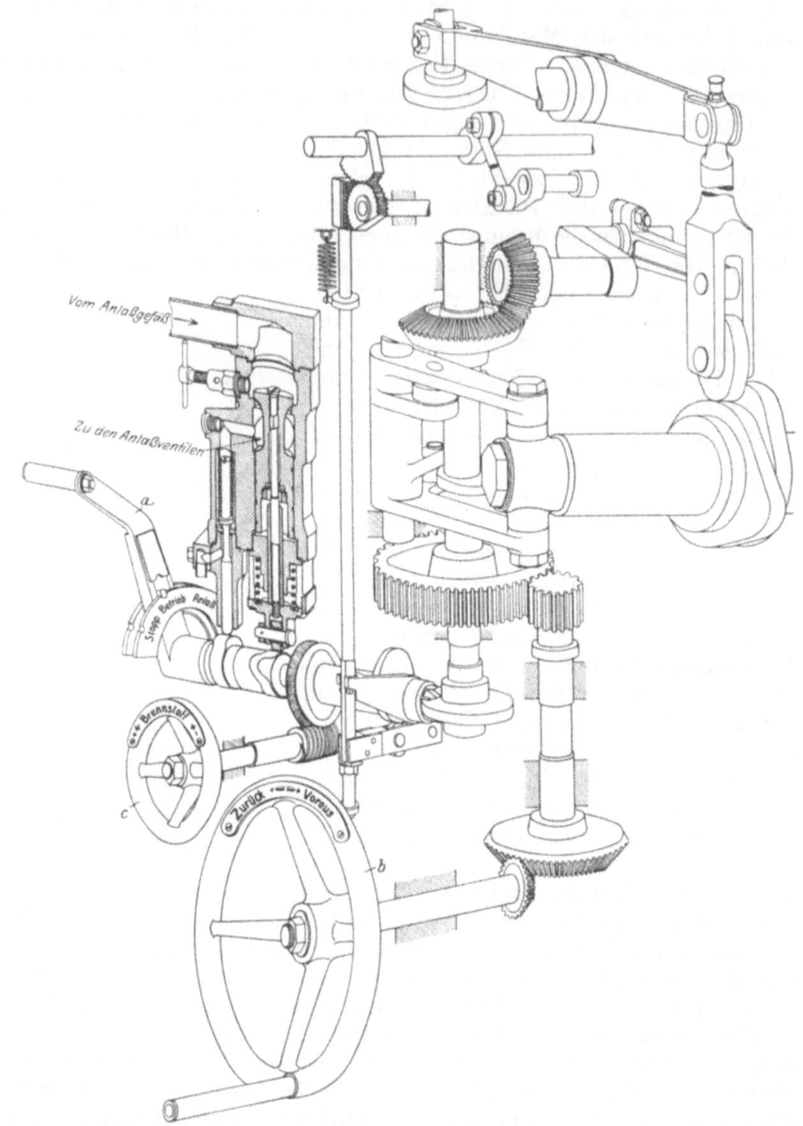

Abb. 42. Umsteuerung einer 700 PS Dieselmaschine mit Strahleinspritzung. MAN, Werk Augsburg.

In Abb. 42 ist die Umsteuerung dargestellt. a ist der Anlaßhebel, der auf Anlaßluft, Anlaßventile und Brennstoffpumpe einwirkt. Durch Verdrehen des Umsteuerrades b werden die Vorwärts- bzw. Rückwärtsnocken der Einlaß- und Auslaßventile und der Brennstoffpumpe

geschaltet. Das Handrad c wirkt auf die Steuerung der Überström-
ventile in der Brennstoffpumpe ein.

Die Brennstoffpumpe (Abb. 43) ist ähnlich gebaut wie die in Abb. 40
dargestellte; sie hat 15—20fach so große Fördermenge wie diese. a ist
der Plunger, e das Saugventil, i und k die Druckventile und f das
Überströmventil. Durch Öffnen des Probierventils l kann festgestellt
werden, ob die Pumpe richtig fördert. Durch Vordrehen der Exzenter-
stange m wird das Saugventil dauernd aufgedrückt und der Brennstoff
für den betreffenden Zylinder abgeschaltet.

In Abb. 44 ist das Einspritzventil dargestellt, das ebenfalls wieder
gegen den Zylinder zu dauernd offen steht. Durch das mittlere Rohr
wird der Brennstoff zugeführt und tritt durch die Düsenbohrung in
den Zylinder ein. Rohr und Düse sind durch zirkulierendes Wasser
gekühlt, das bei a in das Ventil eintritt und bei b austritt. Durch Ver-
dickungen am Einsatzstück ist dafür gesorgt, daß das Kühlwasser
bis zur Düse dringt. Gerade die beiden hier besprochenen Extrem-
fälle — Vierzylinder-Fahrzeugmotor von etwa 45 PS und Sechs-
zylinder-Schiffsdieselmotor von 700 PS — zeigen recht deutlich, innerhalb welch weiter Grenzen man heute schon Dieselmotoren mit
Strahleinspritzung verwendet.

Bauart Motorenfabrik Deutz.

Außer der MAN ist es vor allem die Gasmotorenfabrik Deutz gewesen, die sich um die Ausbildung der verdichterlosen Dieselmaschine
Verdienste erworben hat. Deutz war von jeher führend auf dem Gebiete der Kleinmotoren, und der Einführung des Kleindieselmotors
stand stets die Umständlichkeit der Bauart, die hohe Preise und gute
Wartung zur Folge haben, im Wege. Wie vorausgehend erwähnt,
werden aber Aufbau und Bedienung durch den Fortfall des Verdichters
mit allen seinen Nebeneinrichtungen ganz wesentlich vereinfacht, so
daß die Einführung der luftlosen Einspritzung gerade für den Klein-
motorbau ganz wesentliche Vorteile versprach. Es kommt noch hinzu,
daß die gleichmäßige Beschickung der Verbrennungsluft im Zylinder
mit Brennstoff bei kleinen Abmessungen des Verdichtungsraumes
weniger Schwierigkeiten macht als bei großen, so daß die Grenze
für die verdichterlosen Dieselmaschinen etwa bei 150 PS/Zyl. liegt. In
allerjüngster Zeit ist man auch schon wesentlich über diese Grenze hin-
ausgegangen und hat Maschinen bis 700 PS/Zyl. mit Strahleinspritzung
gebaut. Die Zeit scheint nicht mehr fern zu sein, zu der die Einblasepumpe ganz aus dem Bereiche der Dieselmaschine verschwindet.

In Abb. 45 ist die Zusammenstellungszeichnung einer verdichterlosen Maschine der Motorenfabrik Deutz wiedergegeben. Das einzige
Abweichende gegenüber den Ausführungen mit Verdichter liegt wieder
im stark gewölbten Kolbenboden, der in der Totlage einen annähernd
halbkugelförmigen Verdichtungsraum einschließt und in den der Brennstoff zentrisch eintritt.

Die Abb. 46 zeigt einen Schnitt durch die im Zylinderdeckel sitzenden
Ventile. In der Mitte sitzt das Brennstoffventil 1, dem sich zu beiden

Seiten Einlaß- und Auslaßventil *2* und *3* anschließen. Im Gegensatz zu der von der MAN bevorzugten offenen Düse wird hier mit einem Ventil gearbeitet, das die Brennstoffleitung kurz vor dem Eintritt in den Zylinder abschließt. Das Brennstoffventil wird aber nicht wie bei den Maschinen mit Verdichter durch einen Nocken gesteuert, son-dern es ist als Rück-schlagventil ausge-bildet, das durch den Druck der Flüssigkeit (Brennstoff) betätigt wird. Man kann das Rückschlagventil auch als zur Brenn-stoffpumpe gehörig ansehen und dann sagen, das zweite Druckventil der Brennstoffpumpe ist hier auf den Zylin-derkopf gesetzt. Die Abb. 46 zeigt, daß die Nadel *4* nur eine Bohrung von sehr geringem Durch-messer abschließt und daß der Nadelschaft oben viel stärker aus-gebildet ist. Wenn der Druck im Brenn-stofflagerraum *9* so stark anwächst, daß der Druck der Feder *8* überwunden wird, hebt sich die Nadel und gibt den Weg für den Brennstoff frei. Zur Abdichtung gegen den hohen Brennstoffdruck ist eine verhältnismäßig lange Führung *7* vor-gesehen. Die Düsen-platte *5* ist durch das Verschlußstück *6*

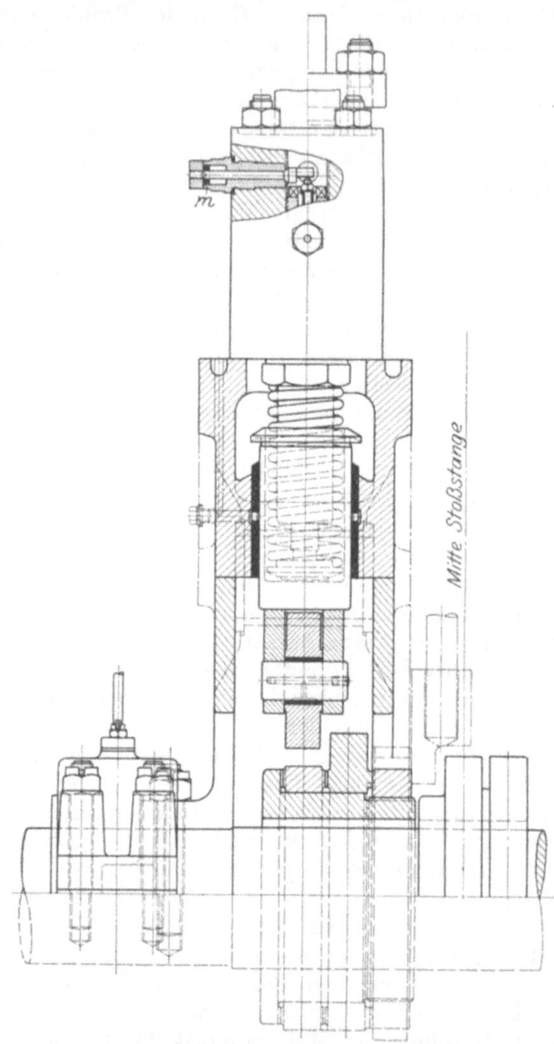

Abb. 43a. Brennstoffpumpe zur MAN-Schiffsdieselmaschine mit Strahleinspritzung.

mit dem Ventilkörper verbunden; sie trägt mehrere radiale Bohrungen.

Wenn die verdichterlose Dieselmaschine mittels Teeröls betrieben werden soll, ist es nötig, einen Zündtropfen vorzulagern. Die Motoren-fabrik Deutz sieht dafür die Anordnung nach Abb. 47 vor. Das Teeröl ist hier ähnlich unter Zwischenschaltung einer Nadel gesteuert wie bei der Anordnung nach Abb. 46. Der Zündtropfen dagegen wird unterhalb der Nadeldichtung eingeführt; nach dieser Richtung hin ist also die Düse immer offen. Zu der Anordnung Abb. 47 gehören natürlich zwei Brennstoffpumpen — eine für Teeröl und eine für Zündöl — die den Verbrennungsvorgang steuern.

Im einzelnen baut die Motorenfabrik Deutz folgende Maschinen mit Strahleinspritzung:

1. Liegende oder stehende Zweitakt-Dieselmaschinen mit Vorkammer in Leistungen von 6 bis 25 Ps/Zyl.

2. Liegende Viertakt-Dieselmaschinen mit Vorkammer in Leistungen von 7,5—75 PS/Zyl.

3. Stehende Viertakt-Dieselmaschinen mit Strahleinspritzung in Leistungen von 40 bis 150 PS/Zyl.

Bei den Maschinen zu 1 und 2 wird der Brennstoff in eine glühende Vorkammer eingespritzt, die mit dem gekühlten Zylinderkopf durch Bohrungen in Verbindung steht (Abb. 48). Der Vorteil der Vorkammer liegt erstens darin, daß die Wärme in der Vorkammer während des Betriebes besser zusammengehalten werden kann und die Zündungen deshalb sicher einsetzen, und zweitens darin, daß der Brennstoff nicht

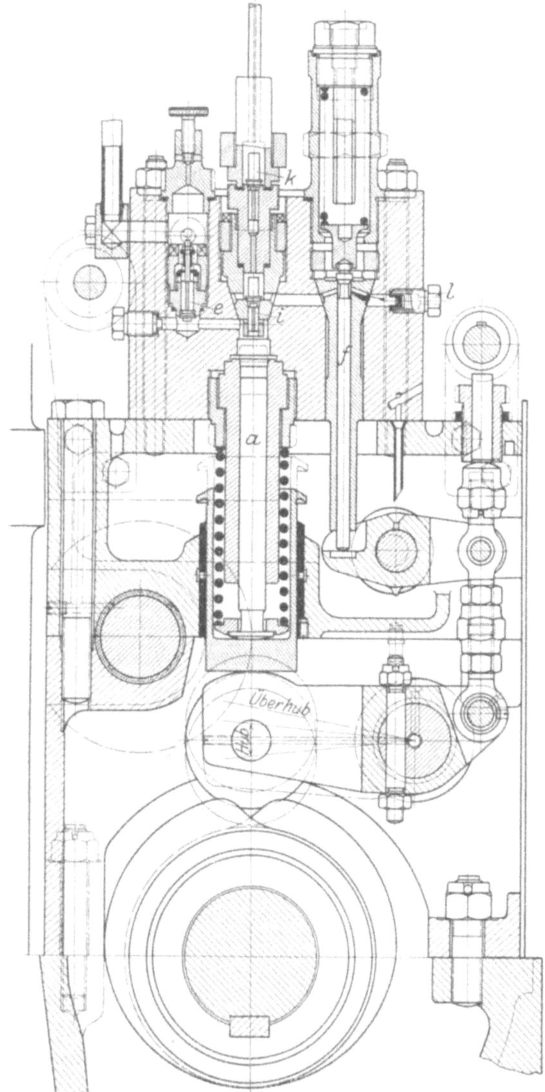

Abb. 43b. Schnitt durch die Brennstoffpumpe Abb. 43a.

so fein verteilt eingeführt werden muß, was größere Düsenbohrungen
und geringere Brennstoffpumpendrücke zur Folge hat. Das Anlassen
erfolgt bei kleinen Einheiten von Hand. Um die erste Zündung sicher
hervorzurufen, wird ein Stück Zündpapier vor der Inbetriebnahme in
den Verbrennungsraum durch einen Schnellverschluß eingesetzt.

Bei größeren Maschinen wird die Vorkammer fortgelassen, die
natürlich den Nachteil hat, daß durch die größeren Oberflächen größere
Wärmemengen abwandern und daß infolgedessen der Wirkungsgrad
der Maschine verschlechtert wird. Der
Brennstoff wird dann unmittelbar in den
Zylindertotraum eingespritzt. Zur Erleich-
terung des Anlassens werden zuerst alle
Zylinder bis auf einen durch dauerndes
Aufdrücken von Entspannungsventilen
entlüftet. Sobald die Zündung in dem
einen Zylinder eingesetzt hat, werden
nacheinander die anderen Zylinder durch
Schließen der Entlüftungsventile unter
Kompression gebracht. Bei noch größeren
Maschinen wird mit Druckluft angelassen.
Die dafür benötigte Druckluft wird von
der Kompressionsluft eines Zylinders am
Ende jedes Verdichtungshubes abgezapft
und in einem Anlaßbehälter gesammelt.
Natürlich muß für besondere Notfälle noch
ein von Hand betriebener Verdichter zur
Verfügung sein.

Die zu 3. genannten größeren Einheiten
werden stets mit Druckluft angelassen,
und zwar wird bei Maschinen bis 75 PS-
Zylinderleistung ein angekuppelter zweistufiger Verdichter von der Kurbelwelle
aus angetrieben, während bei noch größeren
Zylinderabmessungen ein besonderer Verdichter für die Förderung der Anlaßluft
vorgesehen ist, der in der Regel von
einer kleinen Zweitakt-Dieselmaschine angetrieben wird.

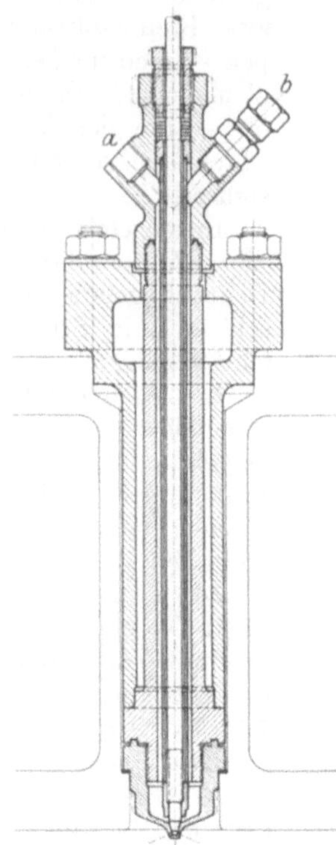

Abb. 44. Wassergekühlte Brennstoffdüse einer 700-PS-Sechszylinder-
Dieselmaschine mit Strahleinspritzung der MAN, Werk Augsburg.

Das Einstellen der einzelnen Betriebszustände der Maschine geschieht durch einen „Schalthebel" in Verbindung mit einem „Anfahrhebel". Der erstere hat eine Brennstoff-Betrieb- und eine -Haltstellung.
Wenn er in der Haltstellung liegt, kann durch den Anfahrhebel Druckluft gegeben und die Maschine angelassen werden. Eine gegenseitige
Verblockung sorgt dafür, daß beim Druckluftbetrieb nicht die Brennstoffpumpe und beim Verbrennungsbetrieb nicht die Druckluft eingeschaltet werden kann. Die Anlaßventile werden von der Steuerwelle aus betätigt; sie werden durch Verschieben der Steuerwelle
ein- oder ausgeschaltet. Diese Art der Schaltung ermöglicht es, im

Viertakt oder im Zweitakt anzulassen; man hat im ersteren Fall nur die Anlaßventilnocken aus- und einzuschalten, im anderen Falle außerdem noch die Einlaß- und Auslaßnocken auszuwechseln. Die Anordnung ist durch Pat. 393178 geschützt.

Bei den Umsteuermaschinen hat Deutz eine andere Art des Ein- und Ausschaltens der Anlaßventile; es werden die Anlaßnocken nicht durch Verschieben der Steuerwelle ein- und ausgewechselt, weil man

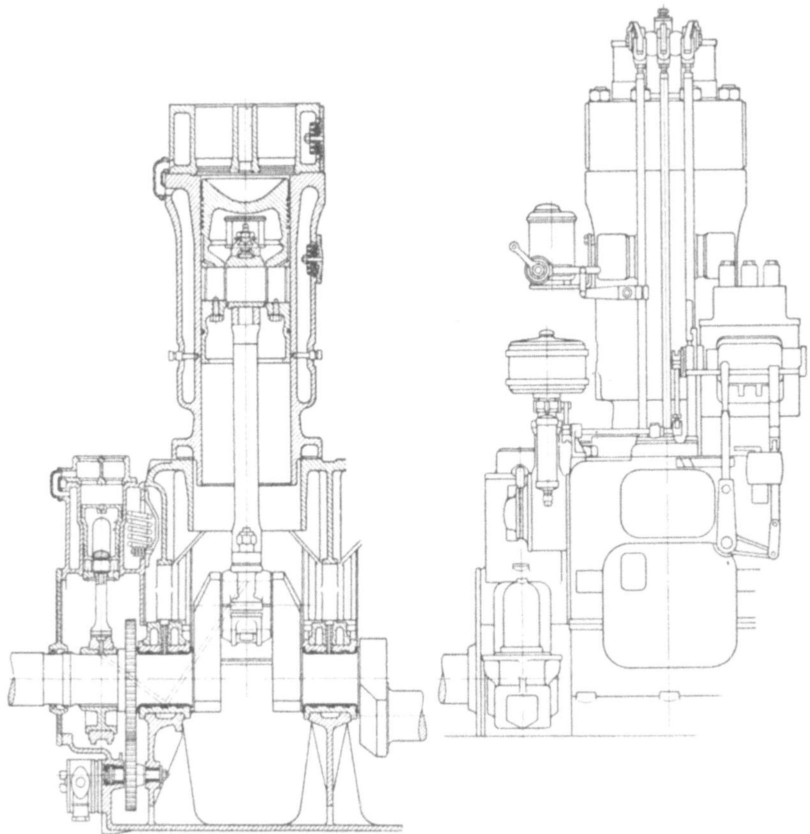

Abb. 45. Verdichterlose Dieselmaschine von Deutz.

die Verschiebebewegung nötig hat, um die Vorwärtsnocken aller Ventile durch die Rückwärtsnocken auszuwechseln, sondern es werden die Anlaßventilrollen seitlich aus dem Bereich der Steuerwelle aus- und in den Bereich der Steuerwelle eingeschwenkt.

In Abb. 49 ist die Anlaßvorrichtung für eine nicht umsteuerbare Maschine dargestellt. Der Umschalthebel a, der in der Zeichnung in Verbrennungsbetriebsstellung dargestellt ist, bewirkt sowohl die Verschiebung der Steuerwelle als auch die Ein- und Ausschaltung der Brennstoffpumpen. Der Anfahrhebel steuert die Druckluft in der Weise, daß er eine Steuerluftleitung zum Anlaßdruckluftventil freigibt, wodurch dieses geöffnet wird. Im Ventilgehäuse dieses Anfahrhebels ist eine Verriegelung vorhanden. Eine zweite Verriegelung *d* verhindert, daß die Brennstoffpumpen während des Anlassens in Betriebsstellung gebracht werden können.

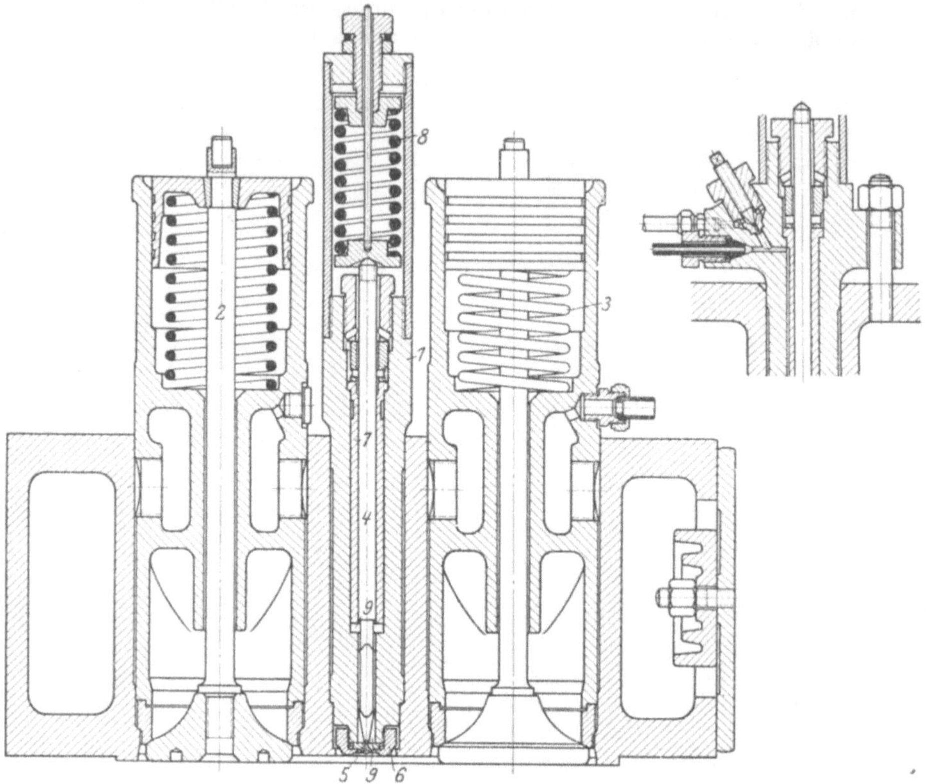

Abb. 46. Schnitt durch den Zylinderdeckel einer verdichterlosen Dieselmaschine von Deutz. Rechts: Brennstoffzuführung zum Rückschlagventil.

Die Düse der stehenden Deutz-Viertakt-Dieselmaschine mit Strahleinspritzung ist in Abb. 50 dargestellt. Die Düsenplatte *a* ist mit einer Überwurfmutter *b* am Ventilgehäuse *e* befestigt; *a* ist so ausgebildet, daß der Brennstoffstrahl in einiger Entfernung von den Zylinder- und Kolbenwandungen möglichst frei in den Verbrennungsraum einspritzen kann. Da die Platte wegen ihrer freien Lage in der heißen Verbrennungsluft verhältnismäßig warm wird, wird die Zündung sicher eingeleitet. Natürlich müssen diese Platten von Zeit zu Zeit (etwa nach 500 Betriebsstunden) ausgewechselt werden, was wegen der einfachen Plattenform mit verschwindend geringen Kosten verbunden ist. Die Bohrung in der Düsenplatte wird durch eine federbelastende Nadel geschlossen gehalten. Während des Druckhubes der Brennstoffpumpe steigt der Druck unter der Nadel so stark an, daß die Federkraft überwunden und die Nadel von ihrem Sitz abgehoben wird. Um Klemmungen zu vermeiden, ist die Nadel nicht unmittelbar durch den Ventilteller, sondern durch eine in die gleiche Bohrung eingesetzte und bei g ballig geführte Ventilspindel belastet. Bei f tritt der Brennstoff ins Ventil ein.

Mit der geschlossenen Düse, die an sich eine Komplikation bedeutet, ist der wesentliche Vorteil verbunden, daß nach Beendigung des Einspritzvorgangs kein Brennstoff mehr in den Zylinder nachtropfen kann. Das Nachtropfen hätte den Nachteil, daß Verkrustungen auftreten könnten, die den Brennstoffeintritt verstopfen würden.

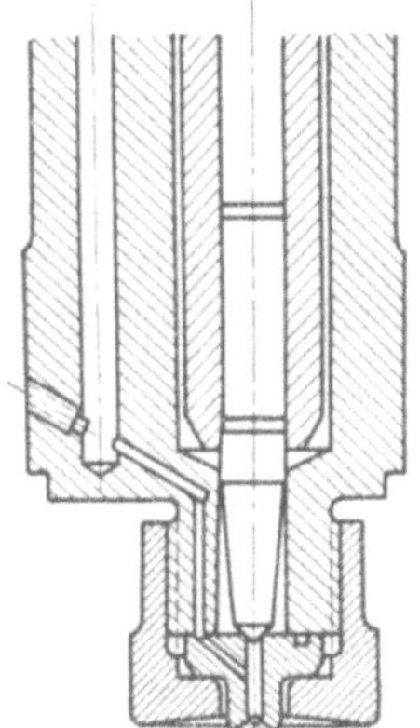
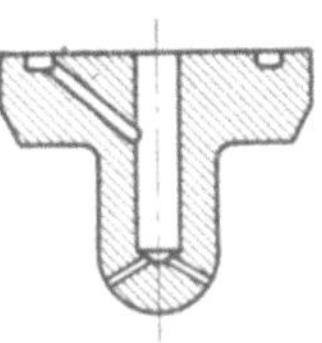

Abb. 47. Einspritzdüse zur Maschine, Abb. 45, für Teerölbetrieb und mit Vorlagerung eines Zündtropfens.

Auch bei den kleineren mit Vorkammer ausgerüsteten Maschinen ist ein ähnliches durch den Brennstoffdruck gesteuertes Ventil in die Einspritzleitung eingebaut (Abb. 51). a ist der Zylinderraum, der durch eine Platte vom Vorkammerraum b getrennt ist. Am unteren Teil des Einspritzventils wird durch die Bohrung d der Brennstoff ein-

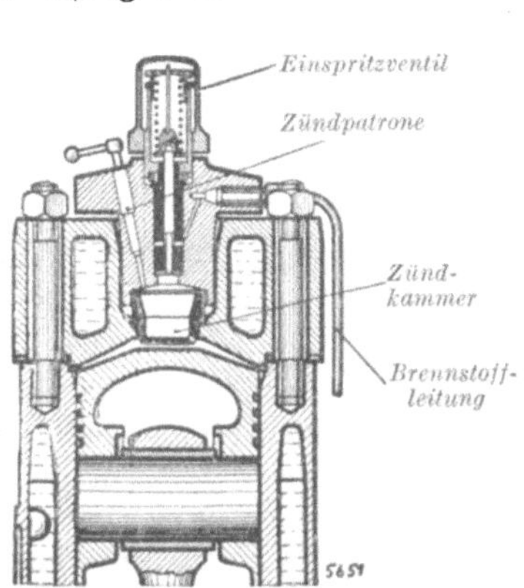

Abb. 48. Zylinderschnitt mit Vorkammer und Einspritzventil von Deutz.

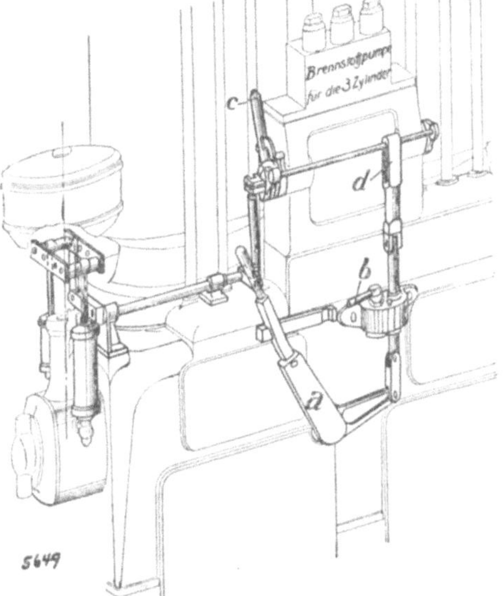

Abb. 49. Brennstoffpumpenregulierung von Deutz. a Schalthebel (in Verbrennungsbetriebsstellung). b Anfahrhebel. c Handabstellhebel der Brennstoffpumpen. d Verriegelungsstange.

geführt. Bei genügend hohem Überdruck wird die Ventilnadel e gegen den Druck der Feder f gehoben; der Brennstoff kann frei in

die Vorkammer eintreten. Die Düsenbohrung kann hier im Verhältnis
zur eingespritzten Brennstoffmenge viel größer ausgeführt werden als
bei der Anordnung nach Abb. 50.

Die in Abb. 50 und 51 dargestellten Brennstoffventile wirken selbsttätig und brauchen deshalb keinen äußeren Steuerungsantrieb. Intensi-
tät, Beginn und Ende der Verbrennung werden allein durch die Brennstoffpumpe gesteuert, die in Abb. 52 wiedergegeben ist. a ist der ein-
geschliffene Plunger, der durch den Nocken b unter Vermittlung der
Gradführung c bewegt wird. Mit dem Brennstoffpumpenraum d stehen
das Saugventil e, das Druckventil f und das
Überströmventil g in Verbindung. Zu Beginn
der Förderung ist g geschlossen. Der Zeitpunkt des Brennstoffeintritts ist (außer vom

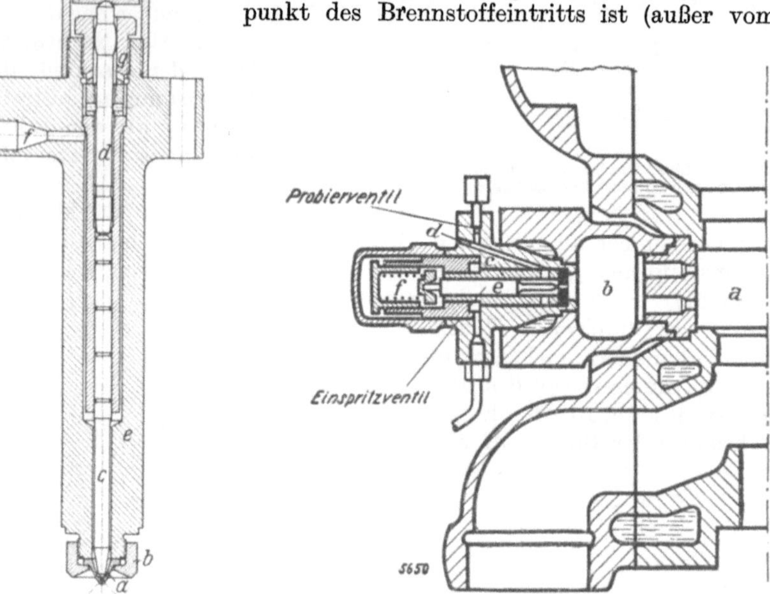

Abb. 50. Einspritzventil
einer stehenden Viertakt-
Dieselmaschine mit Strahleinspritzung von Deutz.

Abb. 51. Zylinderkopf mit Vorkammereinsatz und Einspritzventil einer liegenden Deutz-Dieselmaschine mit Strahleinspritzung.

Nocken) von der Höhenlage des Brennstoffplungers abhängig, die von
der Exzenterstellung h beeinflußt wird. Die Strahleinspritzung wird dadurch beendet, daß g durch Vermittlung der federbelasteten Stange i
und der Stoßstange k nach Überwindung des Zwischenraums l aufgestoßen wird. Das Maß der Füllung wird durch Verstellung des
Exzenters m beeinflußt, auf den etwa der Drehzahlregler einwirkt.

Beim Anlassen der Maschine ist es nötig, die Zylinder nacheinander
auf Brennstoff umzuschalten. Das wird erreicht durch Drehen der mit
entsprechenden Aussparungen versehenen Welle n um 90° oder 180°,
wodurch die Räume unter den Saugventilen an die Brennstoffzuleitung
angeschlossen oder von ihr abgeschaltet werden können.

Nach Versuchen von Prof. Dr. H. Baer, Breslau, wurden mit einer sechszylindrigen kompresserlosen umsteuerbaren Schiffsdieselmaschine der Firma Deutz von 300 PS_e nom. bei 280 mm Zylinderdurchmesser und 450 mm Kolbenhub folgende Ergebnisse erzielt:

Umdrehungen	1/min	280,7	272,2	281,5	273,5	274,0	285,8	264	278
Eff. Leistung N_e	PS_e	301,8	231,3	189,6	142,7	68,5	357,2	386,0	Leerlauf
Mittl. eff. Druck p_e	kg/cm²	5,83	4,61	3,66	2,85	1,36	6,78	7,86	—
Mittl. indiz. Druck p_i	kg/cm²	7,00	5,932	4,974	3,915	2,514	7,761	8,815	1,105
Indiz. Leistung N_i	PS_i	362,5	298,0	258,5	197,5	127,1	409,0	430,0	56,8
Mechan. Wirkungsgrad	%	83,2	77,7	73,4	72,3	53,9	87,4	89,6	—
Brennst. pro PS_i-Std.	g/PS_i-Std.	141,4	130,7	127,3	126,0	114,9	162,1	173,6	153,8
Brennst. pro PS_e-Std.	g/PS_e-Std.	170,1	168,5	173,6	174,4	213,3	185,7	193,5	—
Indiz. Wirkungsgrad N_i	%	44,3	47,9	49,3	49,7	54,6	38,65	36,10	40,7
Effekt. Wirkungsgr. N_e	%	36,8	37,25	36,1	35,9	29,38	33,75	32,40	—
Kühlwassermenge	kg/Std.	4550	3350	2335	1860	1805	5700	8150	1023
Eintrittstemperatur	°C	19	19	19	19	19	19	19	19
Austrittstemperatur	°C	46,5	54,1	58,8	59,4	53,9	52,5	47,3	50,4
Abgastemperatur	°C	405	345	301	245	163	500	522	90

In Abb. 33 ist eine vierzylindrige Zweitakt-Schiffsdieselmaschine mit Strahleinspritzung, gebaut von der Görlitzer Masch.-Anst., dargestellt. Die Maschine hat 240 mm Durchmesser und 325 mm Hub; sie leistet bei 300—400 Umdr./min 100—135 PS. In der Mitte des Zylinderkopfes (Seitenriß) sitzt das Brennstoffventil, das bei Förderbeginn der Brennstoffpumpe sich selbsttätig öffnet. Einlaß und Auslaß erfolgt durch die in der Zylinderwandung gegenüberliegenden Schlitze. Das Anlassen geschieht durch Druckluft, die durch einen Schieber gesteuert wird. Die Anlaßluftleitung ist am Zylinder durch ein Rückschlagventil abgesperrt.

Zu erwähnen ist noch die verdichterlose Zweitakt-Dieselmaschine Bauart Junkers, auf die im Abschnitt II 8 eingegangen wird.

Der Brennstoffverbrauch ist bei den Dieselmaschinen mit Strahleinspritzung um einen kleinen Betrag geringer als bei den Maschinen mit Lufteinspritzung. Es ist zwar der thermische Wirkungsgrad etwas geringer; dafür ist aber der mechanische Wirkungsgrad durch den Wegfall des Verdichters erheblich höher, so daß er die zuerst genannte Verringerung mehr als aufwiegt. Durch den Fortfall des Verdichters sind die Dieselmaschinen mit Strahleinspritzung bei gleicher Bremsleistung etwas leichter als Dieselmaschinen mit Verdichter. Der wesentlichste Vorteil ist aber zweifellos die Einfachheit, die bei kleineren Maschinen (bis etwa 300 oder 600 PS) heute in der Regel die Bevorzugung der kompresserlosen Dieselmaschinen zur Folge hat.

7. Brennstoffmeßvorrichtung.

Jedem größeren Elektromotor ist ein Amperemeter beigegeben, an dem man ständig die Stromaufnahme und, da die Spannung gewöhnlich ziemlich unverändert bleibt, die Energieaufnahme ablesen kann. Das Instrument ist nicht unbedingt nötig, da die Energiezufuhr nicht nach den Angaben des Amperemeters, sondern nach Umdrehungsanzeiger und Belastung geregelt wird. Trotzdem sind die Angaben des Ampere-meters so wertvoll, daß man es bei keiner größeren Anlage missen möch-te: das Instrument zeigt es an, wenn zuviel Strom in einem bestimmten Fall gebraucht wird, wenn also der Wir-kungsgrad der An-lage durch irgend-eine Störung ver-ringert ist.

Bei der Ölma-schine hatte bisher ein ähnlicher Lei-stungsmesser ge-fehlt, obwohl ein solcher gerade hier sehr am Platze wäre. Mitunter reiben ein Kolben oder einige Lager stark, die Steuerung ist schlecht einge-stellt, das Auspuff-rohr ist durch an-gesetzten Ruß fast verstopft, die ge-triebene Maschine hat besonders gro-ßen Widerstand, ohne daß man die Störung der Öl-maschine anmerkt. Zu Beginn der Störung geht die

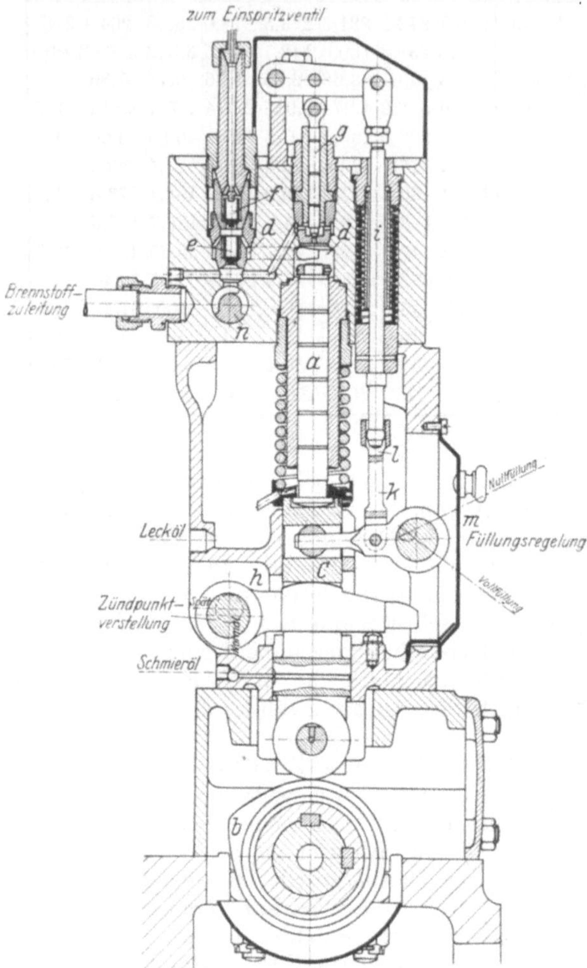

Abb. 52. Brennstoffpumpe einer Viertakt-Dieselmaschine mit Strahl-einspritzung von Deutz.

Drehzahl etwas zurück; der Regler oder der Maschinist regelt durch Weiterauslegen des Brennstoffregulierhebels nach; die Brennstoff-pumpe gibt mehr Brennstoff und die Ölmaschine läuft ruhig weiter, bis der Schaden schwerwiegende Folgen nach sich zieht.

Ein selbsttätiger Energieanzeiger für eine Dieselmaschine, der dem Amperemeter des Elektromotors entspricht, ist versuchsweise in der in Abb. 53 dargestellten Weise ausgeführt worden[1]. In der Saugleitung s der Brennstoffpumpe ist ein Drosselküken d eingeschaltet, das einen Druckabfall im Brennstoffstrom hervorruft. Vor und hinter dem Drosselküken sind zwei Glasrohre g angeschlossen, die oben durch ein Verbindungsstück v miteinander verbunden sind. Bei stillstehender Maschine wird durch das Lufthähnchen h so viel Luft in die Glasrohre eingelassen, daß der Flüssigkeitsspiegel in beiden Gläsern auf 0 steht. Im Betrieb stellt sich ein Druckunterschied $H_1 + H_2$ ein, der dem Quadrate der durchfließenden Menge proportional ist. An dem Apparat kann man sofort die der Maschine zugeführte Brennstoffmenge — also die Energiezufuhr — erkennen.

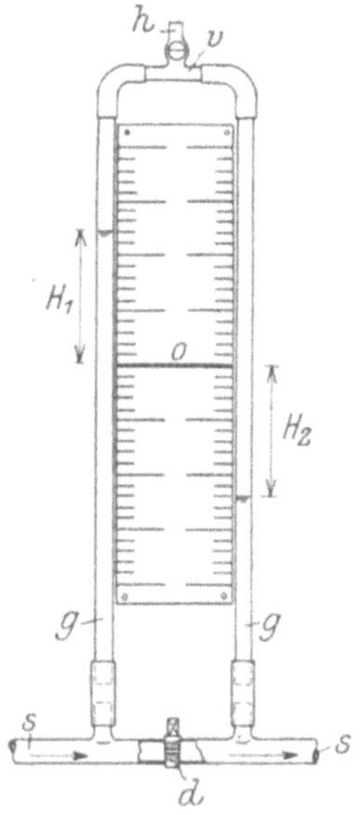

Abb. 53. Selbsttät. Brennstoffmeßvorrichtung.

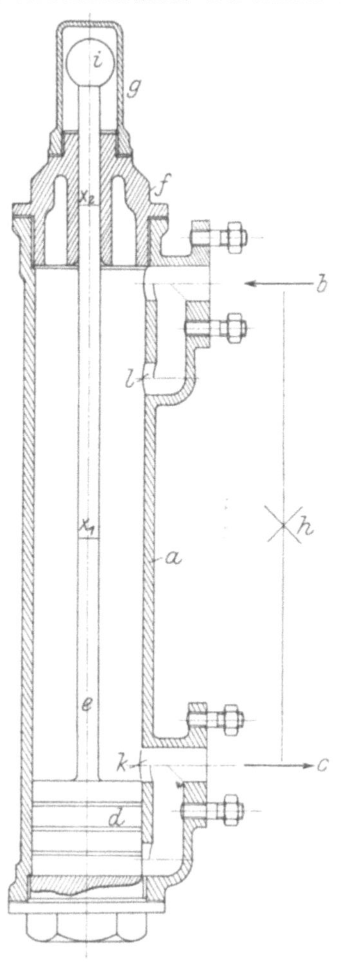

Abb. 54. Brennstoffmeßvorrichtung.

Die Anordnung, die ja in ähnlicher Ausführung zum Messen von Wassermengen usw. viel verwendet wird, hat sich für den hier betrachteten Zweck nicht voll bewährt. Die Viskosität des Brennstoffes ist bei den verschiedenen Lieferungen verschieden und sie hängt über-

---

[1] Erstmalig ausgeführt in der Großölmaschinen-Versuchsanstalt von Prof. Junkers in Aachen.

dies in hohem Maße von der Temperatur des Brennstoffes ab. Die Anordnung ist nur in Verbindung mit einem Thermometer und einer Reihe von Tabellen, die die Eichwerte des Instrumentes für die verschiedenen Temperaturen enthalten, verwendbar; sie kommt deshalb nur für den Probestand einer Ölmotorenfirma, nicht aber für den praktischen Betrieb in Frage.

Während des Krieges ist auf der Werft Wilhelmshaven mehrfach die in Abb. 54 dargestellte Brennstoffmeßvorrichtung mit Erfolg erprobt worden, die gegenüber der eben beschriebenen Anordnung den Vorteil größerer Genauigkeit, Betriebssicherheit und Einfachheit und den Nachteil hat, daß die Ablesung nicht augenblicklich erfolgen kann, sondern 10—15 Sekunden Zeit erfordert. Der Meßzylinder a ist an die Saugleitung der Brennstoffpumpe angeschlossen. Die Leitung b kommt vom Vorratsbehälter, die Leitung c führt zur Brennstoffpumpe. In a ist der Meßkolben d leicht spielend eingesetzt; die mit d verbundene Meßstange e ist durch den Deckel f geführt und mit Meßstrichen x_1, x_2 versehen. Um das Durchtreten kleiner Brennstoffmengen durch den Deckel, solange nicht gemessen wird, zu verhüten, ist das aus dem Deckel hervorragende Ende der Meßstange durch eine aufgeschraubte Kapsel g abgeschlossen, die während des Meßvorganges abgenommen ist. Die Leitungen b und c sind durch eine mit einem Hahn h abschließbare Parallelleitung zum Meßbehälter verbunden. Solange nicht gemessen wird, ist h geöffnet und der Brennstoff fließt der Pumpe direkt zu. Um die Meßvorrichtung für den Meßvorgang vorzubereiten, wird die Kapsel g abgeschraubt und die Meßstange am Knopf i bei geöffnetem Hahn h hochgezogen. Dann wird h dicht gedreht und der Kolben freigelassen. Der Kolben senkt sich, da der unter ihm befindliche Brennstoff der Pumpe zufließt. Die Messung beginnt, sobald der Meßstrich x_1, und sie endet, sobald x_2 in der Deckelbohrung verschwinden. Das effektive Hubvolumen des Meßkolbens ist vorher durch Ausmessen der Meßlänge und des Zylinderdurchmessers bestimmt worden. Während des Meßvorgangs werden die Maschinenumdrehungen oder bei Viertaktmaschinen die Umdrehungen der Steuerwelle gezählt, und zwar wird mit dem Zählen beim Verschwinden von x_1 begonnen und beim Verschwinden von x_2 aufgehört. Es wird auf diese Weise festgestellt, auf wieviel Umdrehungen die geeichte Brennstoffmenge der Pumpe zugeführt wird. Wenn der Kolben in seiner unteren Endlage angelangt ist, gibt er die Hilfsöffnung k frei, durch die der Brennstoff der Maschine unter Umgehung des Kolbens zufließen kann. Eine ähnliche Hilfsöffnung l ist beim Brennstoffeintritt in der oberen Kolbenlage vorgesehen.

Das Hubvolumen des Meßzylinders soll etwa so bemessen sein, daß der Meßvorgang in 30—60 Umdrehungen der Steuerwelle beendet ist. Da die Vorrichtung dicht verschraubt ist, solange nicht gemessen wird, wird im Betrieb kein Brennstoff durch Undichtigkeiten verloren. Die Messung ist sehr genau, weil kaum Brennstoff von der Oberseite des Kolbens nach der Unterseite mit Rücksicht auf die geringe Druckdifferenz übertreten kann. Es ist darauf zu achten, daß keine größeren

Luftsäcke im Brennstoffpumpensaugraum vorhanden sind. Wenn die Saugräume der Brennstoffpumpe für jeden Zylinder getrennt sind, ist es zweckmäßig, die Meßvorrichtung durch Zwischenschaltung von Hähnen auf jeden Zylinder schaltbar zu machen. Man kann dann in raschester Weise die Brennstoffverteilung auf die einzelnen Zylinder nachkontrollieren.

Messungen, die mit der beschriebenen Vorrichtung an verschiedenen Schiffsdieselmaschinen im praktischen Betrieb vorgenommen worden sind, haben ergeben, daß die Brennstoffverteilung auf die einzelnen Zylinder stets ungleich war; die Abweichungen betrugen immer, solange die Brennstoffpumpe nicht auf Grund der Meßergebnisse nachgestellt worden war, mindestens 15%, in vielen Fällen 30%, vereinzelt sogar bis 50%. Die ungleichmäßige Belastung der einzelnen Zylinder ist mit eine der Hauptursachen für die Störungen an Schiffsdieselmaschinen. Ihr muß deshalb große Aufmerksamkeit zugewandt werden.

8. Die Junkers-Dieselmaschine.

Die Junkersmaschine ist eine im Zweitakt arbeitende Dieselmaschine mit gegenläufigen Kolben; sie hat in den letzten Jahren in der Ölmaschinenindustrie viel Beachtung gefunden. Es muß gleich darauf hingewiesen werden, daß die Junkersmaschine nicht die Erwartungen erfüllt hat, die man etwa im Jahre 1912 auf sie setzte, als eine stattliche Reihe von deutschen und außerdeutschen Firmen von Professor Junkers Lizenz nahm und mit dem Bau dieser Maschine begann. Dem großen Aufwand von damals sind nur wenige brauchbare Ergebnisse gefolgt. Das hat vor allem seinen Grund darin, daß die sämtlichen Firmen, die seinerzeit den Bau von Junkersmaschinen aufnahmen, keinerlei Erfahrungen im Bau von Dieselmaschinen besaßen. Sie hätten ebensolche Enttäuschungen erlebt, wenn sie damals statt der Junkers-Dieselmaschine normale Viertaktdieselmaschinen zu bauen angefangen hätten. Für den Bau der Junkers-Dieselmaschine sind vor allem die Erfahrungen nötig, die man beim Bau einer normalen Dieselmaschine sammelt. Die Sondererfahrungen, die außerdem erforderlich sind, sind nicht sehr umfangreich.

Erst in den letzten Jahren ist es der Forschungsanstalt von Prof. Junkers in Dessau unter der Leitung von Dr. O. Mader gelungen, eine Gegenkolbenmaschine herauszubringen, die in kurzer Zeit eine rasche Verbreitung gefunden hat. Bevor wir auf diese Maschine eingehen, wollen wir uns kurz mit den Gegenkolbenmaschinen der früheren Bauarten befassen.

Die verhältnismäßig größte Verbreitung hat die von der AEG gebaute Gegenkolbenmaschine (Abb. 55) gefunden. Die Maschine ist stehend angeordnet; der untere Kolben trägt den Schubstangenzapfen; der obere Kolben ist mit einem Querhaupt verbunden, dessen beide Enden als Schubstangenzapfen ausgebildet sind. Durch die kreuzkopflose Anordnung ist die Maschine verhältnismäßig niedrig gebaut. Die hin- und hergehenden Massen sind ebenfalls auf ein Mindestmaß beschränkt, so daß diese Maschine mit im Vergleich zu anderen Gegen-

kolbenmaschinen verhältnismäßig hoher Kolbengeschwindigkeit umlaufen kann. Aber auch die AEG hat mit der in Abb. 55 dargestellten
Gegenkolbenmaschine keine dauernden Erfolge erzielen können; sie
hat deshalb im Jahre 1918 den Bau von Gegenkolbenmaschinen ganz
aufgegeben.

Die Gegenkolben-Dieselmaschine hat eine Reihe von Vorzügen; die
wichtigsten sind:

1. Die Einlaßventile, die bei Zweitaktmaschinen nötig sind, mit
der umständlichen Steuerung fallen weg. Gegenüber den Einkolben-

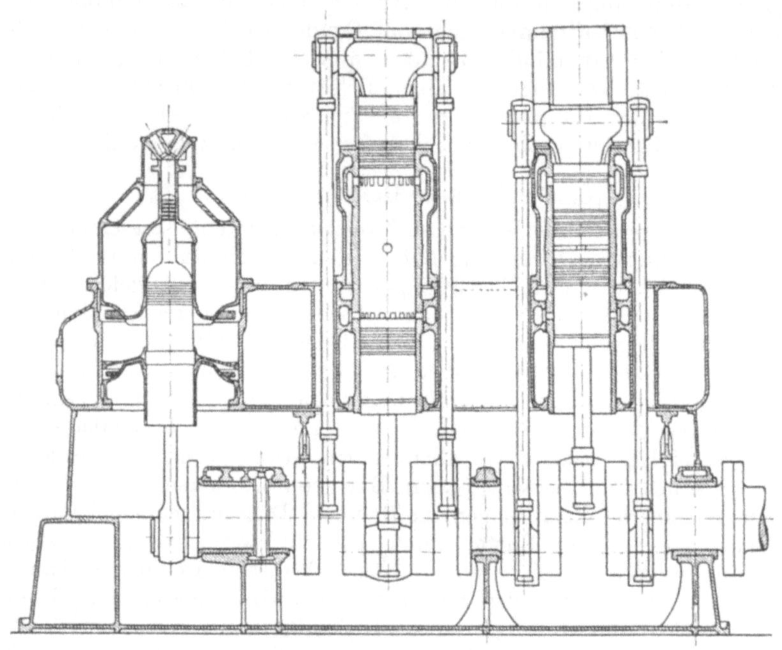

Abb. 55. Gegenkolbenmaschine (Schnelläufer) der AEG.

Zweitaktmaschinen mit reiner Schlitzsteuerung besteht der Vorteil
einer viel gründlicheren Austreibung der Abgase.

2. Die Zylinderdeckel, die gerade bei Zweitaktmaschinen vielfach
Betriebsstörungen veranlassen, fallen weg.

3. Die Spülung ist infolge des glatten Zylinderraumes bei aus-
gefahrenen Kolben ausgezeichnet.

4. Die Massenkräfte erster Ordnung sind in jedem Zylinder großen-
teils ausgeglichen; es bleibt nur die Differenz der mit dem äußeren und
dem inneren Kolben verbundenen Massen zu berücksichtigen.

5. In der inneren Totlage der Kolben ist die abkühlende Wandungsfläche im Vergleich zum Totraumvolumen wesentlich kleiner als bei
Einkolbenmaschinen. Der ungünstige Einfluß der Wandung, der sich
vor allem bei kalter Maschine — beim Anlassen und bei langsamer
Drehzahl — bemerkbar macht, tritt deshalb bei der Gegenkolben-

maschine nicht so stark in die Erscheinung wie bei Einkolbenmaschinen. Mit Rücksicht auf das Anlassen kann deshalb bei der
Junkersmaschine eine niedrigere Verdichtungsendspannung gewählt
werden, oder bei gleicher Verdichtungsendspannung springt sie sicherer
an als die Einkolbenmaschine.

Die beiden schwerstwiegenden Nachteile der Junkers-Dieselmaschine
gegenüber der Einkolbenmaschine sind:

1. Das Gewicht der bewegten Teile, die mit dem oberen Kolben
verbunden sind, ist wesentlich größer als das Gewicht der mit dem
unteren Kolben verbundenen Teile. Die Massenbeschleunigungskräfte
sind deshalb — gleichen Hub beider Kolben vorausgesetzt — für den
oberen Kolben größer als für den unteren Kolben. Die Höchstdrehzahl,
mit der die Maschine umlaufen kann, ist durch die Massenkräfte des
oberen Kolbens beschränkt; das untere Gestänge würde noch höhere
Drehzahlen vertragen. (Um auch das untere Gestänge voll auszu-
nützen und vollen Massenausgleich in jedem Zylinder zu haben, empfiehlt
es sich, den Hub des oberen Kolbens entsprechend kleiner als den

des unteren Kolbens zu wählen, eine Anordnung, die
erst bei den neueren Junkersmaschinen zur Verwendung
gekommen ist.)

2. Durch das seitliche
Herabführen der Schubstangen
für den oberen Kolben muß
zwischen zwei Zylindern ein
verhältnismäßig großer Abstand vorhanden sein. Die
Junkersmaschine baut sich
deshalb sehr lang.

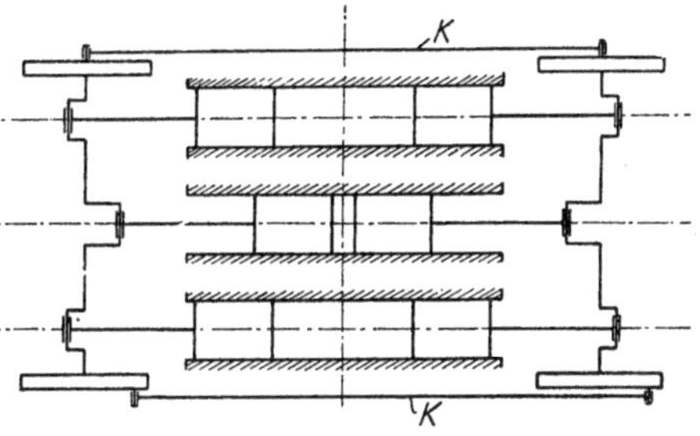

Abb. 56. Gegenkolbenmaschine mit 2 getrennten
Kurbelwellen.

Die angegebenen Nachteile bewirken, daß sich die Junkersmaschine
in der alten Ausführungsform für gleiche Leistungen schwerer und
geräumiger baut als die Einkolbenmaschine. Beide Nachteile können
aber vermieden werden, wenn die gegenläufigen Kolben auf zwei Wellen
arbeiten, die miteinander gekuppelt sind. Eine Anordnung dieser Art
würde sich besonders gut für den Antrieb von Lokomotiven eignen, da
bei Lokomotiven ohnehin eine oder mehrere Blindwellen zwischen
Kraftquelle und Laufachse geschaltet werden müssen, um die beim
Fahren auftretenden Stöße, die von der Schiene auf das Rad übertragen
werden, möglichst vom Zylinder, Kolben und Gestänge fernzuhalten.
Die beiden Wellen sind bei der Zweiwellenmaschine (Abb. 56) durch
zwei um 90° gegeneinander versetzte Kuppelstangen k miteinander
verbunden. Die Zweiwellenanordnung eignet sich nicht für stehende
Ausführung, da sonst die Beseitigung des Schmieröls aus den Kreuz-
kopflagern der oberen Kolben große Schwierigkeiten machen würde.
Bei der Zweiwellenmaschine ist voller Massenausgleich — also im
Gegensatz zur gewöhnlichen Junkersanordnung auch von der zweiten
Ordnung — in jedem Zylinder in Richtung der Zylinderachse vor-

handen. Es bleibt nur eine Massenkraft senkrecht zur Zylinderachse unausgeglichen zurück, die von der Schubstange herrührt. Die Masse der Schubstange kann aber in einen mit dem Kurbelzapfen umlaufenden Massenteil $m_{sch\,1}$ und in einen mit dem Kreuzkopf geradlinig bewegten Massenteil $m_{sch\,2}$ zerlegt werden[1]. Bezüglich der von $m_{sch\,2}$ herrührenden Massenkraft ist schon im Vorausgehenden darauf hingewiesen, daß sie sich gegen die entsprechende Massenkraft des gegenüberliegenden Gestänges aufhebt. $m_{sch\,2}$ kann in einfacher Weise durch eine Gegenkurbel ausgeglichen werden, da sie eine reine rotierende Bewegung ausführt. Ebenso ist es mit den beiden Kuppelstangen k, von denen jeder Punkt eine kreisförmige Bewegung ausführt. Die Maschine kann also tatsächlich in allen ihren Teilen durch exzentrisch an den beiden Wellen in geeigneter Weise angebrachte Schwungmassen vollständig ausgeglichen werden.

Der Massenausgleich wird bei allen Gegenkolbenmaschinen gestört, wenn die Welle, an die die Auslaßkolben angeschlossen sind, etwas voreilt, um möglichst frühes Öffnen der Auslaßschlitze zu erreichen. Gewöhnlich wird bei dieser Anordnung das Voreilen des Auslaßkolbens so gewählt, daß die Auslaßschlitze trotz ihrer größeren Länge gleichzeitig oder gar schon früher geschlossen werden als die Einlaßschlitze.

Wie schon eingangs erwähnt, hat die Junkersmaschine in den letzten Jahren eine ganz wesentliche Umgestaltung erfahren. Die neue Ausführungsform ist in Abb. 57 dargestellt. Es sind zwei in der Zündung um 180° gegeneinander versetzte Zylinder vorgesehen. Der obere Kolben eines jeden Arbeitszylinders trägt einen Spülluftkolben, der nach oben zu wirkt. Statt der seitlich liegenden Spülpumpe ist also hier eine auf dem Arbeitszylinder sitzende Pumpe angebracht, die nur wenig Platz in der Höhe einnimmt, aber — wie ein Vergleich mit Abb. 55 zeigt — viel Platz nach der Seite zu spart. Diese Maschine hat auch keinen Hochdruckverdichter nötig, da der Brennstoff ohne Einblaseluft eingespritzt wird. Es läßt sich vermuten, daß gerade der einfach gestaltete Verbrennungsraum der Junkersmaschine für die luftlose Einspritzung besonders geeignet ist, da der Strahl genügend Ausbreitungsmöglichkeit hat.

Nach der Seite zu ist die Maschine dadurch zusammengedrängt worden, daß die mittlere Kurbelwange zugleich als Traglager ausgebildet worden ist. Da durch die Kolben hauptsächlich Drehmomente auf die Welle übertragen werden, sind die Traglager im Vergleich zu denen der Einkolbenmaschinen nur wenig belastet. Der besonders reichliche Durchmesser des mittleren Lagers wird deshalb unbedenklich in Kauf genommen werden können. Das Gewicht der hin- und hergehenden Massen ist beim oberen Kolben wegen der längeren Treibstangen und des aufgesetzten Pumpenkolbens um etwa $^1/_3$ größer als beim unteren. Im umgekehrten Verhältnis stehen die beiden Kolbenhube zueinander, so daß bewegte Masse mal Weg der beiden Gestänge einander gleich

---

[1] Föppl, O., Grundzüge der techn. Schwingungslehre. Berlin: Julius Springer. 1923, S. 122.

sind. Die Massenkraft 1. Ordnung ist deshalb in jedem Zylinder für sich ausgeglichen. Es bleibt nur die Massenkraft 2. Ordnung zurück.

Der obere Kolben steuert die Spülschlitze, die unmittelbar in das als Aufnehmer ausgebildete Gehäuse münden. Der untere Kolben

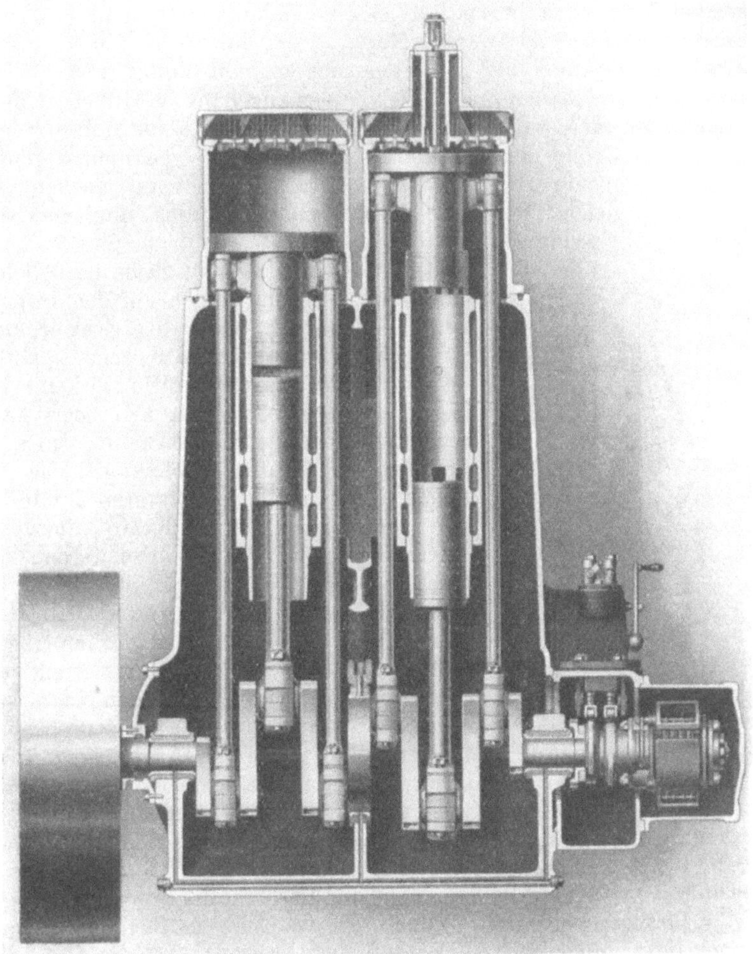

Abb. 57. Gegenkolben-Dieselmaschine, gebaut von der Junkers-Motorenbau-Anstalt zu Dessau.

steuert die Auspuffschlitze. Die Zylinderbüchse ist eingezogen und der Kühlwasserraum allseits durch Stopfbüchsen abgedichtet. Wie diese Aufgabe unten bei den Auspuffschlitzen konstruktiv gelöst ist, kann aus der schematischen Darstellung in Abb. 57 allerdings nicht entnommen werden.

Die Geschwindigkeit des oberen Kolbens beträgt im Normalbetrieb 3 m/sec, die des unteren Kolbens 4 m/sec. Die schematische Abbildung weist schon darauf hin, daß die Maschine wenig Platz benötigt; auch ihr Gewicht ist besonders gering (32 kg/PSe).

9. Massenkräfte und Massenausgleich.

Es ist gerade bei Schnelläufern sehr wichtig, daß die hin und her gehenden Massen in bezug auf Beschleunigungskräfte und Momente ausgeglichen sind; und zwar wird angestrebt, daß die in den Arbeitszylindern hin und her gehenden Massen vollständig ausgeglichen werden, während Massenkräfte, die von den angehängten Hilfsmaschinen — Verdichter, Kühlwasserpumpe, Brennstoffpumpe — herrühren, wegen der geringen Größe der bewegten Massen in Kauf genommen werden können. Wenn man sich mit den Überlegungen vertraut machen will, die beim Ausgleich der Massenkräfte angestellt werden, muß man sich näher mit den theoretischen Grundlagen befassen.

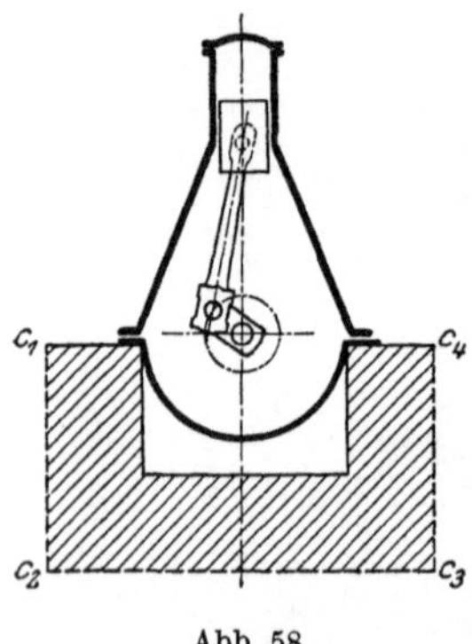

Abb. 58.

Die auf den Massenausgleich bezüglichen Überlegungen gründen sich auf den Impulssatz. Bekanntlich bleibt der Schwerpunkt eines beliebig abgegrenzten Körpers in Ruhe, solange keine äußeren Kräfte wirken. Die Begrenzung des betrachteten Körpers kann beliebig gezogen sein; sie kann also z. B. aus einer gedachten Trennungsfläche bestehen, die durch das Material hindurchgeht, wenn man nur die Kräfte, die durch die Trennungsfläche übertragen werden, mit berücksichtigt. In Abb. 58 ist durch die Schnittflächen $c-c$, die durch den Baugrund unter der Maschine gehen, ein Körper K (Maschine einschl. Fundamentierung) abgegrenzt worden, auf den man den Impulssatz anwenden kann. An K wirkt einerseits das Eigengewicht, anderseits eine gleich große, entgegengesetzt gerichtete Auflagerungskraft, die durch die wagerechte Trennungsfläche $c_2 c_3$ hindurchgeht. Da sich beide Kräfte gegeneinander aufheben, können sie aus den Betrachtungen fortgelassen werden, so daß man in diesem Sinne sagen kann, an K wirkt keine äußere Kraft, solange die Maschine ruht.

Durch Kräfte innerhalb K wird die Maschine in Bewegung gesetzt bzw. in Bewegung erhalten. Dabei führt das Gestänge (Kolben, Kolbenstange) Bewegungen in senkrechter Richtung aus. Da die Gestängemassen zum Schwerpunkt von K beitragen, der Schwerpunkt der Maschine also nicht mehr in Ruhe ist, müssen nach dem Impulssatz entweder durch die Schnittflächen c äußere Kräfte übertragen werden oder der Restteil von K (ohne Gestänge) muß entgegengesetzte Bewegungen wie das Gestänge ausführen, so daß der Gesamtschwerpunkt der Maschine einschl. Fundament in Ruhe bleibt. Wenn man die Schnittflächen c in genügender Entfernung von der Maschine zieht, wird der letztere Fall eintreten, d. h. es werden keine äußeren Kräfte auf K übertragen, und der Schwerpunkt bleibt in Ruhe. Der Restteil von K muß dabei Bewegungen ausführen, die den Bewegungen des Gestänges entgegengesetzt gerichtet sind, da $\sum m\,v = 0$ ist.

Man darf sich aber das Fundament nicht als starre Masse vorstellen, die gemeinsam gleichgerichtete Bewegungen ausführt. Wir haben ja vorausgesetzt, daß die Massenteilchen in den Trennungsflächen in Ruhe bleiben, da hier keine Kräfte übertragen werden sollen. Die Annahme, daß ein Teil der Fundamentierung die Schwerpunktsbewegung des Gestänges durch entgegengesetzte Bewegungen ausgleicht und jenseits dieses Teiles alles in Ruhe ist, kann deshalb auch nicht vollständig befriedigen. Man muß sich den Bewegungsvorgang vielmehr so vorstellen, daß das Maschinengestell mit der nächsten Umgebung besonders starke Bewegungen ausführt, die um so mehr abnehmen, je näher man an die Trennungsflächen herankommt.

Eine solche Vorstellung würde wenigstens den Bedingungen, die der Impulssatz stellt, genügen. Die tatsächliche Bewegung wird aber aus Gründen, die hier nicht erörtert werden können, nicht durch die Annahme von Trennungsflächen, innerhalb deren die Massenteilchen des Fundamentes gleichzeitig nach gleicher Richtung schwingen und außerhalb deren die Massenteile in Ruhe sind, wiedergegeben. Die tatsächliche Bewegung der Erdmassen in der Umgebung des Fundamentes erfolgt vielmehr als eine fortlaufende Schwingung, bei der Energie ständig von der Maschine ins Fundament und von diesem in den Erdboden gesteckt wird. Die Energie wird durch die Schwingungen fortgeleitet und in Reibungswärme verzehrt.

Da die Fundamentbewegung eine fortlaufende Schwingung ist, liegen keine ausgezeichneten Punkte (Knotenpunkte) räumlich fest. Diese Tatsache wird in der Praxis oft nicht genügend beachtet, und man sagt z. B. von einem Bauwerk, das in der Nähe einer umlaufenden Maschine steht und besonders starke Schwingungsausschläge ausführt, das Haus stehe auf einem Schwingungsbauch. Tatsächlich rühren aber die besonders großen Ausschläge nicht von der besonderen Lage des Bauwerks, sondern davon her, daß eine Eigenschwingungszahl des Bauwerks mit der Periodenzahl der Fundamentschwingung zusammenfällt.

Man erkennt aus den vorstehenden Überlegungen weiter, daß die Fundamentbewegungen in der Umgebung einer Maschine, hervorgerufen durch freie Massenkräfte, nicht durch statische Maßnahmen am Fundament beseitigt werden können, da die Bewegung des Baugrundes eine Folge der Kräfte ist, die nach dem Impulssatz bei der Schwerpunktsbewegung der umlaufenden Maschine auftreten. In Unkenntnis dieser Tatsache hat man mehrfach versucht, Maschinen, die beim Laufen störende Schwingungserscheinungen in der Umgebung hervorriefen, mit einem tiefen Graben zu umgeben (s. z. B. Z. d. V. d. I. 1920, S. 759, Aufsatz von Gerb), ohne den geringsten Erfolg zu erzielen. Wenn man die Störungen, die von freien Massenkräften herrühren, beseitigen will, muß man die Massenkräfte innerhalb der Maschine durch entsprechende Kurbelversetzung oder durch Hilfsmaßnahmen ausgleichen.

Besonders groß sind die Massenkräfte bei schnellaufenden Maschinen, da bei ihnen große Beschleunigungen auftreten. Man darf deshalb schnellaufende Maschinen, wenn man nicht schlimme Erfahrungen machen will, nicht ohne weitgehende Berücksichtigung der freien Massenkräfte bauen.

Der Massenausgleich von Kraftmaschinen (auch Schlickscher Massenausgleich zu Ehren des Hamburger Ingenieurs Dr. O. Schlick genannt) ist anfänglich auf mehrkurbelige Dampfmaschinen, vor allem auf Schiffsmaschinen, angewendet worden. Man kann bei einer umlaufenden Dampfmaschine nicht verhüten, daß das Gestänge eines Zylinders Schwerpunktsbewegungen erleidet, aber man kann bei mehrzylindrigen Dampfmaschinen durch geeignete Bemessung der Abstände und der Aufkeilwinkel zwischen den einzelnen Kurbeln und der Bemessung der Gestängemassen die bei der Bewegung der einzelnen Gestängemassen frei werdenden Kräfte und Momente so innerhalb des Maschinengestells ausgleichen, daß der Schwerpunkt der gesamten Maschinenanlage stets in Ruhe bleibt.

Bei einer Dieselmaschine liegen die Verhältnisse wesentlich anders als bei der Dampfmaschine, da man bei ihr mit Rücksicht auf das Drehkraftdiagramm an gleiche Kurbelversetzung gebunden ist. In den einzelnen Zylindern werden gleiche Leistungen aufgebracht, und deshalb wird man den Zylindern und den in ihnen bewegten Kolben mit Gestänge gleiche Abmessungen geben. Man kann dann die Massenkräfte nicht mehr durch geeignete Bemessung der Massenwege gegeneinander ausgleichen. Auch die Abstände zwischen je zwei benachbarten Zylindern macht man bei mehrkurbeligen Dieselmaschinen gleich und verzichtet auf die Beeinflussung der Momente durch die Wahl der Längen. Es bleibt dann nur noch die Reihenfolge, in der die Zylinder zur Zündung kommen, um die Momente möglichst weitgehend zum Ausgleich zu bringen.

In der bekannten graphischen Darstellung des Massenkraftdiagramms erscheinen deshalb bei der mehrkurbeligen Dieselmaschine alle Massenkräfte von gleicher Größe, die zur Feststellung der resultierenden Massenkraft 1. Ordnung unter den zugehörigen Kurbelversetzungswinkel aneinandergereiht werden müssen. Die Massen der in einem Zylinder bewegten Gestängeteile können dabei zerlegt werden in die mit der Welle umlaufenden Massen $\frac{G_1}{g}$ (Kurbelwange, Kurbelzapfen und den auf den Kurbelzapfen bezogenen Teil der Schubstange) und die in Richtung der Zylindermittellinie bewegten Massen $\frac{G_2}{g}$ (Kolben mit Kreuzkopfzapfen zuzüglich den auf den Kreuzkopfzapfen bezogenen Teil der Schubstange). Die Schwerpunktsbewegung der ersteren Massen $\frac{G_1}{g}$ kann, wenn es sich als nötig herausstellt, durch eine Gegenkurbel vollständig ausgeglichen werden. Die Massen $\frac{G_2}{g}$ in einem Zylinder geben dagegen eine Massenkraft $\frac{G_2}{g} \cdot r \cdot \omega^2 \cos\varphi$ von der 1. Ordnung und $\frac{G_2}{g} r \omega^2 \lambda \cos 2\varphi$ von der 2. Ordnung, wobei r den Kurbelradius,

ω die Winkelgeschwindigkeit, φ den Winkel, den die Kurbel mit der Zylindermittellinie einschließt, und λ das Verhältnis Kurbelradius zu Schubstangenlänge bezeichnen.

Bei einer dreizylindrigen Dieselmaschine mit je 120° Kurbelversetzung ergibt sich durch Zusammensetzen der Massenkraftvektoren der 1. Ordnung das Schaubild der Abb. 59 mit der resultierenden Massenkraft Null. Die in der Luftpumpe bewegten Gestängemassen sind dabei vernachlässigt.

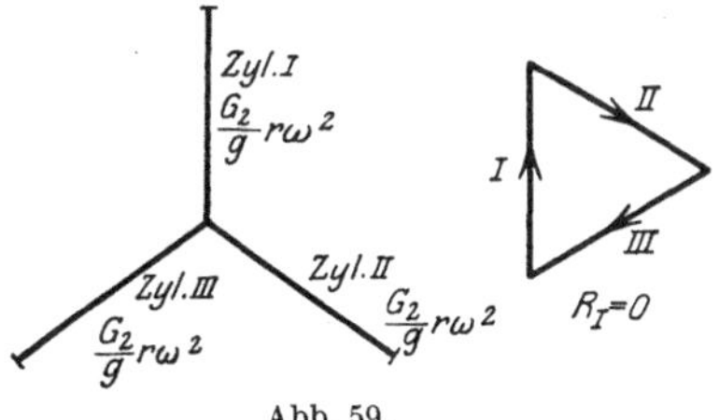

Abb. 59.

Die Resultierende der Massenkräfte 2. Ordnung, die von der endlichen Länge der Schubstange herrühren, erhält man durch Zusammensetzung der Einzelkräfte unter dem doppelten Kurbelwinkel. Es sind z. B. bei der vierzylindrigen Maschine der Abb. 60 die Kurbel II unter 90°, III unter 180° und IV unter 270° gegen I versetzt. Demnach sind die Massenkräfte 2. Ordnung von Kurbel II unter 180°, III unter 360° und IV unter 540° gegen I versetzt, und die Resultierende wird wieder $R = 0$. Bei einer vierzylindrigen Viertaktmaschine wird oft, um gleichmäßiges Drehkraftdiagramm zu bekommen, die

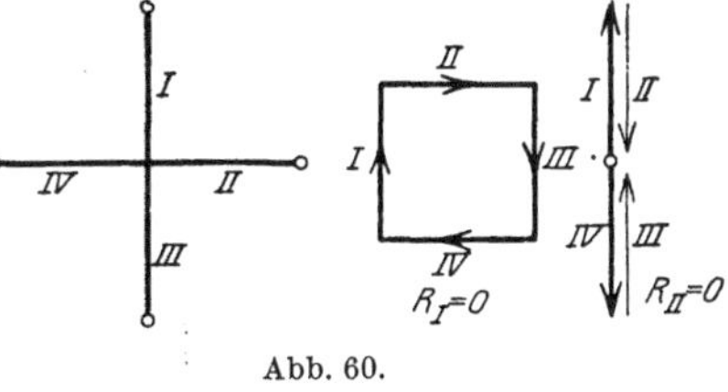

Abb. 60.

Versetzung der Arbeitskurbeln $\dfrac{2 \cdot 360°}{5} = 180°$ vorgesehen (Abb. 61). Dann verschwinden die Massenkräfte 1. Ordnung, dagegen sind die von den einzelnen Gestängemassen herrührenden Massenkräfte 2. Ordnung alle gleichgerichtet, und die Resultierende ist gleich dem Vierfachen des Beitrags, den jeder Zylinder liefert.

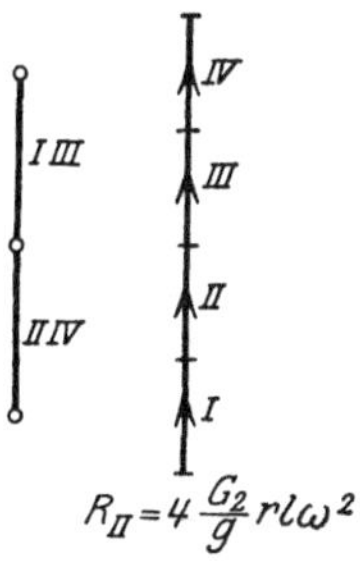

Bei den verschiedenen möglichen Kurbelanordnungen läßt sich über die freien Massenkräfte folgendes angeben:

1. Bei Einzylindermaschinen tritt die volle freie Massenkraft 1. und 2. Ordnung auf.

2. Bei zwei Zylindern, Anordnung Abb. 62a, ist keine freie Massenkraft 1. Ordnung vorhanden, dagegen addieren sich die von der 2. Ordnung. Bei Anordnung Abb. 62b ist keine Massenkraft 2. Ordnung vorhanden, während die Resultierende der Kräfte von der 1. Ordnung gleich dem $\sqrt{2}$fachen der Einzelkraft ist.

$$R_{II} = 4 \frac{G_2}{g} r l \omega^2$$

Abb. 61.

3. Bei Anordnungen mit mehr als zwei Kurbeln und gleichen Kurbelwinkeln (Abb. 62c und d) ist keine freie Kraft 1. und 2. Ordnung vorhanden.

Wenn die in den Arbeitszylindern bewegten Massen vollständig ausgeglichen sind, bleibt immer noch die freie Massenkraft des Verdichtergestänges zurück, die in der Regel wegen des geringen Gewichtes und des kleineren Hubes des Verdichtergestänges nicht sehr groß ist.

Die beiden Kräfte *1* und *2* in Abb. 63, die die beiden Massenkräfte in zwei Arbeitszylindern vorstellen mögen, sind gleich groß und entgegengesetzt gerichtet. Ihre Resultierende ist Null. Sie liefern aber zusammen ein Drehmoment, das die Maschine, an der die beiden Kräfte angreifen, zu kippen sucht. Die gefürchteten Erschütterungen des Fundamentes können nicht durch Massenkräfte, sondern auch durch Massenkippmomente hervorgerufen werden. Es genügt deshalb nicht, durch geeignete Anordnungen die Resultierende der Massenkräfte zu Null zu machen, man muß vielmehr auch auf die Massenkippmomente Rücksicht nehmen.

Bei symmetrischen Anordnungen tritt kein resultierendes Kippmoment auf, da jeder Massenkraft auf der einen Seite der Maschine eine gleich große, gleichgerichtete Massenkraft in gleichem Abstand auf der anderen Seite der Symmetrielinie entspricht, die sich beide zu einer Resultierenden in der Symmetrieebene (also zu einer Kraft ohne Hebelarm in bezug auf die Symmetrielinie) zusammensetzen lassen. Für die übrigen Anordnungen gelten folgende Bemerkungen:

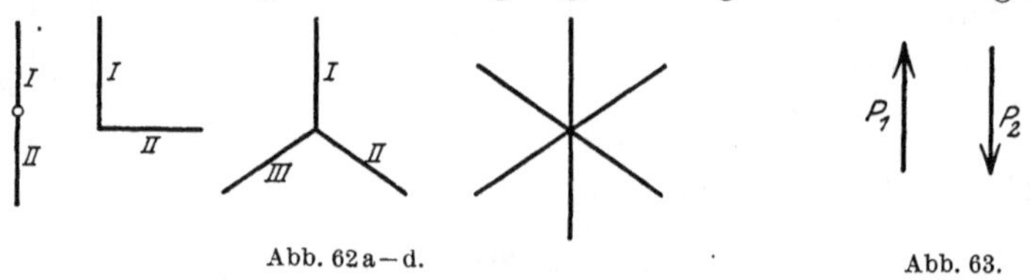

Abb. 62 a—d.
Abb. 63.

Bei zweizylindriger Anordnung sind die Kippmomente klein gegen die Massenkräfte, da die Hebelarme klein sind.

Bei dreizylindriger Anordnung mit 120° Kurbelversetzung bleiben Kippmomente erster und zweiter Ordnung unausgeglichen zurück.

Bei vierzylindriger Anordnung mit Versetzung der Kurbelzapfen um 90° (Zweitaktmaschinen) sind die Kippmomente zweiter Ordnung ausgeglichen, wenn die Zündungen in den einzelnen Zylindern in der Reihenfolge 1, 2, 4, 3 oder 1, 3, 4, 2 stattfinden. Die Kippmomente 1. Ordnung bleiben unausgeglichen.

Bei vierzylindriger symmetrischer Anordnung mit 180° Kurbelzapfenversetzung (Viertaktmaschine, Abb. 61) sind die Kippmomente ausgeglichen.

Bei Maschinen mit sechs symmetrisch angeordneten Arbeitszylindern (Viertaktmaschinen mit 120° Kurbelzapfenversetzung) sind Massenkräfte und Kippmomente restlos ausgeglichen; ebenso bei Acht- oder Zehnzylindermaschinen mit symmetrischer Anordnung. Bei den Sechszylindermaschinen erfolgen die Zündungen in den einzelnen Zylindern gewöhnlich mit Rücksicht auf eine zeitlich möglichst gleichmäßige Belastung der beiden symmetrischen Kurbelwellenhälften in der Reihenfolge 1, 5, 3, 6, 2, 4 oder 1, 4, 2, 6, 3, 5.

Bei Sechszylindermaschinen mit 60° Kurbelversetzung (Zweitaktmaschinen) sind die Kippmomente erster Ordnung bei der Zündfolge
1, 5, 3, 4, 2, 6 oder 1, 6, 2, 4, 3, 5 ausgeglichen[1]. Es bleibt ein resultierendes Kippmoment zweiter Ordnung zurück, das für diese Anord-
nung von der Größe $2\sqrt{3}\,m\,r\,\omega^2\lambda\,a$ ist, wobei a den Abstand zwischen
zwei benachbarten Zylindern, m die gradlinig bewegte Gestängemasse
in einem Zylinder, λ das Schubstangenverhältnis, ω die Umdrehungs-
geschwindigkeit und r den Kurbelradius bezeichnen.

Oft zeigen sich an ausgeführten Maschinen störende Fundament-
schwingungen, die auf ungenügenden Ausgleich zurückzuführen sind,

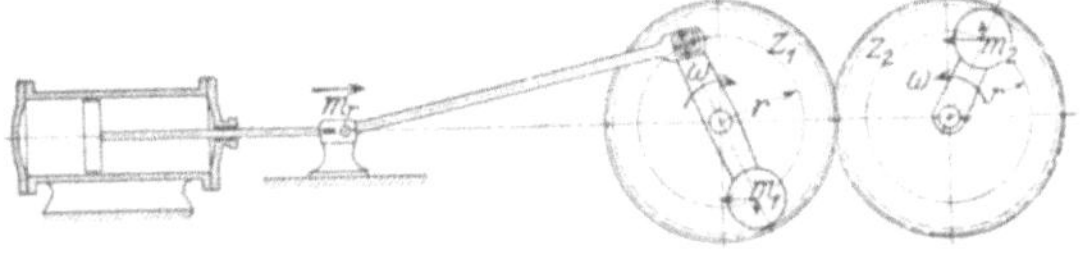

Abb. 64. Ausgleichen der Massenkräfte I. Ordnung.

sei es, daß infolge der geringen Zylinderzahl kein Ausgleich vorgesehen
werden konnte oder daß sich die im Verdichter bewegten Massen un-
liebsam bemerkbar machen. Man kann dann mittels nachträglich an
der Maschine anzubringenden Hilfsmaßnahmen zusätzliche Massen-

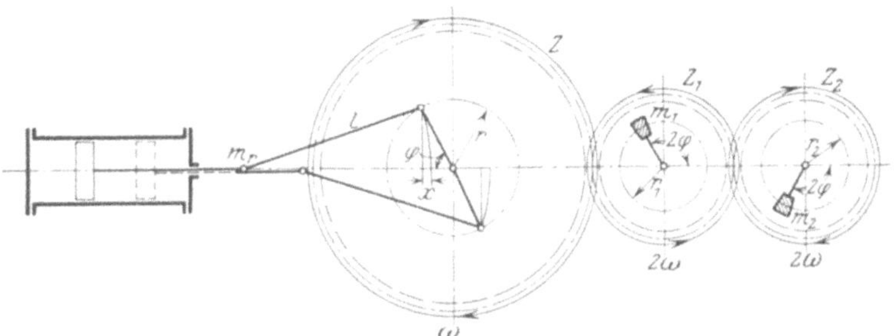

Abb. 65. Ausgleichen der Massenkräfte II. Ordnung durch zwei gegenläufig mit doppelter
Maschinendrehzahl umlaufende Schwungmassen.

kräfte erzeugen, die den von der Maschine herrührenden Massenkräften
entgegengesetzt gerichtet sind. Eine solche Anordnung ist für die
Herbeiführung des Ausgleichs 1. Ordnung in Abb. 64 und für den der
2. Ordnung in Abb. 65 dargestellt.

Die Abb. 64 zeigt links eine Einzylindermaschine, deren Gestänge
beim Umlauf Massenkräfte 1. Ordnung in wagerechter Richtung hervorruft. Die hin und her gehenden Massen kann man sich auf den
Kreuzkopfbolzen bezogen und zur Gesamtmasse m vereinigt denken.
Bei jeder halben Umdrehung verschiebt sich m um den Betrag $2r$;
oder $2\,r\,m$ ist der Massenweg, der durch einen gleich großen, entgegengesetzt gerichteten Massenweg ausgeglichen werden muß.

---

[1] Siehe O. Föppl: Grundzüge der technischen Schwingungslehre. Berlin 1923.

m_1 und m_2 sind zwei in einander entgegengesetzter Richtung mit der Maschinendrehzahl n umlaufende Massen. Ihr Schwerpunktsabstand vom Drehpunkt ist r, und die Größe der Masse ist $m_1 = m_2 = \dfrac{m}{2}$. Bei der Anordnung nach der Abbildung bewegt sich die eine Masse nach oben, wenn die andere nach unten geht, so daß sich die Massenkräfte in senkrechter Richtung gegeneinander aufheben. In wagerechter Richtung dagegen addieren sich die von m_1 und m_2 herrührenden Massenwege; ihre Summe $(m_1 + m_2)r$ ist entgegengesetzt gerichtet und von gleicher Größe wie $m\,r$. Beim Umlauf ist demnach die Resultierende der Massenkräfte von m, m_1 und m_2 nach jeder Richtung Null. Die Massenkraft 2. Ordnung, die von der endlichen Länge der Schubstange herrührt, bleibt dagegen unausgeglichen zurück. m_1 darf dabei nicht mit der Gegenkurbel verwechselt werden. Um die umlaufenden Massen — z. B. den Schubstangenkopf — auszugleichen, muß vielmehr noch außer m_1 eine besondere Gegenkurbelmasse vorgesehen werden.

Die Abb. 65 zeigt eine Maschine mit zwei nebeneinanderliegenden Zylindern, deren Kurbeln um 180° versetzt sind. In jedem Zylinder werden gleich schwere Gestängemassen m bewegt. Nach den vorausgehenden Betrachtungen tritt bei dieser Anordnung eine resultierende Massenkraft 2. Ordnung auf, die gleich ist der Summe der beiden Einzelkräfte $\left(\text{der Größtwert ist also } 2m\dfrac{r^2}{l}\,\omega^2\right)$ und die die doppelte Periodenzahl der Maschine aufweist. Sie wird ausgeglichen durch die mit der doppelten Drehzahl $2\,n$ in entgegengesetzter Richtung umlaufenden Massen m_1 und m_2, deren senkrechte Massenwege sich gegeneinander aufheben, wenn $m_1\,r_1 = m_1\,r_2$ ist. Der resultierende Massenweg von m_1 und m_2 in wagerechter Richtung ist $m_1\,r_1 + m_2\,r_2 = 2\,m_1\,r_1$. Die Massen sind so aufgekeilt und so bemessen, daß der Massenweg $2\,m_1\,r_1$ gleich und entgegengesetzt gerichtet ist wie $2\,m\dfrac{r^2}{l}$. Die Massenkräfte 2. Ordnung heben sich bei dieser Anordnung gegeneinander heraus.

Die Anordnung nach Abb. 65, die schon seit langer Zeit bekannt ist[1], wird in der Praxis öfters mit gutem Erfolg verwendet. So hat z. B. die MAN, Werk Augsburg, mehrfach störende Schwingungserscheinungen an liegenden Viertaktmaschinen und Prof. Junkers, Versuchsanstalt in Aachen, an einer liegenden Junkersmaschine mit nachträglich an den Maschinen nach Art der Abb. 65 angebrachten Schwungmassen beseitigt.

Die Anordnung ist erstmalig von der MAN zum Auswuchten einer Dieselmaschine, die in einem Kraftwerk in Bunzlau aufgestellt ist, verwendet worden. Die dort vorgesehene Anordnung ist in Abb. 66 dargestellt. Die beiden umlaufenden Schwungscheiben sitzen am Kopfende der liegenden Dieselmaschine. Der Antrieb erfolgt von der Kurbelwelle aus durch Schraubenräderübertragung, die Schwungmassen werden durch zwei Stirnräderpaare zu gleichförmigem Umlauf veranlaßt.

---

[1] Näheres darüber s. bei M. Tolle, „Regelung der Kraftmaschinen". 3. Aufl., S. 385.

Es gibt noch einen zweiten Weg, der eingeschlagen werden kann, wenn man die Fortleitung von Schwingungen durch das Fundament unterbinden oder wenigstens verringern will. Man kann das Fundament geeignet ausbilden. Hierbei sind zwei Fälle zu unterscheiden:

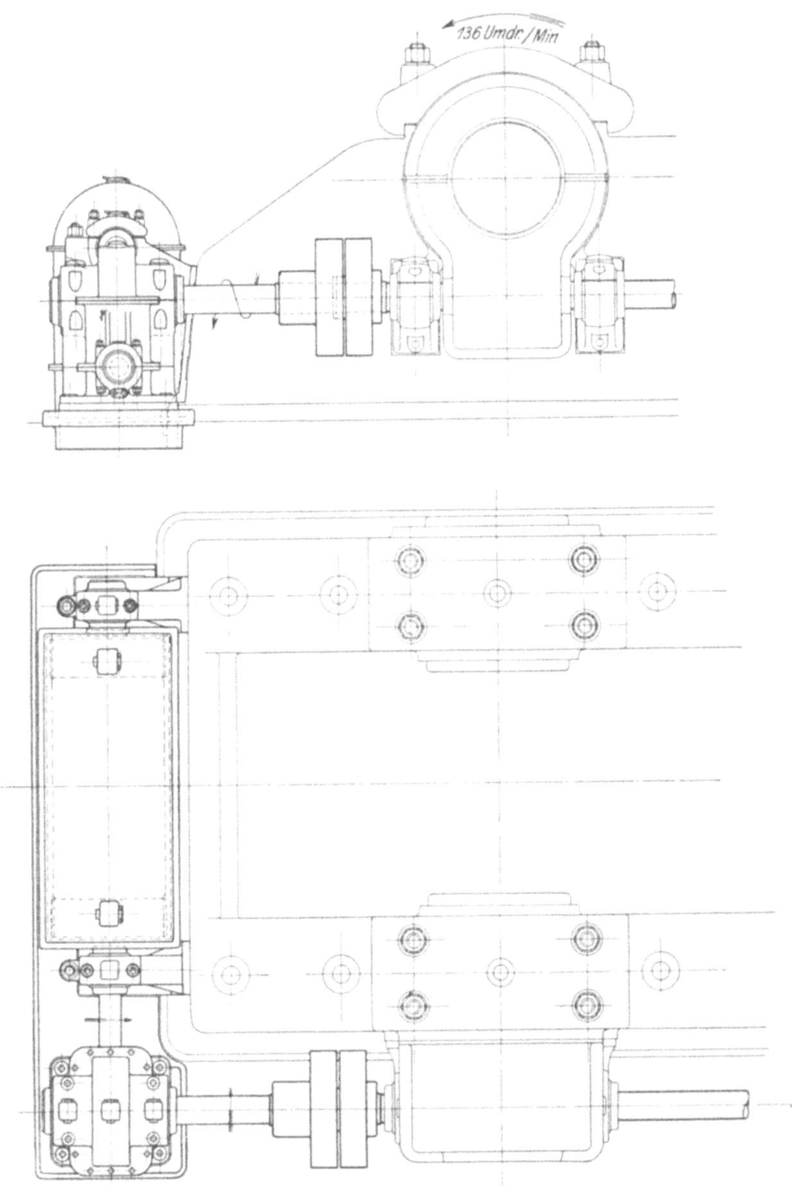

Abb. 66. Vorrichtung zum Auswuchten der Massenkräfte 2. Ordnung. Aufriß und Grundriß.
(Ausgeführt an einer MAN-Viertakt-Dieselmaschine in Bunzlau.)

1. Es wird eine stark elastisch nachgiebige Unterlage aus geeigneten Holz- oder Stahlfederverbindungen zwischen Fundament und Unterlage vorgesehen, die bei verhältnismäßig starken Auslenkungen nur kleine Kräfte hervorruft. Dann führt das Fundament mit dem Maschinengestell in erster Annäherung entgegengesetzt gerichtete Bewegungen wie die hin und her gehenden Massen aus — der Weg der ersteren verhält sich zum Weg der letzteren umgekehrt wie die mitschwingenden Massen —, und es findet auf diese Weise ein Ausgleich der Massenwege zwischen Getriebe und Fundament statt. Bei dieser Anordnung finden aber große Verschiebungen statt; bei einer Einzylindermaschine von 200 mm Kolbenhub und einem Verhältnis der Getriebemassen zu den mitschwingenden Fundamentmassen wie 1:100 wäre z. B. eine Fundamentbewegung von 1,5 mm nötig, wenn man die

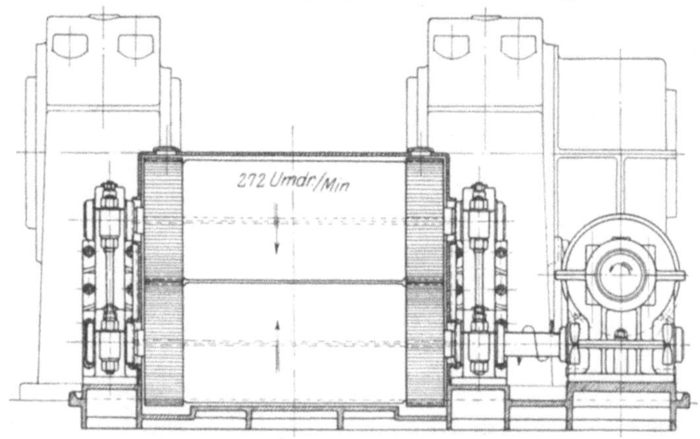

Abb. 67. Ansicht von der Stirnseite.

Fundamentschwingung der 1. Ordnung auf $^1/_4$ des Ausschlages oder $^1/_{16}$ der Energie herunterdrücken wollte. Bei den meisten Kraftmaschinen, vor allem auch bei Dieselmaschinen, ist aber eine derartig große wechselnde Verschiebung zwischen Maschinen und festem Erdboden nicht zulässig, da sonst alle Rohrleitungen in kürzester Zeit abreißen würden. Dieser Weg verbietet sich deshalb bei großen Maschinen aus praktischen Erwägungen, und er kann nur für kleine Maschinen, bei denen man im Vergleich zur Kolbenmasse große Fundamentmassen mitschwingen lassen kann, in Frage kommen.

2. Es wird zwischen Fundament und Erdboden eine dämpfende Zwischenlage (Kautschuk, Kork oder ähnliches) angeordnet, die die Schwingungsenergie zum Teil in Wärme umsetzt und dadurch unschädlich macht. Die dabei auftretenden Vorgänge und die Größe der Dämpfungswirkung der einzelnen Baustoffe sind von Dr. Ing. E. Schmidt (München) eingehend untersucht worden. Den Bericht über die Versuche findet man im „Gesundheitsingenieur" 1923, Heft 6, S. 61. An dieser Stelle wird auch die Theorie der Dämpfung und der Federung behandelt.

Das zu zweit genannte Verfahren wird vielfach zur Verringerung der Fortpflanzung von störenden Maschinenschwingungen bei nicht zu großen Anlagen verwendet. Es gehören aber sicher viel Erfahrungen dazu, um die dämpfenden Zwischenlagen richtig zu bemessen. Die Firma Emil Zorn A.-G., Berlin S 14, befaßt sich mit dem Bau und der Berechnung solcher Isolierungen gegen Schall und Erschütterungen.

10. Wellenschwingungen und Wellenbrüche.

Wie schon an anderer Stelle mitgeteilt, sind Wellenbrüche an Dieselmotorenanlagen entweder auf Verdrehungsschwingungen oder auf ungewöhnlich große Biegungsbeanspruchungen zurückzuführen. Die Verdrehungsschwingungen treten auf, wenn große Schwungmassen auf der Welle angeordnet sind; sie sind an bestimmte Drehzahlen — kritische Gebiete — gebunden und sie haben bei längeren Wellenleitungen (z. B. bei Schiffen) im allgemeinen Brüche in der Wellenleitung zwischen den Hauptschwungmassen (also nicht in der Kurbelwelle) zur Folge. Im Gegensatz dazu sind die Biegungsbeanspruchungen innerhalb der Kurbelwelle einer Dieselmaschine für gewöhnlich nicht Folge von Schwingungen, sondern von ungenauen Lagerungen; sie sind an keine Drehzahl gebunden und sie verursachen Brüche in der Kurbelwelle.

Wir wenden uns zuerst den Verdrehungsschwingungen zu. Eine Verdrehungsschwingung tritt z. B. an der durch Abb. 68a gegebenen Anordnung auf. Die beiden Massen m_1 und m_2 sitzen auf einer Welle w, deren Masse vernachlässigt werden kann. Durch Verdrehen von m_1 gegen m_2 wird die Welle elastisch gespannt. Die elastischen Kräfte suchen die Massen in der der Verdrehung entgegengesetzten Richtung zu bewegen. Die Massen werden, wenn keine entgegengesetzten äußeren Kräfte wirken, von den elastischen Kräften bis zu einem Höchstwert beschleunigt und dann wieder unter Verdrehung der Welle nach der anderen Richtung hin verzögert. Es findet ein Energiewogen zwischen der kinetischen Energie der Massen und der Verdrehungsenergie der Welle statt. Die Schwingungsdauer für eine solche Schwingung ist

$$T = \frac{2}{a^2}\sqrt{\frac{2\pi l}{G}} \cdot \sqrt{\frac{J_1 J_2}{J_1 + J_2}}, \tag{1}$$

wobei a den Halbmesser der Welle, l die wirksame Länge der Welle, G den Schubelastizitätsmodul und J_1 bzw. J_2 die Trägheitsmomente der Massen bezeichnen.

Sobald mehr als zwei Massen auf der Welle sitzen, können sich verschiedenartige Schwingungen ausbilden. In Abb. 68b sitzen z. B. drei Massen m_1, m_2 und m_3 auf der Welle, und zwar ist $J_1 = J_3 = \frac{J_2}{2}$.

Die Wellenabstände zwischen den Massen sind gleich l. Die erste Schwingungsart ist in diesem Beispiel dadurch gekennzeichnet, daß m_1 und m_3 in entgegengesetzter Richtung gegeneinander schwingen. m_2 bleibt dabei in Ruhe, da durch die beiden Wellenstücke von m_1 und m_3 her jederzeit gleich große, entgegengesetzt gerichtete Dreh-

momente auf m_2 übertragen werden, die sich gegeneinander aufheben.
Die Schwingungsdauer ist für diesen Fall

$$T_1 = \frac{2}{a^2} \sqrt{\frac{2\pi l J_1}{G}}\,. \tag{2}$$

Man nennt diese Schwingung die Schwingung 1. Ordnung. Es können
aber auch die Massen m_1 und m_3 parallel miteinander und gegen m_2
schwingen (durch die gestrichelten Pfeile angedeutet). Es ist dies
die Schwingung 2. Ordnung. Die Schwingungsknoten sind von m_2 um
das Stück $\frac{l}{2}$ entfernt. Die Schwingungsdauer T_2 ist unter Zugrunde-
legung der obigen Größenangaben:

$$T_2 = \frac{2}{a^2} \sqrt{\frac{\pi l J_1}{G}}\,. \tag{3}$$

In diesem besonderen Falle dauert die Schwingung $T_1 \sqrt{2} = 1{,}42\,\text{mal}$
so lange als T_2. Wenn das Trägheitsmoment J_2 bei Gleichbleiben aller

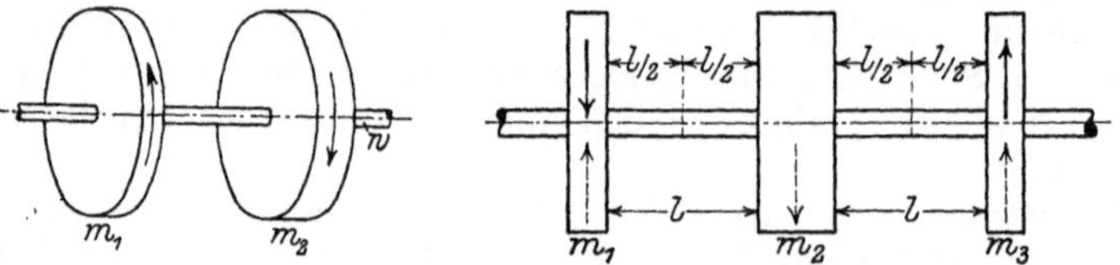

Abb. 68a u. b. Schwungmassen auf Wellen.

übrigen Größen vergrößert wird, nimmt die Schwingungsdauer 2. Ordnung zu, während die Schwingungsdauer 1. Ordnung dieselbe bleibt;
im Grenzfall nähert sie sich mit unendlich groß werdendem J_2 dem
Wert T_1. Wenn J_2 kleiner wird, nimmt die Schwingungsdauer 2. Ordnung ab; sie würde mit $J_2 = 0$ den Wert $T = 0$ erreichen. An diesem
Beispiel sieht man, daß das Verhältnis $T_1 : T_2$ keinen festen Wert hat.
T_2, das der Schwingung mit den zwei Schwingungsknoten angehört,
ist aber immer kleiner als T_1. Die Welle mit drei Schwungmassen
kann nur die angeführten beiden Drehschwingungen ausführen, von
denen der Knotenpunkt für die Schwingung 1. Ordnung bei unsym-
metrischer Anordnung im allgemeinen nicht innerhalb der mittleren
Masse liegt. Wenn statt der drei Massen deren beliebig viele auf der
Welle sitzen, sind entsprechend viele Schwingungsformen möglich.

Da die Welle einer Dieselmotorenanlage mit vielen Massen behaftet
ist, können an ihr die verschiedensten Schwingungsformen auftreten.
Auf die Haltbarkeit des Materials hat aber gewöhnlich nur die Schwingung 1. Ordnung und vereinzelt auch die 2. Ordnung Einfluß. Die
Schwingungen höherer Ordnung haben so hohe Periodenzahlen, daß
keine Resonanz mit den während des Maschinenumlaufs auftretenden
Kräften eintritt. Die Schwingung 1. Ordnung entspricht der in Abb. 68a
gegebenen Anordnung. Die Schwierigkeit bei der Ausrechnung der
Eigenschwingungszahl einer ausgeführten Wellenleitung besteht nur
darin, die verschiedenen umlaufenden und bewegten Massen zu den

beiden reduzierten gegeneinander schwingenden Schwungmassen m_1 und m_2 zusammenzufassen. Eine Angabe, wie durch ein Annäherungsverfahren die Eigenschwingungszahlen von Wellen, die viele Schwungmassen tragen, gefunden werden kann, habe ich in „Grundzüge der techn. Schwingungslehre", J. Springer, Berlin 1923, gegeben[1]. Den Angaben liegen folgende Überlegungen zugrunde:

Die Verdrehungsschwingung einer Welle mit Schwungmassen kann man immer durch die geradlinige Schwingung einer Anordnung von Massen, die zwischen Federn gehalten sind, ersetzen. So kann man z. B. zu der Anordnung der Abb. 68a die Anordnung Abb. 69 so abstimmen, daß beide Anordnungen gleiche Schwingungsdauer haben, und daß die Knotenpunkte auf der Welle und der Feder an entsprechender Stelle liegen. Man muß der Übertragung nur einen bestimmten Maßstab zugrunde legen, also z. B. angeben, daß ein Trägheitsmoment J in Abb. 68a durch die Masse $m = eJ$ in Abb. 69 wiedergegeben werden soll, wobei e eine mit einer Dimension behaftete Größe ist. Wenn die Welle der Abb. 68a bei der Verdrehung um den Winkel 1 ($= 57,3°$) das Drehmoment c cmkg gibt, muß die ihr entsprechende Feder der Abb. 69 so gewählt sein, daß sie bei einer Längenänderung die Kraft von $c \dfrac{\text{kg}}{\text{cm Längenänderung}}$ auslöst. Die Dimension von e ist demnach $\dfrac{1}{\text{cm}^2}$. Da sich die Anordnungen für gradlinige Schwingungen leichter graphisch darstellen und übersehen lassen, behandelt man zweckmäßig nur diese und wendet die Ergebnisse ohne weiteres auf Drehschwingungen an.

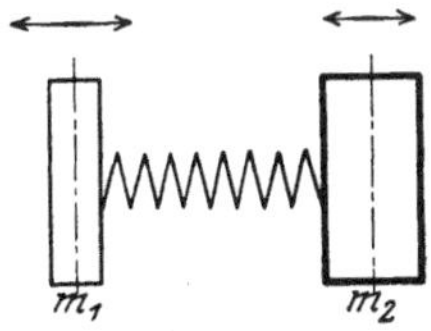

Abb. 69.

Die Schwingungsdauer hängt nur ab von der Kraft, die bei einer Längenänderung der Feder um 1 cm auftritt. Man kann deshalb eine beliebige Feder auch durch eine Bezugsfeder von bestimmtem Windungsdurchmesser und Drahtstärke ersetzen, wenn man die Länge l der Bezugsfeder so wählt, daß sie bei der Längenänderung um 1 cm die gleiche Kraft c liefert wie die tatsächliche Feder. Dieser Ersatz der tatsächlichen Feder durch eine Bezugsfeder ist namentlich dann zweckmäßig, wenn mehrere Schwungmassen und Federn mit verschiedenen Federdurchmessern, Drahtstärken usw. zu einer schwingenden Anordnung zusammengesetzt sind. Dann kann man bestimmte Abmessungen für eine Bezugsfeder zugrunde legen und jede tatsächliche Feder durch eine Bezugsfeder mit der besonderen für den jeweiligen Fall in Frage kommenden Länge ersetzen, so daß sich die verschiedenen Anordnungen außer durch die Masse nur noch durch die Federlängen unterscheiden. Zur Bestimmung der Schwingungsdauer der Anordnung nach Abb. 70 ist also nur die Kenntnis der Länge l der Bezugsfeder

---

[1] Weitere Ausführungen über das gleiche Thema s. bei J. Geiger, „Über Verdrehungsschwingungen von Wellen". Diss., Berlin, Techn. Hochsch. 1914. M. Tolle, „Regelung der Kraftmaschinen", 3. Aufl. 1921, und H. Wydler, „Drehschwingungen in Kolbenmaschinenanlagen", Berlin 1922.

und der Masse m nötig. Man kann die Anordnung nach Abb. 71 durch die Strecken l und m graphisch wiedergeben.

Wenn man Federn von verschiedenen Längen, sonst aber gleichen Abmessungen um den gleichen Betrag — etwa um 1 cm — zusammendrückt oder auseinanderzieht, so lösen sie Kräfte c aus, die im umgekehrten Verhältnis zu den Längen l der Federn stehen. Das c in der bekannten Schwingungsgleichung für eine Anordnung nach Abb. 71:

$$T = 2\pi \sqrt{\frac{m}{c}} \tag{4}$$

kann also durch eine von der Wahl der Bezugsfeder abhängige Konstante geteilt durch die Federlänge l ersetzt werden, oder man kann schreiben:

$$T = a\sqrt{m\,l}, \tag{5}$$

wobei a durch die Bezugsfeder festgelegt ist.

Der einfachste Fall einer Verdrehungsschwingung ist durch die in Abb. 71 dargestellte Anordnung gegeben, bei der das eine Ende der Feder festgehalten und das andere Ende mit der Schwungmasse behaftet ist. Es kann gezeigt werden, daß verwickeltere Anordnungen, bei denen viele Schwungmassen durch Federn untereinander verbunden sind, stets auf diesen einfachsten Fall zurückgeführt werden können. Man sieht das am leichtesten ein, wenn man die höchste Schwingung einer z. B. mit vier Massen behafteten Anordnung betrachtet. Die höchste Schwingung — in diesem Fall auch Schwingung 3. Ordnung genannt — ist dadurch ausgezeichnet (Abb. 72), daß zwischen je zwei aufeinanderfolgenden Massen m_n und m_{n+1} ein Knotenpunkt K_n liegt. Der Knotenpunkt K_1 z. B.

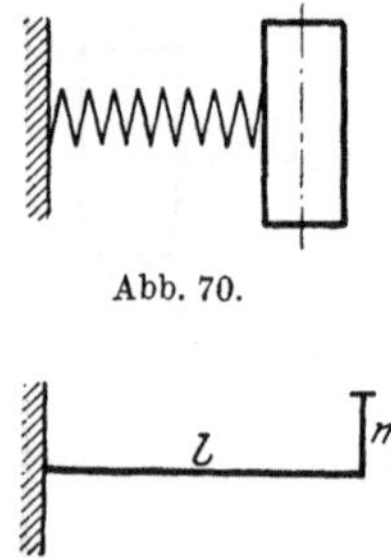

Abb. 70.

Abb. 71.

teilt die Länge l_1 in die beiden Teile l_{11} und l_{12} usw. Man kann außer den Federn auch die zwischenliegenden Massen — bei uns m_2 und m_3 — je in zwei Teile unterteilen:

$$l_1 = l_{11} + l_{12}; \qquad l_2 = l_{22} + l_{23}; \qquad l_3 = l_{33} + l_{34};$$
$$m_2 = m_{21} + m_{22}; \qquad m_3 = m_{32} + m_{33}. \tag{6}$$

Die Unterteilung der Federlängen und Massen wird so vorgenommen, daß

$$m_1 l_{11} = m_{21} \cdot l_{12} = m_{22} \cdot l_{22} = m_{32} l_{23} = m_{33} l_{33} = m_4 l_{34}. \tag{7}$$

Dann besteht die Gesamtanordnung der Abb. 72 aus sechs Einzelanordnungen der Abb. 71, die mit Rücksicht auf Gl. (5) alle gleiche Schwingungsdauern haben. Wenn man sich die Knotenpunkte festgehalten und die Einzelanordnungen so in Schwung gesetzt denkt, daß zusammengehörende Massenteile m_{21} und m_{22} in entsprechendem Rhythmus schwingen, so hat man die höchste Schwingung der Gesamtanordnung, deren Schwingungsdauer T_3 gleich ist der Schwingungsdauer einer Einzelanordnung, also nach Gl. (5):

$$T_3 = a\sqrt{m_1 l_{11}} = a\sqrt{m_{21} l_{12}} = \cdots. \tag{8}$$

Die Schwingungsdauer T_3 wird bestimmt durch Auflösen der Gl. (7) und Einsetzen des Ergebnisses in Gl. (5). Die Gl. (7) haben aber mehrere Lösungen — bei vier Massen drei in Betracht kommende Lösungen —, die die sämtlichen Schwingungen der Anordnung Abb. 72 enthalten. Bei den Schwingungen von den niedrigeren Ordnungen treten bei der Unterteilung der Massen und Längen zum Teil negative Größen auf. Die Strecke l_1 wird also z. B. unterteilt in l_{11} und l_{12}, wobei l_{12} negativ ist, also:

$$l_{11} - l_{12} = l_1 \text{ usw.}$$

Man spricht dann von außenliegenden Knotenpunkten.

Da die Bestimmung der Schwingungsdauern auf analytischem Wege durch Auflösen der Gl. (6) und (7) erhebliche Schwierigkeiten bereitet, wenn eine größere Anzahl von Schwungmassen zu berücksichtigen ist, so wird in der Praxis die Gleichung gewöhnlich durch Probieren gelöst.

Vor allem wird man versuchen, die Schwingungsdauer 1. Ordnung T_2 durch Probieren zu finden. Man hat dabei zu beachten, daß bei der Schwingung 1. Ordnung einer Anordnung nach Abb. 72 ein innenliegender — also als Ruhepunkt tatsächlich in die Erscheinung tretender — Knotenpunkt K auftritt. Man weiß ferner, daß bei der Schwingung der Schwerpunkt S in Ruhe bleibt, da keine äußeren Kräfte auftreten. Man

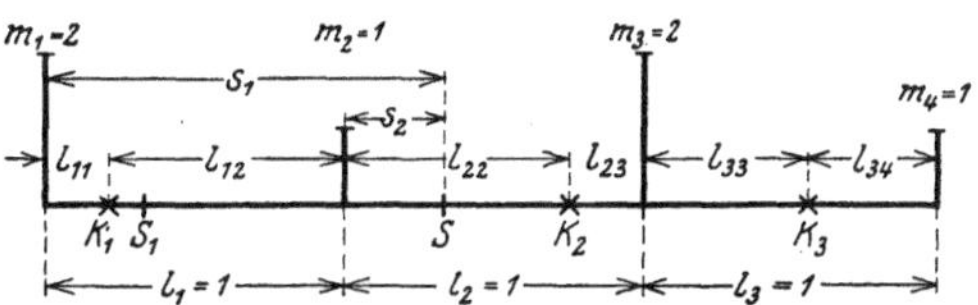

Abb. 72. Anordnung von Massen, die zwischen Federn schwingen.

nimmt nun an, daß S und K zusammenfallen, eine Annahme, die bei zwei Massen genau und bei mehreren Massen wenigstens annähernd zutrifft. Wenn aber die Lage von K durch die Lage von S bekannt ist, kann man sich die Gesamtanordnung durch K in zwei Teile zerlegt denken, von denen jeder bei festgehaltenem K Einzelschwingungen von der Schwingungsdauer T_1 der Gesamtanordnung ausführt. Man denkt sich nun die Massen etwa des linken Teiles in ihrem Schwerpunkt S_1 vereinigt und bildet das Produkt $m_s \cdot s$, wobei mit s der Schwerpunktsabstand von K bezeichnet ist. Dann weiß man, daß das $[m\,l]$, das in Gl. (5) eingesetzt, T_1 ergibt, kleiner ist als $m_s \cdot s$ und größer als $\dfrac{m_s s}{2}$ also

$$[m\,l] = \gamma \cdot m_s s = B, \tag{9}$$

wobei γ ein echter Bruch ist. Das eckige Klammerzeichen gibt an, daß irgendeiner der Ausdrücke in Gl. (7) für $m\,l$ eingesetzt werden soll. Als erste Annäherung setzt man für $\gamma = 0{,}85$ oder $[m\,l] = 0{,}85\,m_s l_s = B'$ und kann damit einen Wert für T_1 ermitteln, der im allgemeinen weniger als 5% vom tatsächlichen T abweicht.

Die 2. Annäherung erhält man, wenn man den 1. Annäherungswert für $[m\,l]$ zur Auflösung der Gl. (7) benutzt. Man berechnet zuerst l_{11} nach Gl. (7) zu

$$l_{11} = \frac{B'}{m_1}. \tag{10}$$

Dann m_{21} aus dem 2. Glied, der Gl. (7) zu:

$$m_{21} = \frac{B'}{l_1 - l_{11}} \tag{11}$$

und erhält aus dem letzten Glied der Gl. (7):

$$m_4'(l_3 - l_{33}) = B_1'. \tag{12}$$

Da l_{33} schon aus dem vorausgehenden Ansatz bekannt ist, liefert Gl. (12) einen Wert für m_4', der von den vorausgehenden Annahmen abhängt und der nicht mit dem bestimmten Wert von $m_4 = 1$ der Anordnung nach Abb. 72 übereinstimmen wird. Wir erhalten also den Wert, den die Masse m_4 haben müßte, wenn der Ansatz $m_1 l_{11} = B'$ wirklich die Lösung der Gl. (7) wäre.

Tabelle 1.

1	2	3	4	5	6	7	8	9	10	11	12	13
s_1	$\sum m s$	γ_1	B_1	l_{11}	m_{21}	l_{22}	m_{32}	l_{33}	m_4'	s_1'	$\sum m s'$	γ_2
1,33	3,0	0,850	2,55	1,275	$-9,27$	0,248	3,39	$-1,835$	0,900	1,30	2,90	0,880
—	—	0,880	2,64	1,32	$-8,25$	0,2855	3,695	$-1,558$	1,032	—	—	—

$$B = 2,55 + 0,09 \,\frac{1 - 0,900}{1,032 - 0,900} = 2,55 + 0,068 = 2,618;$$

also $\qquad\qquad 2,55 + 0,068 = 2,618; \qquad \gamma = 0,873\,.$

Nach diesen Überlegungen ist die 1. Zeile der Tabelle 1 berechnet. Man erhält hier für m_4' den Wert 0,900 statt des gegebenen 1,0. Für die Anordnung mit den Massen m_1, m_2, m_3 und m_4' kennt man einerseits B und damit nach den Formeln 5 und 9 die Schwingungsdauer $T_1 = a\sqrt{B}$; anderseits kann man hierfür den Schwerpunkt S und $m_s s$ links von S berechnen. Man kann also nach Gl. (9) rückwärts das γ ermitteln (Spalte 11—13).

Für die Berechnung der 2. Annäherung nimmt man an, daß die Anordnung mit der Masse m_4 das gleiche γ habe wie die Anordnung mit der Masse m_4' und rechnet die 2. Zeile der Tabelle mit $\gamma_2 = 0,880$ wieder unter Benützung der Gl. (7) durch. Man erhält so ein $m_4'' = 1,03$, das dem $\gamma = 0,880$ entspricht und das dem wirklichen Wert $m = 1,0$ schon beträchtlich näher liegt als m_4'. Die verschiedenen Werte, die für m_4 erhalten werden, kann man in einer Kurve auftragen, von der die beiden Punkte m_4', B' und m_4'', B'' bekannt sind. Um das B zu berechnen, das zum tatsächlich vorhandenen m_4 gehört, denkt man sich das Kurvenstück durch eine Gerade ersetzt und extra- bzw. intrapoliert nach der Formel:

$$B = B' + (B'' - B')\,\frac{m_4 - m_4'}{m_4'' - m_5'}, \tag{13}$$

die in der Tabelle den Wert $B = 2,618$ liefert.

Wie man sieht, ist in diesem Falle das $\gamma = 0,880$, das in der 1. Zeile erhalten wird, eine gute Annäherung an das tatsächliche Ergebnis ($\gamma = 0,873$). Das ist aber in diesem besonderen Falle darauf zurückzuführen, daß die Massenverteilung verhältnismäßig gleichmäßig ist. Im allgemeinen Falle, z. B. bei der Berechnung einer Schiffswelle auf Drehschwingungen, kann es vorkommen, daß die letzte Schwungmasse, z. B. die Schiffsschraube, ein im Vergleich zu den übrigen Massen kleines Trägheitsmoment hat. Dann ist es, wenn man eine rasche Annäherung an den wahren Wert haben will, empfehlenswert, die Berechnung unter Benützung des $\gamma' = 0{,}85$ und B' von beiden Seiten zu beginnen und bei jener Masse m_r, deren statisches Moment auf S (Schwerpunkt der gesamten Anordnung) bezogen — also $m_r s_r$ — den größten Wert hat, endigen zu lassen.

Nach Tabelle 1 und Formel (7) würde sich die Schwingungsdauer 1. Ordnung berechnen zu

$$T = a\sqrt{B}. \tag{14}$$

Die Größe von a ist in einem bestimmten Fall durch die Abmessungen der Bezugsfeder gegeben.

Einige Schwierigkeiten bereitet es noch, die Kurbelwelle und die ihr angelenkten Massen (Kolben, Kreuzkopf, Schubstange) bei der Berechnung der Eigenschwingungszahl zu berücksichtigen. Wir beachten dabei, daß die Kolbengeschwindigkeit zwischen dem Wert Null und der Geschwindigkeit des Kolbenzapfens schwankt.

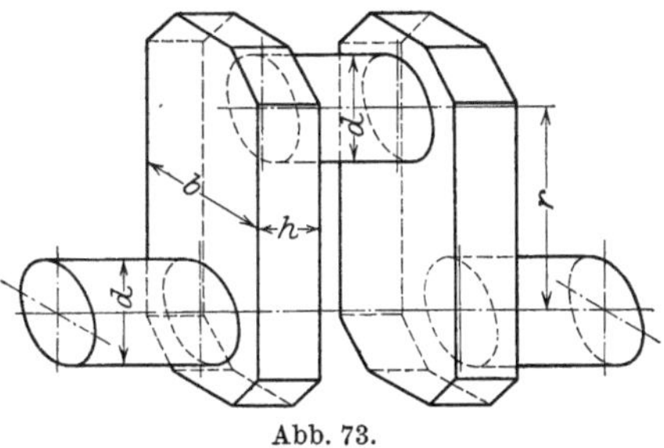

Abb. 73.

Wir können deshalb die mit dem Kolben verbundenen Massen so berücksichtigen, daß wir die Hälfte dieser Massen am Kurbelradius angreifend denken. Bei zwei unter 90° gegeneinander versetzten Kurbeln ist tatsächlich bei Vernachlässigung der endlichen Länge der Schubstange die Energie in jeder Lage gerade so groß, als wenn die Masse eines Kolbens mit dem Kurbelzapfen umlaufen würde.

Wir haben nun noch die Kurbelwelle bezüglich ihrer elastischen Eigenschaften auf ein zylindrisches Wellenstück vom Durchmesser d des Wellenzapfens umzurechnen. Wir stützen uns dabei auf die Angaben von J. Geiger[1], der umfangreiche experimentelle Untersuchungen an ausgeführten Kurbelwellen bei der MAN-Augsburg gemacht und dabei folgende empirische Formeln gewonnen hat:

$$l_{\mathrm{red}} = l_1 + l_2 + l_3,$$

wobei

$$l_1 = \text{Wellenzapfenlänge} + 0{,}4\,h,$$

$$l_2 = 0{,}773\,(r - z \cdot d)\,\frac{J_{pw}}{\Theta},$$

$$l_3 = (\text{Kurbelzapfenlänge} + 0{,}4\,h)\,\frac{J_{pw}}{J_{pk}}.$$

---

[1] Mechan. Schwingungen von J. Geiger, Berlin 1927, S. 173.

Dabei bedeuten (Abb. 73):

r = Schenkellänge zwischen den beiden Zapfenmitteln (2 r = Kolbenhub),

d = Durchmesser des Wellenzapfens in cm (d_0 = Durchmesser der Bohrung),

b = Breite des Kurbelschenkels in cm,

h = Dicke des Kurbelschenkels in cm,

$J_{pw} = \dfrac{\pi}{32}\,(d^4 - d_0^4)$ = polares Trägheitsmoment des Wellenzapfens in cm⁴,

J_{pk} = Trägheitsmoment des Kurbelzapfens in cm⁴,

$\Theta = \dfrac{b^3 h}{12}$ = axiales Trägheitsmoment des Kurbelschenkels in cm⁴ (nicht mit $b\,h^3$ verwechseln!).

Ferner ist:

$$z = 0 \quad \text{für}\quad \frac{b}{d} = 1{,}6 \text{ bis } 1{,}63 \quad \text{und}\quad \frac{r}{d} = 1{,}2 \text{ bis } 0{,}92,$$

$$= 0{,}4 \text{ für}\quad \frac{b}{d} = 1{,}49 \qquad \text{und}\quad \frac{r}{d} = 0{,}84.$$

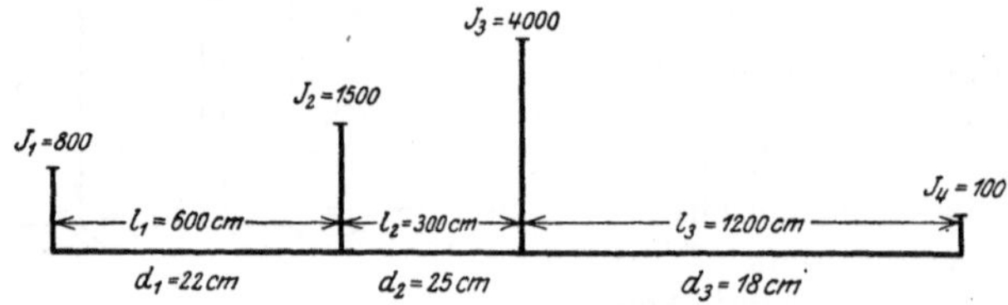

Abb. 74. Welle mit 4 Schwungmassen.

Rechnet man auf Grund obiger Formeln die reduzierte Länge einer Kröpfung nach, so findet man, daß sie im allgemeinen nur wenig kürzer oder länger als die wirkliche Länge l ist. Für rohe Überschlagsrechnungen genügt es deshalb, die auf das Trägheitsmoment des Wellenzapfens bezogene elastische Länge einer Kurbelkröpfung gleich deren wirklicher Länge zu setzen, wenn Kurbel- und Wellenzapfen gleichen Durchmesser haben.

Durchrechnung eines Zahlenbeispiels.

Die auf einer Schiffswelle sitzenden Schwungmassen mögen durch die in Abb. 74 eingeschriebenen Zahlenwerte gegeben sein. Die Trägheitsmomente sind Massenträgheitsmomente, also von der Dimension kg cm sec². Wir haben die Anordnung zuerst auf einheitliche Bezugsfedern, d. h. gleiche Wellendurchmesser, umzurechnen, und zwar wählen wir als Bezugswelle ganz willkürlich jene Welle, die bei der Länge von 1 cm und dem Drehmoment von 1 cmkg die Verdrehung $\dfrac{1}{10^8}$ (oder $57{,}3° \cdot 10^{-8}$) liefert. Die drei in der Abbildung auftretenden Wellenstücke von den Längen l werden auf die Längen $l_{\text{bez.}}$ der Bezugswelle so umgerechnet, daß die tatsächlichen Wellenstücke und die zugehörenden Bezugswellenstücke bei gleichem Drehmoment gleiche Verdrehungswinkel ergeben. Nach einer bekannten Formel der Festigkeitslehre ist:

$$\varDelta \varphi = \frac{M\,l}{G\,i_p}, \tag{15}$$

wobei ip, das polare Trägheitsmoment des Wellenquerschnitts, gleich ist $\dfrac{\pi r^4}{2}$.

G ist der Schubelastizitätsmodul, der für Stahl $0,8 \cdot 10^6$ kg/qcm beträgt. Da Wellenstück und Bezugswellenstück bei gleichem Drehmoment gleichen Verdrehungswinkel haben sollen, ist:

$$\frac{l}{i} = \frac{l_{\text{bez.}}}{(i_p)_{\text{bez.}}} \qquad \text{oder} \qquad l_{\text{bez.}} = \frac{l\,(i_p)_{\text{bez.}}}{i_p}, \tag{16}$$

wobei das Trägheitsmoment der Bezugswelle mit $(i_p)_{\text{bez.}}$ bezeichnet ist. Es ist aber nach Gleichung 15 und den bestimmten, für die Bezugswelle gemachten Annahmen:

$$(i_p)_{\text{bez.}} = \frac{10^8}{0,8 \cdot 10^6} = 125 \text{ cm}^4 \tag{17}$$

und

$$l_{\text{bez.}} = 125 \frac{l}{i_p} \tag{18}$$

nach dieser Formel sind die drei Stücke $l_{1\,\text{bez.}}$, $l_{2\,\text{bez.}}$ und $l_{3\,\text{bez.}}$ der Bezugswelle be-berechnet und in Abb. 75 eingetragen.

Die Schwingungsdauer der Anordnung wird, wie im vorausgehenden ausgeführt ist, nicht geändert, wenn man sich die Schwungmassen vom Trägheitsmoment J durch geradlinig schwingende Massen m und die Wellenstücke durch

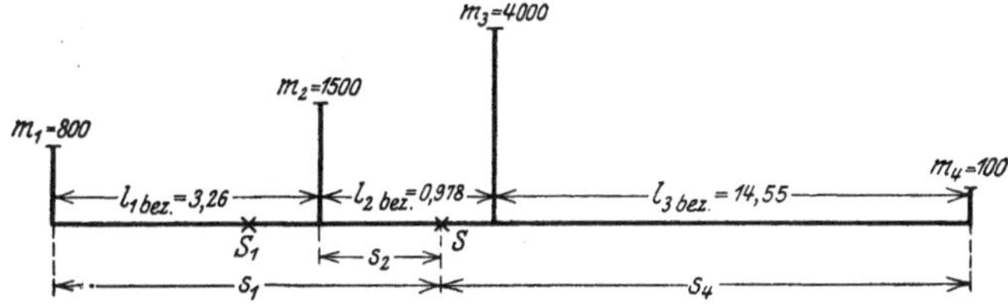

Abb. 75. Massen zwischen Federn entsprechend der Anordnung Abb. 74. Federlängen sind auf Einheitsfeder bezogen.

Zug- und Druckfedern ersetzt denkt. Die Bezugsfeder ist dabei in Anlehnung an die Wahl der Bezugswelle so gewählt, daß sie bei der Länge von 1 cm und der Zusammendrückung um $\dfrac{1}{10^8}$ cm die Kraft von 1 kg auslöst. Für die Anordnung mit den gradlinig schwingenden Massen kann man sich den Schwerpunkt S berechnen, wenn man überdies noch voraussetzt, daß die Massen keine Breite haben, also in je einem Massenpunkt vereinigt sind (Schwingungsschwerpunkt).

Der Abstand s_1 der Masse m_1 vom Schwerpunkt S wird berechnet nach der Formel:

$$m_1 s_1 + m_2 (s_1 - l_1) = m_3 (l + l_2 - s_1) + m_4 (l_i + l_2 + l_3 - s_1) \tag{19}$$

$$s_1 = \frac{m_2 l_1 + m_3 (l_1 + l_2) + m_4 (l_1 + l_2 + l_3)}{m_1 + m_2 + m_3 + m_4}.$$

Der Wert von $\sum ms$ der Massen rechts oder links von S ist für die in Abb. 75 gemachten Zahlenangaben:

$$\sum ms = m_1 s_1 + m_2 s_2 = 3625 \text{ cmkg} \frac{\text{sec}^2}{\text{cm}}. \tag{20}$$

Der 1. Annäherungswert für die Schwingungsdauer 1. Ordnung ist demnach unter Benutzung des Wertes $\gamma_1 = 0,85$:

$$T_1 = 2\pi \sqrt{\frac{\gamma_1 \cdot 3625}{10^8}} = 0,0346 \text{ sec} \tag{21}$$

und

$$n_1 = \frac{60}{T_1} = 1725 \frac{1}{\text{min}}.$$

Zahlentafel.

1	2	3	4	5	6	7	8	9	10	11	12	13	14	15	16	17	18
s_1	$\sum ms$	γ_1	B_1	l_{11}	l_{12}	m_{21}	m_{22}	l_{22}	l_{23}	m_{32}	l_{34}	l_{33}	m_{33}	m_3'	s_1'	$\sum_{l} ms$	γ_2
3,70	3625	0,850	3080	3,85	− 0,59	− 5260	6760	0,456	0,522	5930	30,8	− 16,2	− 190	5740	3,82	3900	0,790
−	−	0,790	2862	3,58	− 0,32	− 9090	10590	0,270	0,708	4060	28,6	− 14,05	− 203	3860			

$$B = 3080 - (3080 - 2862)\,\frac{5700 - 4000}{5740 - 3860} = 2880 .$$

Unter Benutzung der Formeln (6) und (7) ist die Zahlentafel berechnet worden. Da die am weitesten rechtsgelegene Masse m_4 in Abb. 75 nur geringes Gewicht — also ein kleines statisches Moment auf S bezogen — hat, ist bei der Aufstellung der Tabelle die Masse m_3, die das größte statische Moment in bezug auf S hat, als Schlußmasse angenommen worden. In Spalte 12—14 ist deshalb von rechts mit der Lösung der Gleichung begonnen und in Spalte 15 m_3 als Summe der Ergebnisse der Spalten 11 und 14 eingesetzt worden. Hätte die Anordnung der Abb. 75 statt der Masse $m_3 = 4000$ kg $\frac{\sec^2}{\text{cm}}$ die Masse $m_3' = 5740$ kg $\frac{\sec^2}{\text{cm}}$ aus der 1. Reihe der Tabelle, so wäre der angenommene Wert $B = 3080$ der richtige Wert zur Bestimmung von T_1. Für diese Anordnung mit m_3 ist in Spalte 17 wieder der Schwerpunkt und das $\sum ms$ links vom Schwerpunkt berechnet worden. Daraus erhält man in Spalte 18 das tatsächliche $\gamma = 0{,}790$ für die Anordnung mit den Massen m_1, m_2, m_3' und m_4, das in der 2. Zeile als neuer Annäherungswert für die Anordnung nach der Abb. 75 verwendet worden ist. Mit $\gamma = 0{,}790$ erhält man in der 2. Zeile das B für eine Anordnung mit der Schwungmasse $m_3'' = 3850$ kg $\frac{\sec^2}{\text{cm}}$, die der gegebenen Anordnung mit der Masse $m_3 = 4000$ kg $\frac{\sec^2}{\text{cm}}$ schon recht ähnlich ist. Durch Interpolation wird nach Gl. (13) der Wert B für die durch Abb. 75 gegebene Anordnung und daraus $n_1 = 1785$ als minutliche Periodenzahl für die Schwingung 1. Ordnung erhalten.

Die Eigenschwingungszahl 1. Ordnung für die Welle einer U-Boots-Dieselmaschine mit Wellenleitung, elektrischer Maschine und Schiffsschraube lag gewöhnlich bei $1500—2500\ \frac{1}{\min}$; die Umlaufzahl dagegen betrug im Höchstfalle $450\ \frac{1}{\min}$. Während jeder Umdrehung erfolgen bei einer sechszylindrigen Viertaktmaschine drei Zündungen in gleichen Abständen; auf die Welle werden deshalb Impulse mit der Periode der dreifachen Drehzahl übertragen. Besonders ausgezeichnet wäre demnach eine Umlaufzahl, die gleich dem dritten Teil der Eigenschwingungszahl ist. Auf U-Booten fiel dieses Gebiet gewöhnlich außerhalb der Betriebsdrehzahlen. Resonanz entsteht aber auch dann, wenn die Eigenschwingungszahl ein ganzes Vielfaches der Drehzahl ist, und zwar sind nach Geiger[1] besonders starke Schwingungsausschläge bei sechszylindrigen Dieselmaschinen zu erwarten, wenn die Verhältniszahl durch 3 teilbar ist, wenn also die Drehzahl $\frac{1}{3}$, $\frac{1}{6}$, $\frac{1}{9}$ oder auch $\frac{1}{4{,}5}$ oder $\frac{1}{7{,}5}$ der Eigenschwingungszahl beträgt.

Bei einer Maschine, deren Betriebsdrehzahlen in weiten Grenzen verstellt werden, wird es sich nicht umgehen lassen, daß kritische

---

[1] Geiger, C., Augsburg: „Über Verdrehungsschwingungen von Wellen." Verlag von Walch Augsburg: (Diss. Techn. Hochschule Berlin 1914).

Schwingungsgebiete innerhalb des Betriebsbereiches liegen. Es ist nötig, daß diese Gebiete durch Versuche mit einem Torsionsindikator[1] festgestellt und für längere Benutzung gesperrt werden. Die Versuche sind namentlich dort vorzunehmen, wo lange Wellenleitungen vorhanden sind und große Schwungmassen auf ihnen sitzen. Besonders gefährdet sind demnach Schiffswellen, die zur Verringerung des Ungleichförmigkeitsgrades mit einem Schwungrad ausgerüstet sind (siehe z. B. die Werkspormaschine in der Z. d. V. d. I. 1912, S. 383). Wenn die Maschine aus Unkenntnis des Personals viel in den kritischen Gebieten gefahren wird — kritische Verdrehungsschwingungen können oft am Geräusch und an sonstigen äußeren Anzeichen nicht festgestellt werden —, ist es gewöhnlich nur eine Frage der Zeit, wann die Welle bricht. Die experimentelle Bestimmung der kritischen Gebiete und die im Anschluß daran folgenden Vorbeugungsmaßnahmen machen sich deshalb immer bezahlt[2].

In Abb. 76 ist eine infolge von Verdrehungsschwingungen gebrochene Welle wiedergegeben. Das Bruchstück entstammt der Wellenleitung eines durch Dieselmaschinen angetriebenen Schiffes. Von den beiden Keilnuten diente die linke zur Befestigung des Kupplungsflansches; die Anfressungen an dem schwach konischen Wellenende lassen erkennen, wie weit der Kupplungsflansch aufgezogen war. Der Keil in der rechten Nut bildete die Führung auf eine Schiebemuffe, die für die Kraftübertragung keine Bedeutung hat. Der Riß geht mitten durch das Loch für die Halteschraube des Keiles und er verläuft — ein Kennzeichen für Brüche, die auf Verdrehungsbeanspruchungen zurückzuführen sind — unter 45° zur Wellenmitte.

Abb. 77 zeigt einen Verdrehungsschwingungsbruch an einem Versuchsstab, der in einer Maschine für Gütebestimmung von Baustählen auf Verdrehungsschwingungen beansprucht worden ist. Hier war die Keilnut recht mangelhaft hergestellt worden mit Hilfe von Bohrlöchern,

---

[1] Geigerscher Torsionsindikator, beschrieben in der Z. V. d. I. 1916, S. 811. Frahmscher Torsionsindikator, beschrieben in der Z. V. d. I. 1918, S 177. Der Geigersche Torsiograph, der sich vielseitig verwenden läßt, hat sich in der Praxis gut eingeführt. Er wird von Lehmann & Michels, Hamburg, hergestellt und vertrieben.

[2] Bei raschlaufenden Vielzylindermaschinen können unter Umständen auch die Biegungsschwingungen, die durch periodische Drehzahlschwankungen hervorgerufen werden, Bedeutung gewinnen. Diese Schwingungen treten an ungleichförmig umlaufenden Wellen auf, wenn die Periodenzahl der Drehzahlschwankung δ (Perioden/Umdr.) und die kritische Biegungsschwingungszahl u_k (Perioden/min) mit der Umlaufzahl u (Umdr./min) in der Beziehung stehen, daß $u = \dfrac{u_k}{\delta \pm 1}$ ist. Bei einer sechszylindrigen Viertaktmaschine mit $\delta = 3$ sind demnach Biegungsschwingungen zu erwarten, wenn $u = \dfrac{u_k}{4}$ oder $\dfrac{u_k}{2}$ beträgt und bei einer sechszylindrigen Zweitaktmaschine mit $\delta = 6$, wenn $u = \dfrac{u_k}{7}$ oder $\dfrac{u_k}{5}$ ist. Bei den U-Bootsdieselmaschinen sind Biegungsschwingungen dieser Art nicht aufgetreten, da die Wellen zu steif waren, so daß die kritische Biegungsschwingungszahl u_k zu hoch lag. (Näheres hierüber bei A. Stodola, Schweiz. Bauztg. 1917 und Z. V. d. I. 1919, S. 866 und O. Föppl, Ztschr. f. ges. Turb. 1918.)

die ausgekreuzt wurden. Bei diesem Stab geht der Bruch durch die
Spitze der Bohrlöcher hindurch und er verläuft ebenfalls wieder unter
45° zur Wellenachse. Die Keilnut ist 10 mm breit und 3 mm tief. Der
Wellendurchmesser beträgt in der Umgebung der Keilnut 20 mm. Die

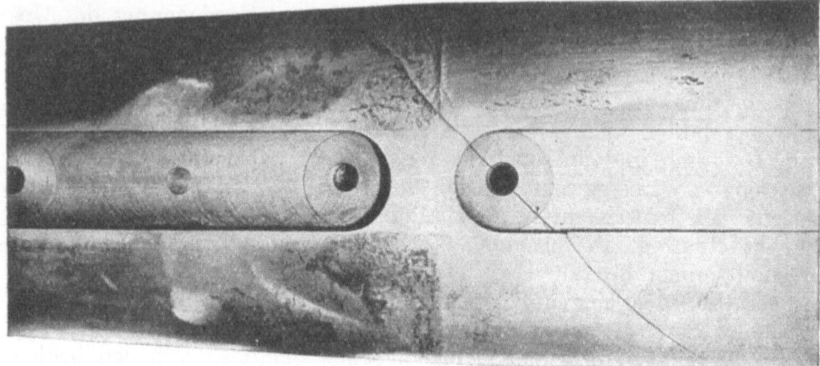

Abb. 76. Wellenbruch.

Querschnittsfläche an der Bruchstelle beträgt also $314 - 30 = 284$ qmm.
An einer anderen Stelle der Meßstrecke (Abb. 77 unten links ab-
geschnitten) beträgt der Wellendurchmesser nur 15 mm und die Querschnittsfläche also nur 177 qmm. Trotzdem ist der Bruch an der

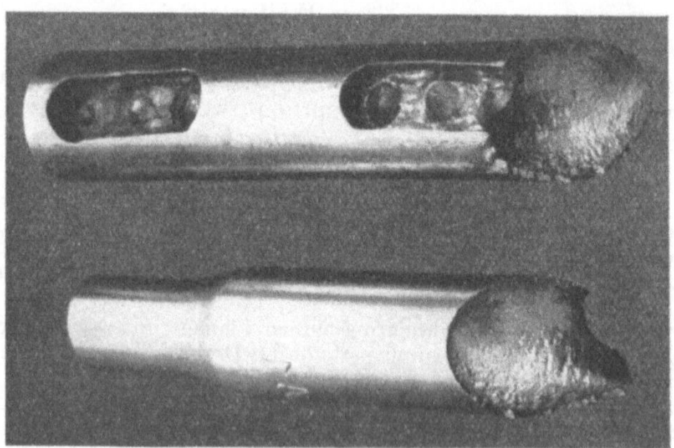

Abb. 77. Verdrehungsschwingungsbruch, ausgehend vom Bohrgrund einer mangelhaft
hergestellten Keilnut.

284 qmm und nicht an der 177 qmm starken Stelle erfolgt. Wenn die
Keilnut in der üblichen Weise sachgemäß gefräßt worden wäre, so daß
der Boden glatt gewesen wäre, so wäre der Bruch nicht in die Keilnut,
sondern auf der Meßstrecke erfolgt, wie viele Versuche übereinstimmend
gezeigt haben.

Das Versuchsergebnis ist wichtig für die konstruktive Bemessung der Welle. Es ist nämlich unbedingt erforderlich, Wellen, bei denen die Gefahr vorliegt, daß die vorher genannten Verdrehungsschwingungen auftreten können, so zu bemessen, daß die gefährlichen Stellen sich auf ein möglichst großes Gebiet verteilen, d. h. die gefährliche Stelle soll in einem glatten Wellenstück liegen. Die Verdrehungsschwingungen werden durch kleine Impulse unterhalten, die dann den Bruch herbeiführen können, wenn sie im Rhythmus der Eigenschwingungszahl auftreten. Es gibt aber viele Baustoffe, die sich gegen solche Impulse selbst schützen können durch innere Dämpfung, bei der die Impulsarbeit in Wärme umgesetzt wird. Damit dieser Selbstschutz des Baustoffes genügend wirksam ist, müssen möglichst große Gebiete der Welle zugezogen werden, d. h. es darf keine ausgezeichnet schwache Stelle an der Welle vorhanden sein. In welchem Maße einzelne Baustoffe dämpfende Wirkungen auslösen können, ersieht man daraus, daß ein besonders zäher Baustahl, der im Braunschweiger Festigkeitslaboratorium untersucht worden ist, 595 Mill. Schwingungen bei einer größten Schubbeanspruchung von rund 20 kg/mm² überstanden hat, bis der Bruch eintrat. Der Bruch ist nicht innerhalb der Meßstrecke des Stabes, sondern in der Einspannung (Vierkant) erfolgt, trotzdem die Einspannungsstelle entsprechend verdickt war. An dieser Stelle sind offenbar zusätzliche Spannungen von ganz besonderer Größe aufgetreten. — Bei diesem Stab sind im Mittel auf jede Schwingung 0,46 cmkg Arbeit auf 1 ccm Baustahl in Wärme umgesetzt worden ($\vartheta = 0,46\,\mathrm{cm\,kg/cm^3}\,\infty$). Daraus kann berechnet werden, daß die Formänderung einen plastischen Anteil von 13 % und einen elastischen Anteil von 87 % an den höchstbeanspruchten Stellen aufzuweisen gehabt hat. Eine vollständig glatte Schiffswelle von 100 cdm Volumen oder 780 kg Gewicht würde also bei 600 Schwingungen in der Minute oder 10 Schwingungen in der Sekunde mindestens 18 Monate lang im Dauerbetrieb 60 PS (ohne Bruch) in Wärme umsetzen können, wenn sie aus dem gleichen Stahl hergestellt und den gleichen Betriebsbedingungen (größte bei jeder Schwingung auftretende Schubspannung vom Umfang der Welle 20 kg/mm[1]) unterworfen würde. Da aber die Schwingungen stets nur vorübergehend auftreten und da nur ein kleiner Teil der gesamten durchgeleiteten Energie zur Anregung von Schwingungen verwendet wird, bedeutet die obige Zahl, wenn sie richtig ausgenutzt wird, in der Regel unbegrenzte Haltbarkeit der Welle. Auf die Möglichkeit, daß sich die Welle durch Schwingungsdämpfung gegen Überanstrengungen selbst schützen kann, wird bei der Auswahl des geeigneten Wellenstahls gewöhnlich keine Rücksicht genommen. Wir werden im nächsten Abschnitt darauf noch näher eingehen.

Wir können die Überlegungen dahin zusammenfassen, daß sich eine auf Schwingungen beanspruchte Welle gegen Überanstrengungen selbst schützt durch Dämpfung, d. h. durch Umwandlung des eingeleiteten Impulses in Wärme. Um diesen Selbstschutz wirksam zu machen, sollen die höchst beanspruchten Stellen in einem glatten Wellenstück liegen.

Eine Welle, die einen Schwingungsbruch erleidet, der von einer ausgezeichneten Stelle ausgeht, ist in der Regel falsch konstruiert gewesen, da man durch einfaches Abdrehen der glatten Wellenstücke die höchst beanspruchten Stellen auf ein größeres Gebiet hätte verteilen können mit dem Erfolge, daß der die Schwingung erregende Impuls geschwächt worden wäre und der Baustahl weit länger hätte standhalten können. Voraussetzung ist dabei, daß man die Welle aus einem stark dämpfenden Baustahl hergestellt hat[1].

Es muß nun noch darauf hingewiesen werden, daß Verdrehungsschwingungsbrüche, die in einem glatten Wellenstück auftreten, nicht unter $45°$ zur Wellenachse erfolgen, sondern daß der erste Anriß gewöhnlich als Längsriß oder als Querriß auftritt. Die Brüche unter $45°$ treten nur dann auf, wenn eine ausgezeichnete Stelle vorhanden ist, wie es bei den Anordnungen nach den Bildern 76 und 77 zutrifft oder wenn der Baustoff sehr spröde ist. Ein harter Baustoff (z. B. gehärteter Stahl) neigt bei Verdrehungsschwingungen mehr zu Rissen unter $45°$ und ein weicher Baustoff (z. B. ausgeglühter Stahl) zu Rissen unter $0°$ oder $90°$ zur Wellenachse. Der erstere Baustoff geht also leichter infolge Normalspannungen, der letztere infolge von Scherspannungen zu Bruch.

An anderer Stelle ist schon darauf hingewiesen worden, daß Brüche in der **Kurbelwelle** in der Regel durch Biegungsbeanspruchungen hervorgerufen werden, die auf ungleichmäßige Abnutzung der Wellenlager zurückzuführen sind. Die Lager nutzen sich ungleichmäßig ab, so daß die Welle ohne äußere Kräfte nur in einigen Lagern zum Aufliegen gebracht wird. Durch die im Betrieb auftretenden Verbrennungsdrucke wird die Welle zeitweilig so stark durchgebogen, daß sie auch in den vorher nicht zum Tragen gekommenen Lagern anliegt, und zwar geschieht das dann, wenn die benachbarte Kurbel in oder nahe beim oberen Totpunkt steht, da dann die größte Belastung auf den Kurbelzapfen drückt. Die verschiedenen Lagerzapfen sind dabei verschieden stark beansprucht. In Abb. 78 ist z. B. die Welle einer sechszylindrigen Dieselmaschine mit zur Mitte symmetrischer Kurbelwelle so dargestellt, daß die Zündung eben im Zylinder *III* eingesetzt hat. Das Grundlager l_4 mag infolge ungleichmäßiger Abnutzung um 1 mm niedriger liegen als die benachbarten Lager l_3 und l_5. Die Welle wird deshalb um 1 mm durchgebogen und die größte Beanspruchung tritt an der Stelle a_1 auf. In Abb. 79 ist die Kurbelwelle um $120°$ gedreht gezeichnet, wobei Zylinder *V* eben zum Zünden kommt. Es ist angenommen, daß in diesem Falle, der sich auf eine andere Maschine beziehen mag, das Lager l_5 um 1 mm mehr ausgelaufen ist als die benachbarten Lager l_4 und l_6. Die Welle muß wieder um 1 mm durchgebogen werden und die größte Beanspruchung tritt in a_2 auf. Zwischen den beiden Beanspruchungen a_1 und a_2 besteht der Unterschied, daß die benachbarte Kurbel *IV* in dem einen Fall in Richtung der Kurbel-

---

[1] Die vorstehenden Betrachtungen sind näher ausgeführt in O. Föppl, „Grundzüge der techn. Schwingungslehre", Berlin 1923, Z. d. V. d. I. vom 1. März 1924, S. 203 und Maschinenbau 1925, S. 515.

wange und im anderen Fall unter 120° dazu versetzt durchgebogen wird. Gegen Verbiegungen der ersteren Art ist aber die Welle viel steifer als gegen Verbiegungen der zweiten Art. Die Beanspruchung an der Stelle a_1 ist deshalb, da ja die Welle in beiden Fällen um den

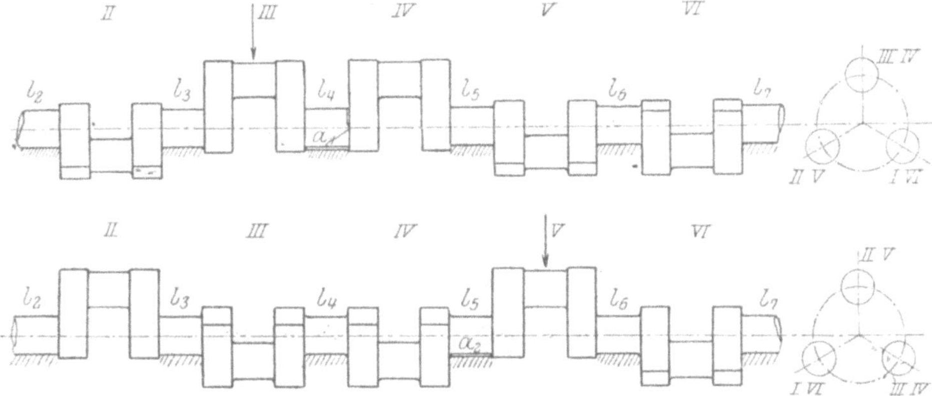

Abb. 78 u. 79. Kurbelwellen von Sechszylinder-Viertaktmaschinen.

gleichen Betrag von 1 mm (die Lagerabnutzung) durchgebogen werden muß, wesentlich größer als die an der Stelle a_2. Die symmetrische Kurbelwelle bricht infolgedessen, wie sich an einer Reihe von sechszylindrigen Dieselmaschinen herausgestellt hat, wenn sie einmal eine

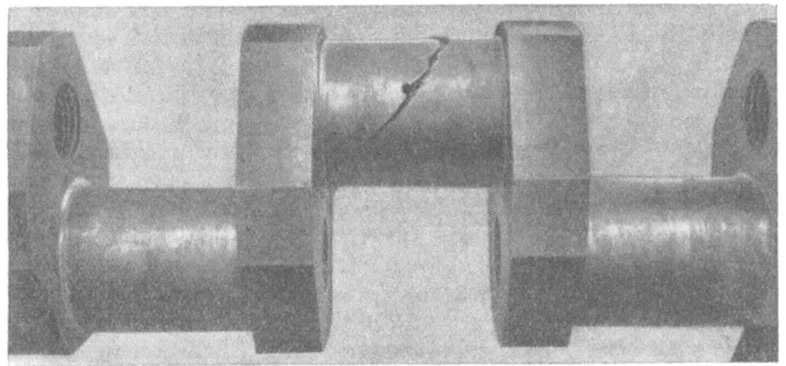

Abb. 80. Kurbelwellenbruch (der Riß geht durch einen Grundlagerzapfen, dem zu beiden Seiten Zapfen für Schubstangenlager benachbart sind.)

Beschädigung erleidet, stets im mittleren Wellenzapfen, der zwischen den beiden gleichgerichteten Kurbeln liegt. In Abb. 80 ist eine Kurbelwelle, die im mittleren Wellenzapfen gebrochen ist, dargestellt.

Den Kurbelwellenbrüchen dieser Art kann vorgebeugt werden, wenn man die Lagerung der Kurbelwelle öfters, vielleicht nach je 2000 bis 3000 Betriebsstunden, nachprüft. Dabei dürfen aber nicht nur, wie es in der Praxis oft geschieht, die Spiele zwischen Wellenzapfen und Lagerdeckel nachgemessen werden, sondern es müssen vor allem die Spiele zwischen Zapfen und Grundschale nach Lösen sämtlicher Deckel festgestellt werden, was nur durch Anheben der Kurbelwelle und Unterlegen von Bleidraht geschehen kann. Für Neukonstruktionen empfiehlt es sich unter Umständen, den mittleren Wellenzapfen besonders stark auszuführen.

11. Schwingungsfestigkeit und Dauerbruch.

Es würde über den Rahmen dieses Buches hinausgehen, wenn ich hier über die Art, wie man einen geeigneten Werkstoff für hochbeanspruchte Maschinenteile durch Versuche auswählen kann, eingehend berichten wollte[1]. Es sollen hier nur einige wichtige Erkenntnisse der jüngsten Baustofforschung mitgeteilt werden, die noch nicht die Beachtung in der Praxis gefunden haben, die ihnen zukommt.

Der Werkstoff, z. B. ein Baustahl, wird heute in der Praxis noch fast allgemein durch die Ergebnisse des Zerreißversuches qualifiziert. Man verlangt eine bestimmte statische Zerreißfestigkeit σ_z, wiewohl man weiß, daß bei der in der Praxis auftretenden wechselnden Beanspruchung nur 25—55% des Wertes von σ_z genügen, um den Bruch herbeizuführen, und man verlangt einen bestimmten Mindestwert von Bruchdehnung ε_z, wiewohl man bei den in der Praxis auftretenden Dauerbrüchen jedes Anzeichen einer vorausgegangenen Dehnung vergeblich sucht.

Die Werte, von denen die Bewährung eines Baustoffes in der Praxis tatsächlich abhängt, sind die Schwingungsfestigkeit und die Dämpfungsfähigkeit. Eigentlich müßte ja die Schwingungsfestigkeit σ_{schw} bzw. τ_{schw}, d. h. der Grenzwert der Belastung, den der Baustoff in beliebig häufigem Wechsel zwischen $+\sigma_{schw}$ und $-\sigma_{schw}$ bzw. zwischen $+\tau_{schw}$ und $-\tau_{schw}$ eben noch aushält, ohne zu zerbrechen, genügen, um den Baustoff für die Verwendung in der Praxis treffend zu qualifizieren. Es ist aber zu beachten, daß mikroskopisch kleine Fehlstellen, von denen auch der beste Stahl nicht ganz frei ist, oder die geringsten Oberflächenbeschädigungen, Polierschrammen usw., außergewöhnliche Spannungserhöhungen auf ein Vielfaches des errechneten Wertes zur Folge haben und deshalb die Bruchgefahr sehr wesentlich beeinflussen können. Gegen solche unvermeidbaren und bei der Berechnung nicht berücksichtigbaren Oberflächenbeschädigungen und Fehlstellen sind aber die verschiedenen Baustoffe verschieden stark empfindlich: es gibt spröde Stoffe, deren Haltbarkeit im Dauerbetrieb sehr wesentlich von diesen mikroskopisch kleinen Schäden abhängt, und es gibt zähe Stoffe, die die örtlichen Schwingungserhöhungen durch erhebliche plastische, in millionenfachem Wechsel ohne Schädigung ertragbare Verbrennungsanteile ausgleichen können. Der plastische Verbrennungsanteil macht sich aber beim Schwingungswechsel durch das Beschreiben einer Hysteresisschleife im SpannungsVerformungsdiagramm bemerkbar. Diese

---

[1] Das Nötigste darüber findet man z. B. in der 10. Aufl. von A. Föppl, Vorlesungen, Bd. III. Leipzig 1927.

Hysteresisschleife tritt bei einer Schwingung als Dämpfung in die Erscheinung. Wir nennen deshalb die zähen Baustoffe auch dämpfungsfähige Baustoffe und benützen die Größe der Dämpfungsfähigkeit als Maßstab für die dynamische Zähigkeit. Je dämpfungsfähiger ein Baustoff ist, desto gleichmäßiger ist die Spannungsverteilung im Inneren, desto weniger gefährlich sind die unvermeidbaren Oberflächenbeschädigungen und Materialungleichheiten bei wechselnden Beanspruchungen. Die Dämpfungsfähigkeit wird gemessen in $\mathrm{cmkg/cm^3 \cdot}$ Schwingung; wir haben sie mit ϑ bezeichnet[1]. Ein Werkstoff ist für Bauzwecke um so geeigneter, je größer einerseits seine Schwingungsfestigkeit σ_{schw} oder τ_{schw} ist und je höher anderseits der zu dieser Spannung gehörige Wert ϑ liegt.

Man wird einwenden, daß man ja ganz ähnliche Angaben bei den bisher üblichen Zerreißversuchen durch die Feststellung von Zerreißfestigkeit und Bruchdehnung getroffen hat. Dem ist entgegenzuhalten daß weder die Zerreißfestigkeit σ_z der Schwingungsfestigkeit σ_{schw} noch die Bruchdehnung ε der Dämpfungsfähigkeit ϑ verhältnisgleich sind. Für einen hochwertigen Baustahl ist z. B. das Verhältnis der Schwingungsfestigkeit zur Zerreißfestigkeit 0,5—0,55, für Leichtmetalle etwa 0,3 und für Bronze nur etwa 0,25—0,35. Die Zerreißfestigkeit bedeutet also bei hochwertigem Baustahl etwas ganz anderes als bei Bronze. Man würde unangenehme Überraschungen erleben, wenn man etwa die Belastbarkeit von Bronzeteilen zu der von Stahlteilen im Verhältnis der Zerreißfestigkeitswerte ansetzen würde. Man hilft sich praktisch in der Weise, daß man verschiedene Sicherheitskoeffizienten zugrunde legt. Das ist ein sehr unvollkommener Behelf, da man eigentlich für jeden Werkstoff einen besonderen Sicherheitskoeffizienten vorsehen müßte.

Noch fehlerhafter ist es, die dynamische Zähigkeit, d. h. die Dämpfungsfähigkeit eines Werkstoffes oder die Fähigkeit, örtliche Spannungserhöhungen an Fehlstellen durch plastische Verformungsanteile auszugleichen, verhältnisgleich der Bruchdehnung zu setzen. Im großen und ganzen ist zwar Übereinstimmung zwischen beiden Größen für die verschiedenen Stahlsorten vorhanden: ein dynamisch spröder Werkzeugstahl hat nur geringe Bruchdehnung von 2%, ein harter Kurbelwellenstahl, der schon etwas Dämpfung zeigt, vielleicht 6—8% und ein dynamisch zähes Schmiedeisen 20—30% Bruchdehnung. Sobald man aber auf feinere Unterschiede eingeht oder sobald man gar andere Werkstoffe zum Vergleich heranzieht, erhält man durch die Betrachtung der Bruchdehnung ganz falsche Aufschlüsse. Sehr deutlich tritt diese Tatsache z. B. bei Leichtmetallen in die Erscheinung. Man kann veredelte Leichtmetalle mit hoher Festigkeit ($40 \, \mathrm{kg/mm^2}$) und sehr erheblicher Bruchdehnung (16—18%) herstellen. Es ist ein großer Irrtum, wenn man diese Baustoffe etwa als dynamisch zäh ansehen wollte; sie sind im Gegenteil trotz der großen Bruchdehnung ganz

---

[1] Siehe z. B. Z. V. d. I. 1926, S. 1291 und Z. f. Flugt. u. Motorluftschiff. 1928, S. 2.

besonders wenig dämpfungsfähig, d. h. die unvermeidbaren Fehlstellen und Oberflächenbeschädigungen, die mikroskopisch klein sein mögen, haben ganz besonders große örtliche Spannungserhöhungen zur Folge, die den Dauerbruch herbeiführen. Auch hier kann sich die Praxis natürlich durch entsprechende Wahl von Sicherheitskoeffizienten helfen. Es ist aber ganz verkehrt, daß selbst die herstellenden Werke ihre Erzeugnisse auf Grund von Zerreißfestigkeit und Dehnung qualifizieren und sich durch diese Größe beim Herstellungsprozeß leiten lassen. Sie würden sicher ihre Abnehmer weit besser befriedigen können, wenn sie sich bemühen würden, Material mit großer Dämpfungsfähigkeit, statt mit großer Bruchdehnung auf den Markt zu bringen. Tatsächlich wissen die meisten Leichtmetallhersteller selbst nicht, wie groß die Dämpfungsfähigkeit ihrer Fabrikate ist, während sie über die Bruchdehnung genaueste Auskunft geben können.

Von einem nichtlegierten Kurbelwellenbaustahl für Dieselmaschinen, der auf Grund der Ergebnisse neuzeitlicher Dauerproben bestellt werden soll, kann etwa verlangt werden, daß er mit einer Größtspannung $\tau = 20 \ \text{kg/mm}^2$ mindestens 10 Mill. Schwingungen aushält und daß seine Dämpfungsfähigkeit ϑ bei dieser Beanspruchung wenigstens $0{,}25 \ \text{cmkg/cm}^3 \sim$ beträgt. Die Werte für τ_{schw} und ϑ können auf der von Lehmann und Michels in Hamburg-Altona gebauten Drehschwingungsmaschine, Bauart Föppl-Busemann, festgestellt werden.

Wir haben gesehen, daß man zur praktischen Qualifikation eines Baustoffes in bezug auf dynamische Festigkeitseigenschaften zwei Größen verwenden muß: τ_{schw} und ϑ. Es ist aber zu beachten, daß man die Bauteile in der Praxis in vielen Fällen nicht nur auf Festigkeit zu berechnen hat, sondern daß außer dem Bruch auch andere Zerstörungsmöglichkeiten vorliegen. So wäre es z. B. verkehrt, den Baustoff für eine Druckfeder, die auf zeitlich veränderliche Spannungen nur in einer Richtung beansprucht ist, auf Grund von τ_{schw} und ϑ herauszusuchen. Man würde einen viel zu weichen Baustoff erhalten, der den plastischen Formänderungen in der einen Richtung dauernd nachgibt. Die Feder würde schon nach kurzer Zeit zusammengedrückt oder schlaff werden.

Ebensowenig darf man den geeigneten Baustoff für eine Kurbelwelle auf Grund von möglichst hohen Werten τ_{schw} und ϑ heraussuchen. Bei einer solchen Welle würde zwar die Gefahr eines Bruches auf einen Kleinstwert herabgedrückt werden, die Kurbel- und Wellenzapfen würden aber rasch verschleißen und die Welle aus diesem Grunde unbrauchbar werden. Man muß eben ein Kompromiß schließen: einerseits muß der gewählte Baustahl genügend dämpfungsfähig sein, um die Spannungserhöhungen an unvermeidbaren Fehlstellen infolge von Wechselbeanspruchungen möglichst niedrig zu halten, und anderseits muß der Baustahl genügend hart sein, um kleinen Verschleiß an Reibstellen zu liefern. In vielen Fällen können die beiden Bedingungen am besten durch Einsatzhärtung erfüllt werden, die nur in einer dünnen Oberflächenschicht wirksam ist. Ein zu weicher Stahl würde auch die Gefahr einschließen, daß die Welle, die immer in der gleichen

Richtung beansprucht wird, ihre Form plastisch ändert oder verwunden wird. Auch aus dieser Überlegung heraus darf man nicht den weichen, dämpfungsfähigen Stahl verwenden, den man mit Rücksicht auf die Vermeidung der Bruchgefahr auswählen würde.

Es haben natürlich auch noch andere Eigenschaften wesentlichen Einfluß auf die Haltbarkeit eines Baustoffes im Dauerbetrieb. So hat z. B. die Bearbeitung des Baustoffes vor allem mit schneidenden Werkzeugen Folgen für die Haltbarkeit, die sich erst nach einiger Zeit in ihrer vollen Größe auswirken (das „Altern" des Stahls). Verschiedene Baustoffe (z. B. verschiedene Stähle) sind aber diesen Einflüssen verschieden stark ausgesetzt. Es wäre praktisch sehr wichtig, die Baustoffe mit günstigen Eigenschaften in dieser Richtung auszuwählen. Leider fehlen aber hierfür geeignete Versuchseinrichtungen zur Zeit noch vollständig.

Aus den vorstehenden Ausführungen ersieht man, wie wichtig eine zweckentsprechende Auswahl der Baustoffe eigentlich für die Praxis wäre und wie weit man davon bei der alleinigen Wertung auf Grund von Zerreißversuchen entfernt ist.

12. Der Umbau der ehemaligen U-Bootsmaschinen für gewerbliche Zwecke.

Nach der unglücklichen Beendigung des Krieges stand eine große Anzahl schnellaufender Dieselmaschinen, die für U-Boote gebaut, aber nie auf U-Booten eingebaut worden waren, zur Verfügung. Es trat die Aufgabe an die deutschen Ingenieure heran, diese Maschinen für gewerbliche Zwecke umzubauen. Die Reichstreuhandgesellschaft hat die Verwertung übernommen und die nicht einfache Aufgabe, diese Maschinen den Verwendungszwecken der Praxis anzupassen, in sehr vielen Fällen mit großem Erfolge gelöst, so daß heute ungezählte ehemalige U-Bootsdieselmaschinen in gewerblichen Anlagen Friedensdienste erfüllen. Über die Fragen, die beim Umbau der Maschinen eine Rolle spielen, hat Herr Marinebaurat E. Schmeißer von der Reichstreuhandgesellschaft, Abteilung Marine, folgende Angaben gemacht:

Die U-Bootsmaschinen waren nach dem Grundsatz gebaut, bei möglichst geringem Gewichts- und Raumbedarf eine möglichst große effektive Leistung zu erzielen. Die Lager konnten knapp bemessen werden, da an Bord ein zahlreiches und gutgeschultes Personal zur Verfügung stand. Im Gegensatz dazu muß bei der Verwendung der Maschinen in industriellen Betrieben an Bedienungspersonal möglichst gespart werden. Um trotz dieser Verringerung des Bedienungspersonals eine genügende Betriebssicherheit zu erreichen, wurden die Leistungen und Drehzahlen der Maschinen für die Verwendung zu gewerblichen Zwecken gegenüber ihren früheren Konstruktionsdaten herabgesetzt. Das konnte auch deshalb getan werden, weil das Gewicht der Maschine im Vergleich zur Leistung im Landmaschinenbau nur eine untergeordnete Rolle spielt. Der Grad der Herabsetzung ist aus folgender Vergleichstabelle zu ersehen.

Als U-Bootsmaschinen		Im Land- und Handelsschiffsbetrieb	
Leistung PSe	Umdr./min	Leistung PSe	Umdr./min
300	450	250	375
400	555		
450	400	420	350
530	450	420	350
550			
1200	450	700	300
1750	380	1000	250
3030	380—390	1700	250

Die Maschinen werden hauptsächlich für folgende Zwecke verwendet:

1. Zum Schraubenantrieb von Handelsschiffen bzw. von solchen Kriegsschiffen, die in Handelsschiffe umgebaut sind.

2. Für Aufstellung an Land zum rein mechanischen Antrieb (beispielsweise zum Antrieb von in Fabriken stehenden Arbeitsmaschinen), ferner zur Erzeugung von elektrischer Energie, wobei die Dieselmaschinen mit Drehstrom- oder Gleichstromgeneratoren gekuppelt werden.

Besonders vorteilhaft ist die Verwendung der umgebauten U-Boots-Dieselmaschinen als Zusatzaggregate in elektrischen Zentralen. Bei Erzeugung von Gleichstrom können die ehemals für U-Boote bestellt gewesenen Haupt-E-Maschinen vorteilhaft verwendet werden. Die Preise der Diesel- und Haupt-E-Maschinen sind im Vergleich zu den Preisen neuer Maschinen gleicher Leistung niedrig.

Bei der Verwendung der Maschinen zum Antriebe von Handelsschiffen ist es nicht erforderlich, irgendwelche technischen Veränderungen an ihnen vorzunehmen; dagegen macht die Aufstellung der Maschinen im Landbetriebe folgende Veränderungen nötig:

a) Anfertigung zweier Fundamentbalken mit Ankerbolzen und Ölwanne;

b) Einrichtung zum Ändern der Drehzahl von Hand;

c) Einrichtung für Steinkohlenteerölbetrieb;

d) Einbau eines Präzisionsreglers.

Die wesentlichste Änderung ist die unter d genannte.

Die Einrichtung zum Fahren mit Teeröl wird in bekannter Weise unter Verwendung einer besonderen Zündölpumpe nach dem Prinzip der Vorlagerung des Zündöles vor dem Teeröl im Brennstoffventil ausgeführt. Die Einrichtung zum Betriebe mit Teeröl wird jedoch nur an einem Teil der verkauften Maschinen vorgesehen, und zwar ist hierfür maßgebend, ob der Käufer sich unter Berücksichtigung des jeweiligen Preisverhältnisses von Teeröl und Gasöl sowie der Kosten der Schaffung der Teeröleinrichtung an der Maschine und sonstiger Gesichtspunkte einen größeren wirtschaftlichen Nutzen von dem Betrieb mit Gasöl oder Teeröl verspricht. Der Betrieb der Maschinen mit Paraffinöl statt mit Gasöl ist ohne Vornahme irgendwelcher Umänderungen möglich.

Für den Verkauf dieser ehemaligen U-Bootsmaschinen hat die Reichstreuhandgesellschaft Zusammenstellungen ausgearbeitet, denen wir die folgenden für eine 250-PS-Maschine bestimmten Angaben entnahmen.

Lieferungsumfang: Die Lieferung einer Ölmaschine umfaßt die zur ortsfesten Aufstellung umgebaute, für den Betrieb mit Teeröl eingerichtete, betriebsfähige Maschine wie folgt:

1. Abmessungen (Beispiel):

Leistung	250 PS
Umdr./min	375
Zylinderzahl	6
Zylinderdurchmesser	260 (270) mm
Hub	360 (330) mm
Arbeitstakt	4
Mittlerer effektiver Druck	5,25 kg/cm²
Länge	3670 (3939) mm
Größte Breite	880 mm
Größte Höhe	2100 (1977) mm
Gewicht der nackten Maschine	9770 kg
Fundamentinhalt etwa	50 m³

2. Die angebaute Einblaseluftpumpe mit Luftkühlern und Wasserabscheidern.
3. Die von der Maschine angetriebenen Kühlwasser-, Öl-, Zylinderschmieröl- und Brennstoffpumpen.
4. Die Ölfilter und Kühler.
5. Die Schmiervorrichtungen, Ölschutzhauben und Verkleidungen.
6. Das gekühlte Auspuffsammelrohr mit Krümmern von Zylinder 1—6 mit Armaturen.
7. Sämtliche Rohrleitungen und Armaturen an den Maschinen.
8. Indiziervorrichtungen ohne Indikator, aber mit Ventilen für alle Arbeitszylinder.
9. Die zum Antrieb der Maschine erforderlichen Manometer, Thermometer, Tachometer, Hubzähler einschl. Antriebsteilen.
10. Eine Einblaseflasche.
11. Zwei Fundamentbalken mit Ankerbolzen und Ölwanne.
12. Einrichtung für Steinkohlenteerölbetrieb.
13. Vorrichtung zum Ändern der Drehzahl von Hand.
14. Präzisionsregler.

Verbrauchsziffern:

Treiböl für die PS-Stunde bei:	Gasöl allein 10 000 WE/kg	Teeröl 9000 WE/kg
normaler Belastung	kg 0,210	0,225
dreiviertel Belastung	kg 0,220	0,235
halber Belastung	kg 0,250	0,260
Schmieröl für die Motor-Stunde	kg 1,5	
Kühlwasserverbrauch für die PS-Stunde bei 10° C Eintritt und 45° C Austritt	26 Liter.	

Anmerkung: Bei Teerölbetrieb ist bei allen Belastungen ein gleichbleibender Zündölzusatz von 10 000 WE/kg von 2,5 kg pro Motor-Stunde erforderlich.

Für die Garantie werden 5% Spielraum vorbehalten.

Gewährleistung: Wir bzw. die Herstellerfirma übernehmen vom Tage der beendigten Aufstellung der Maschine an auf die Dauer von 6 Monaten bei täglich bis zu 12stündiger Arbeitszeit, jedoch nicht länger als 12 Monate vom Tage des Versandes der Maschinen ab Werk, Gewährleistung in der Weise, daß während der Gewährzeit nachweislich durch Materialfehler oder durch mangelhafte Arbeitsausführung unbrauchbar gewordene, auf Verlangen kostenlos eingesandte Teile kostenlos instand gesetzt werden oder für dieselben kostenlos ab Werk Ersatz geliefert wird. Die Verpackung und Rücksendung geht in jedem Falle zu Lasten des Käufers. Die Gewähr bezieht sich jedoch nicht auf Teile, die infolge natürlichen Verschleißes unbrauchbar werden. Sie hat zur Vorraussetzung sachgemäßen Transport, sachgemäße Lagerung, Instandhaltung, Aufstellung, Bedienung und Verwendung. Ferner ist die Verwendung geeigneter Schmiermaterialien, geeigneten Brennstoffes und Kühlwassers Bedingung. Im Zweifelsfalle empfiehlt sich die Einsendung der Untersuchungsergebnisse zur Beurteilung durch die Herstellerfirma.

Die Garantie erstreckt sich nicht auf Packungs- und Dichtungsmaterialien.

Für Schäden, die infolge unsachgemäßer Behandlung und Überlastung entstanden sind, haften wir bzw. die Herstellerfirma nicht.

Die Gewährleistung hat weiter zur Voraussetzung, daß die Aufstellung und Inbetriebsetzung der Maschinen unter Leitung vom Personal der umbauenden Firma erfolgt. Die Gestellung dieses Personals erfolgt nur gegen besondere Bezahlung nach besonderer Vereinbarung. Wir behalten uns vor, dieses Personal in dem Umfange zu stellen, wie es die Leistungsfähigkeit des den Umbau ausführenden Werkes zuläßt. Die Gewährleistung erlischt, wenn während der Gewährleistungszeit ohne ausdrückliche Zustimmung von uns oder der Lieferungsfirma Ersatzteile, die nicht von der Herstellerfirma der Maschinen angefertigt sind, verwendet oder an den Maschinen Änderungen vorgenommen werden.

Eine Ersatz- oder Haftpflicht für mittelbare oder unmittelbare Schäden, die etwa infolge eines Mangels, der dem Kaufgegenstand anhaftet oder an ihm entsteht, hervorgerufen werden, besteht nicht.

Die Bestimmung über die Garantiezeit tritt an Stelle der gesetzlichen Verjährungsfrist.

Für Garantieversuche sind die vom Verein deutscher Ingenieure bzw. der Vereinigung deutscher Elektrizitätsfirmen aufgestellten Normen maßgebend. Die Kosten solcher Versuche gehen zu Lasten des Bestellers.

1. Verzeichnis von normalen Reserveteilen, welche für stationäre Ölmaschinen vorgesehen sind.

1 Brennstoffnadel, 1 Einsaugventilkegel mit Feder, 1 Auspuffventilkegel mit Feder, je 1 Einsaug- und Auspuffventil-Sitzring, 1 Brennstoffpumpenkolben mit Stopfbüchse, 1 Satz Saug-, Druck- und Rückschlagventilkegel mit Federn zu den Brennstoffpumpen, 1 Brennstoffhebelrolle mit Büchse, 2 Düsenplatten, 1 Zerstäuber, 1 Satz Hauptkolbenringe, je 1 Satz Kolbenringe für alle Stufen der Luftpumpe, je 1 Satz Saug- und Druckventilplatten mit Federn für alle Stufen der Luftpumpe, ohne Ventilsitze, 1 Schalträdchen mit Klinke zur Schmierpresse, 1 Überfüllspindel zum Einblasegefäß, 1 Kegel zur Hauptventilspindel des Einblasegefäßes, 1 Wasserablaßventil zum Luftkühler, 1 Satz Kupferkonen mit Verschraubungen für Rohranschlüsse.

2. Verzeichnis der Spezialwerkzeuge, welche zu den Ölmaschinen gehören.

1 Arbeitskolbenträger, 1 Ausziehvorrichtung für die Arbeits- und Kompressorkolbenzapfen, 1 Treiber zum Lösen der Kolbenzapfenstifte, 1 Vorrichtung zum Lösen der Einsaug- und Auspuffventilsitze, 1 Masche zum Ausbauen der Zerstäuber, 1 Masche zum Ausbauen der Hauptanlaß- und Druckminderventileinsätze, 1 Vorrichtung zum Ausbauen und Einschleifen der Brennstoffpumpenventilkegel, 1 Vorrichtung zum Ausbauen und Einschleifen der Brennstoffpumpenventileinsätze, 2 Maschen zum Aus- und Einbauen der Kompressorventile, 1 Steckschlüssel zum Ausbauen der Ventilsitze im Anlaßgefäßkopf, 1 Zapfenschlüssel zum Ausbauen der Ventilsitze im Einblasegefäßkopf, 1 Steckschlüssel zum Ausbauen der Ventilsitze im Überfüll- und Wasserablaßventilblock, 2 normale Ösenschrauben von jeder erforderlichen Größe, 1 Klemmring zum Einbauen der Arbeits- und Kompressorkolbenringe, 1 Einschleifvorrichtung für die Einsaug- und Auspuffventilkegel, 1 Handgriff zum Einschleifen der Einsaug- und Auspuffventilkegel, 1 Handgriff zum Einschleifen der Brennstoffnadeln, 1 Masche zum Einschleifen der Sicherheitsventilkegel im Luftkühler, 1 Vorrichtung zum Einschleifen der Ventilsitze im Anlaß- und Einblasegefäßkopf, 1 Vorrichtung zum Einschleifen der Ventilsitze im Überfüll- und Wasserablaßventilblock, 1 Masche mit Handgriff zum Einschleifen der Sicherheitsventilkegel im Luftkühler, 1 Packungshülse zur Brennstoffnadel, 1 kurzer Steckschlüssel zu den Deckelschrauben im Kurbellager, 1 kurzer Steckschlüssel zu den Deckelschrauben im Kurbelwellenlager

auf Kompressorseite, 1 kurzer Steckschlüssel zu den Verbindungsschrauben zwischen Grundplatte und Arbeitszylinder, 1 langer Sechskantschlüssel zu den Verbindungsschrauben zwischen Grundplatte und Arbeitszylinder, 1 Zapfensteckschlüssel zu den Verschlußschrauben der Kurbelwelle, 1 Steckschlüssel zu den Schubstangenschrauben, 1 Zapfensteckschlüssel zu den Verschlußmuttern in der Schubstange, 1 Vierkantzapfenschlüssel zu den Zylinderdeckelschrauben, 1 flacher Schlüssel zu den Einsaug- und Auspuffventilkegeln, 1 Geißfuß-Schlüssel zu den Befestigungsschrauben der Einsaug- und Auspuffventile, 1 geschlossener Schlüssel für den Kühlwasseranschluß im Auspuffventil, 1 Steckschlüssel für die Befestigungsschrauben der Brennstoffventile, 1 gekröpfter Schlüssel für die Befestigungsschrauben der Brennstoffventile, 1 doppelter Zapfenschlüssel zur Stopfbüchsenmutter am Brennstoffventil, 1 doppelter Hakenschlüssel zur Überwurfmutter am Brennstoffventil, 1 Steckschlüssel zum Drehen der Brennstoffnadeln während des Betriebs, 1 Geißfuß-Schlüssel für Brennstoff- und Druckluftanschluß am Brennstoffventil, 1 Schlüssel zum Sicherheitsventil der Anlaßleitung, 1 Steckschlüssel für die Flanschen der Anlaßleitung, 1 Hakenschlüssel für das Druckminderventil in der Anlaßleitung, 1 kurzer Steckschlüssel zum Spurlager, 1 Steckschlüssel zum Schraubenradgehäuse, 1 Zapfenschlüssel zu den Federscheiben des Regulators, 3 Spezialschlüssel für die Brennstoffpumpe, 1 langer Steckschlüssel für die Verbindungsstange im Kompressorkolben, 1 Hakenschlüssel zum Hochdruckkolben, 1 Steckschlüssel zu den Ventilen im Kompressordeckel, 1 kurzer Steckschlüssel zu den Kompressortreibstangenschrauben, 1 Steckschlüssel zur Verschraubung im Ölbehälter des Einblasedruckreglers, je 1 normaler Schraubenschlüssel von jeder erforderlichen Größe, je 1 normaler Steuerungsschlüssel von jeder erforderlichen Größe, je 1 normaler doppelseitiger Rohrsteckschlüssel von jeder erforderlichen Größe, 1 normaler Rohrsteckschlüssel für die Kompressorventile, 1 normaler Hahnenschlüssel zu den Sicherheitsventilkegeln im Arbeitszylinderdeckel, je 1 Zapfenkernlochschraubenschlüssel von jeder erforderlichen Größe, normal, je 1 normaler Stahldorn zu den Steckschlüsseln, 1 normaler Vierkantkernlochschraubenschlüssel, je 1 Schraubenzieher schmal und breit, 2 Putzstäbe aus Holz zu den Brennstoffnadelsitzen, 1 Hebel zum Anheben der Anlaß-, Einsaug- und Auspuffventile, je 1 Gegenschablone für die Einsaug-, Auspuff- und Anlaßscheibe sowie für den Brennstoffnocken.

III. Erfahrungen.

Es soll hier gleich vorausgeschickt werden: Mit den Erfahrungen anderer macht man oft sonderbare Erfahrungen. Es werden nämlich oft Zufälligkeiten, deren Ursache oder Wirkung nicht gründlich genug untersucht worden sind, als regelmäßige Erscheinungen angesehen und daraus durchaus unzulässige Schlüsse gezogen. Oft wurden beim Auftreten irgendwelcher Betriebsschwierigkeiten verschiedene Maßnahmen zur Abhilfe getroffen; wiederholten sich dann die Schwierigkeiten an der betreffenden einzelnen Maschine zufällig nicht mehr, so hielt man oft alle getroffenen Maßnahmen oder einzelne von ihnen für heilsam, ohne die ursächlichen Zusammenhänge zu untersuchen.

Der Verfasser dieses Abschnittes hat sich bemüht, in den obigen Fehler nicht zu verfallen, was ihm dadurch erleichtert wird, daß er nicht auf die Betrachtung einzelner Vorfälle beschränkt war, sondern einen allgemeinen Überblick über das Verhalten sehr zahlreicher Maschinen gewinnen konnte.

1. Grundplatten und Kastengestelle.

Die Grundplatten werden unten mit einer angegossenen, angeschweißten oder auch aufgeschraubten, aus Blech angefertigten Ölwanne versehen. Die massive Ausführung der Ölwanne bietet den Vorteil größerer Steifigkeit bei der Bearbeitung, beim Transport und beim Zusammenbau, im Betriebe wird die in der Längsrichtung recht schwache Grundplatte durch das daraufgeschraubte Kastengestell versteift; die Ausführung der Ölwanne aus Blech, angeschweißt oder angeschraubt, erlaubt Gewichtsersparnisse und erleichtert die Herstellung der Stahlgußstücke in der Gießerei.

Die Verunreinigung des sich in der Ölwanne sammelnden Schmieröles durch Wasser, insbesondere durch Seewasser, muß sorgfältig verhindert werden. Viele Öle bilden mit Wasser Emulsionen, die nicht leicht zu scheiden sind; aber auch Öle, die nicht dazu neigen, finden während des Betriebes nicht die nötige Zeit und Ruhe, um aufgenommenes Wasser abzusetzen. Zahlreiche Dieselmaschinen hatten wassergekühlte Grundlager; die innerhalb des Kurbelraums angeordneten Wasserrohre, die das Kühlwasser von außen zu den in der Grundplatte eingegossenen Lagern, von diesen zu den Lagerdeckeln und weiter zu den Zylindern leiteten, waren eine Quelle ewiger Unzuträglichkeiten. Die zahlreichen Verschraubungen und Flanschverbindungen wurden leicht undicht, auch rissen öfters die Rohre infolge von Schwingungen. Da alle diese Teile im Betriebe unzugänglich waren, merkte man den

Schaden erst, wenn sich die Ölmenge im Betriebsbehälter scheinbar zu vermehren begann, d. h., nachdem bereits größere Wassermengen dem Öl beigemischt waren. Da dadurch dessen Schmierfähigkeit wesentlich beeinträchtigt wurde, mußte in der Regel der Betrieb unterbrochen werden.

Der Verfasser dieses Abschnittes hat daher zuerst alle wasserführenden Rohrleitungen innerhalb des Kurbelraumes dadurch beseitigt, daß er die Rohre zur Wasserzu- und -ableitung für die Kühlung der Grundlager in die Grundplatten eingießen ließ und auf die Kühlung der Lagerdeckel verzichtete. Bald wurde jedoch die Wasserkühlung der Grundlager überhaupt verlassen, da es sich zeigte, wie übrigens vorauszusehen war, daß bei Preß-Umlaufschmierung die Wärme aus den Lagern durch das Öl selbst abgeführt werden kann, und zwar weit sicherer und wirksamer, da das Öl die Wärme unmittelbar an der Stelle ihrer Erzeugung, d. h. zwischen Zapfen und Lagerschale, aufnimmt, während die Wärme zum wassergefüllten Kühlraum des Lagers durch verhältnismäßig dicke Metallwände strömen muß, so daß zwischen Lagerfläche und Kühlwasser eine recht hohe Temperaturdifferenz entstehen kann.

Der Wunsch, das Kühlwasser recht tief unten dem Zylinder zuzuführen, führte ebenfalls zur Anordnung von Wasserrohren innerhalb des Kurbelraumes. Darauf kann um so mehr verzichtet werden, als im unteren Teil des Zylinders nur wenig Wärme ins Wasser übergeht; man kann also das Wasser höher, über dem Kastengestell, dem Zylinder zuführen und sich im unteren Teil desselben mit der Kühlung durch stehendes Wasser begnügen.

Kastengestelle gewöhnlicher Bauart (Tafel III) waren oft nicht steif genug; die dadurch bedingten Formänderungen ließen eine einigermaßen gleichmäßige Kraftverteilung auf die Befestigungsschrauben zwischen Grundplatte und Kastengestell nicht zu. Die unter den Fensteröffnungen befindlichen Schrauben wurden nur wenig beansprucht, während die der Maschinenmitte näheren oft abrissen. Die Herstellung dieser Schrauben aus besten legierten Stählen sowie Versteifung der Kastengestelle brachte wohl Besserung, aber keine vollkommene Abhilfe, erst die Einführung einer anderen Gestellbauart (Abb. 130) beseitigte diese Schwierigkeiten vollkommen.

Aber auch die Kastengestelle erlitten öfters Risse, manchmal nach längerer Betriebsdauer, die meist von den Ecken der Fensteröffnungen ausgingen (Abb. 81). Da diese Risse sich langsam fortpflanzten und erweiterten, bis sie bemerkt wurden, ist schwer zu entscheiden, ob sie auf übermäßige Beanspruchung oder ursprüngliche Fehlstellen (Haarrisse) zurückzuführen sind; letzteres scheint wahrscheinlicher. Der Ersatz solcher Kastengestelle durch neue hätte sehr viel Zeit und Arbeit gekostet, sie wurden daher öfters notdürftig geflickt, indem beiderseitig aufgesetzte Laschen und Winkel durch Paßschrauben oder Nieten befestigt oder besondere Hilfskonstruktionen, wie in Abb. 81 dargestellt, ausgeführt wurden. In diesem Falle werden die Deckelkräfte durch einen über die Zylinderflanschen gelegten Balken a und

die Zuganker *b* auf die Grundplatte übertragen, so daß das gerissene
Kastengestell von Zugkräften größtenteils entlastet wurde.

Die Untersuchung von Stahlgußteilen auf Haarrisse ist mühsam
und unsicher; man bestreicht die Stücke mit Petroleum oder Öl, trocknet
sie sorgfältig ab und weißt sie mit Schlämmkreide oder Kalk. Das aus
Rissen und Poren wiederaustretende Öl macht sich dann in Form von
Fettflecken bemerkbar. Im Innern des Materials entstandene Risse
und Lunker können jedoch auf diese Weise nicht aufgedeckt werden.

Da der Grundplattenboden sowohl im Schiff als auch auf festem
Fundament im allgemeinen nur von innen, d. h. durch die Kasten-

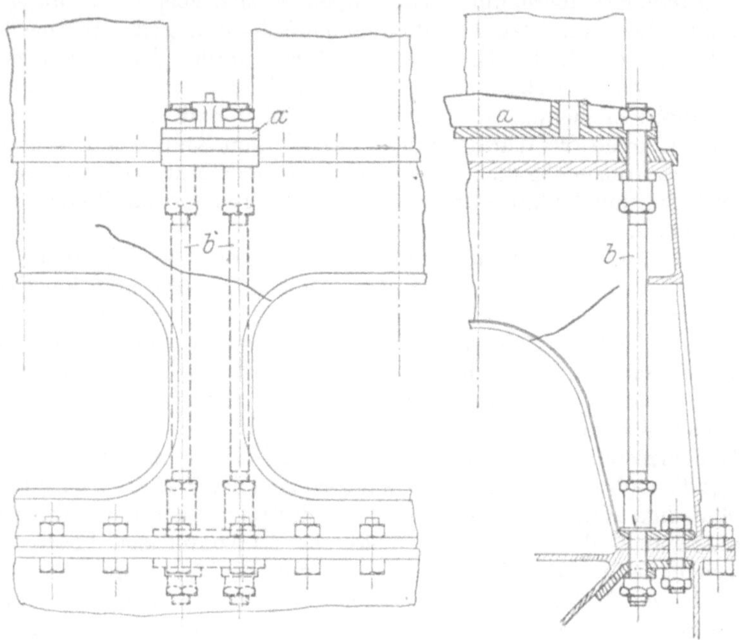

Abb. 81. Instand gesetztes gerissenes Kastengestell.

gestellfenster, zugänglich ist, empfiehlt es sich, die Flanschen der Ölabflußrohre so auszubilden, daß die Muttern im Innern der Grundplatte liegen und daher nachgezogen werden können. Kupferringe als
Dichtung sind nur dort verwendbar, wo sie durch entsprechend kräftige
Schrauben stark zusammengepreßt werden können, sonst ist Pappe zu
verwenden. Als Dichtungsmittel gegen Öl an schwierigen Stellen hat
sich Schellacklösung, auf Pappe u. dgl. aufgebracht, vorzüglich bewährt; allerdings ist es nur dort mit Vorteil zu verwenden, wo ein
Lösen der Dichtung nicht oft vorkommt. Im Schiff besteht oft die
Schwierigkeit, zwischen der Grundplatte und dem Ölbehälter ein aus-
reichendes Gefälle für den Ölabfluß zu schaffen, insbesondere wenn
man die möglichen Schräglagen des Schiffes berücksichtigt. Wenn
irgend möglich, ist es dann besser, den Grundplattenboden selbst als

Ölbehälter auszubilden und ihn zu diesem Zweck mit Gefälle und einer Vertiefung zu versehen. Sonst aber ist das Öl an beiden Enden der Grundplatte durch recht weite Rohre abzuführen. Als Anhalt können folgende Zahlen dienen: Bei einer 500-PS-Maschine waren an beiden Enden Abflußrohre von 60 mm l. W. angeschlossen, die zum Ölbehälter ein Gefälle von etwa 500 mm hatten und weniger als 7 m lang waren. In allen Fällen wird nur das durch die Lager fließende Öl auf obige Weise in der Grundplatte gesammelt und von dieser abgeleitet; das Kolbenkühlöl wird durch eine geschlossene Leitung von den Kolben in den Ölbehälter abgeführt.

Treibstangenköpfe, Gegengewichte u. dgl. bewegte Teile dürfen nur für kurze Zeit, z. B. bei außergewöhnlichen Schräglagen, mit den Ölspiegel in der Grundplatte in Berührung kommen, da durch Umherschleudern des Öles dessen Verbrauch in unnötiger Weise erhöht würde.

Der Befestigung der Grundplatte auf dem eisernen Fundament im Schiff ist ganz besondere Sorgfalt zu widmen.

Bei gut ausgewuchteten und steif konstruierten Maschinen sind es wohl nicht die Massenkräfte, sondern die Formänderungen des Schiffes selbst, die ein Lockern der Fundamentschrauben bewirken, da die Maschine gewissermaßen zur Versteifung des Schiffskörpers und des Fundaments herangezogen wird. Die Befestigung erfolgt durch Schrauben, von denen ein Teil oder auch alle als Paßschrauben ausgeführt werden; die Grundplatte wird nach der achtern anschließenden Welle (Schwanzwelle, Dynamowelle auf Unterseebooten) ausgerichtet und zwischen Grundplatte und Fundament viereckige Eisenstücke sorgfältig eingepaßt. Das Fundament muß daher stets so ausgeführt werden, daß zwischen ihm und der Grundplatte ein Zwischenraum von mehreren Millimetern bleibt.

Die unteren Schalen der Grundlager sollen sich herausdrehen lassen, ohne daß die Kurbelwelle angehoben werden muß; sie dürfen daher nicht durch Zapfen oder dergleichen gegen Drehung gesichert sein; derartiges ist vielmehr an der oberen Lagerschale vorzusehen. Um die Unterschale zwecks Besichtigung oder Auswechslung auszubauen, entfernt man den Lagerdeckel mit Oberschale und steckt in das Ölzuführungsloch des Wellenzapfens einen starken Draht oder Stift. Dreht man nun die Kurbelwelle, so wird die Unterschale mitgenommen und mühelos herausgedreht.

Man muß sich wundern, daß es heute noch Maschinenfabriken gibt, die nicht wissen, wie Schmiernuten anzuordnen sind oder diese Arbeit dem Gutdünken der Schlosser oder Monteure überlassen. Man findet immer noch Schmiernuten an Stellen, wo sie unbedingt schädlich sind, z. B. dort, wo der Lagerdruck am höchsten ist (Abb. 83, Oberschale). Bei Preßumlaufschmierung ist eine Ringnut in den Lagerschalen zur Zuleitung des Schmieröles vom Lagerdeckel in die Kurbelwellenbohrung notwendig, außerdem sind nur an den Teilfugen der Lagerschalen Abschrägungen, die als Schmierkanäle wirken und das Öl auf die Länge des Lagers verteilen, anzubringen. Alle anderen kreuz- und querlaufenden Schmiernuten sind von Übel.

Die Grundlagerschrauben müssen sorgfältig gesichert werden; die bekannte Pennsche Schraubensicherung sowie die Sicherung durch Gegenmutter können nicht als zuverlässig angesehen werden. Am besten haben sich Kronenmuttern und Umschlagbleche bewährt; bei ersteren ist darauf zu sehen, daß die Mutter 10 oder 14 Schlitze und der Bolzen 2 oder 3 Löcher erhalten, damit das Einführen des Splintes in möglichst vielen Stellungen erfolgen kann.

Nur ein Grundlager darf als Paßlager ausgeführt werden, das die Lage der Kurbelwelle in axialer Richtung festlegt. Es empfiehlt sich, das Lager am Schraubenrad als Paßlager auszuführen, weil dann durch die Wärmedehnung der Welle die Steuerung am wenigsten beeinflußt wird. Alle anderen Grundlager müssen mit ausreichendem Spiel in der Achsrichtung ausgeführt werden, wobei es aber keinen Zweck hat — wie vielfach geschehen — das notwendige Spiel für jedes Lager auf Zehntelmillimeter zu berechnen und auszuführen; man gebe vielmehr allen Lagern ein reichlich bemessenes Spiel von einigen Millimetern. Propellermaschinen, deren Kurbelwelle mit der Drucklagerwelle starr gekuppelt sind, dürfen natürlich keine Paßlager erhalten.

2. Kurbelwelle.

Die Kurbelwelle wirkt gewissermaßen als Ölschleuder, wobei sich der aus dem Öl abgeschiedene Schlamm in den Bohrungen der Kurbelzapfen sammelt, unter Umständen in die Kurbellager gerät und deren Schmierung beeinträchtigt. Das Innere der Kurbelschwellenbohrungen soll daher zur öfteren Reinigung leicht zugänglich gemacht werden; zu empfehlen sind Deckelverschlüsse a nach Abb. 82, die nach Lösen des Bolzens b leicht zu entfernen sind. Vielfach wurden in die Querbohrungen Röhrchen c eingesetzt, die den Schlamm von den Lagern abhielten.

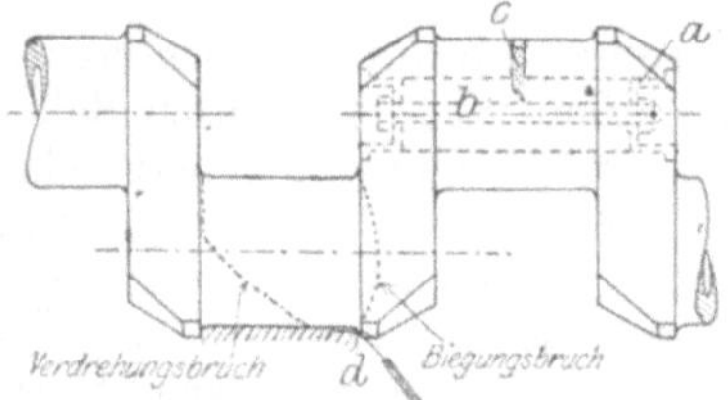

Abb. 82. Stück einer Kurbelwelle.

Nachdem der Schlamm durch Wischen und Bürsten entfernt ist, kann man Petroleum oder Gasöl durch die Schmierölleitungen und Lager pumpen, um verdicktes Schmieröl zu lösen und den Rest des Schlammes wegzuspülen. Dabei empfiehlt es sich, die Kurbelwelle langsam zu drehen. Nach dieser Reinigung muß natürlich frisches Schmieröl durch die Maschine gepumpt werden.

Wenn das Schmieröl in gutem Zustand erhalten wird und die in die Schmieröldruckleitung eingebauten Filter stets reingehalten und insbesondere etwa beschädigte Siebe sofort ausgewechselt oder verlötet werden, so bleiben die Zapfen der Kurbelwelle sehr lange glatt und rund. Wird aber obiges nicht beachtet, so setzen sich Unreinigkeiten, Metall- und Koksteilchen im weichen Weißmetall fest und schleifen die Zapfen infolge des wechselnden Lagerdruckes unrund. Ein Oval von etwa 0,3 mm konnte noch ohne Nachteil zugelassen werden. Unrunde Kurbelzapfen können in der Maschine mittels hölzerner Schleifbacken rundgeschliffen werden; das Berichtigen der Grundlagerzapfen kann in zuverlässiger Weise nur in der Werkstätte geschehen.

Ungleiche Abnutzung von Grundlagern oder unbemerktes Auslaufen derselben — was allerdings bei Preßschmierung kaum vorkommt — kann zu Kurbelwellenbrüchen führen. Die Welle wird während der Zündung übermäßig durchgebogen, die Materialspannungen werden viel größer als bei Berechnung angenommen war, und nach einiger Zeit führt die Ermüdung des Materials zu einem Biegungsbruch (Abb. 82). Wenn möglich, ist daher von Zeit zu Zeit, insbesondere aber nach Warmlaufen eines Lagers oder Auswechslung einer Lagerschale, mit einer biegsamen Fühlerlehre (d in Abb. 82) nachzuprüfen, ob nicht Spiel zwischen Lagerzapfen und Unterschale vorhanden ist.

Seltener sind Brüche infolge Torsionsschwingungen; in diesem Falle verläuft die Bruchfläche meist schräg zur Wellenachse.

3. Zylinder.

Das Zusammengießen von Zylinderbüchse und Kühlmantel soll nur bei kleineren Maschinen vorkommen, bei denen die Rücksicht auf billige Herstellung im Vordergrunde steht und die Beanspruchungen durch Wärmedehnung noch eine untergeordnete Rolle spielen. Bei größeren Maschinen wird in der Regel die gußeiserne Zylinderbüchse in den Zylindermantel eingesetzt, der meistens aus Gußeisen, bei besonders leichten Maschinen aber aus Stahlguß hergestellt wird. Viele Werkstätten begehen den Fehler, die Zylinderbüchsen einzupressen oder gar warm einzuziehen. Dies hat gar keinen Zweck, hat aber vielerlei Nachteile zur Folge: Die Büchse kann sich nicht frei dehnen und deformiert sich oder den Zylindermantel; in letzterem können sogar, insbesondere bei Überhitzung der Maschine, Risse entstehen; das Ausbauen der Büchse zwecks Reinigung von Steinansatz ist schwierig, manchmal sogar unmöglich. Die Zylinderbüchsen sollen also mit geringem Spiel im Zylindermantel sitzen, oben werden sie durch den Zylinderdeckel festgehalten, unten durch die Bohrung des Zylindermantels an der Stopfbüchse geführt; ein Ausbauen der Büchsen ist dann ohne Schwierigkeit möglich. Trotzdem sollen die Zylindermäntel mit möglichst großen Reinigungsöffnungen versehen sein, um weichen Schlamm auch ohne Ausbauen der Büchsen, durch Ausspritzen, Auskratzen usw. entfernen zu können.

Schmier- und Indikatorstutzen, die den Kühlwasserraum durchdringen, indem sie in die Zylinderbüchse eingeschraubt und am Zylindermantel abgedichtet sind, haben oft erhebliche Schwierigkeiten verursacht. Sie werden durch die Wärmedehnung der Büchse verbogen und dadurch sowie durch chemische Angriffe leicht undicht, lassen dann Kühlwasser auf die Kolbenlauffläche dringen, was nicht leicht zu bemerken ist und schwere Folgen haben kann. Auch ist das Auswechseln von Zylinderbüchsen durch die Notwendigkeit, die Bohrungen für die genannten Stutzen erst nach dem Einsetzen der Büchse zu bohren, da sie sonst nicht passen würden, sehr erschwert. Es ist daher am besten, solche Stutzen überhaupt zu vermeiden. Schmierstutzen sind nicht nötig, da Tauchkolbenmaschinen mit Umlaufschmierung einer besonderen Zylinderschmierung überhaupt nicht bedürfen und die Indikatorbohrung im Deckel angeordnet werden kann.

Bei Umlaufschmierung wird die Kolbenlauffläche eben so überreichlich geschmiert, daß ein Hochziehen des Öles nach Möglichkeit verhindert werden muß, da sonst hoher Ölverbrauch, Qualmen des Auspuffes und rasches Festbrennen der Kolbenringe auftritt. Manche Maschinenfabriken kleiden den Kurbeltrieb sorgfältig ein und leiten sogar das aus dem Kolbenbolzenlager austretende Öl durch Rohre in die Kurbelwanne, damit möglichst wenig Spritzöl an die innere Zylinderwand gelangt. Derartige Maßnahmen haben aber nur geringen Erfolg, da für die Bewegung der Treibstange doch eine große Öffnung freibleiben muß, außerdem wird die Zugänglichkeit des Triebwerkes auch im Stillstand der Maschine stark vermindert und der Ausbau von Kolben, Lagerschalen usw. bedeutend erschwert. Bedeutend zweckmäßiger ist die Anordnung von $2 \div 3$ Abstreifringen am Kolben, die jedoch sorgfältig hergestellt und bei Abnutzung rechtzeitig ausgewechselt werden müssen. Man hat sich oft täuschen lassen und die Wirkung solcher Abstreifringe deswegen für ungenügend gehalten, weil sie einer gewissen, je nach der Oberflächenbeschaffenheit und Genauigkeit der Zylinderbohrung, längeren oder kürzeren Zeit zum Einlaufen bedürfen, bis sie richtig ringsum anliegen und nur noch wenig Öl nach oben durchlassen.

Zylinder, die nicht durch Spritzöl geschmiert werden können, z. B. die Arbeitszylinder von Zweitaktmaschinen mit Stufenkolben, einzelne Stufen mehrstufiger Kompressoren, müssen hingegen besondere sorgfältig gewählte Schmiervorrichtungen erhalten. Zu empfehlen sind vor allem mehrstemplige Ölpumpen von Friedmann, Bosch u. ä., wobei für jede Schmierstelle ein besonderer Pumpenstempel vorgesehen werden soll, da man nicht damit rechnen kann, daß die geringen Ölmengen durch Röhrchen, kleine Öffnungen und Rückschlagventile gleichmäßig verteilt werden; es ist vielmehr anzunehmen, daß bei geringen Druckunterschieden an den Ölaustrittsstellen oder geringen Verschiedenheiten der Rückschlagventilfedern die ganze geförderte Ölmenge an einer Schmierstelle austritt. Leider findet man solch mangelhafte Ausführungen noch sehr häufig, ihre Bewährung läßt sich nur dadurch erklären, daß die Kolben auch ohne besondere Schmierung durch Spritzöl genügend geschmiert werden oder daß das Öl durch Kolben und Kolbenringe genügend auf den ganzen Umfang verteilt wird.

4. Treibstange.

Übermäßiges Spiel in den beiden Lagern der Treibstange äußert sich durch mehr oder weniger starkes Klopfen und ist als äußerst gefährlich anzusehen, da durch die Stöße die Treibstangenschrauben stark beansprucht werden und infolge Ermüdung brechen können.

Ein solcher Bruch führt aber in der Regel zu umfangreichen Zerstörungen; die von der Kurbelwelle losgelöste Treibstange fällt herab und wird durch die noch umlaufende Kurbel gefaßt und gegen die Grundplatte oder das Kastengestell gedrückt, worauf die Wände des Kurbelraumes gewaltsam herausgedrückt oder die Kurbelwelle verdreht und verbogen wird.

Übermäßiges Spiel ist daher stets rechtzeitig zu beseitigen; dies erfolgt am Kurbellager in der Regel durch Herausnehmen von Beilagen, am Kolbenzapfenlager, sofern dessen Lagerschalen zweiteilig sind, in der Regel durch Zusammenfeilen, das sehr sorgfältig vorgenommen werden muß, wenn das Lager nicht schief werden soll. Geteilte Lager innerhalb des Tauchkolbens sind nicht zu empfehlen, da wegen Platzmangels die Schrauben nicht genügend kräftig gemacht werden können und daher eine ganz besondere Gefahrenquelle bilden. Hingegen haben sich einteilige Büchsen aus dichtem, feinkörnigen Gußeisen, lose zwischen einer gehärteten, in den oberen Treibstangenkopf eingepreßten Büchse und dem ebenfalls gehärteten Kolbenzapfen drehbar, sehr gut bewährt.

Für das Kurbelzapfenlager ist nur Weißmetallausguß zu empfehlen; Bronzelager, die hier und da bei kleineren Maschinen vorkommen, haben sich öfters schlecht bewährt, da sie beim Einlaufen viel empfindlicher sind als Weißmetall, leicht heißlaufen und dann den Zapfen gefährden. Wenn aber ein Weißmetallager trotz genügender Schmierung heißläuft, also etwa wegen zu strammen Zusammenpassens oder schiefer Auflage usw., so schiebt sich das Metall von den am stärksten erwärmten Stellen weg, das Lager „macht sich selbst Luft"; durch das vergrößerte Spiel fließt wieder mehr Öl durch und kühlt das Lager wieder ab. Daher kommt es, daß man das Heißlaufen eines Weißmetallagers oft gar nicht bemerkt, weil es von selbst wieder in Ordnung kommt; erst später, gelegentlich eines Ausbaues, erfährt man dann, daß das betreffende Lager früher einmal heißgelaufen ist. Wegen der niedrigen Schmelztemperatur des Weißmetalls bleibt der Zapfen in der Regel unbeschädigt. Anders, wenn die Ölzuführung versagt; dann kann allerdings das Lager vollkommen auslaufen und der Zapfen durch die meist stählerne Schale schwer beschädigt werden, auch ein Wellenbruch ist dann leicht möglich. Beim Kurbelzapfen ist es allerdings unwahrscheinlich, daß es so weit kommt; wegen des gewaltigen Klopfens dürfte die Maschine wohl schon vorher abgestellt werden.

Die Kurbellagerschrauben müssen stets fest, aber nicht übermäßig angezogen und ganz zuverlässig gesichert werden. Es geht nicht an, wie manchmal versucht wurde, das Lagerspiel durch schwächeres Anziehen der Schrauben zu regulieren. Gegenmuttern und die altbekannte, aber durchaus nicht altbewährte Pennsche Sicherung sind zu verwerfen.

In Abb. 83 ist eine oft verwendete Schmiernutenanordnung wiedergegeben. Auch diese, im Vergleich zu anderen noch recht einfache Ausführung, zeigt noch ein Zuviel an Schmiernuten. Für umlaufende

Lager, also Wellen- und Kurbellager, sind nur die Ringnut a, gegebenenfalls ganz herumlaufend, und die Nuten f an der Teilfuge notwendig, alles andere ist eher schädlich als nützlich. Daß Lager mit viel mehr Nuten gut laufen, beweist nur, daß dieselben bei richtiger Schmiernutenanordnung noch viel höher belastet werden oder noch viel höhere Lebensdauer aufweisen könnten. Dasselbe gilt von den Kolbenzapfen der Viertaktmaschinen, hingegen bildeten die Kolbenzapfen der Zweitaktmaschinen, bei denen kein Druckwechsel auftritt, oft die Quelle ewiger Mißstände. Man hat sich dann mit verschiedenen Mitteln, auch durch eine übermäßige Vermehrung der Schmiernuten, zu helfen gesucht, meist ohne durchschlagenden Erfolg.

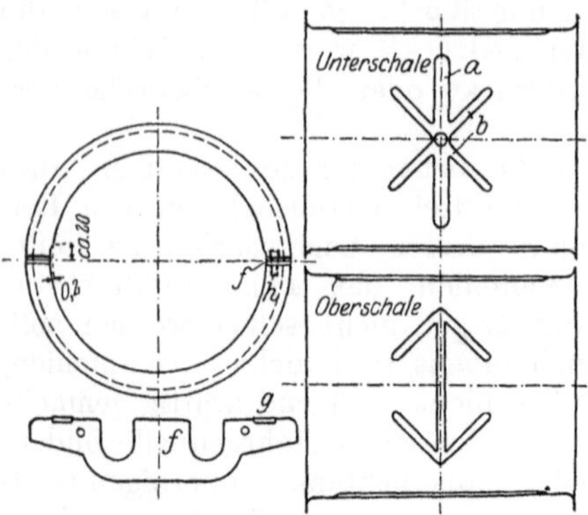

Abb. 83. Ölnuten und Beilagscheibe des Kurbelwellenlagers einer Zweitaktmaschine.

5. Kolben.

Zwischen 50 und 75 PS je Zylinder liegt die Grenze, von der ab bei schnellaufenden Dieselmaschinen Kolbenkühlung erforderlich wird, wenn die Kolbenböden nicht nach längerer oder kürzerer Betriebszeit reißen sollen. Ölkühlung ist bei schnellaufenden Tauchkolbenmaschinen vorherrschend, Wasserkühlung kommt kaum vor und ist auch wegen der Schwierigkeit, die Vermischung des Leckwassers mit dem Schmieröl im Kurbelgehäuse zu verhindern, nicht zu empfehlen.

Der Ölkühlung wird oft als Nachteil nachgesagt, daß sich Krusten am Kolbenboden bilden und die Kühlwirkung verschlechtern oder, sich ablösend, Verstopfungen der Rohrleitungen u. dgl. verursachen. Diese Befürchtungen sind nicht stichhaltig: Ist die umlaufende Ölmenge reichlich, so kann das Öl niemals bis zur Zersetzung erhitzt werden, auch örtliche Überhitzungen kleiner Ölmengen sind nicht gut möglich, da das Öl im Kolbendoppelboden während des Ganges der Maschine stets in heftigster Weise durchgerüttelt wird. Erst nach dem Abstellen der heißen Maschine kann das Öl durch die im Kolbenboden aufgespeicherte Wärme übermäßig erhitzt werden, wenn mit dem Abstellen der Maschine auch der Ölumlauf aufhört. Dem ist leicht abzuhelfen, wenn vor dem Abstellen eine Reserveölpumpe angestellt und bis zur ausreichenden Abkühlung der Kolbenböden in Betrieb gehalten wird. In Ermangelung einer solchen genügt es auch, die Maschine vor dem Abstellen einige Minuten im Leerlauf zu betreiben, was bei Schiffsantriebsmaschinen allerdings nicht immer möglich ist.

Selbstverständlich können auch andere Umstände die Entstehung von Ölkrusten verursachen, wie ungenügende Leistung der Ölpumpe, mangelhafte Wirkung des Ölkühlers, z. B. infolge Verschmutzung u. a. m.

Die Verminderung der Kühlwirkung durch eine Ölkruste von 3 bis 4 mm Stärke zeigt Abb. 84. Der äußere Boden einer Kolbenkappe (Abb. 85) wurde mit Dampf auf der gleichbleibenden Temperatur von 140° C gehalten, durch die Kappe Öl gepumpt und dessen Temperaturerhöhung bei verschiedenen Mengen gemessen, wobei der Boden ein-

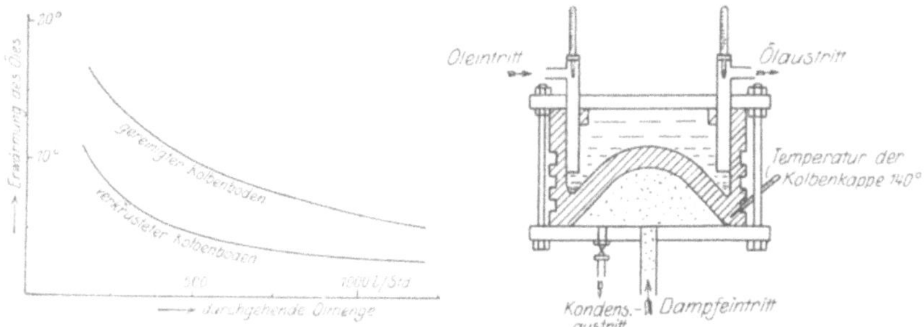

Abb. 84. Verminderung der Kühlwirkung bei einem mit Ölkoks verkrusteten Kolbenboden.

Abb. 85. Verminderung der Kühlwirkung bei einem mit Ölkoks verkrusteten Kolbenboden.

mal verkrustet, das andere Mal gereinigt war. Wie aus Abb. 84 hervorgeht, wird die abgeführte Wärmemenge durch die Verkrustung ungefähr auf die Hälfte herabgedrückt.

Da die Ölkühlung der Kolben konstruktiv nicht ganz einfach und ziemlich teuer ist, wurden und werden verschiedene Anstrengungen gemacht, die Haltbarkeit der Kolbenböden ohne künstliche Kühlung zu erhöhen, meist ohne durchschlagenden Erfolg. Stahlguß und Schmiedeeisen reißen wohl nicht so leicht und so bald wie Gußeisen, doch sind sie gegen Verbrennen viel empfindlicher; es ist vorgekommen, daß 30 mm starke Böden aus Kesselblech nach mehreren Stunden in der Stichflamme des Brennstoffventils durchbrannten. Da der Kolbenkörper wegen der Reibungsverhältnisse in der Regel aus Gußeisen ausgeführt wird, müssen zudem solche Böden eingesetzt, befestigt und gedichtet werden, etwa nach Abb. 86.

Durch solche Konstruktionen wird das Gewicht in unliebsamer Weise erhöht, außerdem bereitet die dauernde Abdichtung Schwierigkeiten, da sich Kolbenkörper und eingesetzter Boden infolge der Temperaturunterschiede in verschiedener Weise ausdehnen und verziehen.

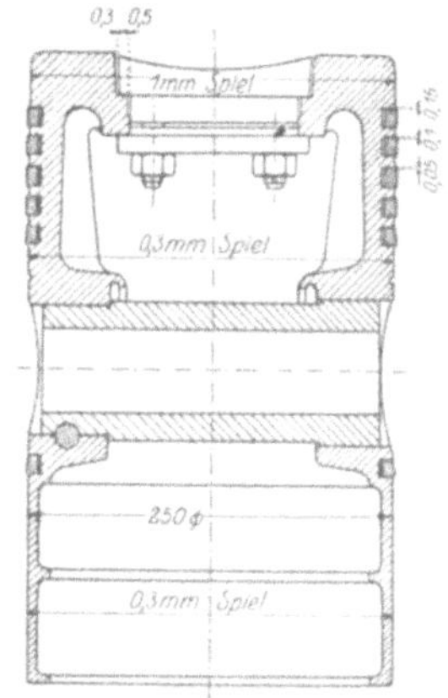

Abb. 86. Kolben mit eingesetztem schmiedeeisernen Boden.

Aus dem gleichen Grunde ist es auch vorgekommen, daß die Befestigungsschrauben abgerissen und die Maschine schwer beschädigt wurde.

Hingegen bietet die Verwendung von Stahlguß bei den gekühlten Kolben von Kreuzkopfmaschinen keine Schwierigkeiten und ist schon wegen der Gewichtsersparnis, aber auch wegen der größeren Haltbarkeit durchaus zu empfehlen.

Eine besondere Schwierigkeit bildet die Bemessung des Kolbenspieles bei Tauchkolbenmaschinen. Bei größeren Maschinen schwebt man dabei eigentlich immer an der Grenze zwischen der Gefahr des Fressens, insbesondere beim Einlaufen, und dem mehr unangenehmen als direkt schädlichen Klopfen der Kolben, wenn das Spiel etwas reichlich geraten ist. Es müssen daher sowohl bei der Herstellung der Zylinderbüchsen, als auch der Kolben sehr enge Toleranzen vorgeschrieben und eingehalten werden, was die Herstellung erschwert und verteuert, insbesondere wenn noch gegenseitige Austauschbarkeit von Kolben und Büchsen verlangt wird.

Man bemüht sich, den Kolben auf der ganzen Länge oder wenigstens bis zum untersten Kolbenring zum Übertragen des Gleitbahndruckes zu bringen. Da der obere Teil des Kolbens, auch bei künstlicher Kühlung, stets wärmer wird als der untere, muß der Kolben im kalten Zustand nach oben zu verjüngt sein, damit er im Betrieb annähernd zylindrisch wird. Meist verzichtet man darauf, den zwischen den Dichtungsringen und darüber gelegenen Teil des Kolbens zum Übertragen des Gleitbahndruckes heranzuziehen und macht ihn daher so stark konisch, daß er an der Zylinderwand überhaupt nicht anliegt. Die Verjüngung unterhalb des untersten Ringes wird in der Regel aus zwei oder drei sehr schlanken Kegeln zusammengesetzt — die Durchmesserunterschiede betragen einige Hundertstel Millimeter —, da das Schleifen des Kolbens nach einer bestimmten Kurve, was theoretisch richtig wäre, allzu große Schwierigkeiten bereiten würde. Die Berechnung dieser Kurve oder der Ersatzkegel ist kaum möglich; die günstigste Kolbenform muß vielmehr durch Versuche ermittelt werden, indem man einen mit zu geringer Verjüngung ausgeführten Kolben nach einigen Stunden Vollastbetrieb ausbaut, die „hart tragenden" Stellen, die sich durch starken Glanz bemerkbar machen, abfeilt und dies solange wiederholt, bis der Kolben vom unteren Rand bis zum untersten Kolbenring gleichmäßig trägt. Die Abmessungen eines solchen Kolbens werden genau ermittelt und zur weiteren Fabrikation verwendet.

Schmale Kolbenringe sind besser als breite, sie dichten ebensogut ab, nutzen sich (an den Stirnflächen) und die Nuten im Kolben weniger ab, da zu ihrer Fortbewegung wegen ihrer geringen Masse und der geringeren Reibungskraft weniger Kraft erforderlich ist. Es werden ausschließlich selbstspannende Kolbenringe verwendet, ihre Stärke folgt in bekannter Weise aus der Bedingung, daß sie sich, ohne zu brechen, über den Kolben überstreifen lassen müssen. An den Stoßstellen müssen die Ringe genügend Spiel erhalten, da sie im Betriebe heißer werden als die Zylinderbüchse; ein Ring mit zu geringem Spiel würde sich bei Erwärmung mit allzu großem Druck gegen die Zylinderbohrung pressen und anfressen oder übermäßig schnell abgenützt werden. Da die Temperatur der einzelnen Ringe von oben nach unten zu abnimmt, könnte man, genau genommen, dem obersten Ring das größte Spiel im Stoß geben und dasselbe bei den anderen allmählich abnehmen lassen. Derartiges wurde auch öfters ausgeführt. Es dürfte aber keinen Zweck haben, auf solche Feinheiten einzugehen; es genügt vollkommen, das Spiel aller Ringe gleich, und zwar gleich dem größten, durch Versuch ermittelten, zu machen. Das gleiche gilt vom Spiel der Ringe in den Nuten, in der Bewegungsrichtung des Kolbens gemessen. Ist dasselbe, insbesondere beim obersten Ring, sehr klein, so verliert der Ring nach Erwärmung seine Beweglichkeit, indem er sich in der Nute festklemmt, und dichtet nicht mehr ab. Die heißen Gase dringen dann ungehindert bis zum nächsten Ring vor, der dann ebenfalls der Gefahr des Festklemmens oder Festbrennens ausgesetzt ist usw. Es kommt dann leicht dazu, daß der betreffende Kolben „durchschlägt", d. h. daß während der Verbrennung Funken, vermutlich von verbranntem Schmieröl herrührend, unten aus der Zylinderbüchse herausfliegen und die Verbrennungsgase deutlich hörbar entweichen. Dies bringt zweierlei Gefahren mit sich: Da das Schmieröl zwischen Kolben und Büchse herausgeblasen und verbrannt wird, kommt es leicht zum Anfressen des Kolbens, anderseits kann durch die Funken eine Schmierölexplosion im Kurbelgehäuse hervorgerufen werden.

Scheinbar untergeordnete Teile, die kleinen Stifte zur Sicherung der Kolbenringe gegen Verdrehen, bereiteten oft infolge mangelhafter Konstruktion oder Ausführung erhebliche Schwierigkeiten. Wenn sie sich nur teilweise herausschrauben oder gar ganz herausfallen konnten, drückten sie den Ring gegen die Zylinderwand und verursachten dessen Anfressen oder Bruch, wodurch wieder öfters ein Anfressen des Kolbens eingeleitet wurde. Es ist auch vorgekommen, daß Stifte, die bei ölgekühlten Kolben in die Wand des Ölraumes eingeschraubt oder nur eingeschlagen waren, herausfielen und eine Überschwemmung des Verbrennungsraumes mit Öl verursachten.

Besondere Sorgfalt muß auf die Befestigung des Kolbenzapfens im Kolben verwendet werden. Eine Austauschbarkeit ist wegen des erforderlichen genauen Sitzes kaum zu erreichen; ein nur ganz wenig zu starker Zapfen würde beim Einschlagen den Kolbenkörper in unzulässiger Weise verziehen, ein nur ganz wenig zu schwacher bald lose werden und die Kolbennabe allmählich ausschlagen. Es ist auch zu beachten, daß bei losem Sitz die Biegungsspannung im Zapfen wesentlich erhöht wird, was insbesondere dann von Bedeutung sein kann, wenn beim Anlassen oder Umsteuern hohe Drücke im Zylinder auftreten. Es ist aber auch vorgekommen, daß Kolbenzapfen, die ungefähr in der Mitte durchgebrochen waren, in den Kolbennaben so gut festsaßen, daß die betreffenden Maschinen anstandslos im Betrieb blieben und der Schaden erst beim Ausbau bemerkt wurde. Die Weißmetalllager waren durch den scharfen Riß nur ganz wenig beschädigt. Diese Brüche sind wahrscheinlich auf Härterisse zurückzuführen; die fertigen Zapfen sollen daher sorgfältig mittels Lupe auf solche Fehler untersucht werden.

6. Zylinderdeckel.

Bei sachgemäßer Konstruktion geben die Zylinderdeckel nur sehr selten Anlaß zu Beanstandungen; auftretende Risse lassen sich stets auf Gußfehler oder Verstopfung der Kühlräume zurückführen. Leider sind aber heute noch mangelhafte Bauarten sehr verbreitet, bei denen

infolge mangelhafter Kühlung oder unrichtiger Massenverteilung Wärme-
stauungen auftreten, die früher oder später zu Rissen führen.

Die Wiederherstellung gerissener Deckel durch Schweißung hat sich
nicht bewährt; meist ist die Schweißung mangelhaft, so daß der Deckel an
der gleichen Stelle bald wieder reißt, oder es wer-
den beim Schweißen derartige Wärmespannungen
erzeugt, daß Risse an anderen Stellen auftreten.

Die meisten Schwierigkeiten ergaben natur-
gemäß die Deckel der Zweitaktmaschinen mit
Ventilspülung (Abb. 87). Es scheint überhaupt
fraglich, ob solche Deckel betriebssicher aus
Gußeisen hergestellt werden können. Erst
durch die Beseitigung der Spülventilkanonen
durch Einführung der Schlitzspülung ist die
einfache Herstellung betriebssicherer Zweitakt-
Zylinderdeckel möglich geworden.

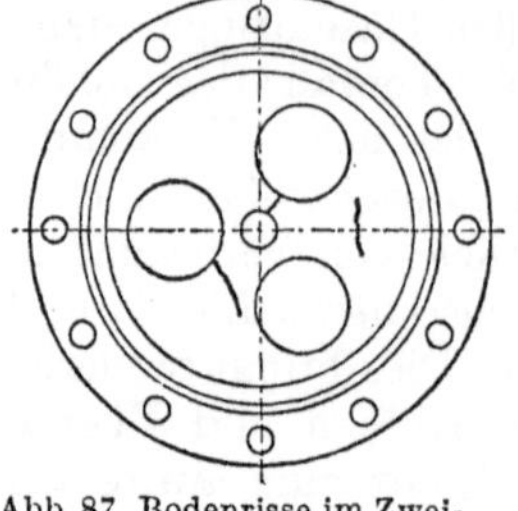

Abb. 87. Bodenrisse im Zwei-
taktmaschinendeckel.

Da die Risse in der Regel an der Oberfläche als sogenannte Haarrisse beginnen und meist längere Zeit vergeht, bis sie sich durch die
ganze Wandstärke fortgepflanzt haben, wurden oft gerissene Deckel
noch lange Zeit in Betrieb gehalten. Dabei ist aber höchste Vorsicht
geboten; da der Zeitpunkt des Undichtwerdens kaum vorauszusehen
ist, kann es vorkommen, daß ein Zylinder sich im
Stillstand mit Wasser füllt und beim Anfahren
durch Wasserschlag zerstört wird.

Als Dichtung zwischen Zylinder und Deckel
hat sich ein glatter Kupferring am besten bewährt.

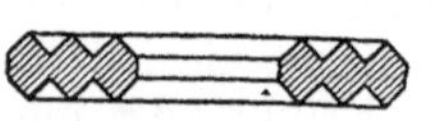

Abb. 88. Kupferdichtung.

Dichtungen von geringer Festigkeit, wie Asbest oder Klingerit u. ä.,
werden bei scharfen Zündungen leicht herausgeblasen, auch dann, wenn
sie durch Feder und Nut scheinbar dagegen geschützt sind. Es ist
zu beachten, daß Kupferdichtungen nicht zu breit sein dürfen, da sie
sonst durch die Kraft der Schrauben nicht genügend zusammengepreßt
werden können; in solchen Fällen sind profilierte Kupferringe (Abb. 88)
zu empfehlen.

7. Steuerung.

Es ist als selbstverständlich anzusehen, daß entweder an den Ventilen oder an den Steuerhebeln eine Vorrichtung angebracht ist, die
das Einstellen des Spieles zwischen Hebelrolle und Steuernocken, des
sog. „Rollenspieles", gestattet. Angenehm ist, wenn diese Einstellung
während des Betriebes vorgenommen werden kann, aber nur wenige
Konstruktionen tragen dieser Forderung Rechnung.

Die Einlaßventile werden durch die strömende Frischluft wirksam
gekühlt, ihre Haltbarkeit ist dementsprechend sehr groß. Es kommt
aber ab und zu vor, daß ein Ventil durch zufällige Verunreinigung der Sitzfläche undicht wird, das Übel ist durch Einschleifen leicht zu beseitigen.

Hingegen werden die Auslaßventile durch die heißen, mit großer
Geschwindigkeit strömenden Gase sehr stark beansprucht. Wird ein
Kegel durch Verunreinigung, Formänderung oder dergleichen undicht,
so wird, wenigstens bei ungekühlten Kegeln, durch die Feuergase in

kürzester Zeit ein größeres Loch ausgebrannt. Bemerkte Undichtheiten müssen daher so bald als möglich beseitigt werden. Gekühlte Kegel, wie sie bei größeren Maschinen trotz ihrer höheren Kosten stets verwendet werden sollten, sind weit weniger empfindlich. Infolge der Kühlung ist eine wesentliche Formänderung ausgeschlossen, bei geringer Undichtheit verhindert die Kühlung ein rasches Ausbrennen.

Bei kleineren Maschinen hilft man sich durch die Wahl geeigneter Baustoffe. Am billigsten ist wohl die Verwendung feuerbeständigen Gußeisens (Abb. 89 und 109), das sich bei höheren Drehzahlen bis bis etwa 50, bei geringeren Drehzahlen bis etwa 100 PS Zylinderleistung bewährt hat.

Kleinere und leider auch mittlere Maschinen werden oft auch mit ungekühlten Gehäusen der Auslaßventile ausgeführt (Abb. 89). Die im Zylinderdeckel eingeschlossenen, von den Auspuffgasen bespülten Teile der Gehäuse werden dann sehr heiß und dehnen sich aus. Ist der Querschnitt der Gehäusewände oder Füße bedeutend größer als der der Befestigungsschrauben, so werden diese gedehnt und müssen nach dem Erkalten meist nachgezogen werden, weil man sonst nicht die zur ersten Zündung erforderliche Verdichtung erhält. Abgesehen von dieser lästigen Arbeit, für die manchmal im entscheidenden Augenblick die Zeit fehlt, ist es dann leicht möglich, daß die wiederholt gedehnten Schrauben nach einiger Zeit abreißen. Sind aber die Gehäusefüße schwächer, so erleiden sie bei Erhitzung eine bleibende Verkürzung, das Ventil ist dann nach dem Erkalten ebenfalls undicht, so daß die Befestigungsschrauben nachgezogen werden müssen. Bald sitzt dann der Flansch des Ventilgehäuses auf der oberen Fläche des Zylinderdeckels auf und muß nachgedreht werden, oder es

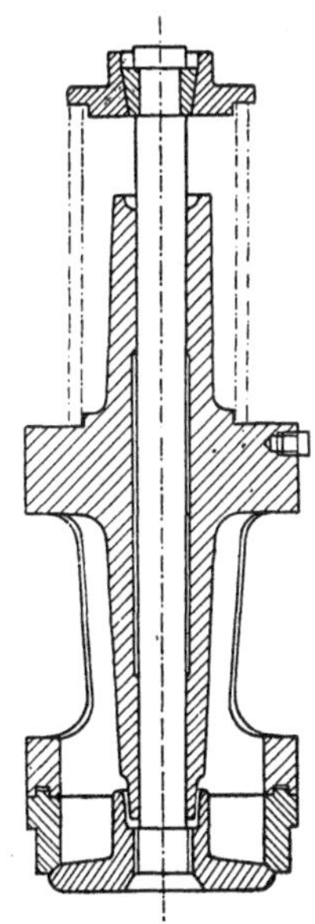

Abb. 89. Ungekühltes Auslaßventil mit Gußkegel.

muß, wenn überhaupt möglich, eine stärkere Dichtung zwischen Ventilgehäuse und Zylinderdeckel eingelegt werden. Vielfach kommt es aber auch zum Reißen der Gehäusefüße.

Das Rollenspiel muß bei ungekühlten Ventilkegeln etwa 1 mm in kaltem Zustand betragen; ist das Spiel zu gering, so wird infolge der Wärmedehnung der Ventilspindel ein vollkommenes Schließen des Ventils verhindert. Die Folge ist entweder ein Ausbrennen des Ventils oder ein Heißlaufen der Hebelrolle, da sie durch den vollen Gasdruck mit großer Kraft an die Steuerscheibe angedrückt wird. Bei den Einlaßventilen und bei gekühlten Auslaßventilen darf das Rollenspiel kleiner sein.

Die meisten Brennstoffnadeln sind durch eine Stopfbüchse mit Bleipackung abgedichtet, aber nur wenige Maschinen besitzen eine im Betrieb dauernd wirksame Schmierung dieser Stopfbüchse. Die Nadeln müssen daher nach einigen Hundert Betriebsstunden herausgenommen und mit dickem Öl eingefettet werden. Vielfach sind die Nadeln mit einem Vierkant oder dergleichen versehen, damit sie zur Vermeidung von Riefen in der Stopfbüchse im Betriebe gedreht werden können. Dies darf aber nur in dem Augenblick geschehen, in dem die Nadel durch die Steuerung von ihrem Sitz abgehoben ist, sonst würde sie infolge der hohen Federkraft, mit der ihr dichtender Kegel auf seinen Sitz gepreßt wird, an dieser Stelle anfressen und undicht werden.

Das Packungsmaterial kann von Spezialfabriken bezogen werden, man kann es aber auch selbst in folgender Weise herstellen: Von einem Bleiklotz werden auf der Drehbank $3 \div 5$ mm breite, einige Zehntel starke Streifen abgedreht. Aus diesen werden etwa 10 mm starke Schnüre unter Beimengung von dickem Öl und Flockengraphit gedreht. Diese werden nun nicht etwa schraubenförmig in die Stopfbüchse eingelegt, sondern in Stücke von der Länge geschnitten, daß sie gerade geschlossene Ringe um die Nadel bilden, und in der Stopfbüchse festgestampft, wobei meistens die Nadel verkehrt eingesetzt wird. Genaue Zentrierung der Nadel ist dabei von größter Wichtigkeit. Sodann wird die Nadel solange mit Öl durch die Stopfbüchse gerieben, bis sie dicht, aber ohne übermäßige Reibung „saugend" darin bewegt werden kann. Auch beim Einbauen des Brennstoffventils ist darauf zu achten, daß es durch die Schrauben nicht schiefgezogen wird. Ein Hängenbleiben der Nadel kann bei manchen Bauarten gefährliche Explosionen im Zylinder verursachen.

Die Anlaßventile verursachen vielleicht die meisten Anstände, obwohl oder gerade weil sie nur für einige Sekunden in Betrieb kommen. Anrostungen und verharztes Öl geben leicht Anlaß zum Hängenbleiben; die Folge davon ist meistens, daß die Maschine nicht anspringt, da die zur unrechten Zeit in einen Zylinder einströmende Anlaßluft bremsend wirkt. Bei Landmaschinen ist ein derartiger Vorfall nur störend, bei Schiffsmaschinen kann er aber, wenn ein wichtiges Manöver mißlingt, verhängnisvoll wirken. Man kann sich dagegen — abgesehen von konstruktiven Maßnahmen, wie Wahl geeigneter, nicht rostender Baustoffe, Anordnung starker Federn und reichlichen Spiels — nur durch häufiges Ausbauen und Reinigen schützen. Durch Hängenbleiben oder Undichtwerden eines Anlaßventiles kann aber auch ein übermäßiger, gefährlicher Druck im Zylinder entstehen, insbesondere wenn zu Beginn der Kompression Anlaßluft in den Zylinder strömt und während der Verdichtung, infolge des steigenden Druckes das Anlaßventil zugeschlagen oder zugedrückt wird: die Verdichtung kann dann zu gefährlicher Höhe ansteigen, und wenn dann gar noch Brennstoff eingeblasen wird, sind alle Vorbedingungen für eine schwere Maschinenhavarie gegeben.

Vor dem Anlassen nach längerem Stillstand soll man daher die Anlaßventile mit einem Handhebel bewegen und auf sicheres Schließen prüfen; dann soll, bevor der Anlaßhebel in Anlaßstellung gebracht wird, die Anlaßleitung unter Druck gesetzt werden. Durch Horchen an den Indikatoröffnungen kann man sich von der Dichtheit der Ventile überzeugen. Undichtheiten nach oben, am Entlastungskolben, sind unvermeidlich und unschädlich. Im Betriebe machen sich Undichtheiten der Anlaßventile durch Heißwerden der Anlaßleitung bemerkbar.

Der Wert der Sicherheitsventile ist strittig; es ist zunächst fraglich, ob sie geeignet sind, das plötzliche Auftreten hoher Drücke im Zylinder zu verhindern; jedenfalls bieten sie den Vorteil, durch den verursachten Lärm das Maschinenpersonal auf Unregelmäßigkeiten, wie Hängenbleiben einer Brennstoffnadel, falsche Nockeneinstellung, zu hohen Einblasedruck u. ä., aufmerksam zu machen, es überhaupt zur erforderlichen Vorsicht beim Manövrieren selbsttätig anzumahnen.

Die Federn der Sicherheitsventile sollen aus naheliegenden Gründen nicht ohne weiteres nachgespannt werden können, dies kann z. B. durch Plombieren verhindert werden, das in der Werkstätte, nachdem die Federn auf einen Abblasedruck von $50 \div 60$ at eingestellt sind, vorgenommen wird. Es ist daher zweckmäßig, wenn das ganze Ventil ohne Verletzung der Plombe ein- und ausgebaut werden kann.

Die Sicherheitsventile bleiben, wenn sie gar nicht oder nur selten abblasen, lange Zeit dicht; bei häufigem Abblasen werden sie hingegen infolge Erhitzung und Verschmutzung leicht undicht und müssen dann eingeschliffen oder — wenn Ersatz vorhanden — ausgewechselt werden.

Die übrigen, in der Regel nur bei Schiffsmaschinen vorhandenen Ventile, wie Hauptanlaßventil, Anlaßdruckminderventil, Einblasedruckregler, sind etwa alle 6 Monate nachzusehen und, wenn erforderlich, einzuschleifen.

Von den Einlaß-, Auslaß- und Anlaßnocken ist nicht viel zu sagen. Das genaue Einhalten der Öffnungs- und Schlußzeiten ist nicht besonders wichtig, und die Abnützung gering, solange nicht etwa eine Rolle infolge mangelhafter Schmierung od. dgl. auf ihrem Bolzen anfrißt und stehenbleibt; wird dies nicht sofort bemerkt, so ist meist eine starke Beschädigung des Nockens die Folge.

Hingegen ist die genaue Einstellung der Öffnungs- und Schlußzeiten, aber auch der Ventilerhebungskurve der Brennstoffnadel für die Verbrennung und für die im Zylinder entstehenden Drücke von allerhöchster Bedeutung. Daher muß nicht nur das Rollenspiel, sondern auch die Lage des Nockens in tangentialer Richtung verstellbar sein. Es ist z. B. nicht einerlei, ob eine Spätzündung durch Verkleinerung des Rollenspieles oder durch Vorschieben des Nockens beseitigt wird. Im ersteren Falle wird die Nadelöffnung früher-, der Schluß spätergelegt, der Höchsthub erfolgt beim gleichen Kurbelwinkel; im zweiten Falle wird ebenfalls die Nadeleröffnung früher, der Schluß aber auch früher erfolgen, der Gipfel der Ventilerhebungskurve wird nach vorne verlegt. Gesamtöffnungszeit und Zeitquerschnitt werden im ersten Falle vergrößert, im zweiten bleiben sie unverändert. Man wird also in beiden Fällen ganz verschiedene Indikatordiagramme und verschiedenen Luftverbrauch erhalten.

Die Verstellung des Rollenspieles soll während des Betriebes möglich sein, etwa nach Abb. 112 oder durch Anordnung einer exzentrischen, verstellbaren Büchse in der Nabe des Brennstoffhebels. Indem die

Beseitigung von Vor- und Nachzündungen im Betriebe ermöglicht wird,
wird die Betriebssicherheit und Lebensdauer der Maschine gesteigert.

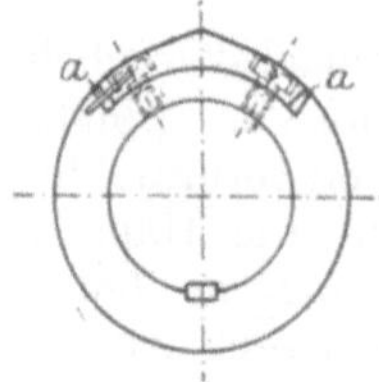

Abb. 90. Einstellbarer
Brennstoffventilnocken.

Die tangentiale Verstellung des Nockens im Betriebe würde allzu große konstruktive Schwierigkeiten verursachen, auch eine Verstellung der Rolle in tangentialer Richtung, die die gleiche Wirkung haben könnte und öfters versucht wurde, ist zu verwickelt. Man begnügt sich daher mit der Möglichkeit einer Verstellung im Stillstand der Maschine. Die vielfach verwendete Ausführung nach Abb. 90 ist jedoch nicht zu empfehlen, da zwecks Verstellung der Nocken ganz entfernt und die Paßstücke *a* herausgenommen und nachgearbeitet bzw. unterlegt werden müssen.

8. Hilfseinrichtungen.

Bei vielen Maschinen werden, leider auch jetzt, die verschiedenen Hilfseinrichtungen bei der Konstruktion stiefmütterlich behandelt, während die Erfahrung lehrt, daß dieselben weit häufiger Anlaß zu Störung geben als die Arbeitszylinder mit Triebwerk und Steuerung, auf deren Konstruktion und Herstellung in der Regel die meiste Sorgfalt aufgewendet wird.

Die meisten Anstände haben zweistufige oder sonst mangelhaft konstruierte Verdichter ergeben, wie auf S. 200 geschildert. Oft waren die Verdichter zu knapp bemessen, so daß bei erhöhtem Luftverbrauch, z. B. längerer Nadelöffnungszeit, undichten Nadelstopfbüchsen usw. oder etwas verminderter Leistung des Verdichters, z. B. infolge undichter Kolbenringe oder Ventile, der gewünschte Einblasedruck nicht gehalten werden konnte, und, was in vielen Fällen noch weit unangenehmer sein kann, kein Luftüberschuß zum Aufladen der Anlaßgefäße vorhanden war. In diesem Falle kann man sich auf folgende Weise helfen, um die Anlaßgefäße bei unbelasteter Maschine schnell aufzufüllen: Man bringt die Maschine auf volle Drehzahl und bringt dann den oder die Anfahrhebel in Mittelstellung, so daß das Brennstoffventil zu öffnen aufhört. Gleichzeitig stellt man die Brennstoffpumpe ab, sofern dies nicht schon selbsttätig vom Anfahrhebel aus geschieht. Nun sinkt die Drehzahl der Maschine, der Verdichter liefert Luft in das Einblasegefäß und in das damit verbundene Anlaßgefäß, es wird aber, da das Brennstoffventil nicht öffnet, keine Luft verbraucht. Bevor die Maschine stehenbleibt, schaltet man Brennstofförderung und Brennstoffventilsteuerung wieder ein, bringt die Maschine auf volle Drehzahl und wiederholt den Vorgang so oft, bis die Luftgefäße aufgeladen sind.

Ein bestimmtes Zeitmaß für das Ausbauen und Reinigen von Verdichterkolben und Ventilen läßt sich gar nicht angeben; während manche, insbesondere zweistufige Bauarten schon nach wenigen Betriebstagen vollkommen verharzt und verkokt waren, haben andere, drei- und vierstufige, monatelang anstandslos gearbeitet.

Bei größeren Überholungen, insbesondere nach dem Nacharbeiten oder Auswechseln von Treibstangenlagern ist darauf zu achten, daß die vorgeschriebenen schädlichen Räume wieder eingehalten werden, was am einfachsten und zuverlässigsten durch Bleiabdrücke festgestellt werden kann. Dabei muß man sich gegenwärtig halten, daß auf den Lieferungsgrad des Verdichters nur der schädliche Raum der ersten Stufe von erheblichem Einfluß ist. Eine Veränderung der anderen schädlichen Räume hat im wesentlichen nur eine Verschiebung der Verdichtungsverhältnisse zur Folge. Es hat demnach keinen Zweck, zeitraubende Arbeiten, wie Nachdrehen von Kolben oder Zylindern, auszuführen, um das Spiel in der 2. oder 3. Stufe auf Zehntelmillimeter genau einzustellen. Kleinere Totpunktspiele als etwa 1 mm sind zu vermeiden, da es sonst leicht zum Anstoßen des Kolbens (klopfender Gang) kommt.

Ventilbrüche kamen recht häufig vor. Kegelventile (Abb. 91) klopfen wegen ihrer großen Masse stark, wenn sie nicht mit Dämpfungskolben versehen werden, und neigen infolgedessen zu Spindelbrüchen; sie wurden daher vielfach mit Fängern (*a* in Abb. 91) ausgestattet, um das gefährliche Hineinfallen des Kegels in den Zylinder zu verhindern. Außerdem bleiben Kegelventile infolge Verschmutzung ihrer langen Führung leicht hängen; sie wurden daher bei besseren Bauarten durch Plattenventile (Abb. 127 und 128) verdrängt, die sich auch bei sehr hohen Drücken, bis zu 200 at, sehr gut bewährt haben. Wenn an solchen Ventilen häufigere Plattenbrüche vorkommen, so ist auf ungeeignetes Material derselben, zu schwache, überbeanspruchte oder ausgeglühte Federn zu schließen.

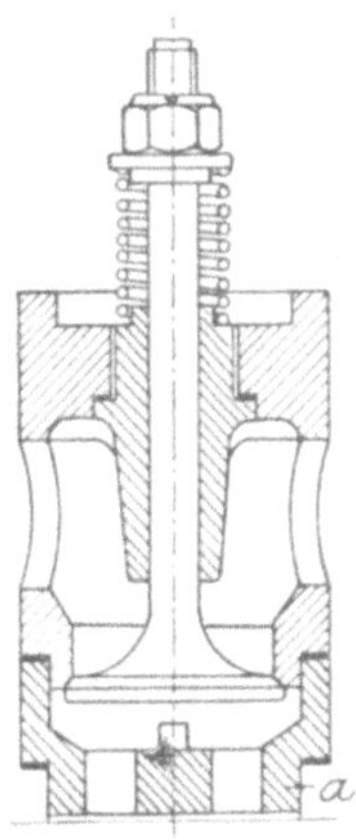

Abb. 91. Verdichter-Saugventil.

Unregelmäßigkeiten im Betriebe des Verdichters werden vor allem durch die Manometer der einzelnen Stufen angezeigt. Der Druck, den diese Instrumente bei offener Drosselklappe und einer oder zwei bestimmten Drehzahlen anzeigen, ist daher sorgfältig zu notieren. Der Druck in der letzten Stufe, also im Einblasegefäß, kann sich unabhängig vom Betriebszustand des Verdichters ändern, z. B. durch Erhöhung oder Verminderung des Luftverbrauches, hingegen steigt der Druck in einer unteren Stufe, wenn die nächsthöhere „zu wenig Luft wegschafft", wenn also ihre Ventile oder ihr Kolben undicht ist. Sprunghafte Druckänderungen deuten darauf hin, daß ein Ventil ab und zu hängenbleibt oder daß eine Ventilplatte etwa am Rande ausgebrochen ist und dieses Loch mehr oder weniger Luft durchtreten läßt, je nachdem es auf die Öffnungen des Ventilsitzes auftrifft.

Eine Prüfung des Verdichters und seiner Ventile auf Dichtheit ist leicht durchzuführen, indem man hierzu Druckluft aus dem Einblasegefäß verwendet und der Reihe nach Ventile ausbaut, Leitungen abnimmt, Indikatorhähne öffnet usw. Dabei ist zu beachten, daß Kolbenringe niemals ganz dicht sein können, doch darf die Luft aus dem betreffenden Indikatorhahn nur ganz leicht herausblasen. Eine geringfügige Undichtheit der Plattenventile ist ebenfalls unschädlich, da die Luftverluste bei hoher Drehzahl keine Bedeutung haben.

Viele Schwierigkeiten hat das Hochziehen übermäßiger Ölmengen aus dem Kurbelgehäuse verursacht; als Abhilfe haben sich Abstreifringe bewährt, die aber ringsum sehr gut anliegen müssen und daher nur bei einwandfrei rund und zylindrisch gebohrten Verdichterzylindern befriedigen. Die Ringe selbst müssen mit genügendem Druck aufliegen. Abgenutzte Ringe, bei denen die zylindrische, anliegende Fläche zu breit geworden ist, müssen ausgewechselt werden.

Wenn Saug- und Druckventile genau gleich ausgeführt sind, können Verwechslungen vorkommen. Werden z. B. 2 Saugventile anstatt je 1 Saug- und Druckventil eingebaut, so können schwere Schäden die Folge sein, da die Luft aus dem Zylinder nicht entweichen kann, und auch das Sicherheitsventil, das in der Druckleitung sich befindet, in diesem Falle die übermäßige Verdichtung nicht verhindern kann.

Die Spülluftpumpen der Zweitaktmotoren haben nur geringen Druck zu erzeugen, Undichtheiten haben daher keine Bedeutung. Einige Schwierigkeiten verursachte das Brechen der großen Ventilplatten, wenn schwache Federn zur Vermeidung höheren Druckverlustes verwendet wurden; stärkere Federn mit höherem Druckverlust ergeben aber etwas geringere Leistung und höheren Brennstoffverbrauch. Eine gründliche Abhilfe bietet die Verwendung von Kolbenschiebern, die aber wegen der höheren Kosten und der konstruktiven Schwierigkeit der Umsteuerung nur selten verwendet werden.

Störungen an den Brennstoffpumpen sind in der Regel leicht zu beseitigen. Meist handelt es sich um Undichtheiten der Ventile infolge Verschmutzung oder der Kolben infolge Abnützung. Sog. „packungslose Stopfbüchsen", d. h. Büchsen aus Bronze oder Gußeisen, in die gehärtete Kolben genau eingepaßt sind, haben sich weit besser bewährt als gewöhnliche Stopfbüchsen mit Baumwoll- oder „Exzelsior"-Schnurpackung, die auch gehärtete Kolben angreift und bald riefig werden läßt.

Eine schnelle Prüfung auf Dichtheit kann bei den meisten Bauarten auf folgende Weise durchgeführt werden: Die Einblaseluft wird angestellt, so daß die oberen Druckventile unter Druck stehen. Werden nun die Entlüftungsschrauben, deren Bohrungen zwischen die beiden Druckventile münden (Abb. 24), nacheinander geöffnet, so entweicht Brennstoff aus der gefüllten Druckleitung oder Luft, wenn die Druckleitung entleert ist, bei den Pumpen, deren obere Druckventile undicht sind. Sodann werden diese Ventile ausgebaut, die Verschlußschrauben wieder eingeschraubt bzw. die Druckleitung angeschlossen und wieder die Einblaseluft angestellt. Wird nun ein Saugventil nach dem anderen aufgedrückt, so entweicht Luft aus der Saugleitung, wenn das betreffende untere Druckventil undicht ist. Gleichzeitig kann festgestellt werden, ob alle Saugventile dicht sind. Sind diese geschlossen und dicht, so kann der Handpumpkolben nur sehr schwer hineingedrückt werden, da der Brennstoff aus dem Pumpenraum gegen den Druck der Einblaseluft in die Druckleitung verdrängt werden muß; ist ein Saugventil undicht, so entweicht der Brennstoff eben durch dieses und der Griff läßt sich mit geringer Kraft hineindrücken, aber desto langsamer, je geringer die Undichtheit des betreffenden Saugventiles ist.

Als Schmierölpumpen werden in der Regel Zahnradpumpen verwendet. So einfach dieselben auch sind, so müssen doch bei der Konstruktion und Ausführung verschiedene Feinheiten beachtet werden, wenn die Pumpen durch längere Zeit befriedigend und mit geringer Abnutzung arbeiten sollen. So muß z. B. ein Entweichen des Öles aus den Zahnlücken beim Kämmen der Räder durch besondere Kanäle oder Bohrungen ermöglicht sein, weil sonst unzulässige Drucke entstehen, die eine hohe Belastung der Zapfen zur Folge haben. Es klingt beinahe unwahrscheinlich, daß solche Zapfen im Innern der Pumpe, wo doch Schmieröl unter Druck im Überfluß vorhanden ist, manchmal angefressen haben.

Ein Versagen ist meist beim Anfahren vorgekommen, wenn die Pumpen oder die Saugleitungen mit Luft gefüllt waren. Es empfiehlt sich daher, den Saugkorb mit einem Fußventil zu versehen, das ein Entleeren der Saugleitung im Stillstand verhindert, und nach längerem Stillstand die Pumpe mit Öl aufzufüllen.

Die Saugleitung muß selbstverständlich sorgfältig dicht gehalten werden; wenn die Pumpe Luft ansaugen kann, muß mit einem Versagen derselben gerechnet werden.

Das Kühlwasser wird bei Schiffsmotoren durch angehängte Kolbenpumpen oder durch elektrisch angetriebene Kreiselpumpen gefördert. Erstere ergaben häufige Anstände, wenn sie mit der Drehzahl der Kurbelwelle, meist über 400 Uml./min., angetrieben wurden. In diesem Falle waren sie oft an die Kolben oder die Treibstangen der Verdichter angehängt. Es ergaben sich meistens Gestänge- und Ventilbrüche, obwohl die Beanspruchungen rechnungsmäßig sehr gering waren. Um einigermaßen ruhigen Gang zu erzielen, mußten große Mengen Luft eingeschnüffelt werden, hierzu waren einstellbare Schnüffelventile vorgesehen. Fiel aber die Drehzahl der Maschine, so machte oft der Unterdruck in der Saugleitung einem Überdruck Platz, da Leitung und Pumpen unter der Wasserlinie lagen. Das Einsaugen von Luft hörte auf und die Pumpen begannen heftig zu schlagen; man mußte sich dagegen durch Drosseln der Saugleitung helfen.

Pumpen, deren Drehzahl durch Zahnräder herabgesetzt war, waren durchaus zuverlässig und betriebssicher, nur eine Erneuerung der Stopfbüchsenpackung und ein Einschleifen oder Auswechseln der Ventilplatten war von Zeit zu Zeit nötig. Ein Einsaugen von Luft ist aber auch bei diesen, langsamer (200 ÷ 300 Uml./min.) laufenden Pumpen erforderlich.

Die Zwischenkühler an den Verdichtern wurden vielfach als Rohrschlangen ausgebildet, durch die Luft geleitet wurde, leider kommen auch heute noch solche Ausführungen vor. Sie haben zu häufigen Störungen Anlaß gegeben, indem die Rohrschlangen infolge der Schleuderkraft der von der Luft mitgeführten Verunreinigungen, vielleicht auch der Wassertropfen, nach einiger Zeit durchgescheuert wurden. Kleinere Undichtheiten äußern sich dann durch Verdrängen des Wassers aus dem Kühler und Heißwerden desselben; plötzliches Platzen einer Kühlschlange führte aber meistens zum Sprengen des Kühlergehäuses,

wogegen man sich mit Sicherheitsventilen und Bruchplatten zu helfen
sucht. Der Schaden ist besonders groß und die Betriebsstörung empfindlich, wenn der Zylindermantel des Verdichters als Kühlergehäuse verwendet (Tafel IX) und in einem solchen Falle zerstört wird. Auch
Menschenleben sind vielfach gefährdet worden.

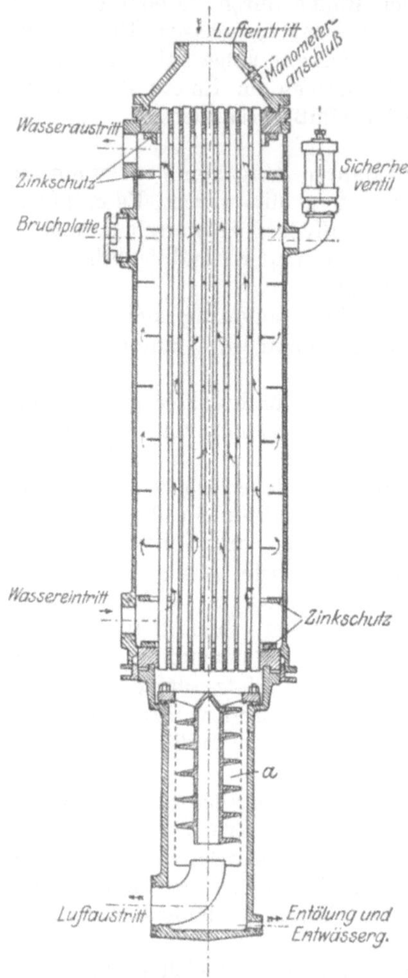

Abb. 92. Kühler für Einblaseluft.

Weit besser sind die meist
verwendeten Luftkühler mit geraden Rohren (Abb. 92), die nur
sehr selten undicht werden und
dann nur geringe Luftmengen
austreten lassen, die das Gehäuse
nicht gefährden können. Trotzdem werden vielfach Bruchplatten und Sicherheitsventile
am Wasserraum verwendet. Bei
schlammhaltigem Kühlwasser ist
häufiges Ausspülen und Auskratzen der Wasserräume zwischen den Rohren erforderlich,
wozu die Rohrbündel ausgebaut
werden müssen.

Nach dem Verlassen des Kühlers soll die Luft jeder Verdichterstufe entölt und entwässert werden, um Verschmutzungen und
Anrostungen in der nächsten
Stufe, insbesondere der Ventile,
zu verhindern. Dazu wurden
Entöler nach dem Prallflächen-
oder Schleuderkraftprinzip verwendet. Letztere werden meist
direkt unter dem Luftkühler angebracht, ihre Wirkungsweise ist
aus Abb. 92 ohne weiteres ver-
ständlich.

Die Ölkühler werden in der
Regel nach Abb. 93 oder ähnlich
ausgeführt. Wesentlich ist, daß
das Rohrbündel zwecks Reinigung leicht ausgebaut werden
kann und daß eine Undichtheit
zwischen Öl- und Wasserraum

nicht entstehen kann. In Abb. 93 ist nur eine Dichtung zwischen Öl
und Wasser vorhanden, und zwar am unteren, inneren Boden. Diese
muß sehr sorgfältig, zwischen Feder und Nut liegend, ausgeführt werden.
Die Rohrböden werden meist aus Stahl, die Rohre aus Kupfer,
Messing oder Bronze hergestellt, gegen elektrolytische Anfressungen
schützt man sich durch Verzinnen der Rohre und der fertigen Rohr-

bündel und durch Zinkschutz an den eisernen, nicht verzinnten Teilen. Das gleiche gilt von den oben beschriebenen Luftkühlern.

Erfahrungsgemäß ist die Kühlwirkung bei gleicher Ölgeschwindigkeit und gleicher ölberührter Kühlfläche besser, wenn das Wasser durch, das Öl um die Rohre, und zwar senkrecht dazu, wie in Abb. 93, fließt.

In den seltenen Fällen, in denen bei seegehenden Schiffen Süßwasser zur Kühlung, sei es der ganzen Motoren, sei es nur der Kolben, verwendet wird, werden die Süßwasser-Rückkühler ähnlich den Ölkühlern ausgeführt.

Das zu den Lagern fließende Schmieröl soll durch Filter geleitet werden, die feine Metallteile, Koks usw. zurückhalten sollen.

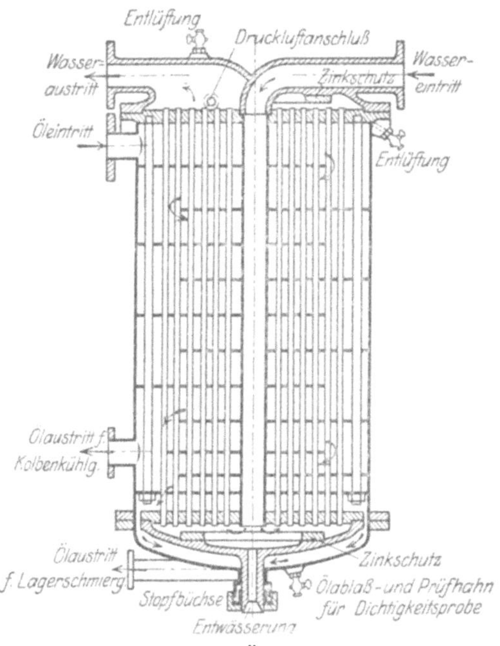

Abb. 93. Ölkühler.

Es kommen verschiedene Bauarten vor, eine bewährte ist in Abb. 94 dargestellt. Die feinmaschigen Drahtsiebe sind auf Bronzegitter aufgelötet und sämtlich parallelgeschaltet, um einen großen Durchtrittsquerschnitt und dementsprechend einen kleinen Widerstand zu erzielen. Die Filter müssen, insbesondere in der ersten Betriebszeit der Maschine, in der sich von den Gußstücken und Rohren Formsand, Zunder und Rost ablösen, recht oft gereinigt werden; später kann die Reinigung in größeren Zeitabständen erfolgen. Es empfiehlt sich aber, stets zwei umschaltbare Filter anzuordnen, damit das Zerlegen und die Reinigung ohne Störung des Betriebes vorgenommen werden können. Wird die rechtzeitige Reinigung versäumt, so steigt infolge Verschmutzung der Siebe der Durch-

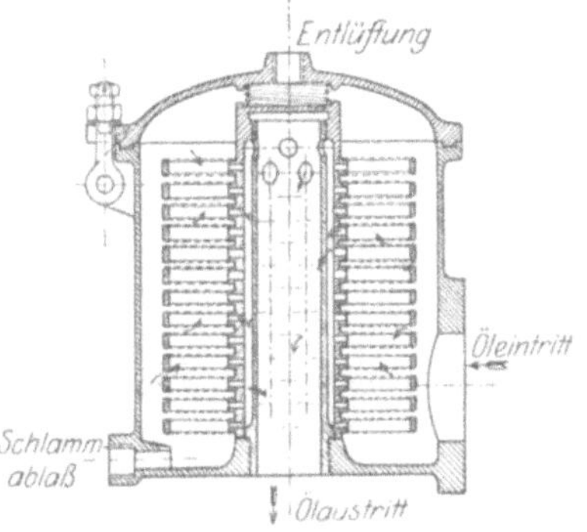

Abb. 94. Schmierölfilter.

flußwiderstand des Filters und schließlich reißen die Siebe durch, was immerhin besser ist, als wenn bei widerstandsfähigeren Sieben Ölmangel in den Lagern und Heißlaufen derselben eintreten würde. Manche Maschinen werden übrigens gegen Ölmangel, der natürlich auch aus anderen Gründen entstehen kann, durch selbsttätige Vorrichtungen geschützt, die in solchen Fällen die Maschinen abstellen[1].

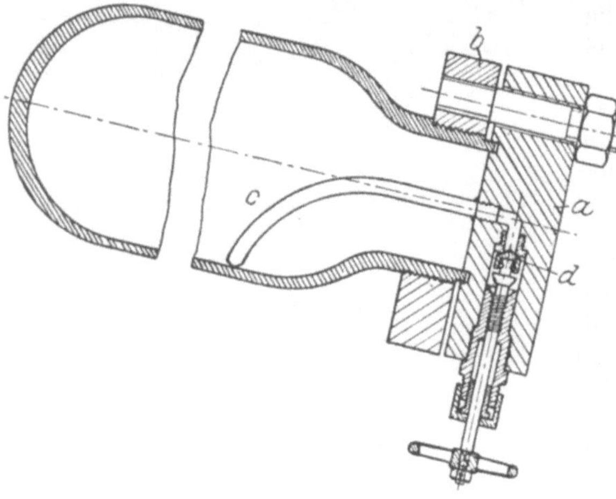

Abb. 95. Luftflasche.

Natürlich müssen derart beschädigte Filtersiebe, sobald deren Durchreißen bemerkt worden ist, durch Verlöten der entstandenen Löcher instandgesetzt werden.

Die Luftflaschen werden an Stellen, wo Wasser stehen bleiben kann, durch Rost angefressen. Daher ist eine möglichst vollkommene Entwässerungsmöglichkeit erwünscht und stehende Anordnung vorzuziehen. Müssen aber Luftflaschen aus räumlichen Gründen liegend angebracht werden, dann sollen sie wenigstens schräg liegen, so daß sie nach Abb. 95 durch ein Rohr c entwässert werden können. Im übrigen sind die Anfressungen kaum gefährlich, es sind in der Regel erbsen- oder bohnenförmige Vertiefungen, die eher zu einer stellenweisen Undichtheit als zu einem Platzen der Flasche führen würden. Immerhin sollen die Luftgefäße durch rostschützenden Anstrich innen und außen geschützt und etwa alle 2 Jahre untersucht werden, wobei auch der Anstrich zu erneuern ist. Die Untersuchung wird durch weiten Hals und noch besser durch Öffnungen an beiden Enden erleichtert. Der Kopf a, am besten aus Schmiedestahl hergestellt, soll direkt gegen die Flaschenwand abdichten, wobei er an einen

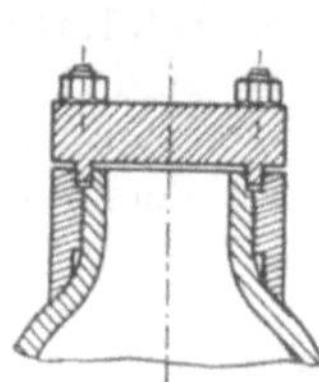

Abb. 96. Ungenügende Abdichtung der Flasche.

aufgeschraubten Flansch b festgeschraubt wird. Dichtungen nach Abb. 96 sind unsicher, ebensowenig darf das Gewinde am Flaschenhals zur Abdichtung herangezogen werden.

Die Ventilkegel d (Abb. 95) müssen lose drehbar auf den Spindeln sitzen, damit sie sich ohne Drehung auf den Sitz pressen können.

9. Rohrleitungen und Dichtungen.

Die Rohrleitungen geben vielfach zu Störungen Anlaß, indem Undichtheiten, Anfressungen und Verstopfungen auftreten. Zahlreiche

---

[1] D. R. P. 379361 und poln. Patent 6406 des Verfassers dieses Abschnittes

Betriebsstörungen ergaben sich auch als Folge von Bedienungsfehlern, deren tiefere Ursache oft unübersichtliche Anordnung von Leitungen und Absperrorganen war. Überflüssige Absperrungen sind daher zu vermeiden, womöglich sind Absperrventile durch selbsttätig wirkende Rückschlagsventile zu ersetzen, z. B. wenn zwei Pumpen, etwa eine angehängte und eine elektrisch angetriebene Pumpe auf eine Druckleitung geschaltet werden sollen. Ebenso wichtig ist die Anordnung von Sicherheitsventilen in Leitungen, die bei versehentlicher Absperrung gesprengt werden könnten. Auf die Bezeichnung der Leitungen und Absperrorgane durch Täfelchen ist größte Sorgfalt zu verwenden.

Die Auswahl des Baustoffes der Seewasserleitungen bereitet besondere Schwierigkeiten. Stählerne Leitungen leiden durch Rost und elektrolytische Anfressungen, kupferne Leitungen verursachen solche an benachbarten Eisenteilen. Die als Abhilfe vorgeschlagene elektrische Isolierung aller Kupfer- und Bronzeteile von den Eisenteilen ist schwer durchführbar und wurde an Dieselmaschinen kaum ausgeführt. Meist behalf man sich mit Zink- und Eisenschutz, deren Wirkung aber räumlich und zeitlich begrenzt ist. Zumindest sollten die vorgesehenen Schutzplatten und Ringe möglichst oft von Oxyden und Verunreinigungen befreit werden.

Stärkere Ölleitungen werden aus Stahl, kleinere aus Kupfer ausgeführt. Bei ölgekühlten Kolben ist zweckmäßig ein Druckminderventil in die zu den Lagern führende Ölleitung einzuschalten, damit in dieser Leitung ein geringerer Druck als in der Kolbenkühlölleitung eingestellt werden kann.

Von den Luft- und Brennstoffleitungen ist nur wenig zu sagen. Bei hohen Drucken ist auf sorgfältige Abdichtung höchste Sorgfalt zu verwenden. Bei heißen Leitungen, den Druckleitungen zwischen Verdichter und Kühler, darf Kupfer nicht verwendet werden.

Doppelwandige, durch Seewasser gekühlte Auspuffleitungen aus Stahl wurden nach einigen Jahren, wenn sie zu dünnwandig waren, schon vor Ablauf eines Jahres durchgefressen, wobei sich die Schweißstellen als besonders gefährdet erwiesen. Als Abhilfe wurde Verzinken und Verbleien der Kühlräume angewendet; der Erfolg ist aber wegen der engen und verwickelten Räume, in denen Luftblasen leicht hängenbleiben, zweifelhaft. Besser sind in dieser Beziehung gußeiserne Leitungen, die aber wieder zum Reißen durch Wärmespannungen neigen. Doppelwandige Kupferleitungen scheinen zu keinen Anständen Anlaß zu geben, wurden aber wegen des hohen Werkstoffpreises nur selten ausgeführt.

Für die Flanschendichtungen sind folgende Stoffe zu empfehlen:

	Flache Flanschen	Feder und Nut
Wasser	Gummituch	Hartpappe, Preßspan
Öl	weiche Pappe	Hartpappe, Preßspan
Brennstoff	weiche Pappe	Hartpappe, Preßspan
Kalte Druckluft	weiche Pappe, Klingerit	Hartpappe, Preßspan
Heiße Druckluft	Asbest	Kupferasbest
Auspuff	Asbest	Kupferasbest

10. Verschiedenes.

Bei beschränkten Reparaturmöglichkeiten, engen Räumen usw., also
vor allem bei Schiffsmotoren, für die auch in der Regel keine Reserve
vorhanden ist, sind Vorkehrungen sehr vorteilhaft, die bei Störungen
gestatten, nach Ausschalten der beschädigten Teile den Betrieb aufrecht-

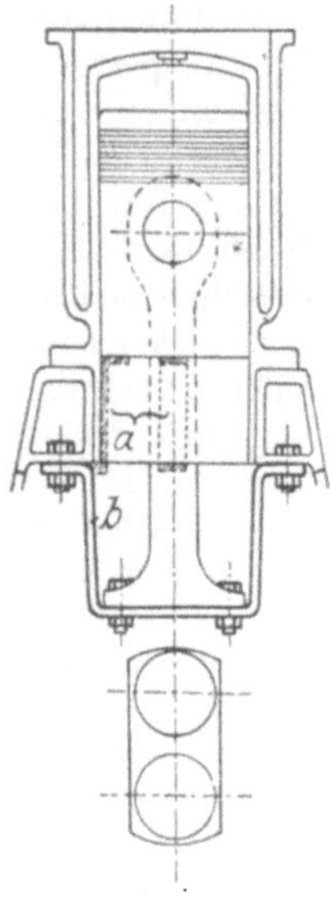

Abb. 97.
Kolbenaufhängung.

zuerhalten. Bei gewissen Störungen, z. B. an der
Brennstoffpumpe oder an der Steuerung, kann der
betreffende Kolben ohne Zündung mitlaufen. Es
muß dann nur die Brennstofförderung abgestellt
und, wenn nötig, die Einblaseluftleitung abgesperrt
werden. Gegebenenfalls können zur Beseitigung der
Kompression Einlaß- und Auslaßventil ausgebaut
werden.

Kann ein Kolben nicht im Betrieb erhalten
werden, z. B. infolge Anfressens, Auslaufens eines
Kurbellagers u. ä., so ist eine Vorrichtung von
Vorteil, die eine Außerbetriebsetzung des Kolbens
ohne zeitraubenden Ausbau ermöglicht (Abb. 97).
Der Kolben wird durch Drehen der Kurbelwelle
in die obere Totlage geschoben und durch
Stützen *a* festgelegt. Sodann wird das Kurbellager
ausgebaut und die Treibstange durch einen Bügel *b*
unterfangen, um ein Schwingen derselben unmöglich zu machen. Das Ölloch im Kurbelzapfen muß
natürlich sorgfältig verschlossen werden.

Ähnliche Vorrichtungen werden für die Verdichter und für angehängte Kolbenpumpen ausgeführt.

Für die Kühlwasser- und Ölpumpen ist in der Regel ausreichende
Reserve vorhanden, bei Ausfall des Verdichters kann mit dem Druck-
luftüberschuß der zweiten Maschine und einem meist vorhandenen
Hilfsverdichter der Betrieb aufrechterhalten werden.

IV. Berechnung und Konstruktion.

Soll eine Dieselmaschine für eine bestimmte Leistung gebaut werden, so steht dem Konstrukteur die Wahl mehrerer Größen offen. Wie bekannt, drückt sich die effektive Leistung einer einfach wirkenden Viertaktmaschine durch die Formel

$$N_e = \frac{\pi D^2 \cdot s \cdot n \cdot p_e \cdot i}{4 \cdot 9000}$$

aus, worin D den Zylinderdurchmesser in Zentimeter,

s den Kolbenhub in Meter,

n die minutliche Drehzahl,

p_e den effektiven mittleren Druck und

i die Zylinderzahl bedeutet.

Von diesen fünf Größen können vier gewählt werden; die fünfte ist bei gegebener Leistung aus der Formel zu ermitteln.

Den geringsten Spielraum hat man für die Festlegung des mittleren Druckes p_e, der für die normale Dauerleistung zwischen 5 und 6 at schwanken wird. Der untere Wert kommt für stationäre Motoren von großer Betriebssicherheit und Überlastungsfähigkeit in Betracht, der obere für sog. Höchstleistungsmotoren (wie sie z. B. auf U-Booten verwendet werden). Auch solche Maschinen können noch überlastet werden; sie müssen aber schon sehr gut einreguliert sein, insbesondere was die gleichmäßige Verteilung der Leistung auf die einzelnen Zylinder anbelangt, um die Normalleistung rauchlos herzugeben; bei Überlastung ist eine geringe Rußentwicklung in der Regel nicht zu vermeiden, die hohe Wärmebelastung beeinträchtigt bei längerer Dauer der Überlastung die Betriebssicherheit und Lebensdauer der Maschine.

Außer dem Verwendungszweck sind bei der Wahl des Wertes p_e verschiedene Umstände zu berücksichtigen, so die Drehzahl und Kolbengeschwindigkeit, die Art der Zerstäubung, das Vorhandensein oder Fehlen einer Kolbenkühlung, die voraussichtliche Güte und Sorgfalt der Wartung, schließlich vorhandene Modelle usw. Auch die Größe des Motors ist nicht ohne Bedeutung, insbesondere wird man bei ganz kleinen Motoren, bei denen die Wandungsverluste eine bedeutende Rolle spielen, mit dem p_e noch unterhalb 5 at bleiben müssen.

Die Zylinderzahl i wird bei umsteuerbaren Viertaktmotoren mit Rücksicht auf die Einfachheit und Zuverlässigkeit der Umsteuerung nicht geringer als 6 angenommen, aber auch bei nicht umsteuerbaren

Schiffsmotoren und bei Zweitaktmaschinen wird diese Zahl des Massenausgleiches wegen bevorzugt. Man wird ohne Not über diese Zahl nicht hinausgehen, um die Maschine nicht vielteiliger als nötig zu machen. Dazu können jedoch bei größeren Maschinen Rücksichten auf Bauhöhe, Gewicht und Kolbengeschwindigkeit zwingen, wie sich aus den weiteren Darlegungen ergeben wird. Gelegentlich kann auch die Rücksicht auf vorhandene Modelle zum Bau einer 8-, 10- oder 12-Zylindermaschine führen.

Bei stationären Betriebsmaschinen sind andere Gesichtspunkte für die Wahl der Zylinderzahl maßgebend. Man wird meistens bestrebt sein, unter den vorhandenen oder vorgesehenen Modellen diejenige Maschine ausfindig zu machen, die in bezug auf Gewicht und Preis am günstigsten ist, wobei nicht selten das Gewicht des Schwungrades den Ausschlag gibt. Manchmal wird sogar mit Rücksicht auf die Ausführungsmöglichkeit des Schwungrades für einen vorgeschriebenen oder als notwendig erkannten Ungleichförmigkeitsgrad eine bestimmte Zylinderzahl nicht unterschritten werden können. Es ist zu beachten, daß das Gewicht eines Motors ohne Schwungrad dem gesamten Hubvolumen aller Arbeitszylinder annähernd proportional ist; nun ergeben sich für eine bestimmte Leistung bei einer höheren Zylinderzahl kleinere Zylinderabmessungen, die wieder eine höhere Drehzahl, wie weiter unten gezeigt werden soll, als zulässig erscheinen lassen. Die höhere Drehzahl hat aber nach obiger Formel — die auch

$$N_e = \frac{V \cdot n \cdot p_e \cdot i}{900}$$

geschrieben werden kann, worin V das Hubvolumen eines Zylinders (der Viertaktmaschine) in Litern bedeutet — ein kleineres Hubvolumen und somit ein kleineres Gewicht zur Folge. Andererseits ist ein Liter Hubvolumen trotz annähernd gleichen Gewichts bei kleineren Zylindergrößen wesentlich teurer als bei größeren, insbesondere in der Nähe der unteren Grenze. In welchem Maße dies jedoch der Fall ist, hängt von sehr verschiedenen Einflüssen, wie z. B. von der Einrichtung und Arbeitsweise des herstellenden Werkes u. dgl. ab, so daß vielfach nur eine genaue Kalkulation über die günstigste Zylinderzahl Aufschluß geben kann.

Man wird im allgemeinen die Drehzahl so hoch wie möglich wählen, da dadurch für eine bestimmte Leistung Raumbedarf, Gewicht und Preis geringer werden. Ihre Wahl ist jedoch durch technische Rücksichten nach oben, seltener nach unten — sofern Raumbedarf, Gewicht und Preis ausscheiden — begrenzt. Am einfachsten ist natürlich die Lösung der Frage dann, wenn außerhalb des Motorenbaues liegende Gründe zur Vorschreibung einer bestimmten Drehzahl führen. Solche Gründe können durch die Eigenschaften der angetriebenen Arbeitsmaschinen, z. B. durch den Wirkungsgrad der Schiffsschraube gegeben sein. Ist jedoch die Wahl der Drehzahl dem Motorkonstrukteur freigestellt, so hat er in der Regel drei wesentliche Punkte zu beachten: Die Güte der Verbrennung, die Massenwirkungen und die Luft- und Gasgeschwindigkeiten in den Ventilen. Der erste kommt nur bei kleinen Maschinen in Betracht, man ist dabei mit Rücksicht auf die Verbrennung bisher praktisch nicht über 600 Umdrehungen in der Minute hinausgekommen, wenn man von ganz kleinen Zylindern absieht. Daß diese höchsterreichbare Drehzahl so weit hinter der bei Verpuffungsmotoren üblichen zurückbleibt, erklärt sich zwanglos dadurch, daß im Dieselmotor der Brennstoff innerhalb etwa $50°$ Kurbelwinkel eingeblasen, zerstäubt, mit der Verbrennungsluft gemischt, erhitzt und verbrannt werden muß, während im Zylinder eines Verpuffungsmotors das vorher bereitete Gemisch nur zu verbrennen hat. Bei mittleren und großen Maschinen werden schon mit Rücksicht auf die Massenwirkungen Drehzahlen angewendet, die unterhalb der durch gute Verbrennung gegebenen Grenze liegen. Als Maßstab für die Stärke der Massenwirkungen kann der höchste Beschleunigungsdruck, d. h. die zur Beschleunigung der hin und her gehenden sowie der rotierenden Massen im oberen Totpunkt auf die Einheit der Kolbenfläche erforderliche Kraft angesehen werden. Dies ist dadurch begründet, daß bei ähnlichen Maschinen die von den Beschleunigungskräften herrührenden Materialspannungen in den beweglichen und festen Maschinenteilen den Beschleunigungsdrücken proportional sind. Diese selbst betragen im oberen Totpunkt annähernd:

$$p_b = \frac{G_1 \cdot r \cdot \omega^2 (1 + \lambda)}{g \cdot \dfrac{\pi D^2}{4}} + \frac{G_2 \cdot r \cdot \omega^2}{g \cdot \dfrac{\pi D^2}{4}}$$

worin G_1 das Gewicht der hin und her gehenden Massen (Kolben, Kolbenzapfen und etwa 40% der Schubstange) und G_2 das Gewicht der rotierenden Massen (Kurbelzapfen, 60% der Treibstange und die auf das Kurbelzapfenmittel bezogene Masse der Kurbelwangen) bedeuten, und r der Kurbelradius, λ das Verhältnis desselben zur Treibstangenlänge, g die Erdbeschleunigung, ω die Winkelgeschwindigkeit und D der Zylinderdurchmesser ist. Da bei ähnlichen Maschinen sich die Gewichte wie die dritten Potenzen der linearen Abmessungen verhalten, kann man auch schreiben:

$$p_b = k \cdot D \cdot r \cdot \omega^2 \qquad \text{oder} \qquad p_b = k_1 \cdot D \cdot r \cdot n^2,$$

worin die Konstanten k und k_1 hauptsächlich von dem Gewicht des Kurbeltriebwerkes, auf die Einheit des Hubvolumens bezogen, abhängen. Da bei ähnlichen Maschinen auch das Hubverhältnis, d. i. das Verhältnis des Hubes zum Zylinderdurchmesser gleichbleibt, gilt die Beziehung:

$$p_b = k_2 \cdot D^2 \cdot n^2,$$

worin k_2 außer von den obengenannten Gewichten noch vom Hubverhältnis abhängt. Da ferner bei ähnlichen Maschinen die mittlere Kolbengeschwindigkeit c_m dem Produkt $D \cdot n$ proportional ist, so ergibt sich, daß die Beschleunigungsdrücke bei gegebener Konstruktion nur von den Kolbengeschwindigkeiten abhängen und ihren Quadraten proportional sind.

Wird ein bestimmter Beschleunigungsdruck als zulässig betrachtet, so können also die Drehzahlen den Zylinderdurchmessern umgekehrt

proportional angenommen werden. Wenn dieses Verhältnis bei ausgeführten Maschinen nicht ganz erreicht wird, so liegt das daran, daß
damit bei kleinen Maschinen die Grenze der guten Verbrennung überschritten würde, und daß ferner die Gewichte der beweglichen Teile
bei kleinen Maschinen etwas größer sind, als dem Ähnlichkeitsgesetz
entsprechen würde. Anderseits sind die größeren Maschinen mit einem
anderen Hubverhältnis ausgeführt worden als die kleinen, und schließlich sind oft äußere, d. h. außerhalb des Motorenbaues liegende Einflüsse
und Rücksichten für die Wahl der Drehzahlen maßgebend. Eine zahlenmäßige Angabe über den zulässigen Beschleunigungsdruck zu machen
ist nicht leicht. Ist es schon schwer, verschiedene sachliche Umstände,
wie Steifigkeit der Maschinenkonstruktion, Fundamentierung, Verwendungszweck usw. scharf zu erfassen und zu berücksichtigen, so
hängt noch mehr vom persönlichen Eindruck des Beobachters an der
laufenden Maschine ab. Schwingungen und Erzitterungen, die der eine
kaum bemerkt, scheinen dem anderen bedenklich, und Drehzahlen, die
dem einen harmlos vorkommen, können den anderen mit Entsetzen
erfüllen.

Leichter läßt sich eine bestimmte Angabe über die zulässige Gasgeschwindigkeit in den Einlaß- und Auslaßventilen machen. Dieselbe
soll — in üblicher Weise auf die mittlere Kolbengeschwindigkeit bezogen — nicht mehr als $60 \div 70$ m/s betragen, wenn nicht eine merkliche Verringerung des angesaugten Luftgewichts, verursacht durch den
höheren Druck der im Verdichtungsraum verbleibenden Abgase und
durch höheren Saugwiderstand, und eine wesentliche Erhöhung der
Arbeitsverluste durch die steigende Saug- und Ausschubarbeit eintreten
sollen. Bei normaler Viertaktbauart — je ein Einlaß- und Auslaßventil
im Zylinderdeckel — kann aus konstruktiven Gründen der Querschnitt
eines Ventiles nicht größer als etwa $^{1}/_{10}$ der Kolbenfläche gemacht werden, daraus ergibt sich die einfache, aber sehr wichtige Folgerung, daß
bei solchen Maschinen eine Kolbengeschwindigkeit von $6 \div 7$ m/s nicht
überschritten werden kann, wenn die obige Gasgeschwindigkeit als die
Grenze des Zulässigen angesehen wird. Wenn zwei Brennstoffventile
(bei großen Maschinen) in jedem Zylinderdeckel angeordnet werden,
kann man die Einlaß- und Auslaßventile etwas zusammenrücken und
größer machen; dann läßt sich auch die Kolbengeschwindigkeit noch
ein wenig erhöhen.

Im engsten Zusammenhang mit diesen Betrachtungen steht die
Wahl des Hubverhältnisses, das im folgenden mit $m = \dfrac{2r}{D}$ bezeichnet
werden soll. Dehnt man unter Einführung dieses Verhältnisses die vorhergehenden Erwägungen auf nicht mehr ähnliche Maschinen mit verschiedenen Hubverhältnissen aus, so kann man schreiben:

$$p_b = \frac{k_1 \cdot D^2}{2}\, m \cdot n^2 .$$

Dabei ist vorausgesetzt, daß das Gewicht der beweglichen Teile nur vom
Zylinderdurchmesser, und zwar von seiner dritten Potenz, abhängt,
was mit grober Annäherung zutrifft, da das Gewicht des Kolbens tat-

sächlich vom Hub unabhängig ist, das der Treibstange und der Kurbelwelle davon nur in geringem Maße beeinflußt wird. Bei gleichen Zylinderdurchmessern und Drehzahlen sind also die Beschleunigungsdrücke den Hubverhältnissen proportional. Das gleiche gilt aber auch von der Leistung, während die Maschinengewichte viel langsamer mit dem Hubverhältnis wachsen, da auch das Gewicht vieler unbeweglicher Teile nur vom Zylinderdurchmesser, anderer nur in geringem Maße vom Hub abhängt. Dies bestätigt auch die Erfahrung, wonach bei gleicher Konstruktion und Drehzahl langhubige Maschinen leichter sind als kurzhubige gleicher Leistung. Außerdem ist bei langhubigen Maschinen der Verbrennungsraum günstiger; man wird also im allgemeinen bestrebt sein, das Hubverhältnis nahe der üblichen oberen Grenze, d. i. $m = 1,5$ zu wählen.

Eine einfache Umformung ergibt die Beziehung:

$$p_b = 2\,k_1\,\frac{r^2 \cdot n^2}{m}.$$

Da rn der Kolbengeschwindigkeit proportional ist, ergibt sich, daß bei gleicher Kolbengeschwindigkeit die Beschleunigungsdrücke sich umgekehrt verhalten wie die Hubverhältnisse, oder daß man, wenn ein bestimmter Beschleunigungsdruck als höchstzulässig angesehen wird, bei langhubigen Maschinen eine höhere Kolbengeschwindigkeit anwenden kann als bei kurzhubigen. Auch dieser Zusammenhang läßt die Vorteile eines großen Hubverhältnisses erkennen.

Trotzdem muß man sich oft mit einem kleineren Hubverhältnis, $m = 1$ und noch darunter begnügen. Soll nämlich nach dem Vorhergehenden eine bestimmte Kolbengeschwindigkeit, sei es mit Rücksicht auf die Massenwirkungen, sei es wegen der höchstzulässigen Gasgeschwindigkeit in den Ventilen, nicht überschritten werden, so ergeben sich für größere Maschinen bei großen Hubverhältnissen niedere Drehzahlen und damit für eine bestimmte Leistung größere Hubvolumina, Gewichte und Preise. Man wird daher bei steigenden Maschinenleistungen auf kleinere Hubverhältnisse zurückgreifen müssen, und zwar um so eher, je größere Drehzahlen man — aus verschiedenen Gründen — anwenden will, d. h. je leichter die Maschinen werden und je weniger Raum sie einnehmen sollen.

In vielen Fällen ist schon durch die verfügbare Raumhöhe ein kurzer Hub bedingt. Auch andere Rücksichten können zur Wahl eines kleinen Hubverhältnisses führen; so ist bei gleichen Längenmaßen und gleichen Zapfendurchmessern eine kurzhubige Kurbelwelle gegen Verdrehung bedeutend steifer als eine langhubige, besitzt also eine höhere Eigenschwingungszahl, was in manchen Fällen von entscheidender Bedeutung sein kann.

Soll also eine neue Maschine entworfen werden, so wird man sich zunächst über die Drehzahl und Zylinderzahl klar werden müssen. Unter Berücksichtigung der höchstzulässigen Kolbengeschwindigkeit wird sodann die Wahl des Hubverhältnisses folgen; aus der Berechnung des höchsten Beschleunigungsdruckes wird sich zuletzt ergeben, ob die gemachten Annahmen einer Abänderung bedürfen. Auf bereits vorhandene oder als normal in Aussicht genommene Zylindergrößen wird man dabei in erster Linie Rücksicht nehmen müssen.

Bei der folgenden Besprechung von Konstruktion und Berechnung der Einzelteile schnellaufender Dieselmaschinen soll die Augsburger Viertaktbauart als Vorbild dienen, wie sie sich im letzten Jahrzehnt unter Mitwirkung des Verfassers dieses Abschnittes aus den früher entstandenen Modellen entwickelt hat; die Ausführungen anderer Firmen haben sich ihr während des Krieges bis auf geringfügige Einzelheiten genähert, sofern sie nicht schon vorher ähnlich waren.

1. Zylinderbüchse.

Die Zylinderbüchse wird in der Regel aus Gußeisen ausgeführt, da dieses Material bei richtiger Gattierung die größte Sicherheit gegen Anfressen und Heißlaufen des ebenfalls gußeisernen Tauchkolbens zu bieten scheint. Bei Versuchen, die mit Zylinderbüchsen aus ziemlich hartem Schmiedestahl gemacht wurden, haben sich keine Anstände ergeben, doch waren die Versuche nicht umfangreich genug, um daraus einen zuverlässigen Schluß ziehen zu können.

Die Befestigung der Zylinderbüchse im Zylindermantel erfolgt in der Regel nach Abb. 6 und 7 in der Weise, daß der obere Bund der Büchse zwischen Zylinder und Deckel festgeklemmt wird, welch letzterer durch kräftige Stiftschrauben niedergedrückt wird. Da diese Schrauben sehr scharf angezogen werden, ist der genannte Bund auf Abscherung von dem übrigen Teil der Büchse beansprucht. Es ist nicht leicht, die von den Deckelschrauben ausgeübte Kraft anzugeben und danach die Höhe des Bundes zu berechnen. Bei bewährten Ausführungen ist die auf Abscherung beanspruchte Zylinderfläche 4÷5mal größer als der gesamte Schraubenquerschnitt; schätzt man die durch das Anziehen der Schrauben hervorgerufene Zugspannung auf 1000 kg/cm², so ergibt sich im Bund die beträchtliche Schubspannung von 200 bis 250 kg/cm², wozu noch die je nach der Lage der Dichtungsflächen mehr oder minder große Biegungsbeanspruchung, erhöht durch die ziemlich scharfe Eindrehung, kommt.

Die untere, gegen Kühlwasser abdichtende Fläche des Bundes darf nicht zu schmal gemacht werden, da sonst die Dichtung (z. B. Klingerit) durch den gewaltigen Druck der Schrauben zum Fließen gebracht und herausgedrückt wird. Besser als Klingerit bewährt sich an dieser Stelle Hartpappe; Kupfer wird nicht genommen, weil namentlich bei Seewasserkühlung elektrolytische Anfressungen der Eisenteile befürchtet werden. Die Dichtungsfläche betrage etwa den 1÷2fachen Kernquerschnitt der Deckelschrauben. Als obere Dichtung, gegen die Verbrennungsgase, wird am zweckmäßigsten ein massiver, etwa 1 mm starker Kupferring verwendet, der beinahe unbegrenzt haltbar ist und beim Eintreten einer Undichtheit nicht wie ein anderes Dichtungsmaterial zerrissen und herausgeblasen wird. Durch Nachziehen der Deckelschrauben kann ohne weiteres wieder vollkommene Dichtheit erzielt werden.

Die Wandstärke der Büchse wird sehr verschieden bemessen. Als höchste, durch den Gasdruck von 40 at erzeugte Zugspannung kann $k_z = 300$ kg/cm² angenommen werden; die sich hieraus ergebende Wandstärke kann nach unten zu etwas verringert werden. Häufig werden jedoch größere Wandstärken angewendet, um die Fabrikation zu erleichtern, da dann das Einspannen beim Ausbohren und diese Arbeit selbst nicht soviel Vorsicht erfordert. Ohne soviel Gewicht zuzusetzen, kann die Steifigkeit der Büchse durch Anordnung eines Wulstes (Abb. 136) am unteren Ende ausgiebig erhöht werden. Der Durchmesser des Wulstes ist natürlich durch die untere Bohrung des Zylindermantels begrenzt. Zwischen der oberen und unteren Zentrierung der Büchse liegende Unterstützungen (Abb. 4) sind zu verwerfen, auch das Ausbüchsen doppelwandig gegossener Zylinder (Abb. 8) erscheint wenig vorteilhaft, da die Ausführung schwierig und teuer, die Wärmeausdehnung der Büchse aber behindert ist. Der Fortfall der unteren Stopfbüchse als Abschluß des Kühlwasserraumes kann nicht als bedeutender Vorteil gewertet werden.

Zur Abdichtung der unteren Stopfbüchse wird meist ein Rundgummiring von etwa 10 mm Stärke verwendet; die Stopfbüchse ist so anzuordnen, daß sich die Büchse frei drehen kann (Tafel VII), der Packungsraum soll nur in den Zylindermantel, nicht auch die Zylinderbüchse eingedreht sein, in diesem letzteren Fall (Abb. 131) werden infolge Längung der Büchse durch Erwärmung die schwachen Stopfbüchsenschrauben im Betriebe leicht abgerissen.

Zur Schmierung der Kolbenlauffläche genügt bei Maschinen mit Umlaufschmierung stets das von den Kurbeln und vom Treibstangenkopf abgeschleuderte Öl; Schmierstutzen, die den Wasserraum durchdringen, sind zu vermeiden, da sie die Büchse unter Umständen verziehen, leicht undicht werden, so daß eindringendes Kühlwasser Anrostungen verursacht, und meist so sehr festrosten, daß ihre Entfernung mit großen Schwierigkeiten verknüpft ist. Aus Messing oder Bronze können sie aber nicht angefertigt werden, weil sonst das Gußeisen oder der Stahlguß der Büchse bzw. des Zylindermantels elektrolytisch angefressen werden.

Bei Ermittlung der Büchsenlänge wird in der Regel nicht darauf geachtet, daß die äußersten Kolbenringe (wie bei Dampfmaschinen) überschleifen, um eine Gratbildung zu verhindern. Da häufig beim Probebetrieb der Kompressionsabstand verändert werden muß, könnte es sonst vorkommen, daß Ringe zu weit hervorkommen oder bei ihrer geringen Breite sogar ganz aus der Bohrung herausspringen. Die untere Begrenzung der Büchse ist dadurch gegeben, daß der untere Kolbenrand im unteren Totpunkt auf etwa $^1/_4 \div ^1/_3$ Kolbenlänge aus der Büchse herauskommen darf, selbstverständlich darf dabei ein etwa vorhandener Abstreifring den Büchsenrand nicht überschleifen. Der obere Teil der Büchse wird, soweit er von den Kolbenringen nicht bestrichen wird, um $1 \div 2$ mm weiter ausgebohrt, um das Einbauen des Kolbens zu erleichtern, der Übergang zur Zylinderbohrung wird durch einen schlanken Kegel vermittelt. In der Regel finden sich hier zwei Aussparungen für die herabgehenden Teller der Einlaß- und Auslaßventile (Tafel I und II),

die im Grundriß meist kreisbogenförmige Gestalt erhalten; den Mittelpunkt dieses Kreisbogens verlege man jedoch nicht etwa in die Achse

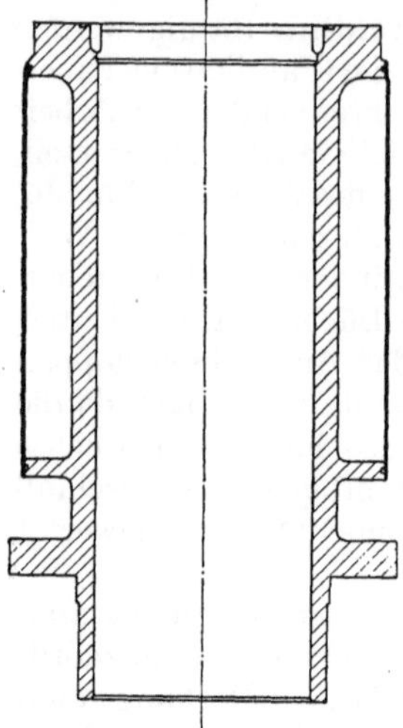

des betreffenden Ventils, sondern mehr nach
der Mitte des Zylinders zu, damit sich die
in Mitte Maschine geringste Entfernung
zwischen Ventiltellerrand und Büchsenwand
nach beiden Seiten vergrößert und dadurch
die Drosselung an dieser Stelle nach Möglichkeit verringert wird. Abb. 98[1] stellt
einen Zylinder ohne besondere Büchse dar,
bei dem der Kühlmantel aus Kupferblech
hergestellt ist. Die Bauart ist leicht, einfach
und billig. Ein gewisser Nachteil besteht
darin, daß solche Zylinder nicht zusammengegossen werden können.

2. Zylinder, Gestell und Grundplatte.

Diese Teile müssen gemeinsam besprochen
werden, da ihre Gestaltung nicht unabhängig
voneinander vorgenommen werden kann.
Ein geschlossenes, öldichtes Gestell ist für
eine schnellaufende Dieselmaschine mit Umlaufschmierung die Regel, vereinzelt für

Abb. 98. Zylinder mit Kupfer-
mantel.

Landzwecke gebaute Schnelläufer mit sog. A-Ständern können als
Ausnahme betrachtet werden. Die verbreitetste und wohl auch älteste
Ausführung der geschlossenen Bauweise ist das Kastengestell (Tafel I
und III), das auf die Grundplatte in der Weise aufgeschraubt ist,
daß sich die Teilfuge ungefähr in der Höhe der Kurbelwellenachse
befindet. Die Zylinder sind einzeln mit meist kreisrunden Flanschen
auf die obere, wagrechte Wand des Kastengestells aufgesetzt und in
runden Öffnungen derselben zentriert. Zur Befestigung werden meist
durchgehende Mutterschrauben, seltener Stiftschrauben verwendet. Die
zulässige Zugspannung im Kernquerschnitt beträgt 400÷500 kg/cm², es
ist aber zu beachten, daß nur dann mit einer einigermaßen gleich-
mäßigen Verteilung der Kraft auf alle Schrauben gerechnet werden
kann, wenn das Gestell genügend steif ist.

Die Berechnung des Gestelles selbst ist wegen seiner komplizierten
Form wenig zuverlässig, man wird sie auf diejenigen Stellen beschränken müssen, wo der Verlauf der Kräfte sich mit einiger Klarheit verfolgen läßt, und die Spannungen nur überschläglich ermitteln können;
stets aber halte man sich vor Augen, daß der gute Konstrukteur genügende Festigkeit und Steifigkeit durch die Formgebung, nicht durch
übermäßige Wandstärken erzielt! Im übrigen ergeben sich ja die Abmessungen konstruktiv von selbst, da sie vom Raumbedarf der schwingenden Treibstange, der Wellenlagerdeckel, insbesondere beim Ausbau
der Lager, der Befestigungsschrauben usw. abhängen. Die Wandstärken
werden, wenigstens bei Stahlguß, schon aus Rücksicht auf die Herstel-

---

[1] Ausführung der L. Láng Maschinenfabrik-A.-G., Budapest.

lungsmöglichkeiten in der Gießerei meist größer, als es die Kraftwirkungen erfordern würden. Beim Anbringen von Versteifungsrippen ist besondere Vorsicht am Platze, die Kraftverteilung muß in jedem Fall sehr sorgfältig erwogen werden. Versteift man nämlich durch verhältnismäßig schwache Rippen Stellen, an denen sonst eine erhebliche Formänderung auftreten würde, so müssen die Rippen fast die ganze Kraft übertragen. Sie reißen dann leicht ein, und der entstandene Riß pflanzt sich allmählich bis zur Unbrauchbarkeit des ganzen Konstruktionsteiles fort. Man kann eben durch unbedachtes Versteifen die sonst vielleicht ganz günstige Kraftverteilung in schädlichster Weise stören und erzielt dann vielleicht geringere gesamte Formänderungen, aber höhere örtliche Spannungen, die Brüche zur Folge haben können. Wo also Rippen beträchtliche Kräfte übertragen sollen, seien sie auch kräftig genug dazu[1]!

Die Befestigung des Kastengestelles auf der Grundplatte geschieht meistens durch durchgehende Mutterschrauben; diese sind noch mehr als die Befestigungsschrauben der Zylinder durch ungleichmäßige Kraftverteilung gefährdet. Die den Wellenlagern zunächst liegenden Schrauben erleiden die höchste Beanspruchung und brechen mitunter, sie werden daher häufig aus hochwertigem Stahl angefertigt.

Als Material für das Kastengestell wird bei schweren Maschinen Gußeisen, bei leichten Stahlguß, früher auch Bronze, verwendet. Stahlguß bietet gegenüber Gußeisen nicht nur den Vorteil höherer Festigkeit und Zähigkeit, sondern auch die Möglichkeit, durch Ausglühen Gußspannungen zu beseitigen, die bei diesen umfangreichen und komplizierten Stücken besonders gefährlich sein können. Anderseits treten im Stahlguß sehr häufig Warmrisse auf; werden sie nicht vor und bei der Bearbeitung entdeckt, so schreiten sie im Betriebe langsam fort und führen zu unerwarteten Brüchen. Aus Herstellungsrücksichten müssen bei mehrzylindrigen Maschinen die Kastengestelle geteilt werden, meist so, daß auf zwei Zylinder ein Gußstück entfällt. Die Teilung erfolgt in der Regel zwischen den Zylindern, also in Lagermitte. Die beiden Teile sind durch durchgehende Mutterschrauben miteinander verbunden, von denen wenigstens ein Teil als Paßschrauben ausgeführt wird.

Eine wesentliche Gewichtsverminderung läßt sich erzielen, wenn die Zylinder mit dem Kastengestell zusammengegossen werden, Tafel II. Auf gleichmäßige Kraftverteilung, insbesondere beim Übergang vom zylindrischen in den kastenförmigen Teil muß ganz besonders geachtet werden. Sonst gilt für diese Bauart das über das gewöhnliche Kastengestell Gesagte.

Die zu einem Kastengestell gehörige Grundplatte besteht aus einer Anzahl von Querträgern, die die Kurbelwellenlager enthalten, und aus zwei dieselben verbindenden Längsträgern. Die Querträger haben in der Regel I-Form, die Längsträger]-Form, beide sind unten häufig zu einer muldenförmigen Ölwanne verbunden (Tafel II), wodurch auch die Steifigkeit der ganzen Grundplatte erhöht wird. Leichter und

---

[1] Diese Bemerkungen gelten natürlich allgemein auch für alle anderen Konstruktionsteile, hier ist ihre Beachtung von besonderer Wichtigkeit.

gießereitechnisch einfacher ist die auch nach unten offene Ausführung (Tafel I), wobei dann das ablaufende Öl durch einen Blechtrog aufgefangen wird. Auch Bleche, die zwischen die Untergurte der erwähnten Träger eingeschweißt werden, kommen als Ölfang in Anwendung (Tafel IX).

Die Berechnung der Querträger unter vereinfachenden Annahmen bereitet keine Schwierigkeiten. Man kann den Querträger als frei aufliegenden Balken betrachten, dessen Länge gefunden wird, indem der Schwerpunkt der auf einer Seite der Welle liegenden Querschnitte der Kastengestellbefestigungsschrauben ermittelt wird. Dabei ist die nicht genau zutreffende, aber höhere Sicherheit ergebende Annahme gemacht, daß alle diese Schrauben gleichmäßig beansprucht sind. Die für die Größe des Biegungsmomentes maßgebende Länge l des Balkens ist dann der Entfernung der zu beiden Seiten der Welle liegenden Schwerpunkte gleich; die der Einfachheit halber auf Mitte Lager wirkend angenommene Kraft gleicht der Hälfte — da niemals in zwei nebeneinander liegenden Zylindern gleichzeitig erhebliche Gasdrücke auftreten — des Produkts aus Kolbenfläche und Gasdruck, welch letzterer in der Regel mit 40 at in Rechnung gestellt wird. Das Biegungsmoment ergibt sich dann aus der Formel

$$M_b = \frac{\pi D^2}{4 \cdot 2} \cdot 40 \cdot \frac{l}{4} \text{ kgcm}.$$

Bei Maschinen, die nebeneinander zwei gleichgerichtete Kurbeln aufweisen — das sind wohl die meisten Maschinen mit gerader Zylinderzahl —, muß noch untersucht werden, ob nicht die Beschleunigungskräfte der rotierenden und hin- und hergehenden Massen im mittleren Lager etwa eine größere Kraft im unteren Totpunkt ergeben, als der Gasdruck eines Zylinders im oberen. Für den oberen Totpunkt ist diese Untersuchung unnötig, da in einem Zylinder die Beschleunigungskräfte durch den Kompressionsdruck aufgehoben werden. Das Widerstandsmoment des Querträgers wird in üblicher Weise gefunden, wobei jedoch die Wandung der Ölwanne nur soweit berücksichtigt werden darf, als sie durch Rippen mit dem Obergurt, d. h. dem Lagerkörper, verbunden ist (Tafel II). Als zulässige Beanspruchung kann bei Gußeisen etwa 300, bei Stahlguß etwa 500 kg/cm² angesehen werden. Es kann sich hier natürlich nur um eine Vergleichsrechnung handeln, die Ermittlung der wirklichen Materialspannungen auf rechnerischem Wege ist hier wie auch an vielen anderen Orten nicht möglich.

Die Längsträger sind ebenfalls auf Biegung beansprucht; ihre Länge kann man der Lagerentfernung gleichsetzen, das Biegungsmoment ist aus den Einzelkräften der Kastengestellbefestigungsschrauben zu ermitteln.

Auch die Grundplatte wird je nach Maschinengröße für 6 Zylinder in 2÷4 Stücke geteilt; da jedoch, insbesondere bei unten offenen Platten, die Gußstücke einfacher sind als bei den Kastengestellen, können hier bei gleichen Zylinderabmessungen mehr Zylinder in einem Stück vereinigt werden als dort. Die Teilung erfolgt in Mitte Lager, die Verbindung durch Mutterschrauben, von denen wieder ein Teil eingepaßt werden muß.

Vom gewöhnlichen Kastengestell wesentlich verschieden ist die im Jahre 1911 bei der Maschinenfabrik Augsburg-Nürnberg, Werk Augsburg, durch den Verfasser dieses Abschnittes eingeführte Bauart, Abb. 99[1], 131, 143 und Tafel IV, VI und VII. Ein eigentliches Kastengestell ist nicht vorhanden, die Trennfuge zwischen den Zylindern und der Grundplatte ist hoch über Mitte Kurbelwelle verlegt, so daß die Zylinder nur einen niederen, kastenförmigen Ansatz erhalten, die Grundplatte aber so hoch wird, daß in ihr die sonst im Kastengestell befindlichen Fensteröffnungen angebracht werden können. Die Öffnungen erhalten dadurch eine für die Zugänglichkeit der Kurbel- und Wellenlager sehr günstige Lage (Abb. 131); die Schwingwelle der Kolbenkühlung und die Indiziervorrichtung liegen nicht mehr störend vor der Öffnung, wie beim gewöhnlichen Kastengestell, sondern über derselben, so daß der Zutritt zu den Lagern und zur Treibstange nicht versperrt wird.

Die Zylinder erhalten in ihrem unteren Teil eine oder zwei kleinere Öffnungen auf jeder Seite, die als Schaulöcher zur Beobachtung der Stopfbüchse u. a. m. gute Dienste leisten. Dem Übergang vom zylindrischen in den kastenförmigen Teil sei besondere Aufmerksamkeit gewidmet, da hier bei ungenügender Versteifung hohe Biegungsspannungen und bei mangelnder Rücksicht auf gleichmäßige Verteilung der Kräfte hohe örtliche Zugspannungen entstehen können. Zweckmäßig wird der Übergang gut ausgerundet oder konisch gestaltet (Tafel IV). Die Befestigungsschrauben zwischen Zylindern und Grundplatte können alle innen (Abb. 131) oder zum Teil außen (Tafel IV und VII) liegen; das erstere ergibt ein gefälliges, glattes Aussehen der Maschine, beim letzteren sind die Schrauben besser zugänglich. Die Zylinder wurden bei kleineren Maschinen paarweise, bei größeren einzeln gegossen und mit den benachbarten verschraubt; trotzdem empfiehlt es sich, bei Berechnung der Schrauben zwischen Zylinder und Grundplatte nur die in einem Zylinder selbst, nicht auch die im benachbarten sitzenden zu berücksichtigen.

Die Grundplatte erhält bei dieser Bauart eine eigentümliche, durch die Lage der Befestigungsschrauben für die Zylinder gegebene Form. Auf beiden Seiten der Lagerkörper ragen I-förmige Angüsse hinauf, die oben den Flansch zur Befestigung der Zylinder tragen und durch ihn über den Fensteröffnungen verbunden sind. Diese Angüsse sind auf Zug durch die größte Kolbenkraft zu berechnen; die durch Biegung entstehende zusätzliche Beanspruchung kann vernachlässigt werden, da eine Formänderung durch die Querstege der aufgeschraubten Zylinder in günstigster Weise verhindert wird. Beim Entwurf der Grundplatte ist darauf zu achten, daß sich die Kurbelwelle von oben einlegen lassen muß. Nach unten kann die Grundplatte geschlossen oder offen sein, letzteres, wenn eine Maschine direkt über den Ölbehälter oder auf ein dichtgenietetes Fundament gestellt werden kann. Bei kleinen Maschinen

---

[1] Nach Zeichnungen des Verfassers gebaut von der Maschinenbau-A.-G. vorm. Breitfeld, Daněk & Co., Prag-Karolinental.

ohne Kolbenkühlung kann die Grundplatte selbst als Ölbehälter ausgebildet werden (Abb. 99).

Diese Art von Grundplatten ist wegen ihrer bedeutenden Höhe
in der Längsrichtung wesentlich steifer als die niedrigen, zu gewöhnlichen Kastengestellen gehörigen; dieser Vorteil macht sich bei der
Bearbeitung und beim Zusammenbau sehr angenehm bemerkbar.

Der Kühlmantel des Zylinders
weist nichts Bemerkenswertes auf;
er ist durch die Kolbenkraft auf
Zug beansprucht; die zulässige
Spannung kann bei Gußeisen
$100 \div 150$, bei Stahlguß etwa
$300\ \mathrm{kg/cm^2}$ betragen. Diese letztere
Zahl ergibt so geringe Wand-

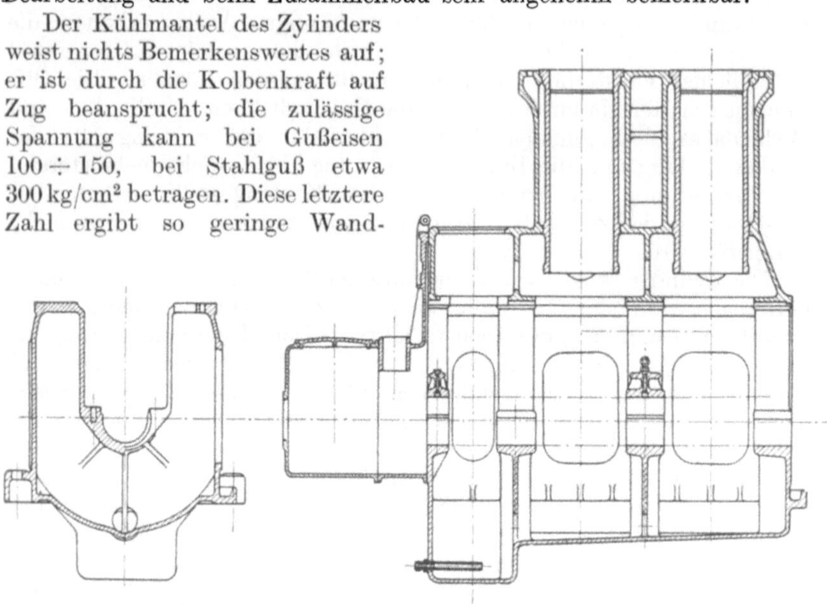

Abb. 99. Grundplatte und Zylinder.

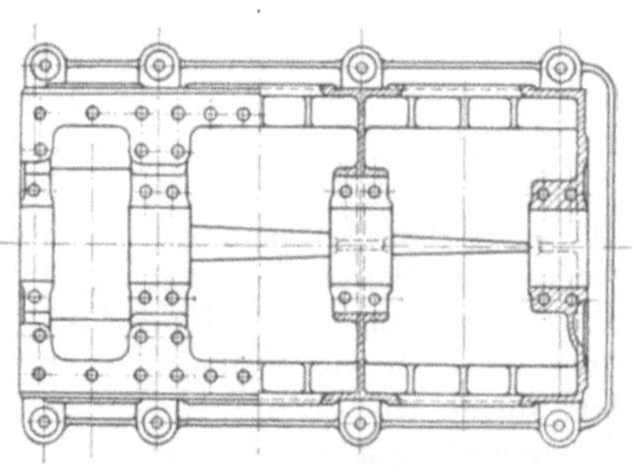

stärken, daß sie meist nicht ab-
gegossen werden können; um an
Gewicht zu sparen, werden dann
die Zylindermäntel vielfach ausgedreht. Das obere Ende des
Zylindermantels wird meist zu
einem hohlen Ring ausgebildet
(Abb. 6 und Tafel II), um einerseits den Bund der Zylinderbüchse
stützend und zentrierend aufzunehmen, anderseits aber das Kühl-
wasser möglichst hoch zu führen. Nun ist aber der ringförmige
Hohlraum meistens durch die Putzen, in die die Zylinderdeckel-Stift-
schrauben eingeschraubt sind, unterbrochen, so daß ebensoviel getrennte Hohlräume entstehen als Deckelschrauben vorhanden sind.
Wird das Kühlwasser nur aus einem von ihnen in den Zylinderdeckel
übergeleitet (Abb. 6 und 131), so füllen sich die übrigen Hohlräume als-
bald mit Luft und Dampf, die nicht entweichen können; die Kühlung
hört an diesen Stellen fast ganz auf, und Zylinderkopf und Büchse

werden bis auf eine Stelle, wo das Wasser abgeführt wird, sehr heiß.
Dies ergibt unerwünschte, zuweilen auch schädliche Formänderungen;
sind die Zylinder oben miteinander verschraubt, so entfernen sich die
Zylinderachsen oben mehr voneinander als unten, in der Nähe der
Kurbelwelle; die äußeren Zylinder stellen sich schräg zur Kurbelwellenachse, was schlechten Lauf der Kolben oder Lager zur Folge haben
kann. Dieser Fehler kann vermieden werden, wenn man den Hohlring
bis über die Schraubenputzen hinaus erweitert (Tafel II), um die Luft
mit dem Kühlwasser abzuführen, oder indem man das Kühlwasser aus
jedem der erwähnten Hohlräume an seinem höchsten Punkt abführt. Die
Ausführung nach Abb. 7 eignet sich hierzu vorzüglich; $6 \div 10$ Krümmer
nach Abb. 6 an jedem Zylinder wären umständlich, unschön und teuer,
vielfach auch aus Platzmangel nicht ausführbar.

Der Zylinderdeckel wird in der Regel mit acht
Schrauben am Zylinder befestigt. Eine Vergrößerung
dieser Anzahl würde die Abstände zwischen zwei benachbarten Schrauben soweit verringern, daß die
Einlaß- und Auslaßkanäle nur unter Vergrößerung
der Deckelhöhe mit genügendem Querschnitt hindurchgeführt werden könnten; 10 Schrauben können demnach nur bei sehr großen, langsamer laufenden Maschinen in Betracht kommen, sechs Schrauben werden
bei kleinen Motoren verwendet. Die Schrauben sind
in der Regel Stiftschrauben, im Zylindermantel eingeschraubt und tragen eine Mutter über der oberen
Fläche des Deckels (Tafel I und II) oder sie erhalten
lange Hülsenmuttern, die nur wenig über den Zylinderdeckel vorstehen (Abb. 100). In diesem Falle
werden die Stiftschrauben ganz kurz, der Raum über
dem Zylinderdeckel bleibt freier, was für die An-

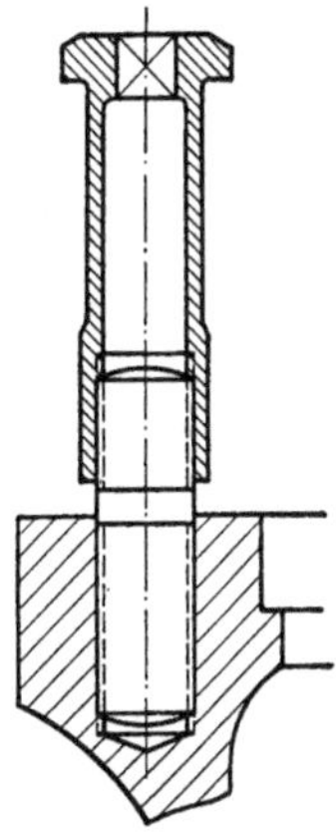

Abb. 100. Zylinder-
deckelschraube.

ordnung und Zugänglichkeit der Rohrleitungen, Verschraubungen usw.
von großem Vorteil ist. Es empfiehlt sich, im ersteren Falle die
Schrauben, im letzteren die Hülsenmuttern so abzudrehen bzw. aus-
zubohren, daß der bleibende Materialquerschnitt dem Kernquerschnitt
des Gewindes gleicht, um die Elastizität der Verbindung zu erhöhen.
Als zulässige Spannung kann $400 \div 500$ kg/cm² angenommen werden,
wenn mit dem äußeren Durchmesser der Deckeldichtung und einem
Gasdruck von 40 at gerechnet wird. Vielfach wird bei diesen Schrauben
Feingewinde verwendet, um bei gleichem Kernquerschnitt kleineren
Außendurchmesser des Bolzens und der Mutter zu erhalten.

Die zu beiden Seiten des eingeschraubten Bolzens verbleibende
Materialstärke des Zylinderkopfes betrage bei Gußeisen nicht viel
weniger als die Schraubenstärke, bei Stahlguß etwa die Hälfte davon;
daraus ergibt sich der Durchmesser des Schraubenkreises und der äußere
Durchmesser des Zylinderkopfes und -deckels.

Grundplatte und Kastengestell bzw. Zylinder haben auch die Aufgabe, die von der Beschleunigung und Verzögerung der bewegten Massen
herrührenden Kräfte und Momente aufzunehmen und untereinander

auszugleichen. Wo dadurch wesentliche Beanspruchungen entstehen können, sind sie so zu berechnen, als ob kein Fundament vorhanden wäre; dies wird hauptsächlich für die Verbindungsschrauben der einzelnen Grundplatten-, Kastengestellteile und Zylinder zutreffen, deren Querschnitte im Vergleich zu den Materialquerschnitten der Gußstücke gering sind. Die Massenkräfte einschließlich der Fliehkräfte der rotierenden Massen ergeben in diesen Schrauben Schubspannungen, die leicht zu ermitteln sind; die Momente, deren Achsen senkrecht zu der durch die Zylinderachsen gelegten Ebene stehen, die also durch die lotrechten Massenkräfte erzeugt werden, ergeben abwechselnd in den unteren und oberen Verbindungsschrauben Zugspannungen, deren Ermittlung ebenfalls keine Schwierigkeiten bereitet, wenn die maximalen Momente errechnet sind. Die Druckkräfte werden natürlich durch die entgegengesetzt liegenden Berührungsflächen der Gestellteile übertragen. In ähnlicher Weise sind die Schraubenbeanspruchungen zu ermitteln, die durch Momente mit lotrechter Achse hervorgerufen werden. Obwohl diese, nur von den Fliehkräften der rotierenden Massen herrührend, wesentlich geringer sind, können sie doch größere Beanspruchungen erzeugen, da die Breite der Maschine geringer ist als die Höhe und daher auch der wagrechte Schraubenabstand kleiner ist als der lotrechte.

Wenn nun diese Berechnung weder in den Schrauben noch in den Materialquerschnitten bedenkliche Spannungen ergibt, muß man dennoch bestrebt sein, die Maschine in der Längsrichtung sowohl gegen Momente mit wagrechter als auch solche mit lotrechter Achse so biegungssteif wie möglich zu machen, um die Durchbiegung und damit die auf das Fundament trotz des Massenausgleiches übertragenen Kräfte und Erschütterungen niedrig zu halten, wodurch auch die Fundamentschrauben entlastet werden und ihrem häufigen Lockerwerden vorgebeugt wird. Eine einwandfreie Verfolgung dieser Erscheinungen durch Rechnung ist wohl kaum möglich, doch läßt sich die Bedeutung der obigen Forderung durch Betrachtung der beiden Grenzfälle erkennen: Ist die Maschine gegenüber dem Fundament vollkommen steif, das heißt ihre Durchbiegung durch die Massenmomente gleich Null, so werden, vollständigen Massenausgleich vorausgesetzt, gar keine Kräfte durch die Fundamentschrauben auf das Fundament übertragen. (Vom Drehmoment, das durch die Welle nach der Arbeitsmaschine hin weitergeleitet wird und dessen Reaktion die Fundamentschrauben aufnehmen müssen, wird dabei abgesehen.) Ist jedoch die Maschine im Vergleich zum Fundament ganz weich, d. h. nicht geeignet, Biegungsmomente aufzunehmen, so müssen die gesamten Massenkräfte durch die Fundamentschrauben auf das Fundament übertragen werden, das dadurch beansprucht wird und Formänderungen erleidet, die sich z. B. bei einer Schiffsmaschine auf den Schiffskörper fortpflanzen.

Um die Maschine recht steif zu machen, muß man sie als möglichst hohen Träger ausbilden. Man wird sich nicht mit der Höhe der Grundplatte mit Kastengestell bzw. Zylinderanguß begnügen, sondern die Zylinder an ihrem oberen Ende miteinander verbinden. Die Bauart nach Abb. 99 und Tafel IV eignet sich dazu ganz besonders; die

Zylinder können, soweit sie nicht zusammengegossen sind, in konstruktiv einfacher Weise zusammengeschraubt werden, und zwar nur unten und oben (Tafel IV), oder der ganzen Höhe nach, was die höchsterreichbare Steifigkeit ergeben dürfte (Tafel VII).

3. Zylinderdeckel.

Der Zylinderdeckel ist in der Regel ein Hohlgußstück von zylindrischer oder prismatischer Form mit abgerundeten Ecken (Abb. 101). Der äußere Durchmesser bzw. der Durchmesser des umgeschriebenen Kreises ist durch die Stärke und Lage der Befestigungsschrauben gegeben (s. vorhergehenden Abschnitt). Die Höhe ergibt sich aus der Höhe des Einsaug- und Auspuffkanales, dessen Querschnitt um $20 \div 30\%$ größer sein soll als der des Ventiles, sowie aus der Wandstärke des unteren und oberen Bodens, der Kanalwände und den Höhen der beiden, jeweils zwischen Boden und Kanalwand liegenden Kühlwasserräume. Die Wandstärken lassen sich infolge der komplizierten Form und der unvermeidlichen Guß- und Wärmespannungen nicht aus den bekannten Kräften einwandfrei berechnen; es ist besser, sich auf bewährte Beispiele zu verlassen. So kann für die Bodenstärke etwa $^1/_{10} \div ^1/_{15}$ des Zylinderdurchmessers, der kleinere Wert für große Maschinen und umgekehrt angenommen werden; die übrigen Wandstärken, d. h. die der senkrechten Wände, der Kanäle und Ventilkanonen können wesentlich schwächer gehalten werden. Der Kühlraum zwischen Boden und Kanalwand muß mit Rücksicht auf die Gießerei mindestens $10 \div 20$ mm, je nach Größe des Deckels, hoch sein.

Bei der üblichen Ausführung erhält der Deckel rohrförmige Öffnungen, die von Boden zu Boden gehen, sog. Ventilkanonen, für je ein Einlaß-, Auslaß-, Brennstoff-, Anlaß- und meistens ein Sicherheitsventil. Von diesen stehen in der Regel Einlaß-, Brennstoff- und Auslaßventil in einer Reihe, so daß ihre Achsen in einer durch Zylinder- und Kurbelwellenachse gehenden Ebene liegen. Bei den üblichen Kolbengeschwindigkeiten werden nun mit Rücksicht auf die zulässige Gasgeschwindigkeit die Einlaß- und Auslaßventile so groß, daß sie sich, mit dem Brennstoffventil dazwischen, gerade noch im Zylinderdurchmesser unterbringen lassen. Bei kleineren Maschinen ist es daher schwer zu vermeiden, daß die Ventilkanone für das Brennstoffventil auf der einen Seite mit der des Einlaßventiles, auf der anderen mit der des Auslaßventiles zusammengegossen wird, was sich übrigens bei zahlreichen Ausführungen als unschädlich erwiesen hat. Es empfiehlt sich aber jedenfalls, durch Anordnen von Rippen im Hohlraum des Deckels die Wasserführung so zu gestalten, daß wenigstens ein Teil des Wassers an diese empfindlichen Stellen hingedrängt wird. Bei größeren Maschinen, etwa von 350 mm Zylinderdurchmesser angefangen, ist es besser, die drei Ventilkanonen so weit auseinander zu rücken, daß zwischen ihnen Wasser durchfließen kann. Dadurch wird Rissen infolge ungleicher Erwärmung und Ausdehnung in wirksamer Weise vorgebeugt (Abb. 101). Zu verwerfen ist es, bei Platzmangel das Brennstoffventilgehäuse in den beiden Böden abzudichten, ohne eine besondere Ventilkanone anzuord-

nen, so daß es vom Kühlwasser unmittelbar bespült wird. Vor einem
Ausbau des Brennstoffventiles muß dann der Zylinderdeckel und damit
die ganze Maschine oder wenigstens ihr oberer Teil sorgfältig vom Kühl-

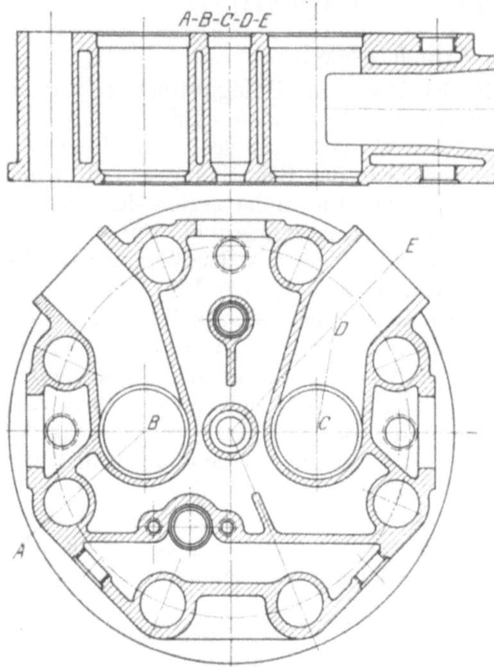

Abb. 101. Zylinderdeckel mit 1 Brennstoffventil.

wasser entleert werden,
da sonst in den Zylinder
eingedrungenes Wasser
schädliche Anrostungen,
die auch zum Verreiben
des Arbeitskolbens füh-
ren können, verursachen
kann. Wird eine immer-
hin mögliche Undicht-
heit am unteren Deckel-
boden nicht rechtzeitig
bemerkt, so kann sich
im Stillstand der Zylin-
der ganz oder teilweise
mit Wasser füllen und
beim nächsten Anfahren
durch Wasserschlag zer-
stört werden. Aus dem
gleichen Grund ist der
Ersatz der Ventilkanone
durch eingewalzte Roh-
re, eingeschraubte Stu-
tzen u. dgl. nicht zu
empfehlen.

Werden, wie bei gro-
ßen Maschinen üblich,
zwei Brennstoffventile für jeden Zylinder angeordnet (Abb. 102), so
bietet es keine Schwierigkeit mehr, die Entfernung der Ventilachsen
voneinander so groß zu machen, daß jede ringsum von Wasser bespült

Abb. 102. Zylinderdeckel mit
2 Brennstoffventilen.

wird. Auch in diesem Fall ist darauf zu achten,
daß ein erheblicher Teil des Kühlwassers gezwungen wird, zwischen den Ventilkanonen
durchzufließen.

Die Ventilkanonen für Anlaß- und Sicherheitsventil lassen sich stets in genügender Entfernung von den anderen anordnen: die
erstere befindet sich meistens seitlich vor dem
Brennstoffventil (von Steuerwellenseite aus
gesehen) (Abb. 101), die letztere hinter dem-
selben. In die Ventilkanone des Anlaßventils
wird in der Regel die Anlaßluft zugeführt
(Tafel II und III), vielfach ist ein durch den
ganzen vorderen Teil des Deckels sich erstreckender Hohlraum vorgesehen, der mit den entsprechenden Räumen der benachbarten
Zylinderdeckel durch Rohrbögen verbunden und beim Anfahren mit

Anlaßluft erfüllt ist (Abb. 101 und Tafel IV). Diese wird dann in den
dem Kompressorende der Maschine zunächst liegenden Deckel einge-
leitet und durch die erwähnten Hohlräume und Rohrbögen durch alle
Deckel verbreitet. Am letzten Deckel bleibt ein Anschluß frei, der zur
Befestigung eines Sicherheitsventiles verwendet werden kann, das die
Anlaßleitung gegen unzulässige Drucksteigerungen schützen soll.

Die Ableitung des Kühlwassers erfolgt meist an einer Stelle, die
so zu wählen ist, daß die heißesten Teile am reichlichsten bespült werden; am besten wird deshalb das Wasser über dem Auspuffkanal entnommen. Von hier wird es in den Kühlraum des Auslaßventilgehäuses
und dann in die gekühlte Auspuffleitung oder in ein Wasserabführungs-
rohr geleitet. Ist der Auslaßventilkegel selbst auch gekühlt, so ist am
Deckel ein zweiter Anschluß erforderlich; seine Lage ist jedoch für die
Wasserströmung im Deckel von untergeordneter Bedeutung, da die
durch den Ventilkegel fließende Wassermenge verhältnismäßig gering ist.

Um die komplizierten Kerne leicht entfernen und den Kühlraum
von Ablagerungen bequem reinigen zu können, sind am Deckel möglichst große Handlöcher vorzusehen, deren Verschlüsse bei Seewasserkühlung zweckmäßig mit Zinkplattenschutz versehen werden (Abb. 137).
Die Einsaug- und Auspuffleitungen sind an den Zylinderdeckeln mit
Kopfschrauben zu befestigen, damit nach deren Entfernung einzelne
Deckel hochgenommen werden können, ohne die Leitungen abzubauen.

4. Kolben.

Die Kolben der schnellaufenden Dieselmaschinen müssen der Massenkräfte wegen so leicht wie möglich ausgeführt werden. Bei kleineren
Maschinen, bis etwa 300 mm Zylinderdurchmesser, erhalten die Kolben
keine künstliche Kühlung; die Wärme wird
dann hauptsächlich durch die Kolbenringe und
die zylindrischen Berührungsflächen in die gekühlte Wand der Zylinderbüchse abgeleitet. Der
Kolbenboden ist daher zweckmäßig mit der
zylindrischen Mantelfläche des Kolbenkörpers
durch radiale Rippen zu verbinden, die diese
Wärmeströmung erleichtern (Abb. 103); konzentrische, ringförmige Rippen am Kolbenboden, die die Wärmestrahlung nach dem
Kolbeninnern befördern, sind weniger zu empfehlen. Erstens ist ihre Wirkung gering, zweitens
ist es gar nicht zweckmäßig, das Kolbenzapfenlager, das von allen Lagern am höchsten beansprucht ist, durch die Strahlung noch zu heizen.

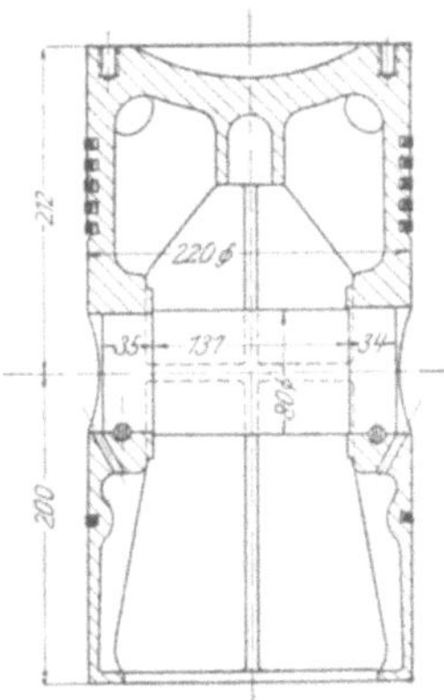

Abb. 103. Ungekühlter Kolben.

Schmale Kolbenringe sind breiten vorzuziehen; sie nützen sich und die Nuten im Kolben
weniger ab, da zu ihrer Beschleunigung und Fortbewegung wegen ihrer
geringeren Masse und Reibung geringere Kräfte durch die Stirnflächen
zu übertragen sind. Es ist darauf zu achten, daß der oberste Ring
nicht zu hoch, etwa $50 \div 100$ mm unterhalb Oberkante Kolben, ange-

bracht wird, weil er sonst zu heiß wird und leicht festbrennt. Im übrigen s. S. 132.

Gekühlte Kolben erhalten einen doppelten Boden (Abb. 8 und Tafel I und II). Durch den Hohlraum wird Seewasser, Süßwasser oder Schmieröl geleitet. Die Kühlung mit ersterem ist wohl am einfachsten und billigsten, da die Wärme unmittelbar abgeführt wird. Trotzdem wird Seewasser nur selten zur Kolbenkühlung verwendet, da es lästige Anfressungen und Anrostungen verursacht und, durch Undichtheiten ins Öl gelangend, dieses verseift oder zu einer Emulsion verdünnt, die nur geringe Schmierfähigkeit besitzt. Etwas weniger schädlich ist in dieser Beziehung Süßwasser, bei dem jedoch, wenigstens auf seegehenden Schiffen, der Vorteil der Einfachheit fortfällt, da besondere Pumpen, Behälter und Kühler notwendig werden. Dennoch wird es vielfach bei Zweitaktmaschinen verwendet, bei denen man glaubt, mit der weniger wirksamen Ölkühlung nicht auskommen zu können. Diese wird hingegen ihrer großen Vorzüge wegen fast ausschließlich bei Viertaktmaschinen, häufig auch bei Zweitaktmaschinen angewandt. Die Zuführungsteile — Gelenkrohre — unterliegen bei Ölkühlung nur geringer Abnützung, da sie durch das durchfließende Öl reichlich geschmiert werden; außerdem ist aber eine gewisse Abnützung und Undichtheit ohne Belang, da das herabtropfende Öl — im Gegensatz zu Wasser — im Kurbelgehäuse keinen Schaden anrichten kann. Deswegen können die Gelenke auch schmal (Platzmangel!) und leicht sein, Stopfbüchsen sind überhaupt nicht erforderlich. Ferner verursacht Öl keine Anfressungen; es zersetzt sich aber bei allzu hoher Temperatur, insbesondere am Kolbenboden, und hinterläßt Rückstände, die den Wärmeübergang behindern und, sich loslösend, Gelenke und Leitungen verstopfen können (s. S. 130). Es ist daher dafür zu sorgen, daß genügende Ölmengen durch den Kolben fließen; bisweilen werden besondere Einbauten zur Erhöhung der Durchflußgeschwindigkeit des Öles angeordnet (Tafel III und VII), um die Kühlwirkung zu erhöhen und Ablagerungen zu verhindern. Die Temperatur des abfließenden Öles wird mit etwa $50 \div 70^\circ$ C festgesetzt, woraus sich die Größe des Ölkühlers und der Ölpumpe berechnen läßt. Die durch das Kolbenkühlöl stündlich abgeführte Wärmemenge beträgt bei schnellaufenden Viertaktmaschinen rund 100 kcal/PS, es finden sich jedoch Werte von $60 \div 150$ kcal/PS.

Bei großen Maschinen wird vielfach der obere Teil des Kolbens getrennt ausgeführt (Abb. 8), wodurch verschiedene Vorteile erreicht werden. Guß und Bearbeitung beider Teile werden erleichtert, der Oberteil kann aus anderem Material hergestellt werden als der stets gußeiserne Führungsteil, z. B. aus Stahlguß oder Schmiedestahl, der gegen Wärmespannungen widerstandsfähiger ist; schließlich kann er, wenn durch Risse oder Verschleiß der Kolbenringnuten unbrauchbar geworden, mit geringen Kosten und ohne Schwierigkeit ausgewechselt werden. Auch die Anordnung eines zwangläufigen Ölumlaufes wird durch die Abtrennung des Oberteiles konstruktiv erleichtert. Die Schrauben zur Verbindung beider Kolbenteile sind durch die Beschleunigungs- und Verzögerungskräfte des Oberteiles beansprucht, die

bekanntlich im oberen Totpunkt am größten sind; wenn G_0 das Gewicht
des Oberteiles einschließlich Kühlmittel, g die Erdbeschleunigung, r der
Kurbelradius, ω die Winkelgeschwindigkeit und λ das Treibstangen-
verhältnis ist, beträgt im oberen Totpunkt die Kraft

$$P_b = \frac{G_0}{g} \cdot r\omega^2(1 + \lambda)\,.$$

Die Beanspruchung der Schrauben, die innen (Tafel VII) oder außen
(Abb. 8) angebracht werden können, wählt man recht niedrig, höchstens 300 kg/cm², um unberechenbare zusätzliche Beanspruchungen
durch Wärmedehnung und sonstige Formänderungen zu berücksichtigen.

Ob nun der Kolben geteilt oder ungeteilt ist, wird der die Kolbenringe tragende Teil mit Rücksicht auf die Wärmedehnung stets konisch
ausgeführt und erhält soviel Spiel im Zylinder, daß er ihn gar nicht
berührt. Der darunterliegende Führungsteil wird vom unteren Ende
bis über den Kolbenzapfen zylindrisch ausgeführt, darüber folgen $2 \div 3$
sehr schlanke (einige Hundertstel Millimeter!) Kegel, die so bemessen
sind, daß nach erfolgter Erwärmung im Betriebe der ganze Führungsteil bis zum untersten Kolbenring annähernd zylindrisch wird. Diese
Maße lassen sich natürlich nicht berechnen, sondern nur durch sorgfältige Versuche und Messungen ermitteln.

Am Führungsteil, ungefähr in der Mitte des Kolbens, befinden
sich die Naben zur Aufnahme des Kolbenbolzens; derselbe wird in
der Regel zylindrisch, selten konisch, durch Einschleifen eingepaßt und
durch Kegelstifte, Keile oder Druckschrauben gesichert (Abb. 103).
Die Lauffläche des Kolbenzapfens mache man so groß als möglich,
man wird dann bei 40 at Gasdruck höchste Flächendrücke von 120
bis 150 kg/cm² erhalten. Der Bolzen wird zur Gewichtsverminderung
hohlgebohrt.

Die Berechnung der Wandstärken des Kolbens auf Grund der wirkenden Kräfte ist kaum möglich, da Wärmespannungen und Herstellungsrücksichten eine weit größere Rolle spielen. Bewährt haben
sich Bodenstärken, die etwa $^1/_{10}$ des Zylinderdurchmessers, bei kleinen
Maschinen mehr, bei großen weniger, betrugen. Die Wandstärke im
Grund der Kolbenringnuten und unterhalb derselben bis zur Kolben-
zapfennabe betragen ungefähr $^1/_{20} \div {}^1/_{28}$ des Kolbendurchmessers; vom
Kolbenzapfen bis zum unteren Ende verjüngt sich die Wandstärke
bis auf $5 \div 10$ mm, je nach Größe des Kolbens und Leistungsfähigkeit
der ausführenden Werkstätte.

Die ganze Länge des Kolbens gleicht etwa $1,6 \div 1,8$ Kolbendurchmesser, bei sehr hohen Drehzahlen sind zur Verminderung der beweglichen Massen auch wesentlich kürzere Kolben mit gutem Erfolg versucht worden. Unterhalb des Zapfens wird meistens noch ein Öl-
abstreifring angebracht (Abb. 103 und Tafel VII).

Es sind auch Versuche mit Leichtmetallkolben an Dieselmaschinen
gemacht worden; ihrer Verwendung steht vor allem die größere Wärmedehnung des verwendeten Metalls im Vergleich zu Gußeisen und

Stahl im Wege. Damit die Kolben bei höherer Belastung nicht anfressen, muß ihnen im kalten Zustand sehr viel Spiel gegeben werden;
solche Kolben klopfen stark bei geringerer Belastung und auch bei
größerer Last, bevor sie warm geworden sind. Bei Verpuffungsmaschinen
mit kleineren Abmessungen sind diese Schwierigkeiten zum Teil durch
Sonderkonstruktionen überwunden worden; ob dies auch bei größeren
Dieselmotoren gelingen wird, bleibt abzuwarten.

Der Kompressionsraum soll ungefähr 8% des Hubvolumens betragen; bei seiner Berechnung müssen Aussparungen in der Zylinderwand, im Kolben oder im Deckel, vorstehende Ventilteller usw. sorgfältig berücksichtigt werden.

5. Treibstange.

Die Länge der Treibstange beträgt $4 \div 4^1/_2$ Kurbelradien. Der obere
Kopf wird in der Regel ungeteilt ausgeführt, der untere geteilt und
angesetzt (s. S. 9 und Abb. 2a). Der Schaft ist meist rund, nach
oben zu verjüngt und zur Verminderung des Gewichts
hohlgebohrt, wobei die Bohrung zur Zuleitung von
Schmieröl zum Kolbenzapfen verwendet wird.

Die einfachste Form des Kolbenzapfenlagers stellt
eine ungeteilte, rohrförmige Büchse dar, die in den
Treibstangenkopf eingepreßt wird und dann aus hochwertiger Bronze (Phosphorbronze, Glockenmetall) besteht, oder aber innen und außen Spiel erhält, so daß
sie sich nicht nur um den Zapfen, sondern auch im
Treibstangenkopf drehen kann. Diese Ausführung, wobei
sich Gußeisen vorzüglich bewährt hat, ergibt den Vorteil, daß sich die Büchse ringsum gleichmäßig abnützt
und stets rund bleibt, da die kraftübertragende Fläche

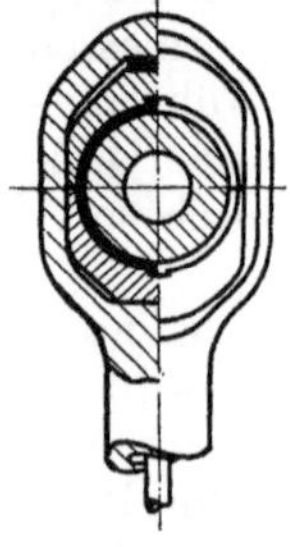
Abb. 104. Oberer
Treibstangenkopf.

allmählich im Kreise herumwandert. Mitunter wird zwischen der
losen Büchse und dem Treibstangenkopf eine innen gehärtete Stahlbüchse angeordnet, die im Treibstangenkopf festsitzt und durch eine
Schraube gegen Drehung und Verschiebung gesichert ist, so daß die
Gußbüchse innen und außen auf gehärteten Flächen läuft. Auch ungeteilte, mit Weißmetall ausgegossene Stahl- oder Stahlgußbüchsen,
in den Treibstangenkopf eingeschlagen oder eingepreßt, kommen vor.

Bei größeren Maschinen werden die Lagerschalen in der Regel
auch im oberen Treibstangenkopf geteilt ausgeführt. Der ungeteilte
Kopf erhält dann meist eine achteckige Öffnung (Abb. 104), wobei die
ebenfalls achteckigen Schalen nur in den lotrechten und wagrechten,
nicht aber in den schrägen Flächen eingepaßt werden. Die untere
Schalenhälfte erhält beiderseits Ränder, die eine seitliche Verschiebung
verhindern, die obere kann nur einen einseitigen Rand erhalten, da
sie sonst nicht eingebracht werden könnte; sie wird durch die Stirnflächen der Kolbennaben in ihrer Lage gehalten. Beilagbleche werden
beim Kolbenzapfenlager meist nicht vorgesehen, nach eingetretener
Abnützung können solche Lagerschalen nur durch Befeilen an der
Trennfuge nachgestellt werden; hierauf muß über der oberen Schalen-

hälfte eine Beilage eingefügt werden, damit die Schalen wieder stramm
in der Treibstangenöffnung sitzen. Damit diese Beilage nicht zu dünn
ausfällt, was deren Einbringen erschweren würde, pflegt man schon
bei der neuen Maschine eine solche, mehrere Millimeter starke Beilage
vorzusehen, die später nur gegen eine stärkere auszuwechseln ist. Aber
auch diese Arbeit erfordert viel Sorgfalt und Geschicklichkeit; dennoch
wird die geschilderte Bauart wegen ihrer Zuverlässigkeit und Betriebssicherheit gegenüber offenen Köpfen bevorzugt. Etwas einfacher ist
die Nachstellung, wenn die obere Schale von einer Druckschraube
niedergehalten wird, die von oben in den Treibstangenkopf eingeschraubt
ist; doch ist diese Ausführung weniger stabil, auch kann durch das
unvermeidliche scharfe Anziehen dieser Schraube ein Verziehen des
Lagers hervorgerufen werden. Die Druckschraube ist durch die nach
oben gerichtete Beschleunigungskraft des Kolbens, Kolbenzapfens und
der oberen Lagerschale beansprucht, diese Kraft beträgt im oberen
Totpunkt

$$P_b = \frac{G}{g} \cdot r \cdot \omega^2 (1 + \lambda) \,,$$

worin G das Gewicht der genannten Teile ist. Da die Schraube nur
auf Druck beansprucht ist, kann der Kernquerschnitt ziemlich hoch,
mit etwa 800 kg/cm² belastet werden. Auf gleiche Weise sind die
lotrechten Seitenwände des Treibstangenkopfes — natürlich auch dann,
wenn die Druckschraube nicht vorhanden ist — zu berechnen, nur
erhöht sich in obiger Formel G noch um das Gewicht desjenigen Teiles
des Stangenkopfes, der oberhalb des berechneten Querschnittes liegt.
Die Zugspannung ist recht niedrig zu halten, um zusätzliche Biegungsspannungen zu berücksichtigen und größere Formänderungen beim
Einschlagen der Lagerschalen hintanzuhalten.

Der Treibstangenschaft wird durch den Gasdruck auf den Kolben
auf Druck und Knickung beansprucht. Bei stark ausgehöhlten Stangen,
wie sie bei schnellaufenden Maschinen verwendet werden, ist die Druck-
beanspruchung meistens maßgebend, die wegen der konischen Form
des Schaftes unterhalb des oberen Kopfes am größten ist und etwa
800 ÷ 1000 kg/cm² betragen darf. Die Berechnung des Schaftdurch-
messers in Stangenmitte nach der Eulerschen Knickformel, wobei der
Sicherheitsfaktor ungefähr 15 betragen kann, wird nur bei langhubigen
Maschinen und verhältnismäßig enger Stangenbohrung größere Abmessungen ergeben. Sinngemäß ist bei den seltener vorkommenden
Stangen mit I-Querschnitt zu verfahren.

Der untere Treibstangenkopf kann entweder so ausgeführt werden,
daß sein oberer Teil aus einem Stück mit dem Stangenschaft besteht,
oder so, daß auch der Oberteil des Kurbellagers ein besonderes Stück
bildet und am Schaft befestigt ist. Im ersteren Fall wird auch der
Unterteil des Treibstangenkopfes mit der ganzen Stange in einem
Stück geschmiedet und bearbeitet, sodann abgestochen, so daß er aus
dem gleichen Material wie die ganze Stange, aus Schmiedestahl, besteht (Abb. 131). Derartige Stangenköpfe erhalten stets zweiteilige
Lagerschalen aus Flußeisen oder Stahlguß, die mit Weißmetall aus-

gegossen werden; zwischen die beiden Schalen werden dünne Messingbleche eingelegt, um das Lagerspiel bequem regulieren zu können. Die Schrauben des Treibstangenkopfes werden so nahe, bis auf einige Millimeter, an den Kurbelzapfen gelegt, daß sie zum Teil durch die Lagerschalen gehen und eine Verdrehung derselben verhindern. Der Schraubenabstand muß aber schon aus dem Grunde so gering als möglich gemacht werden, weil die Abmessungen des Treibstangenkopfes dadurch beschränkt sind, daß er in den meisten Fällen durch die Zylinderbohrung ein- und ausgebracht werden muß, und weil sonst die Schrauben nicht stark genug gemacht werden könnten.

Ist der ganze Stangenkopf angesetzt (Abb. 105 und Tafel II), so empfiehlt es sich, beide Teile desselben aus Stahlguß anzufertigen, da dieses Material größere Freiheit in der Formgebung bietet als Schmiedestahl und daher bei dessen Verwendung erhebliche Gewichtsersparnisse gemacht werden können. Besondere Lagerschalen sind nicht notwendig; das Weißmetall wird direkt in die beiden Lagerhälften eingegossen. Zwischen diese werden auch hier dünne Messingbleche eingelegt.

Die Schrauben sind durch die Beschleunigungskräfte des Kolbens, des Kolbenzapfens und der ganzen Treibstange mit Ausnahme der unteren Lagerhälfte auf Zug beansprucht. Es besteht also die Beziehung:

$$P_b = \frac{G}{g} \cdot r \cdot \omega^2(1 + \lambda) = 2\,\frac{\pi d_1^2}{4} \cdot k_z.$$

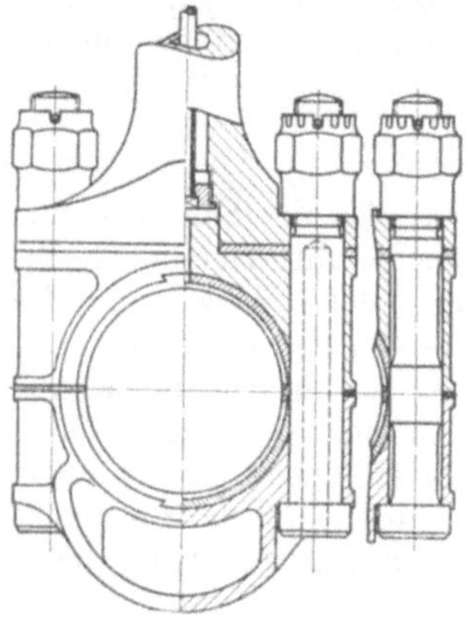

Abb. 105. Unterer Treibstangenkopf.

Abb. 106. Kurbellagerbolzen.

Darin ist, abgesehen von den bereits öfters erwähnten Größen, G das Gewicht der obengenannten Teile, d_1 der Kerndurchmesser des Bolzengewindes und k_z die zulässige Zugspannung[1]. Diese wähle man so niedrig als möglich, da die wirkliche Beanspruchung der Schrauben bei übermäßigem Lagerspiel durch Stöße sehr hoch werden kann; durch Platzmangel wird man jedoch vielfach gezwungen, bis 500 kg/cm² zuzulassen. Da dieser errechnete Wert im Betriebe öfters erheblich überschritten wird, muß man, um diesen Dauerbelastungen Rechnung zu tragen, vorzügliches Material mit großer Dehnung und Kerbzähigkeit, wie SM-Sonderstähle oder legierte Stähle, z. B. 5%-Nickelstahl und Chromnickelstahl, verwenden. Auch auf die Herstellung und Formgebung ist äußerste Sorgfalt aufzuwenden, wobei nicht vergessen werden darf, daß ein Bruch dieser Schrauben im Betriebe in der Regel zu umfangreichen Zerstörungen führt. Die im Lager auftretenden Stöße werden hauptsächlich durch elastische Dehnung der Schrauben

---

[1] Die Formel ist insofern nicht ganz genau, als der untere, rotierende Teil der Treibstange keine Beschleunigungskraft 2. Grades liefert, sein Gewicht also nicht mit $1 + \lambda$ zu multiplizieren ist.

aufgenommen, je größer diese, desto geringer die entstehende Kraft. Es ist daher derjenige Teil der Bolzenlänge, auf der die größte Zugbeanspruchung entsteht, so groß als möglich zu machen, um mittelbar diese letztere herabzusetzen. Zu diesem Zwecke wird der Bolzen an denjenigen Stellen, die in der Bohrung nicht eingepaßt sein müssen, auf den Kerndurchmesser des Gewindes abgedreht (Abb. 106) oder bis auf den Gewindeteil ausgebohrt, so daß der verbleibende Ringquerschnitt dem Kernquerschnitt gleich oder etwas kleiner ist (Abb. 105). Diese Ausführung ist der ersteren vorzuziehen, weil die mit kleinstem Querschnitt ausführbare Länge größer ist und weil der hohle Bolzen gegen Biegung widerstandsfähiger ist als der abgesetzte.

Die Bolzen müssen dort, wo sie die Trennfuge zwischen Stange und Lageroberteil sowie die zwischen den beiden Lagerhälften durchsetzen, gut eingepaßt sein, da hier Schubkräfte zu übertragen sind, die sich aus der Massenträgheit des Treibstangenschaftes ergeben. Ebenso ist der Schraubenschaft unterhalb des Gewindes einzupassen, um die Biegungsbeanspruchung, die durch den Zug am Schraubenschlüssel entsteht, zu vermindern. Ausgebohrte Schraubenbolzen werden natürlich auf der ganzen Länge eingepaßt, was der Verbindung besonders hohe Sicherheit und Steifigkeit verleiht. Der Übergang vom Schaft zum Schraubenkopf soll gut ausgerundet sein, der zum Gewinde aus einem schlanken Kegel bestehen. Das normale Whitworth-Gewinde ist für diese Schrauben zu grob; es wird in der Regel ein Feingewinde mit

Tabelle. Marine-Feingewinde.

| Außendurchmesser | | Gänge/1″ | Kerndurch-messer | Kernquer-schnitt |
ca. Zoll	mm		mm	mm²
1″	26	11	23	415
$1^1/_8$″	29	10	25,8	523
$1^1/_4$″	32	9	28,4	633
$1^3/_8$″	35	8	30,9	740
$1^1/_2$″	39	8	34,9	957
$1^5/_8$″	42	7	37,3	1093
$1^3/_4$″	45	7	40,3	1276
$1^7/_8$″	48	7	43,3	1472
2″	51	7	46,3	1684
$2^1/_8$″	54	6	48,6	1855
$2^1/_4$″	58	6	52,6	2173
$2^3/_8$″	61	6	55,6	2428
$2^1/_2$″	64	6	58,6	2697
$2^5/_8$″	67	6	61,6	2980
$2^3/_4$″	70	6	64,6	3278
$2^7/_8$″	74	6	68,6	3696
3″	77	6	71,6	4026
$3^1/_8$″	80	5	73,5	4243
$3^1/_4$″	83	5	76,5	4596
$3^3/_8$″	86	5	79,5	4964
$3^1/_2$″	89	5	82,5	5364
$3^5/_8$″	93	5	86,5	5877
$3^3/_4$″	96	5	89,5	6291
$3^7/_8$″	99	4,5	91,8	6618
4″	102	4,5	94,8	7058

Whitworth-Form verwendet, um bei gegebenem Bolzen-Außendurch-
messer einen größeren Kernquerschnitt zu erhalten und die als Kerben
wirkenden Gewindegänge weniger tief zu machen. Auch wird bei
Verwendung von Kronenmuttern durch die geringere Gewindesteigung
eine feinere Einstellung ermöglicht; zum gleichen Zweck erhält das
Bolzenende für den Splint drei Bohrungen und die Kronenmutter 10
oder 14 Schlitze. Da in den. bekannten technischen Taschenbüchern
Angaben über Feingewinde meistens nicht zu finden sind, sei hier eine
Tafel des sog. Marine-Feingewindes (s. vorige Seite) eingefügt. Neuer-
dings findet meistens das Whitworth-Feingewinde nach DIN 240
Verwendung.

Der Unterteil des Teilstangenkopfes ist durch die gleichen Beschleunigungskräfte wie die Schrauben, jedoch auf Biegung beansprucht.
Das Biegungsmoment kann mit grober Annäherung gleich gesetzt
werden: $M_b = \dfrac{P_b \cdot l}{4}$, wobei l die Schraubenentfernung bedeutet.

Bei Ausführung in geschmiedetem Material wird der Lagerdeckel in
der Mittelebene nahezu rechteckigen Querschnitt erhalten, bei Stahlguß
läßt sich das nötige Widerstandsmoment durch geeignete Formgebung
mit geringerem Baustoffaufwand erreichen (Abb. 105). Die Biegungsspannung soll sich in mäßigen Grenzen halten, etwa $k_b = 500$ kg/cm²,
um die Formänderung nicht zu groß werden zu lassen.

6. Kurbelwelle.

Es ist nicht möglich, im Rahmen dieses Buches die genaue Berechnung mehrfach gelagerter Kurbelwellen anzugeben; da aber die
Wellen schnellaufender Dieselmaschinen bei gleichem Hubverhältnis
in ihrer Form einander sehr ähnlich sind, genügt eine überschlägliche
Berechnung, die natürlich nur vergleichsmäßige Werte, nicht aber
die wirklich auftretenden Materialspannungen ergeben kann. Dazu
kann man am besten die Beziehung

$$M_b = \frac{\pi D^2}{4} \cdot p \cdot \frac{l}{4} = \frac{\pi d^3}{32} \cdot k_b$$

benützen, worin D die Zylinderbohrung, p der höchste Gasdruck, l
die Lagerentfernung und d der Wellendurchmesser ist. Als zulässige
Biegungsbeanspruchung kann $k_b = 750 \div 1000$ kg/cm² angenommen werden. Es wird somit ein Wellenstück zwischen zwei benachbarten Grundlagern auf Biegung berechnet, ohne auf etwaige, von den anderen
Zylindern herrührende Biegungs- oder Torsionsmomente sowie auf
Reaktionen der übrigen Lager Rücksicht zu nehmen. Dies ist insofern
berechtigt, als bei allen symmetrischen Kurbelanordnungen, also bei
den normalen Viertaktmaschinen mit 4, 6, 8, 10 und 12 Zylindern,
die größte Beeinflussung vom benachbarten Zylinder aus die gleiche
ist: Bei den mittleren, gleichgerichteten Kurbeln wirkt im oberen
Totpunkt auf die eine die maximale Beschleunigungskraft nach oben,
während die andere durch den Gasdruck der Zündung belastet ist. In
dieser Kurbel wird also das Biegungsmoment durch die Beschleunigungskraft des benachbarten Zylinders erhöht; da aber diese nur bei höheren

Drehzahlen von Bedeutung ist, dann aber im zündenden Zylinder die Kraft des Gasdruckes um die ebenso große Beschleunigungskraft zu vermindern ist, um die auf den Kurbelzapfen wirkende Kraft zu erhalten, kann dieser Einfluß des benachbarten Zylinders vernachlässigt werden. Sonst können aber die Kurbeln stets so angeordnet werden, daß keine Erhöhung der Biegungsbeanspruchung durch einen anderen Zylinder eintreten kann, es könnte sich höchstens um eine Verminderung durch eine Zündung oder Kompression oder durch die übrigen Lager handeln. Über erhöhte Beanspruchung durch ungleichmäßige Lagerabnützung s. S. 96.

Das maximale Drehmoment eines Zylinders beträgt beim Dieselmotor, Vollast, normalen Verlauf der Verbrennung und niedere Drehzahl vorausgesetzt, etwa

$$M_d = 17,5 \frac{\pi D^2}{4} \cdot r \, ,$$

worin D der Zylinderdurchmesser und r der Kurbelradius. Bei den üblichen hohen Drehzahlen vermindert sich dasselbe durch Einwirkung der Beschleunigungskräfte bis auf etwa

$$M'_d = 12 \frac{\pi D^2}{4} \cdot r \, .$$

Bis zum Sechszylinder einschließlich kann die Zündfolge stets so gewählt werden, daß keine wesentliche Erhöhung des ersteren Drehmomentes — abgesehen von Schwingungserscheinungen — eintritt. Beträgt die Lagerentfernung $l = 1,7\,D$ (Zylinderdurchmesser) und sind, wie allgemein üblich, die Wellen- und Kurbelzapfen im Durchmesser gleich, so entspricht einem $k_b = 800 \text{ kg/cm}^2$ im Kurbelzapfen bei einem Hubverhältnis $m = 1$ ein $k_d = 200 \text{ kg/cm}^2$ im Wellenzapfen, bei $m = 1,5$ aber ein $k_d = 300 \text{ kg/cm}^2$. Man nehme daher mit Rücksicht auf die Drehbeanspruchung die zulässige Biegungsspannung bei langhubigen Maschinen niedriger als bei kurzhubigen. Bei acht und mehr Zylindern ist die Drehbeanspruchung nicht mehr ausschließlich von einem Zylinder abhängig; man ermittle sie sorgfältig aus dem Drehkraftdiagramm, in dem sich die Drehmomente verschiedener Zylinder summieren.

Die Kurbelwangen werden meist recht breit, dafür aber dünn in der Achsenrichtung ausgebildet, um bei dem beschränkten Zylinderabstand doch noch möglichst große Lagerlängen zu erhalten. Die Kurbelarmstärke kann etwa 0,25, die Breite etwa 0,8 bis 0,9 des Zylinderdurchmessers betragen. Bei diesen Verhältnissen tritt in den Kurbelarmen die höchste Biegungsspannung im Zündungstotpunkt oder bald nachher ein, sie sei mit Rücksicht auf die weniger klare Kraftverteilung etwas geringer als im Kurbelzapfen.

Wenn man nun von der Lagerentfernung $l = 1,7\,D$ die Stärken der beiden Kurbelwangen mit je 0,25 D abzieht, bleibt 1,2 D für die Längen eines Wellen- und eines Kurbelzapfens, was zweckmäßig so verteilt wird, daß der Kurbelzapfen etwas länger ausfällt als der Wellenzapfen. Davon sind noch die Radien der Abrundungen beim Übergang der Zapfen in die Kurbelschenkel abzuziehen; diese Radien werden mit etwa 0,1 Zapfendurchmesser ausgeführt und sind von größter Bedeutung für die Haltbarkeit der Welle im Dauerbetrieb.

Die früher übliche Wasserkühlung der Wellenlager wurde fast allgemein verlassen, ohne daß die Lagerabmessungen vergrößert worden wären; es wurden sogar die Umfangsgeschwindigkeiten der Zapfen seither erheblich erhöht, ohne die mittleren und höchsten Pressungen zu vermindern, und es scheint die Grenze des Zulässigen noch nicht erreicht zu sein. Das unter Druck den Lagern zugeführte Öl wirkt nicht nur schmierend, sondern auch kühlend, und da es die Wärme an der Stelle ihrer Entstehung aufnimmt, ist es besser geeignet, große Wärmemengen abzuführen und hohe Temperaturen unmöglich zu machen als die frühere Wasserkühlung, bei der die Wärme von der Zapfenoberfläche zum Wasser durch verhältnismäßig dicke Eisenwände strömen mußte.

In der Regel werden die Wellen schnellaufender Maschinen hohlgebohrt; dadurch wird die Kontrolle des Materials auf Risse, Lunker usw. erleichtert und das Gewicht vermindert, zugleich dient die Bohrung zur Überleitung des Öles von den Wellen- zu den Kurbellagern. Der Durchmesser der Bohrung soll die Hälfte

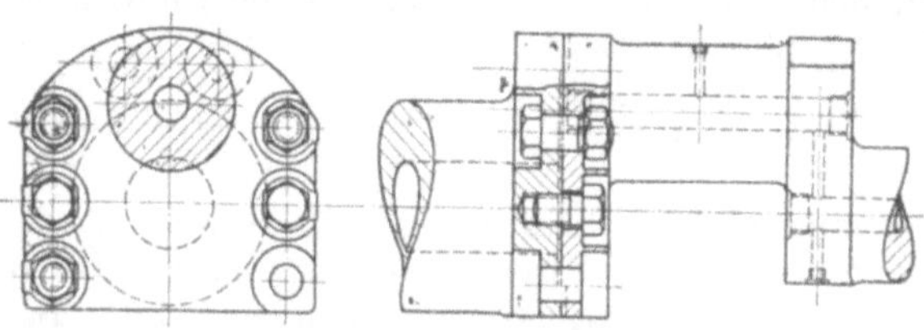

Abb. 107. Kurbelwellenkupplung.

des Wellendurchmessers nicht überschreiten; dann ist eine Berücksichtigung der durch die Bohrung verursachten Schwächung bei der Berechnung kaum nötig.

Kleine und mittelgroße Sechszylinderwellen werden einschließlich der Kompressorkurbeln aus einem Stück hergestellt. Bei den letzteren versagt die Berechnung; wollte man einer solchen die Kolbenkräfte des Kompressors zugrunde legen, so käme man im Verhältnis zu den Hauptkurbelzapfen auf viel zu schwache Abmessungen, mit Rücksicht auf Herstellung und Lagerung seien die Durchmesser der Kompressorkurbelzapfen und des letzten (vordersten) Wellenzapfens nicht schwächer als etwa $0,6\,d$, wobei d der Durchmesser des Hauptkurbelzapfens ist.

Bei großen Sechszylinderwellen werden aus Herstellungsrücksichten die Kompressorkurbeln zweckmäßig abgetrennt und mit der Hauptwelle durch Flansch gekuppelt. Um die Baulänge der Maschine nicht zu vergrößern, wird nicht etwa ein besonderer Kupplungsflansch angeordnet, sondern die zwischen Arbeits- und Kompressorzylinder liegende, zur Kompressorkurbel gehörende Kurbelwange als Kupplung ausgebildet. Auch hier kann das verhältnismäßig geringe Drehmoment des Kompressors nicht zur Berechnung der Kupplungsschrauben benützt werden, es empfiehlt sich vielmehr, so viel und so starke Schrauben anzubringen, als der verfügbare Raum ohne besondere Vergrößerung der Kurbelwange zuläßt (Abb. 107), und davon soviel als möglich als Paßschrauben auszubilden. Alle Schrauben können nicht eingepaßt werden, weil einige, die auf die beiden Zapfen treffen, als Kopfschrauben in das Wellenmaterial eingeschraubt werden müssen.

Ganz ähnlich werden große 8- und 10-Zylinderwellen in der Mitte gekuppelt; hier können jedoch die Schrauben berechnet werden, indem man annimmt, daß durch das maximale Drehmoment eines Zylinders Schubspannungen von $120 \div 150$ kg/cm² Bolzenquerschnitt erzeugt werden dürfen. Ohne Verlängerung der Maschine kann die Teilung der Welle an dieser Stelle nicht ausgeführt werden, es ist jedoch gelungen, auch bei den größten Maschinen (3000 PS) mit etwa 100 mm auszukommen. Es wird also auch hier die Anordnung einer besonderen Kupplung und eine Vermehrung der Lager vermieden.

7. Steuerungsantrieb.

Die Steuerung der stehenden Viertaktmaschinen mit Lufteinblasung erfolgt durch Ventile, die sämtlich im Zylinderdeckel untergebracht sind und in der Regel durch zweiarmige Hebel von einer neben den Zylinderdeckeln parallel zur Kurbelwelle gelagerten Nokkenwelle betätigt werden Diese wird durch zwei Paar Schraubenräder und eine Zwischenwelle angetrieben, die meist eine schräge Lage erhält (Abb. 130), damit die Schraubenräder im Durchmesser genügend groß gemacht werden können und dennoch der Abstand der Nockenwelle von

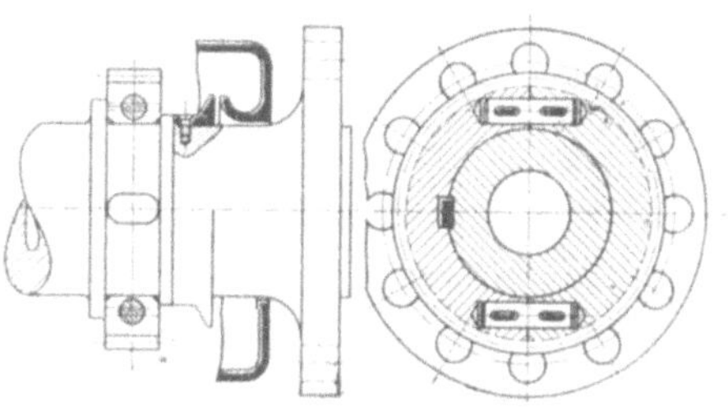

Abb. 108. Kurbelwellenende mit Schraubenrad.

Mitte Zylinder so klein als möglich bleibt, um die Massen der Steuerhebel und die Breite der Maschine so klein als möglich zu erhalten. Man ordne den Antrieb stets in der Nähe der größten Massen auf der Kurbelwelle an, also auf der Kupplungs- bzw. Schwungradseite, da hier die Ungleichförmigkeit des Umlaufs der Kurbelwelle am geringsten und daher der Lauf der Zahnräder am ruhigsten ist; dadurch wird auch die Sicherheit gegen Warmlaufen und übermäßige Abnützung sowie die Lebensdauer erhöht. Das auf der Kurbelwelle befestigte Schraubenrad wird also hinter dem äußersten Wellenlager des ersten Zylinders angeordnet; vielfach wurde dahinter nochmals ein Wellenlager angebracht. Dies kann jedoch als Gewichtsverschwendung angesehen werden, da sich Ausführungen, bei denen dieses Lager fehlte, vollkommen bewährt haben. In diesem letzteren Falle folgt also auf das Schraubenrad gleich der Ölfänger und der Kupplungsflansch zur Befestigung der Reibungskupplung, des Schwungrades oder zur Kupplung mit der Dynamowelle (Abb. 108). Das Schraubenrad auf der Kurbelwelle muß zweiteilig sein, die beiden Hälften werden durch zylindrische Bolzen und Keile, die sorgfältig zu sichern sind, oder durch konische Ringe und Schrauben zusammengehalten. Dadurch fällt der Durchmesser dieses

Rades recht groß aus; um mit der Lagerung der schrägen Antriebswelle
und mit dem auf dieser sitzenden unteren Schraubenrad nicht über die
Umrisse der Grundplatte hinauszukommen, muß dieses Rad verhältnismäßig klein gemacht werden, wobei der schrägen Welle in der Regel
die Drehzahl der Kurbelwelle gegeben wird. Dies wird dadurch erreicht,
daß bei gleicher Anzahl die Zähne des Rades auf der Kurbelwelle einen
Neigungswinkel von etwa 60°, die des Rades auf der Zwischenwelle
etwa 30° erhalten. Da die Ebenen dieser beiden Räder senkrecht
zueinander stehen, müssen sich die beiden Neigungswinkel der Zähne
natürlich zu 90° ergänzen. Die Raddurchmesser sind demnach durch
die konstruktiven Verhältnisse gegeben; wählt man die Zähnezahl,
mindestens je $18 \div 20$, so erhält man zunächst die Stirnteilung und durch
die Beziehung $t_n = t_s \cos\gamma$ die Normalteilung. Diese wird man einem
vorhandenen Fräser (Modulteilung!) anpassen und danach den Teil-
kreisdurchmesser berichtigen. Einer feineren Teilung, also größeren
Zähnezahl, wird ruhiger Gang und geringere Abnützung nachgerühmt.

Beim oberen Räderpaar liegen die Verhältnisse anders: Die Drehzahlen müssen sich wie 1:2 verhalten, doch soll das Rad mit der größeren Zähnezahl, das auf der Nockenwelle sitzt, nicht zu groß werden.
Aus diesem Grunde wird wieder der Neigungswinkel der Zähne des
treibenden Rades = 60°, der des getriebenen = 30° gemacht, wodurch
die Durchmesser der beiden Räder nahezu gleich ausfallen, obwohl
das letztere doppelt soviel Zähne besitzt wie das erstere. Die Zähnezahl des treibenden Rades soll mindestens $12 \div 16$ betragen; die
Teilung kann die gleiche oder etwas kleiner sein wie beim unteren
Räderpaar.

Bei kompressorlosen Maschinen wird die Steuerwelle meistens tiefer,
etwa in halber Höhe der Maschine, angebracht (Abb. 138 u. Tafel VIII).
Der Grund dafür liegt vor allem in der Notwendigkeit, die Brennstoffpumpe mit halber Maschinendrehzahl, also von der Steuerwelle, anzutreiben, und in dem Wunsch, die Pumpe über der Steuerwelle anzuordnen, um sie zugänglicher und die Brennstoffleitung möglichst
kurz zu machen. Auch kann die Steuerung bei dieser Anordnung
leichter öldicht eingekapselt werden.

Eine lotrechte oder schräge Welle mit Schraubenrädern wird nur
selten verwendet, meist erfolgt der Antrieb durch drei oder vier Stirnräder, was als einfacher und billiger anzusehen ist (Abb. 136). Bei
Maschinen mit Druckzerstäubung sind übrigens Schraubenräder schon
aus dem Grund nicht zu empfehlen, weil zum Antrieb der Brennstoffpumpe mit ihren hohen Drücken sehr erhebliche Kräfte bzw. Drehmomente erforderlich sind, denen Stirnräder besser gewachsen sind.

8. Steuerung.

Zur Steuerung einer Viertaktmaschine ist für jeden Zylinder ein
Einlaß-, ein Auslaß-, ein Brennstoff- und ein Anlaßventil erforderlich,
außerdem ist bei Schiffsmaschinen meistens ein Sicherheitsventil vorhanden. Ein Entspannungsventil wird nicht durchweg vorgesehen,
manchmal ist es mit dem Sicherheitsventil vereinigt.

Einlaß- und Auslaßventil sind in der Regel in ihren Abmessungen gleich und so ausgebildet, daß sie gegeneinander ausgetauscht werden können. Dies ist nötig, wenn die Zylinderdeckel für rechte und linke Maschine gleich, die Auspuffleitungen aber symmetrisch sein sollen, ferner schon bei einzelnen Maschinen, wenn bei gleichen Deckeln die Auspuffleitungen je zweier benachbarter Zylinder vereinigt werden. Zur Bestimmung der Größe der Einlaß- und Auslaßventile dient die Beziehung

$$f = \frac{\pi D^2}{4} \cdot \frac{c_m}{v},$$

worin f der freie Ventilquerschnitt bei voller Eröffnung, D der Zylinderdurchmesser und c_m die mittlere Kolbengeschwindigkeit ist. Der Wert v, der mit grober Annäherung die mittlere Gasgeschwindigkeit im Ventilquerschnitt während des Saug- und Auspuffhubes darstellt, kann mit $50 \div 60$ m/s angenommen werden. Daraus ergibt sich der Ventilquerschnitt f, wenn Zylinderabmessungen und Drehzahl des Motors bekannt sind. Die Verengung des Sitzquerschnittes durch die Ventilspindel kann, da es sich doch um eine Vergleichsrechnung handelt, vernachlässigt werden. Der Sitzquerschnitt ist dann $f_1 = \frac{\pi d^2}{4}$, wenn d der lichte Ventildurchmesser ist, der Spaltquerschnitt bei voller Eröffnung $f_2 = \pi d h$, wobei h der größte Ventilhub ist und der Einfluß der Schräge des Ventilsitzes vernachlässigt wird. Bei den üblichen Drehzahlen der Dieselmotoren ist es stets möglich, den Hub gleich einem Viertel des Ventildurchmessers, und damit $\frac{\pi d^2}{4} = \pi d h$ zu machen. Es ist also

$$f_1 = f_2 = \frac{\pi D^2}{4} \cdot \frac{c_m}{v}.$$

Bei kleinen Maschinen werden die Ventilkegel sowohl des Einlaß- als auch des Auslaßventiles aus SM-Stahl, manchmal auch aus hitzebeständigen Sonderstählen angefertigt. Besser ist es, zumindest das Auslaßventil mit einem Gußteller zu versehen, was sich bis etwa 50 PS Zylinderleistung recht gut bewährt hat. Die Verbindung mit der stählernen Spindel geschieht am besten durch strammes Einschrauben derselben von unten (Abb. 109), worauf das Gewinde über dem Gußteller zur Sicherheit gegen Lösen verstemmt werden kann. Bei größeren Maschinen werden die Ventilkegel der Auslaßventile aus SM-Stahl hohl ausgeführt und mit Wasser gekühlt, das aus dem Zylinderdeckel entnommen und durch biegsame, druckfeste Gummischläuche zu- und abgeführt wird (Abb. 17, 19 und 143). Beide Schläuche sollen durch Hähne an die Zufluß- und Abflußleitung angeschlossen sein, damit sie ohne Unterbrechung des Betriebes ausgewechselt werden können. Die Einlaßventilkegel werden durch die einströmende Verbrennungsluft ausreichend gekühlt und bedürfen auch bei den größten Maschinen keiner Wasserkühlung.

Die Dichtungsflächen der Ventilkegel erhalten 30 oder 45° Neigung gegen die Wagrechte und radial gemessen, $3 \div 5$ mm Breite, so daß bei einem Gasdruck von 40 at zwischen den Sitzflächen eine Pressung von etwa 300 kg/cm² entsteht; sie ist nötig, um dauernde Abdichtung zu erzielen.

Die Gehäuse der Einlaß- und Auslaßventile werden meistens gleich ausgeführt, obwohl die Auslaßventilgehäuse auch bei kleineren Maschinen gekühlt werden (Abb. 109), während die Einlaßventile ungekühlt bleiben. Man erreicht durch die gleiche Ausführung den Vorteil, Ventilgehäuse, die sich nach erfolgter Bearbeitung im Kühlraum als undicht erweisen und daher für Auslaßventile unbrauchbar sind, ohne weiteres für Einlaß verwenden zu können; die zum Kühlraum führenden Öffnungen können mit Blindflanschen verschlossen werden oder auch einfach offen bleiben. Als Ersatzteile werden dann zweckmäßigerweise nur Auslaßventile mitgegeben, da diese eine geringere Lebensdauer besitzen; sollte ausnahmsweise ein Einlaßventil schadhaft werden, so kann dafür ein Auslaßventil eingesetzt werden.

Der Sitz, gegen den der Ventilkegel abdichtet, ist bei größeren Maschinen vom Gehäuse getrennt, so daß er leicht und billig ersetzt werden kann. Er selbst dichtet im Zylinderdeckel konisch eingeschliffen oder eben, mit Kupferring, ab; das Gehäuse ist in ihm durch eine Versatzung zentriert. Der Sitzring und das Ventilgehäuse bestehen stets aus Gußeisen. Das Gehäuse ist so auszubilden, daß trotz der Rippen, die die Verbindung zwischen Kühlraum und Fußring bilden, keine Verengung des Querschnittes für den Gasstrom entsteht, er soll sich im Gegenteil bis zum Übergang ins Auspuffrohr bzw. in die Saugleitung allmählich um

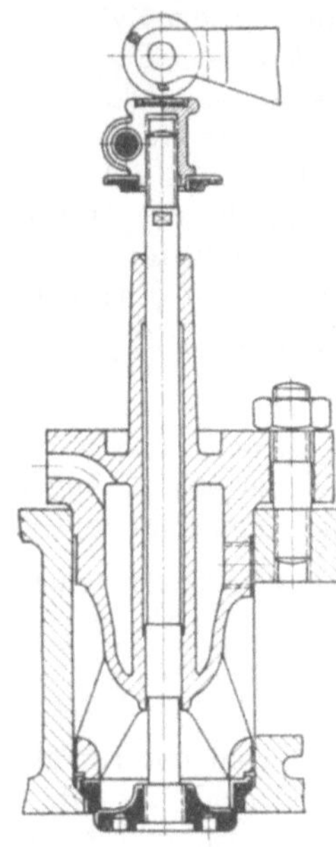

Abb. 109. Auslaßventil.

$20 \div 30\%$ erweitern. Um sich davon zu überzeugen, berechne man an einigen Stellen den Ringquerschnitt senkrecht zur Strömungsrichtung und ziehe davon die Längsschnitte der Rippen ab. Diese selbst sollen an ihrer schwächsten Stelle zusammen mindestens den gleichen Querschnitt aufweisen, wie die Befestigungsschrauben des Ventilgehäuses im Gewindekern; da sich die Rippen im Betrieb stark erwärmen, werden sie auf Druck, die Schrauben aber auf Zug beansprucht, es empfiehlt sich, hieraus sich etwa ergebende bleibende Formänderungen in das dafür weniger empfindliche Schraubenmaterial zu verlegen. Die Schrauben berechne man, indem man einen Gasdruck von 40 at auf den äußeren Durchmesser der Dichtungsfläche des Sitzringes im Zylinderdeckel zugrunde legt und eine Zugspannung von etwa 450 kg/cm² zuläßt.

Die Führung der Ventilspindel erfolgt stets an zwei Stellen: dicht über dem Ventilteller, wo sie im Gehäuse ein Spiel von einigen Zehnteln Millimeter erhalten muß, und nahe ihrem oberen Ende, entweder durch einen rohrförmigen Fortsatz des Gehäuses innerhalb der Feder (Abb. 109) bei kleineren Maschinen oder durch einen kolbenartigen Federteller oberhalb der Feder (Abb. 19) bei größeren Maschinen, insbesondere bei gekühlten Ventilkegeln.

Die Ventilfedern werden so bemessen, daß sie bei geschlossenem Ventil eine Kraft von etwa $0{,}5 \div 0{,}7$ kg/cm² Ventilquerschnitt ausüben. Die Steigerung der Federkraft bei größtem Ventilhub soll womöglich nicht mehr als 30%, höchstens jedoch 50% betragen, da hohe Belastungswechsel bei der großen Wechselzahl für die Haltbarkeit der Federn schädlicher sind als hohe Beanspruchung allein. Bedeutet P_1 und P_2 die Federkraft bei geschlossenem bzw. geöffnetem Ventil, L_1 und L_2 die zugehörigen Federlängen, r den mittleren Windungshalbmesser und d die Drahtstärke, so berechnet sich letztere aus $P_2 = \dfrac{\pi d^3 \cdot k_d}{16 \cdot r}$, wobei $P_2 = 1{,}3 \div 1{,}5\, P_1$ und k_d mit etwa 3000 kg/cm² angenommen werden kann, bei vorzüglichem Material und kleineren Drahtstärken kann man bis 3800 kg/cm² gehen. Den mittleren Windungsdurchmesser wähle man so groß als konstruktiv möglich, um kurze und weiche Federn zu erhalten; Federn von großem Durchmesser und verhältnismäßig geringer Länge neigen auch weniger zum seitlichen Ausknicken. Die nutzbare Windungszahl n ist sodann zu berechnen aus:

$$h \ (\text{Ventilhub}) \ = L_2 - L_1 = \frac{64 \cdot n \cdot r^3 \cdot (P_2 - P_1)}{d^4 \cdot G},$$

worin $G = 800\,000 \div 825\,000$ je nach Stahlsorte einzusetzen ist. Dazu kommt an jedem Ende eine stützende, unwirksame Windung. Zwischen den einzelnen Windungen soll bei geöffnetem Ventil, also geringster Federlänge, noch ein Spielraum $s = 1 \div 3$ mm, je nach Größe der Feder, bleiben, damit die Federwindungen bei ungleichmäßiger Durchbiegung oder nach erfolgtem Nachspannen einander nicht berühren. Die Länge L_2 beträgt demnach: $L_2 = 2d + nd + ns$, und die ungespannte Länge L_0 ergibt sich aus

$$\frac{L_0 - L_2}{h} = \frac{P_2}{P_2 - P_1}.$$

Mit Hilfe der Einbaulänge $L_1 = L_2 + h$ ist zu prüfen, ob die errechnete Feder in die vorhandenen Raumverhältnisse hineinpaßt. Ist dies nicht der Fall, so sind die Annahmen bezüglich r, P_1 und P_2, schließlich auch k_d entsprechend abzuändern, oder man hilft sich durch Verwendung zweier konzentrischer Federn. Dies bringt den Vorteil, daß die Drahtstärken erheblich herabgesetzt werden können, und daß beim Bruch einer Feder mit der anderen der Betrieb notdürftig aufrechterhalten werden kann. Die beiden Federn müssen entgegengesetzt gewunden sein, damit die Windungen einander führen und nicht ineinander eingreifen.

Besondere Sorgfalt ist auf die Befestigung des Federtellers auf der Ventilspindel zu verwenden, da eine Lockerung an dieser Stelle zu schnellem Verschleiß der Gewindeflanken oder sonstigen Druckflächen führt; am besten hat sich die Verbindung durch Klemmutter bewährt

(Abb. 109). Die Kraft wird vom Steuerhebel auf den Federteller bzw. auf die Ventilspindel in verschiedenster Weise übertragen; vielfach begnügt man sich mit Linienberührung, indem man die untere Druckfläche als ebene Platte, die obere, am Hebel befestigte, zylindrisch schwach gewölbt ausführt (Abb. 110 und 143); beide Flächen müssen natürlich sehr gut gehärtet sein. Diese Konstruktion empfiehlt sich insbesondere dann als einfach und zuverlässig, wenn die hohle Spindel des gekühlten Auspuffventilkegels über den Angriffspunkt des Steuerhebels durchgeführt werden soll. Sonst werden vielfach Rollen am Hebelende, auf einer gehärteten Platte aufliegend (Abb. 109), oder Druckschrauben mit kugelförmigem Kopf, die in einem Bolzen um das Hebelende schwingen (Abb. 17), angewendet.

Der Auslaßventilhebel wird auf Biegung beansprucht. Da die Anlaßventile mit großer Füllung arbeiten und bei Viertakt-Sechszylindermaschinen, die aus jeder Stellung anlaufen sollen, fast im gleichen Augenblick schließen, in dem die Auslaßventile öffnen, so muß die Steuerung der letzteren den Druck der Anlaßluft im Zylinder überwinden, der von der Einstellung des Anlaßdruckminderventils und der Drosselung der Anlaßluft in der Zuleitung und in den Anlaßventilen abhängt.

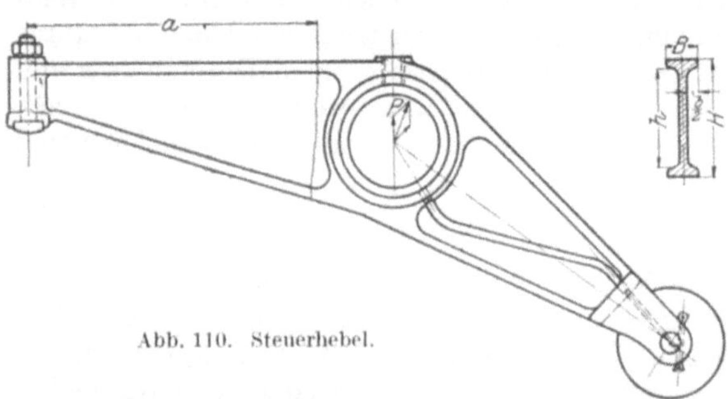

Abb. 110. Steuerhebel.

Diese Drosselung ist recht bedeutend, wenn man die Anlaßventile schleichend schließen läßt, so daß man im Moment der Auslaßventileröffnung mit etwa 10 at im Zylinder rechnen kann. Da dieser Druck nur beim Anlassen vorkommt, kann die zulässige Biegungsbeanspruchung in den Steuerhebeln ziemlich hoch genommen werden, bei Flußeisen etwa 1000, bei Stahlguß etwa 800 kg/cm²; im Betriebe ist sie ja viel geringer. Um das Gewicht des Hebels möglichst zu beschränken, gibt man ihm meistens I-förmigen Querschnitt (Abb. 110), es besteht dann die Beziehung $M_b = \dfrac{B H^3 - b h^3}{6 H} \cdot k_b$; das Biegungsmoment M_b ergibt sich aus der Kraft im Moment der Ventileröffnung und der Entfernung a des fraglichen Querschnittes von Mitte Ventilspindel bzw. von Mitte Nockenrolle. Ist die Höhe H des Hebelquerschnittes gegeben, etwa durch den Durchmesser der Hebelnabe, so ist nach obiger Gleichung die Breite B oder die Wandstärke $\dfrac{H - h}{2}$ zu bestimmen.

Der Einlaßventilhebel ist viel weniger beansprucht, er wird jedoch stets dem Anlaßventilhebel gleichgemacht.

Die Konstruktion des Brennstoffventils richtet sich vor allem nach der Bauart des verwendeten Zerstäubers (s. S. 15). Allen Bauarten gemeinsam ist die nach außen (vom Zylinder aus betrachtet) öffnende Nadel, die den Zerstäuberraum vom Zylinderraum trennt und ihn (mit einer Ausnahme, Sulzer) in einer Stopfbüchse gegen die Außenluft abdichtet (Abb. 12 und 111). Die Nadelspitze ist zu einem schlanken Kegel von etwa 40° Spitzenwinkel ausgebildet und im Ventilgehäuse eingeschliffen. Die Nadel wird in der Regel an drei Stellen geführt; unmittelbar über der Nadelspitze in der Zerstäuberhülse, da ein genau zentrisches Öffnen der Nadel für eine gute und rauchlose Verbrennung von höchster Bedeutung ist, in der Stopfbüchse, und zwar in ihrem Grundring und oberhalb des Ventilhebels im unteren Teil des Federgehäuses. Die Nadel besteht meist aus Einsatzflußeisen oder Werkzeugstahl, zumindest in der Stopfbüchse gehärtet, bei großen Motoren auch aus Gußeisen. Die Stopfbüchsenpackung besteht meist aus eingestampften, gut gefetteten Bleispänen. Die Schließfeder des Brennstoffventils muß sehr kräftig sein, da ein Hängenbleiben der Nadel heftige Drucksteigerungen im Zylinder zur Folge hat; sie hat den auf den Querschnitt der Nadel in der Stopfbüchse wirkenden Druck der Einblaseluft und die Reibung in der Stopfbüchse und in der Führung zu überwinden und die Nadel sowie den Steuerhebel beim Schließen zu beschleunigen, endlich nach erfolgtem Schluß die Nadelspitze mit genügender Kraft auf ihren Sitz zu pressen, um vollkommene Abdichtung zu erreichen. Da insbesondere die Stopfbüchsenreibung sich durch Rechnung nicht zuverlässig bestimmen läßt, wird sie sowie die Beschleunigungskraft durch einen Zuschlag von etwa 100% zur erwähnten Kraft des Einblaseluftdruckes berücksichtigt. Legt man einen Druck von 80 at zugrunde, so wird sich z. B. für eine Nadel von 14 mm Durchmesser in der Stopfbüchse eine Federkraft von 250 kg ergeben.

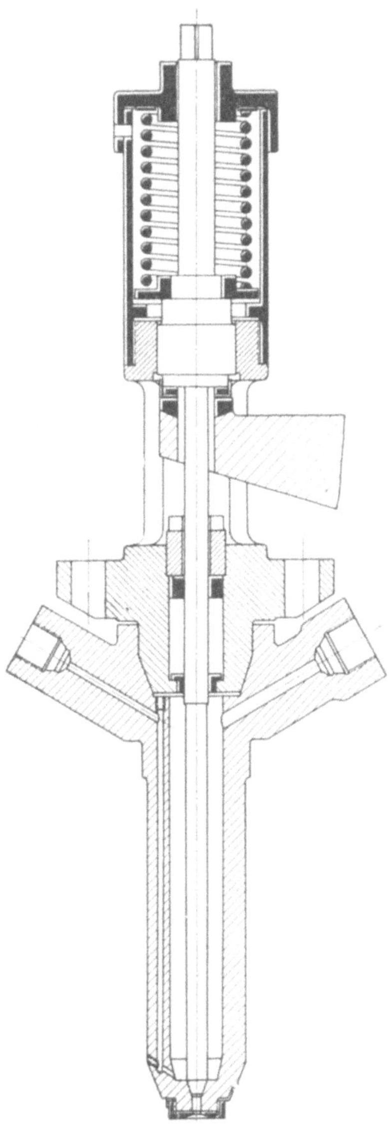

Abb. 111. Brennstoffventil.

Da der Hub sehr klein ist, kann die Feder nur wenige Windungen erhalten.

Das Gehäuse des Brennstoffventils wird im Zylinderdeckel eben oder konisch — letzteres ist vorzuziehen — abgedichtet; es wird einteilig (Abb. 12) oder zweiteilig (Abb. 111) ausgeführt. In diesem Fall enthält der untere Teil den Zerstäuber und die Zuleitungen für Brennstoff und Einblaseluft, der obere die Stopfbüchse und die obere Führung mit Federgehäuse, beide Teile dichten gegeneinander in einem eingeschliffenen Kegel ab. Zur Befestigung und Abdichtung des Gehäuses im Zylinderdeckel dienen 2 oder 3, selten 4 Schrauben, die wie beim Auslaßventil zu berechnen sind.

Der Antriebsmechanismus wird verschieden gestaltet, vor allem richtet sich die Konstruktion danach, ob ein oder zwei Brennstoffventile in jedem Zylinderdeckel vorhanden sind. Im ersteren Fall sitzt das Ventil in der Regel lotrecht in der Zylinderachse und wird durch einen annähernd gleicharmigen Winkelhebel betätigt. Anordnungen nach Abb. 1 sind selten. Das eine Ende des Hebels trägt die Nockenrolle, das andere wird meist als Kugelpfanne ausgebildet. In dieser ruht eine kugelige Scheibe, die die Nadel anhebt; zwischen diese Scheibe und den Bund an der Nadel werden zweckmäßig einige dünne Stahlblechscheiben eingelegt, um das Rollenspiel einstellen zu können. Zwei Muttern an dieser Stelle (Abb. 1) sind bei schnellaufenden Maschinen nicht zuverlässig genug; will man eine Einstellung der Nadel im Betriebe ermöglichen, so kann man im Anlaßgestänge ein Links- und Rechtsgewinde anordnen oder in der Nabe des Brennstoffhebels eine verstellbare, exzentrische Büchse anbringen oder die Nadel im Federteller mit Gewinde befestigen und denselben bis über das Federgehäuse verlängern (Abb. 112) und dort durch eine Gegenmutter sichern, die an dieser Stelle gut zugänglich ist. Es empfiehlt sich, die Nadel in allen Fällen über das Federgehäuse hinaus zu verlängern und dort mit einem Vierkant zu versehen, damit sie im Betrieb gedreht werden kann (s. S. 104).

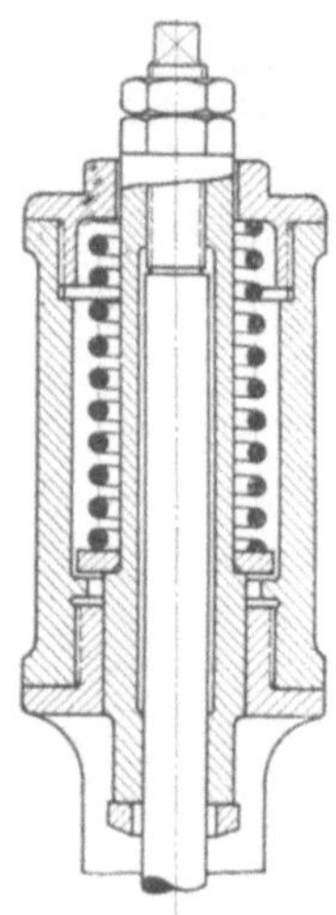

Abb. 112. Einstellbare Brennstoffnadel.

Sind an jedem Zylinder zwei Brennstoffventile angebracht, so werden dieselben meistens nicht unmittelbar vom Ventilhebel betätigt, sondern dieser hebt ein kreuzförmiges, geradegeführtes Zwischenstück an, das mit seinen wagrechten Armen die beiden Nadeln mitnimmt (Abb. 12).

Der Brennstoffventilhebel ist nur durch die Federkraft und die Kraft zur Beschleunigung der Massen des Hebels selbst und der Nadel belastet, die Beschleunigung läßt sich in bekannter Weise aus der Nockenform bestimmen. Wollte man jedoch auf Grund dieser Kräfte den Hebelquerschnitt mit üblicher Biegungsspannung berechnen, so würde man keine genügende Steifigkeit erzielen, die Formänderung des Hebels beim Öffnen des Ventils wäre zu groß und die Steuerwirkung ungenau. Es ist schwer anzugeben, welche Durchbiegung zulässig ist; als guter Anhaltspunkt kann dienen, daß bei bewährten Ausführungen der Brennstoffhebel ungefähr denselben Querschnitt erhält wie der Auslaßhebel.

Die Einspritzvorrichtungen kompressorloser Dieselmotoren weisen noch große Verschiedenheiten auf, ihre eingehende Behandlung würde hier zu weit führen; es sind in den letzten Jahren zahlreiche Veröffentlichungen über diesen Gegenstand erschienen. Es sei nur in Abb. 113 eine offene Düse[1] dargestellt, wie sie wegen ihrer Einfachheit immer weitere Verbreitung findet. Die Düsenplatte enthält einige, meist 5 oder 6, sehr feine Löcher. Damit mit dem feinen Bohrer nur eine dünne Wand durchbohrt werden muß, die Düsenplatte aber doch nicht zu schwach wird, werden die Löcher zweckmäßig von innen aus mit einem stärkeren Bohrer bis zu einer bestimmten Tiefe vorgebohrt.

Bei vorbildlicher Ausführung sollte die Düsenplatte gehärtet sein, damit die feinen Bohrungen von den Flüssigkeitsstrahlen nur wenig abgenützt und beim Reinigen nicht beschädigt werden.

Um einem Verstopfen der Düsenöffnungen vorzubeugen, werden in die Leitung zwischen Brennstoffpumpe und Düse sog. Hochdruckfilter eingeschaltet, die weder

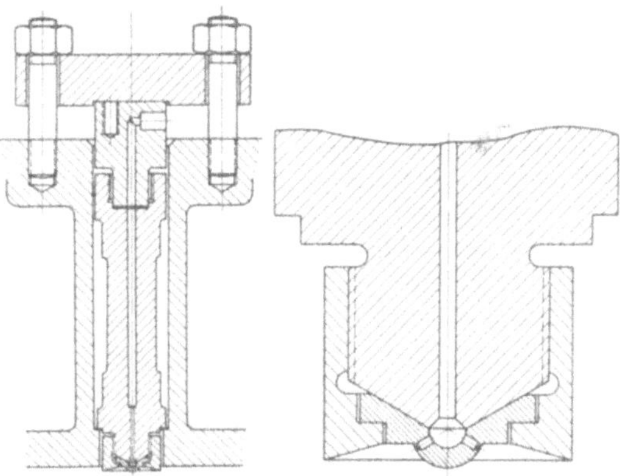

Abb. 113. Offene Düse.

Drahtsiebe noch Faserstoffe enthalten, sondern darauf beruhen, daß der Brennstoff durch schmale Spalte zwischen genau bearbeiteten Stahlflächen hindurchgedrückt wird. Die Breite der Spalte begrenzt die Größe der hindurchtretenden Verunreinigungen, sie muß natürlich kleiner sein als der Durchmesser der Düsenbohrungen.

Die Größe des Anlaßventiles läßt sich nicht so einfach bestimmen wie der der Einlaß- und Auslaßventile. Die Drehzahl ist beim Anfahren stark veränderlich, auch die beim Druckluftbetrieb höchsterreichbare Drehzahl ist von verschiedenen Umständen abhängig, so daß von einer mittleren Kolbengeschwindigkeit gar nicht gesprochen werden kann. Bewährte Ausführungen zeigen Anlaßventile, deren lichter Durchmesser etwa 0,15 des Zylinderdurchmessers beträgt; es kommen jedoch beträchtliche Abweichungen nach unten und oben vor. Dies hängt zum Teil damit zusammen, daß recht verschiedene Drücke der Anlaßluft verwendet werden. In den meisten Fällen ist ein selbsttätiges Druckminderventil in die Anlaßleitung eingeschaltet, das auf 12÷20 at eingestellt wird.

---

[1] Ausführung der L. Láng, Maschinenfabrik-A.-G., Budapest.

Damit das Anlaßventil nicht durch den Druck der Anlaßluft geöffnet wird, wird seine Spindel mit einem Entlastungskolben versehen, der bei der in Abb. 15 dargestellten, am meisten verbreiteten Bauart von unten eingeführt werden muß und daher im Durchmesser nicht größer sein kann als der Ventilsitz. Aus diesem Grund und wegen der unter Umständen bedeutenden Reibungswiderstände muß die Ventilfeder möglichst stark gemacht werden. Bei kleinen Ventilen wird der Entlastungskolben durch eine Verstärkung der Spindel gebildet, wenn diese aus Bronze besteht, oder durch eine aufgezogene Rotgußhülse, wenn der Ventilkegel aus Stahl angefertigt wird; die Abdichtung wird durch Einschleifen und einige eingedrehte Rillen erzielt (Tafel III). Vollkommene Dichtheit kann jedoch nicht beansprucht werden, da das Ventil leicht hängenbleibt, wenn das Spiel zu gering ist; daher werden bei größeren Anlaßventilen die Entlastungskolben mit Kolbenringen aus Messing versehen, damit der Kolbenkörper genügend Spiel im Ventilgehäuse erhalten kann und dennoch der Luftverlust vermindert wird.

Der Anlaßventilhebel ist im Gegensatz zu den anderen Steuerhebeln meist nicht gleicharmig, sondern besitzt wegen der vorgeschobenen Lage des Anlaßventils ein Übersetzungsverhältnis von etwa 1:2. Da das Ventil gegen den Kompressionsdruck öffnen muß, ist der Hebel durch die sich daraus ergebende Kraft und die Federkraft belastet, wodurch sich wie beim Auslaßhebel die Berechnung auf Biegung ergibt; Beschleunigungskräfte spielen hier eine geringe Rolle, da beim Anfahren nur mäßige Drehzahlen in Betracht kommen.

Die einzelnen Ventile weisen im Durchschnitt Eröffnungs- und Schlußzeiten nach folgender Tabelle auf, worin die Steuerdaten in Hubprozenten vom oberen oder unteren Totpunkt angegeben sind:

Ventil:	Öffnen:	Schließen:
Einlaßventil	4% vor oberem Totpunkt	3% nach unterem Totpunkt
Auslaßventil	10% vor unterem Totpunkt	2% nach oberem Totpunkt
Brennstoffventil	$^{1}/_{2} \div 1$% vor oberem Totpunkt	$12 \div 15$% nach oberem Totpunkt
Anlaßventil	$0 \div 5$% vor oberem Totpunkt	10% vor unterem Totpunkt.

Ist außerdem der Ventilhub festgelegt und der Nockenhub aus dem Hebelverhältnis ermittelt, so wird die Form der Steuerscheibe, z. B. für das Auslaßventil, in folgender Weise entworfen. Zuerst wird ein Grundkreis d (Abb. 114) angenommen, dessen Durchmesser etwa dem halben Zylinderdurchmesser gleicht, und auf diesem der Öffnungs- und Schließpunkt bezeichnet. In diesen Punkten zieht man Tangenten an den Grundkreis, ferner einen konzentrischen Kreis vom Durchmesser $d_1 = d + 2h$, wobei h den Nockenhub bedeutet, und sucht dann einen Kreisbogen, der die beiden Tangenten und den Kreis d_1 berührt. Bei dieser Nockenkonstruktion nimmt der Ventilhub sofort wieder ab, nachdem er seinen höchsten Wert erreicht hat. Will man diesen über einen gewissen Kurbelwinkel, der dem doppelten Steuerwellenwinkel gleicht, beibehalten, so verwende man einen entsprechenden Teil des Kreises d_1 als Begrenzung der Nockenform (Abb. 115) und verbinde ihn durch zwei Kreisbögen mit den beiden Tangenten. Will man das

Ventil rascher öffnen und schließen lassen, als es bei diesen beiden
Nockenformen geschieht, so verwende man anstatt der beiden geraden
Tangenten nach außen gerichtete Kreisbögen (Abb. 116) oder andere
Kurven, die wieder mit dem Kreise d_1, der den größten Nockenhub
bezeichnet, durch zwei Kreisbögen verbunden werden. Die Beschleuni-
gungsverhältnisse sind gegebenenfalls genau zu ermitteln und etwaige
Spitzen durch Änderung der Nockenform abzunehmen. Der untätige
Teil der Steuerscheibe muß um 1÷2 mm, je nach Maschinengröße,
tiefer gefräst werden, damit zwischen Rolle und Scheibe genügendes
Spiel entsteht und das Ventil sicher schließt, auch wenn sich die Spindel
infolge Erwärmung um einige Zehntel Millimeter gedehnt hat. Der so
entstehende Kreisbogen wird durch zwei sanfte Übergänge, die auch
Kreisbögen sein können, mit den beiden Tangenten in den Öffnungs-
und Schließpunkten verbunden. Diese Kurven bilden den eigentlichen
Anlauf (bzw. Ablauf) vom Augenblick der Berührung zwischen Rolle
und Nocken bis zur tatsächlichen Ventileröffnung. Auf diesem Wege,
der radial gemessen einige Zehntel Millimeter beträgt, wird die Elasti-

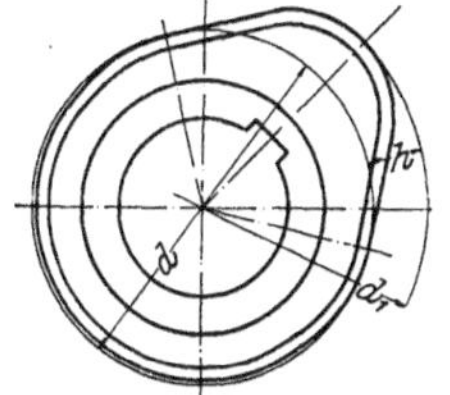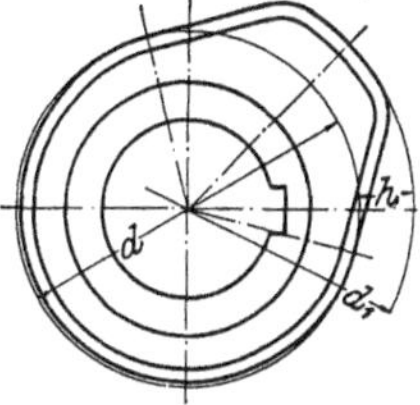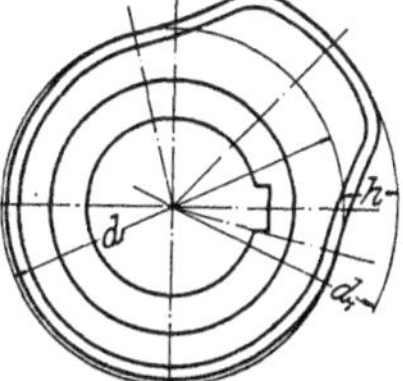

Abb. 114—116. Steuerscheiben.

zität des Gestänges und das Spiel an den verschiedenen Stellen überwunden, d. h. das Gestänge unter Spannung gesetzt, worauf erst das
Ventil geöffnet werden kann. Da diese Spannung von der Federkraft, von
der Beschleunigung und vom Gasdruck im Zylinder abhängt, öffnet
z. B. das Auslaßventil im Betriebe tatsächlich erheblich später als bei
der Einstellung bzw. als auf der Nockenzeichnung angegeben.

Während bei den Einlaß- und Auslaßventilen Abweichungen in den
Steuerzeiten und in der Nockenform in gewissen Grenzen keinen wesentlichen Einfluß auf den Gang des Motors ausüben, muß die Form des
Brennstoffnockens mit größter Genauigkeit eingehalten werden. Sie kann
auch nicht, wie bei den anderen Steuerscheiben, durch Berechnung
oder Konstruktion gefunden werden, sondern muß bei jeder neuen
Maschinentype durch mühsame Versuche ermittelt werden. Einen
gewissen Anhalt können nur ausgeführte und ausprobierte Nocken
anderer Maschinen bieten, insbesondere dann, wenn es sich hauptsächlich um eine Verkleinerung oder Vergrößerung bei sonst gleicher
Bauart handelt.

Die Brennstoffventilsteuerung muß so ausgebildet sein, daß sowohl
eine Änderung des Rollenspieles, also der Entfernung des Rollenmittels
von Mitte Nockenwelle bei geschlossenem Ventil, als auch eine Verschiebung des Steuernockens in der Richtung des Umfanges, also eine

Verdrehung derselben auf der Nockenwelle, leicht möglich ist. Da das erstere aus konstruktiven Gründen stets durch Einstellvorrichtungen am Brennstoffventil oder am Steuerhebel erzielt wird, erfolgt sie bei umsteuerbaren Maschinen, die durch Verschiebung der Steuerwelle umgesteuert werden (Abb. 21), für beide Nocken gemeinsam. Daraus folgt, daß die Form der Nocken unbedingt gleich sein und daher mit großer Sorgfalt hergestellt werden muß, am besten wird sie auf einer Kopierfräsmaschine erzeugt und nach dem Härten auf einer Kopierschleifvorrichtung berichtigt. Auch die Steuerscheibe, auf der die Nocken sitzen, muß genau bearbeitet sein, sie muß genau rundlaufen und wird daher zweckmäßig erst nach dem Aufkeilen auf der Steuerwelle fertig gedreht oder geschliffen.

Die Stärke der Steuerwelle läßt sich wohl kaum aus den auf sie einwirkenden Kräften statisch berechnen; ihr Durchmesser betrage etwa $^1/_5 \div {}^1/_4$ des Zylinderdurchmessers, um geringe Verdrehung infolge der an ihr angreifenden Kräfte und hohe Eigenschwingungszahl zu erhalten. Die Lagerstellen müssen etwas schwächer gehalten werden als die Sitze der Steuerscheiben, damit sie von diesen beim Überstreifen nicht beschädigt werden. Bei der am häufigsten verwendeten Umsteuerung durch Wellenverschiebung nach Abb. 21 ist die Steuerwelle an einem Ende durch eine Klauenkupplung verschiebbar mit dem fest gelagerten Schraubenrad verbunden, während am anderen Ende ihre Lage durch einen Schleifring (i in Abb. 21) festgelegt ist, der von der Umsteuervorrichtung festgehalten bzw. verschoben wird.

Die Hebelachse wird, ganz gleich, ob die Maschine umsteuerbar ist oder nicht, auf Biegung durch die Kraft beim Öffnen des Auslaßventiles am höchsten beansprucht und ist daraufhin zu berechnen. Man beachte, daß die Kraft, welche der Steuerhebel auf die Achse überträgt, beinahe doppelt so groß ist als die Ventilkraft (Abb. 110), sie ist am einfachsten zeichnerisch zu ermitteln. Benennt man sie mit P, den Lagerabstand der Hebelachse mit l und die Entfernung des Auslaßventils von Zylindermitte mit b, so ist das biegende Moment in Mitte Auslaßventilhebel

$$M_b = \frac{P \cdot l}{4} - \frac{P \cdot b^2}{l}.$$

Rechnet man mit 10 at Druck im Zylinder im Augenblick der Auslaßventileröffnung, so darf die zulässige Biegungsspannung in der Hebelachse ziemlich hoch, etwa $k_b = 800 \div 1000$ kg/cm² angenommen werden, da sie in dieser Höhe nur während des Anlassens auftritt, im Betriebe aber viel geringer ist.

Abb. 117 stellt einen Steuerwellenlagerbock dar, wie er bei neuzeitlichen Dieselmaschinen meist verwendet wird. Das untere Lager trägt die Steuerwelle, es ist mit Weißmetall ausgegossen und erhält vielfach Druckschmierung; das obere Lager ist meist mit Rotgußschalen und Staufferschmierung versehen, wenn die Hebelachse drehbar ist. Dies ist stets bei Umsteuerungen nach Abb. 21 der Fall, kommt aber auch bei nicht umsteuerbaren Maschinen vor, wenn die ganze Hebelachse zum Zwecke des Anlassens gedreht wird. Es ist zu beachten, daß sich diese Bauart nur bei kleinen und mittleren Maschinen, etwa bis 500 PS_e, empfiehlt, da bei größeren Maschinen die Federkräfte der gerade offenen Ventile so große Reibungswiderstände in den Lagern der Hebelachse und den Nabenbohrungen der Steuerhebel erzeugen, daß die Drehung der Achse durch einen Handhebel zuviel Kraft erfordert. Wird die Achse nicht gedreht, so erhält das Lager keine Schalen, und die Achse wird durch die Lagerschrauben festgeklemmt, allenfalls noch durch Feder oder Kegelstift gesichert. Es kann auch der Lagerdeckel nur durch eine Schraube befestigt werden, die mitten durch die Achse hindurchgeht.

Die Schrauben des oberen Lagers sind zu berechnen, indem man wieder die Eröffnungskraft des Auslaßventils zugrunde legt. Ist nach Vorstehendem die Kraft P ermittelt, mit der der Steuerhebel auf die Hebelachse einwirkt, so ergibt sich die Rückwirkung in Mitte des dem Auslaßventil näheren Lagers $A = P \cdot \dfrac{b}{l} + \dfrac{P}{2}$. Diese Kraft A ist gegen

die Lotrechte geneigt, aus ihrer Vertikalkomponente V können die Schrauben auf Zug berechnet werden, indem man $k_z =$ etwa 600 kg/cm² annimmt. In gleicher Weise ist der Querschnitt des Lagerständers zu berechnen, jedoch ist die Zugspannung bei Stahlguß auf etwa 300 kg/cm² und bei Gußeisen auf etwa 120 kg/cm² zu beschränken. Die Kraft A ergibt meistens nur eine geringe Horizontalkomponente H (Abb. 117), die den Lagerständer auf Biegung beansprucht. Wenn die Richtung der Kraft A von der Lotrechten stärker abweicht, ist die Biegungsspannung im Ständer ebenfalls zu ermitteln.

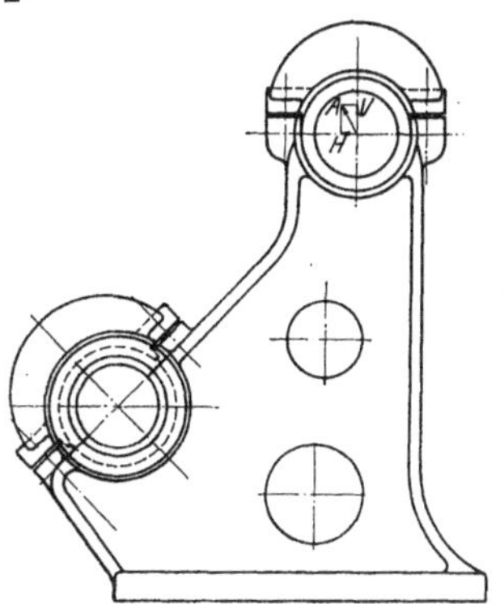

Abb. 117. Steuerwellenlagerbock.

In ähnlicher Weise werden die Befestigungsschrauben des Lagerbockes berechnet, wobei die Kraft nicht zu vergessen ist, die der Steuerhebel durch Vermittlung der Nockenrolle, Steuerscheibe und Steuerwelle auf das untere (Steuerwellen-) Lager überträgt.

Das Anlaßexzenter ist so zu ermitteln (m in Abb. 21), daß in Mittelstellung (Stopp) die Brennstoff- und Anlaßnocken mit 2÷4 mm Spiel je nach Maschinengröße, an den zugehörigen Rollen vorbeigehen. Das gilt natürlich sowohl von umsteuerbaren als auch von nicht umsteuerbaren Maschinen, bei letzteren kommen jedoch auch Anlaßvorrichtungen ohne eigentliche Mittelstellung vor. Das Exzenter soll nicht um mehr als 90° von der Anlaß- in die Betriebsstellung gedreht werden, da sonst das Gestänge zum Klemmen neigt. Daraus und aus der obigen Bedingung ergibt sich (zeichnerisch) die nötige Exzentrizität. In Betriebsstellung gebe man ihr am besten die Lage, bei der sie sich in bezug auf die Bewegung der Brennstoffhebelrolle im Totpunkt befindet, d. h. bei der das Rollenspiel des Brennstoffhebels am kleinsten ist; sonst entsteht beim Öffnen des Brennstoffventiles auf das Anlaßexzenter ein Rückdruck, dessen Richtung an der Drehachse des Exzenters vorbeigeht, somit ein Drehmoment ergibt, und der ein periodisches Zucken des ganzen Anlaßgestänges verursacht. Diese Erscheinung kann sogar eine unliebsame Abnützung verschiedener Gelenke, insbesondere aber der Lager der Anlaßwellen zur Folge haben, da diese sich infolge der äußerst geringen Drehung in schlechtem Schmierzustand befinden.

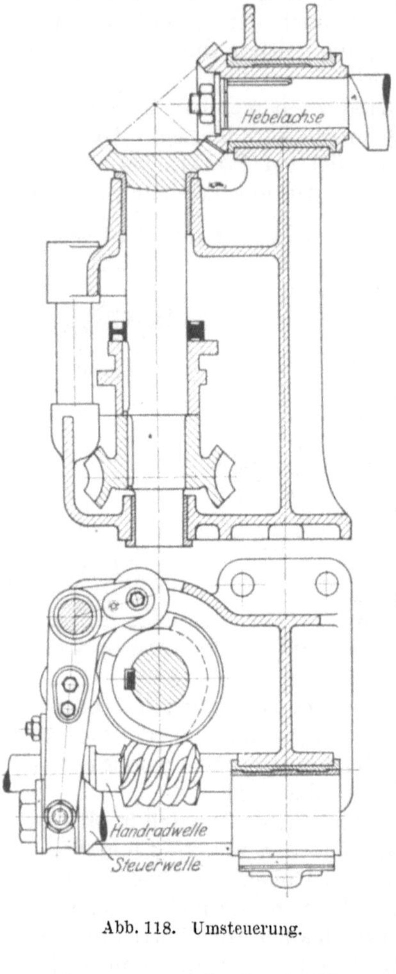

In ähnlicher Weise wird die Exzentrizität der Sitze der Einlaß- und Auslaßventilhebel bei denjenigen Maschinen ermittelt, deren Umsteuerung nach Abb. 21 mit Steuerwellenverschiebung arbeitet. Da die betreffenden Steuerhebel annähernd gleicharmig sind, ist ein Exzenterhub, senkrecht auf die Verbindungslinie der beiden Hebelenden gemessen, von der ungefähren Größe des halben Nockenhubes erforderlich, damit die Rollen um dessen Höhe von den Steuerscheiben abgehoben werden. Da aber dieses Abheben der Rollen beendet sein muß, bevor die Verschiebung der Steuerwelle beginnt, und die Drehbewegung des Exzenters dann fortgesetzt wird, bis die höchste Lage des Steuerhebels erreicht ist, wird der ganze Hub des Exzenters tatsächlich wesentlich größer. Von diesem Gesamthub und dem Verdrehungswinkel hängt die Exzentrizität ab, die auf Grund des Gesagten zeichnerisch zu ermitteln ist. Wird die Hebelachse durch Stange und Hebel, wie in Abb. 21 gedreht, so kann der Drehwinkel 90° nicht wesentlich überschreiten, die Exzentrizität wird recht groß, die Naben der Steuerhebel dick und schwer. Will man die Exzentrizität kleiner erhalten, so muß man den Drehwinkel groß machen, was z. B. durch Kegelräderantrieb leicht zu bewerkstelligen ist; am besten nimmt man gleich 360°, d. h. man läßt die Hebelachse bei jedem Umsteuermanöver eine ganze Drehung vollführen (Abb. 118).

Hebelachse

Handradwelle

Steuerwelle

Abb. 118. Umsteuerung.

Die Strecke, um die die Steuerwelle beim Umsteuern zu verschieben ist, ergibt sich aus der Breite des breitesten Steuernockens und dem Abstand zwischen Voraus- und Zurücknocken. Dieser Abstand kann sehr klein sein, 2÷5 mm je nach Maschinengröße, wenn die Hebelrollen so groß gemacht werden (Abb. 118), daß der jeweils benachbarte Nocken unter der die Rolle tragenden Gabel des Steuerhebels hindurchgeht. Er muß viel größer werden, wenn die Hebelrollen klein sind (Abb. 119) und die Gabel zwischen Voraus- und Zurücknocken Platz finden muß. Die erstere Ausführung ist im allgemeinen vorzuziehen, da größere Rollen langsamer laufen und sich sowohl außen als auch in der Bohrung weniger abnutzen, ferner können sie breiter gemacht werden, so daß sich auch der Nocken weniger abnützt, und endlich wird die Konstruktion der Umsteuerung wegen der kleineren Wellenverschiebung erleichtert. Hingegen vermehren große Rollen die zu beschleunigende Masse des Steuerhebels und machen daher bei schnellaufenden Maschinen etwas stärkere Ventilfedern nötig.

Bei tiefliegender Steuerwelle, wie sie meistens bei kompressorlosen Maschinen vorkommt, erfolgt die Übertragung der Steuerbewegung auf die Ventile durch Stoßstangen und zweiarmige Hebel. Diese drehen sich nicht immer um eine gemeinsame Hebelachse (Abb. 138); vielfach erhalten die Ventilgehäuse konsolenartige Angüsse mit Augen, in denen die Drehbolzen der Ventilhebel befestigt sind (Tafel VIII). Von letzteren erhält dann jeder einen besonderen, von den anderen der Lage nach unabhängigen festen Drehpunkt.

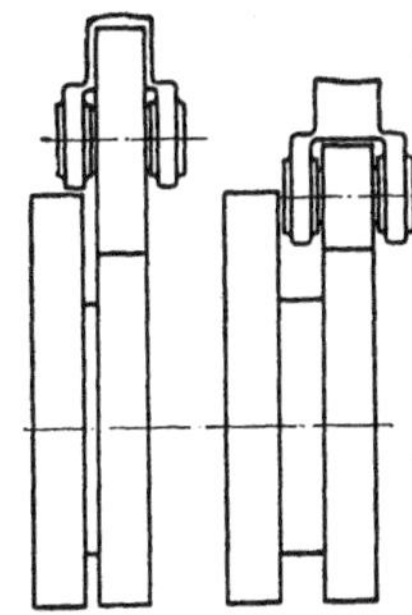

Abb. 119.   Abb. 120.
Große   Kleine
Hebelrolle.

Die unteren Enden der Stoßstangen werden durch kurze Lenker (Abb. 38 und Tafel VIII) oder durch kleine, tauchkolbenartige Kreuzköpfe geführt; beide Enden der Stoßstangen können Gelenke (Abb. 38) oder Kugelköpfe (Tafel VIII) erhalten. Im letzteren Falle ergeben sich für den Konstrukteur besonders günstige Freiheiten: Die Ventile können zur Zylinderachse geneigt angeordnet werden, der Deckelboden infolgedessen gewölbt sein, die Ventilhebel können in Ebenen schwingen, die zur Kurbelwellenachse nicht senkrecht sind, wodurch die Steuerscheiben zueinander nähergerückt werden können, als die Entfernung der Ventilachsen voneinander beträgt u. a. m.

Die Berechnung und Konstruktion der Ventilhebel und Steuerscheiben bietet nichts Besonderes; die Stoßstangen können wohl kaum mittels der bekannten Knickformeln berechnet werden, sie müssen vielmehr nach dem Augenmaß oder auf Grund von Erfahrungen genügend steif gewählt werden, da sie sonst im Betriebe zittern, was einen unruhigen und unschönen Eindruck macht. Zu ihrer Herstellung eignet sich besonders blankgezogenes Präzisionsstahlrohr.

Das Umschalten von Anlassen auf Betrieb kann wie bei Dieselmotoren mit Lufteinblasung durch Verdrehen einer gemeinsamen Hebelachse oder auf derselben sitzender Exzenter erfolgen; einfacher ist die Verwendung einer Hilfswelle, durch die die Rollen der Anlaßventile auf abgeschrägte Nocken verschoben werden. Diese Hilfswelle wird auch zur Ausschaltung der Brennstofförderung während des An-

lassens benützt (Abb. 123), außerdem wird noch öfters die Verdichtung
in den Arbeitszylindern zur Erleichterung des Anlassens vermindert,
indem die Rollen der Anlaßventile auf Hilfsnocken verschoben werden,
so daß die Ventile auch während eines Teils des Verdichtungshubes
gelüftet werden. Diese Einrichtung ist insbesondere dann notwendig,
wenn aus Sparsamkeitsgründen nicht alle Zylinder mit Anlaßventilen
versehen werden.

9. Brennstoffpumpe.

Die Bauart der Brennstoffpumpe richtet sich vor allem nach ihrem
Antrieb und dem Ort ihrer Befestigung. Der früher allgemein übliche
Antrieb von der horizontalen Steuerwelle, wobei jeder Zylinder oder je
zwei eine besondere Pumpe mit eigenem Antrieb erhielten, ist wegen
seiner Vielgestaltigkeit und Unübersichtlichkeit verlassen worden. Aber
auch dann, wenn sämtliche Brennstoffpumpen an einer Stelle vereinigt
wurden, waren sie wenig zugänglich, wenn ihr Antrieb von der Steuerwelle erfolgte (Tafel I). Besser ist es um die Zugänglichkeit bestellt,
wenn der Antrieb durch eine besondere Hilfswelle erfolgt (Tafel II),
doch läßt sich diese vermeiden und das dafür aufgewendete Gewicht
und die Kosten sparen, wenn man die Brennstoffpumpe von der lotrechten oder schrägen Zwischenwelle antreibt. So sehr auch diese
Anordnung bei Dieseldynamos befriedigt hat, ist sie für Schiffsmaschinen weniger geeignet, bei denen sich der Bedienungsstand an
der vorderen Stirnseite befindet. Die Pumpen sind dann der direkten
Beaufsichtigung durch den Maschinisten entzogen, er kann kleine Störungen, wie Hängenbleiben eines Saugventils oder des Schwimmers,
Überlaufen von Brennstoff, kleine Undichtheiten, Brennstoffmangel,
Warmlaufen eines Kolbens usw., nicht so leicht bemerken und womöglich
während des Betriebes beseitigen. Das gilt natürlich auch von den an
der Längsseite der Maschine befestigten Pumpen, soweit sie vom Maschinistenstand aus nicht bequem zu übersehen und zu erreichen sind.
Am zweckmäßigsten erscheint in dieser Beziehung die Anordnung nach
Abb. 143, wobei die Brennstoffpumpe direkt von der Kurbelwelle oder
von einer Querwelle angetrieben wird, die durch ein Schraubenräderpaar
von der Kurbelwelle die halbe Maschinendrehzahl erhält und auch zum
Antrieb der Kühlwasserpumpen dient (Tafel IV und VII).

Bezüglich der Drehzahl, mit der die Brennstoffpumpe läuft, sind
zwei Fälle zu unterscheiden: Sie gleicht bei Viertaktmaschinen der halben
Maschinendrehzahl, wenn der Antrieb durch die Nockenwelle erfolgt,
ebenso, wenn die Bewegung von einer querliegenden Hilfswelle an der
vorderen Stirnseite der Maschine abgeleitet wird, die auch zum Antrieb
der Kühlwasserpumpen dient, und zwar nur aus dem Grund, weil für
diese, nicht etwa für die Brennstoffpumpe, die hohe Drehzahl der
Kurbelwelle nicht zuträglich ist. Volle Maschinendrehzahl ergibt sich
in der Regel beim Antrieb durch die stehende Zwischenwelle und durch
die Kurbelwelle selbst ohne Zwischenschaltung eines Rädergetriebes.
Aus naheliegenden Gründen muß die Pumpendrehzahl bei Viertaktmaschinen mindestens der halben, bei Zweitaktmaschinen der vollen

Maschinendrehzahl gleichen; ist sie höher, so muß sie ein Vielfaches dieser Mindestdrehzahlen sein, damit auf jede Zündung die gleiche Brennstoffmenge entfällt. So kann z. B. die Brennstoffpumpe einer Viertaktmaschine sehr wohl mit der $1^1/_2$fachen Maschinendrehzahl laufen, doch ist eine solche Ausführung, die für langsamlaufende Motoren in Betracht kommen könnte, bisher nicht bekanntgeworden.

Über die Wahl der Pumpendrehzahl kann nur gesagt werden, daß sie auf die Funktion der Pumpe wegen ihrer kleinen Abmessungen ohne Belang ist, auch auf die Form der Verbrennungslinie im Indikatordiagramm läßt sich ein bestimmter Einfluß nicht feststellen, es scheint sogar, daß die Förderung des Brennstoffes in zwei Portionen für eine Zündung eine gleichmäßigere Verteilung desselben im Zerstäuber zur Folge hat. Der verbilligende Einfluß der höheren Drehzahl macht sich erst bei großen Maschinen bemerkbar, da er sich aber nur auf die Antriebsteile und auf die Kolben, nicht aber auf die Ventile und auf die Regelung erstreckt, kann er für die Wahl der Drehzahl nicht von entscheidender Bedeutung sein. Man wird sich vielmehr nur von konstruktiven Gesichtspunkten, vor allem von der Rücksicht auf einfachen und zweckmäßigen Antrieb sowie auf gute Zugänglichkeit leiten lassen.

Jeder Arbeitszylinder erhält in der Regel einen besonderen Pumpenkolben zugeordnet; Anordnungen mit Verteiler, wie sie früher versucht wurden, wobei ein Pumpenkolben zwei oder mehr Zylinder mit Brennstoff versorgte, der durch feine Öffnungen und Rückschlagventile gleichmäßig verteilt werden sollte, haben sich nicht bewährt, da sie von Zufälligkeiten allzusehr abhängig waren; hingegen sind Verteiler recht gut verwendbar, wenn es gilt, die für einen Zylinder bestimmte Brennstoffmenge auf zwei Brennstoffventile zu verteilen. Hier kommt es auf eine ganz genaue Zweiteilung der Brennstoffmenge nicht an, da beide Teile in denselben Zylinder eingeblasen werden.

Nicht selten erhält jeder Pumpenkolben ein eigenes Antriebsexzenter (Tafel II), meist werden alle Kolben auf zwei Exzenter oder Kurbelkröpfungen verteilt oder ein Exzenter treibt sämtliche Kolben an. Der erstere Fall liegt in der Regel beim Antrieb durch die querliegende Kühlwasserpumpenwelle vor (Abb. 143 und Tafel IV und VII), der letztere beim Antrieb durch die stehende Zwischenwelle. Wird die Brennstoffpumpe direkt von der Kurbelwelle angetrieben, so können alle Pumpenkolben an einem Kreuzkopf befestigt sein und phasengleich arbeiten, oder es kann das Exzenter einen Schwinghebel betätigen, an dessen zwei Punkten zwei Kreuzköpfe angelenkt sind. Von diesen trägt ein jeder die Hälfte der Kolben, deren Arbeitsspiele demnach um 180° versetzt sind.

Die Regelung arbeitet stets in der bekannten Weise, daß die Saugventile früher oder später schließen und daher mehr oder weniger Brennstoff in die Leitungen nach den Brennstoffventilen gedrückt wird. Diese Veränderung der Saugventil-Schlußzeiten wird dadurch erzielt, daß der unveränderliche Hub des Steuergestänges, das die Saugventile offenhält, höher oder tiefer gelegt wird, und dies geschieht wieder durch Verlegung eines geeigneten Drehpunktes.

Bei Motoren für stationäre Zwecke und bei Borddynamos steht die Regelung unter dem Einfluß eines Fliehkraftreglers, der annähernd konstante Drehzahl bei veränderlicher Belastung aufrechterhält, Propeller-Antriebsmaschinen arbeiten hingegen meistens mit Handregelung, durch die eine bestimmte Füllung fest eingestellt wird. Eine fest eingestellte Füllung ergibt aber ein konstantes, von der Drehzahl fast unabhängiges Drehmoment und eine der Drehzahl proportionale Leistung. Da die Leistungsaufnahme des Propellers ungefähr der dritten Potenz der Drehzahl proportional ist, wächst das Drehmoment mit dem Quadrat der Drehzahl. Die Füllung der Brennstoffpumpe ist aber dem Drehmoment nicht proportional, da der Brennstoffverbrauch bei verschiedenen Füllungen weder auf die indizierte noch auf die effektive Leistung bezogen konstant ist. Jedenfalls entspricht aber bei reinem Propellerbetrieb jeder Füllung eine bestimmte Drehzahl, solange keine Änderung der Propellersteigung, des Schiffswiderstandes usw. eintritt; die Veränderung der Füllung wird somit zur Einstellung der jeweils gewünschten Drehzahl und Schiffsgeschwindigkeit benützt.

Auch für das Laden von Akkumulatoren ist die Benützung der Handregelung sehr bequem; da die Leistung einerseits dem Produkt aus Drehmoment und Drehzahl, anderseits dem aus Stromstärke und Spannung proportional ist, die Spannung sich aber bei konstanter Erregung im gleichen Verhältnis mit der Drehzahl ändert, entspricht einem bestimmten Drehmoment, also auch einer bestimmten Füllung, eine bestimmte Stromstärke. Steigt demnach im Verlauf des Ladevorganges die Spannung der Batterie, so steigt selbsttätig auch die Drehzahl der Maschine, so daß die eingestellte und etwa vorgeschriebene Ladestromstärke erhalten bleibt. Die Drehzahl kann auf den früheren Wert durch Verstellung des Nebenschlußreglers zurückgeführt werden.

Außer der Handregelung wird bei Propellermaschinen stets auch ein Fliehkraftregler vorgesehen, der beim Erreichen einer bestimmten Höchstdrehzahl eingreift und diese Drehzahl nicht überschreiten läßt oder aber die Maschine gänzlich abstellt. Diese letztere Bauart ist nicht zu empfehlen, da sie häufig zu unerwarteten Betriebsunterbrechungen führt, deren Ursache dann nicht immer gleich erkannt wird. Solche „Sicherheitsregler" werden auch bei Dieseldynamos verwendet, die einen normalen Fliehkraftregler besitzen; sie sollen beim Versagen desselben die Überschreitung der Betriebsdrehzahl um mehr als $10 \div 15\%$ verhindern und in diesem Falle die Maschine abstellen. In Abb. 130 ist ein solcher Sicherheitsregler unterhalb des normalen Fliehkraftreglers zu sehen. Ein kleines, pendelnd aufgehängtes Gewicht wird durch eine Feder festgehalten; bei Überschreitung einer bestimmten, durch Spannen der Feder einstellbaren Drehzahl schlägt es aus und löst einen Riegel aus, worauf eine (in der Abbildung sichtbare, horizontale) Feder vermittels eines Gestänges alle Saugventile öffnet und dadurch die Brennstofförderung unterbricht.

Aus der Lage des Antriebes ergibt sich auch die Stellung der Kolben zum Pumpenkörper. Tafel I zeigt eine Pumpe, bei der die Kolben von oben eingeführt sind, in Abb. 130 liegen sie annähernd wagrecht und in Abb. 143 sowie in den Tafeln II und VII sind Pumpen dargestellt, bei denen sich die Kolben auf der Unterseite befinden und nach oben drücken. Die Kolben werden durch Stopfbüchsen oder durch äußerst genau aufgepaßte Büchsen aus Rotguß oder Gußeisen abgedichtet; in beiden Fällen werden sie gehärtet, um die Abnützung in der Stopfbüchse zu vermindern bzw. ein Anfressen in der Büchse nach Möglichkeit zu verhindern. Die packungslose Abdichtung ist vorzuziehen, da bei richtiger Materialauswahl und sorgfältiger, sachgemäßer Ausführung die Brennstoffverluste geringer und die Haltbarkeit der Kolben größer sind als bei Verwendung üblicher Stopfbüchsen; zudem fällt das lästige und zeitraubende Verpacken weg. Die packungslosen Stopfbüchsen sind gegen seitliche Kräfte äußerst empfindlich. die Kolben müssen daher im Kreuzkopf so befestigt werden, daß sie sich in seitlicher Richtung frei bewegen können.

Die Druckventile öffnen stets nach oben, damit etwa eingedrungene Luft aus dem Pumpenraum hinausbefördert wird, sie sollen daher an der höchsten Stelle des Pumpenraumes liegen. In der Regel werden zwecks besserer Abdichtung und zur Erhöhung der Betriebssicherheit zwei Druckventile übereinander angeordnet; zwischen den beiden wird ein Probierventil oder eine Probierschraube angebracht, durch die der durch die Pumpe geförderte Brennstoff sichtbar in den Saugraum oder in das Schwimmergehäuse abgelassen wird, um das Arbeiten der Pumpe in Zweifelsfällen zu kontrollieren und größere Luftblasen zu entfernen. Es ist nämlich zu beachten, daß Luftblasen nur dann durch die Druckventile in die Druckleitung gegen den Druck der Einblaseluft befördert werden können, wenn ihre Größe ein bestimmtes Maß nicht überschreitet. Sonst lassen sie sich beim Druckhub der Pumpe nicht soweit komprimieren, daß der Druck zum Öffnen der Druckventile ausreicht, beim Saughub dehnen sie sich wieder aus, so daß das Ansaugen neuen Brennstoffes verhindert wird und das Spiel sich solange wiederholt, bis die Luft durch das Probierventil entfernt wird.

Die Saugventile werden nach oben oder nach unten öffnend angeordnet, das letztere ist bei weitem vorzuziehen, da Luftblasen durch das Saugventil, wenn es ebenfalls an der höchsten Stelle des Pumpenraumes angeordnet ist, entweichen können, ohne hohe Gegendrücke überwinden zu müssen, nachdem das Saugventil während des ersten Teiles des Druckhubes stets offen ist. Bei untenliegendem Saugventil ist ein solches Entweichen von Luftblasen natürlich nicht möglich. Ferner liegt bei diesem ein Teil des Reguliergestänges unzugänglich im brennstofferfüllten Saugraum, bei obenliegendem Saugventil läßt sich das ganze Reguliergestänge sehr übersichtlich, im Betriebe zugänglich und einstellbar, anordnen.

Die Gestalt des Gehäuses hängt von der Lage der Kolben, Ventile und Anschlüsse ab, sowie davon, wieviel Pumpeneinheiten (Kolben) in einem Gehäuse untergebracht sind. Dasselbe wird aus Gußeisen, Rotguß oder Flußeisen angefertigt, das letztgenannte Material verdient den Vorzug, weil darin undichte Stellen und damit verbundener Ausschuß in der Fabrikation nur äußerst selten vorkommen.

Bedeutet b den Brennstoffverbrauch in g/PS-h, i die Zylinderzahl und n die Maschinendrehzahl/min, so ist bei Normallast die Brennstoffmenge q für eine Zündung einer Viertaktmaschine

$$q = \frac{b \cdot N_e}{30\, i \cdot n}\,\mathrm{g}\,,$$

und das Hubvolumen eines Brennstoffpumpenkolbens

$$v = \frac{q \cdot k}{\gamma \cdot \eta_v \cdot m} = \frac{b \cdot N_e \cdot k}{i \cdot 30 \cdot n \cdot \gamma \cdot \eta_v \cdot m}\,\mathrm{cm}^3\,,$$

worin γ das spezifische Gewicht des Brennstoffes, k ein Sicherheitsfaktor für Überlastung und Lässigkeitsverluste, η_v der volumetrische Wirkungsgrad = der Füllung der Pumpe ist und m angibt, wieviel Pumpenhübe auf eine Zündung entfallen. Das spezifische Gewicht der als Brennstoff verwendeten Gas- und Paraffinöle beträgt durchschnittlich 0,9, das der Teeröle etwa 1,0; k kann etwa $1,2 \div 1,3$ gleichgesetzt werden. Der volumetrische Wirkungsgrad kann in gewissen Grenzen frei gewählt werden, im Gegensatz zu gewöhnlichen Pumpen, bei denen er von den Konstruktions- und Betriebsverhältnissen abhängt. Er wird in der Regel für Normallast zu etwa $50 \div 70 \%$ angenommen, d. h. man läßt das Saugventil nach $50 \div 30 \%$ des Druckhubes schließen, worauf die Förderung beginnt. Es empfiehlt sich nicht, den volumetrischen Wirkungsgrad größer zu machen, da sonst das Saugventil vom Reguliergestänge bei höheren Belastungen nur für ganz kurze Zeit oder gar nicht aufgedrückt werden würde, so daß die Füllung des Pumpenraumes mit Brennstoff nur dann erfolgen könnte, wenn das Saugventil durch die Saugwirkung des Pumpenkolbens allein geöffnet würde. Dies ist aber der kleinen Abmessungen der Pumpe und des Saugventiles wegen nicht allzu zuverlässig, auch könnten dann Luftblasen nicht durch das Saugventil ausgetrieben werden.

Nach dem vorhergehenden ändert sich der volumetrische Wirkungsgrad mit der Belastung; das Reguliergestänge muß stets so ausgebildet sein, daß vollständige Nullfüllung, also $\eta_v = 0$ erreichbar ist, d. h. daß das Saugventil erst im Ende Druckhub schließt, so daß gar kein Brennstoff in die Druckleitung gefördert wird. Vielfach geht man noch weiter und läßt das Reguliergestänge soweit verstellen, daß das Saugventil überhaupt nicht mehr schließt, um absolute Sicherheit gegen ein Durchgehen der Maschine bei Entlastung zu erhalten.

Ist das Hubvolumen bestimmt, so kann der Hub gewählt und der Kolbendurchmesser daraus berechnet werden. Wegen der Herstellung von Kolben und Stopfbüchsen wird man mit dem Kolbendurchmesser nicht gern unter $8 \div 10$ mm gehen, daraus ergibt sich dann der Hub bei kleinen Maschinen. Bei größeren wird man den Hub möglichst groß machen, um Kolbenquerschnitt und damit die durch die Antriebsteile übertragenen Kräfte möglichst klein zu erhalten, was insbesondere bei Zusammenfassung aller Pumpenkolben in einem Kreuzkopf erwünscht ist. Der Wahl eines genügend großen Hubes werden kaum jemals konstruktive Schwierigkeiten entgegenstehen, so daß man mit Kolbendurchmessern von etwa 20 mm auch für die größten Maschinen das Auslangen finden kann.

Die Abmessungen der Pumpenventile lassen sich nicht, wie bei anderen Pumpen üblich, berechnen, da man auch bei großen Maschinen zu kleine, nur durch Feinmechanikerarbeit herstellbare Teile erhalten würde. Nur bei ganz kleinen Maschinen wird man vielleicht den Ventilen weniger als 10 mm lichte Weite geben, da aber in einem Ventil von 10 mm l. W. auch bei den größten Maschinen die mittlere Brennstoffgeschwindigkeit kaum 1 m/s erreichen wird, können die gleichen Ventile für alle Maschinengrößen verwendet werden. Wesentlich ist, daß die Ventile und ihre Verschlüsse so angeordnet werden, daß sie ohne Losnehmen von Rohrleitungen ausgebaut werden können.

In Abb. 121 ist die Ermittlung des Reguliergestänges für eine Pumpe mit untenliegendem Kolben schematisch dargestellt. Der Kolbenhub betrage 36 mm, der Durchmesser ist für die Aufgabe ohne Belang. Zuerst ist der größte Hub des Saugventils, wie er bei Nullfüllung zustande kommt, festzulegen. Zu kleiner Hub ergibt schleichendes Schließen, daher ungenaue Regelung und allzu lange Dauer hoher Brennstoffgeschwindigkeiten im Ventilsitz, die gleiche Verteilung der Leistung auf die einzelnen Zylinder wird wegen der erforderlichen hohen Genauigkeit der Einstellung schwierig; zu großer Hub bringt konstruktive Schwierigkeiten. 8÷10 mm dürften das richtige Mittel darstellen. Nimmt man 10 mm und den Punkt A zunächst als feststehend an, so müssen die Hebel B und C so bemessen werden, daß die Stellschraube S den gewünschten Hub von 10 mm macht. Die Abbildung zeigt, in welcher Weise dies erreicht wird; die Zugstange D macht dabei 6 mm Hub. Natürlich muß die Anordnung des Gestänges

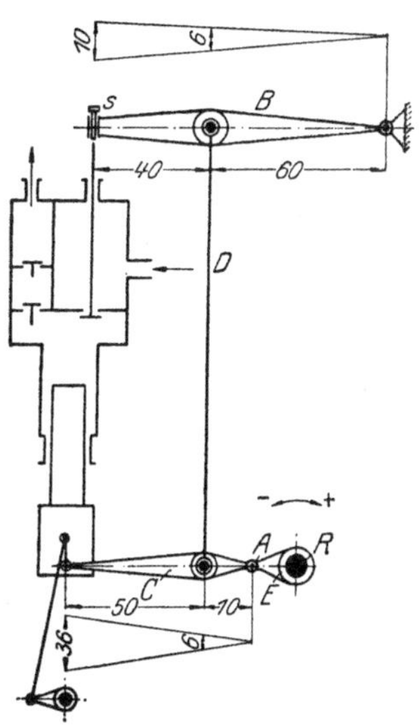

Abb. 121. Reguliergestänge.

so getroffen werden, daß die Saugventile während des Saughubes aufgedrückt werden und während des Druckhubes schließen.

Um nun zu finden, welchen Weg der Punkt A zurücklegen und welche Drehung die Regelwelle R ausführen muß, um von Nullfüllung auf Überlast zu übergehen, sei folgende Überlegung angestellt: Bei Nullfüllung verläßt die Stellschraube S das Saugventil gerade im oberen Totpunkt, um es sofort wieder zu öffnen. Bei größter Füllung muß die Pumpe während des η_v-ten Teiles des Druckhubes fördern, das Saugventil muß also schließen, nachdem $1-\eta_v$ Teile des Hubes zurückgelegt sind. Der Mehrverbrauch für Überlast ist bereits durch den Faktor k, s. oben, berücksichtigt. Da die Wege des Gestänges denen des Kolbens proportional sind, muß die Stellschraube S nunmehr einen toten Weg nach Verlassen des Saugventils zurücklegen, der den η_v-ten Teil ihres gleichbleibenden Hubes beträgt. Um soviel muß also der Hub der Stellschraube durch Verstellung des Punktes A höhergelegt werden.

Hat man bei Berechnung des Hubvolumens der Pumpe $\eta_v = 60\%$ angenommen, so ist im vorliegenden Beispiel der Hub der Stellschraube um $0{,}60 \cdot 10 = 6$ mm höher zu legen, wozu der Punkt A um

$$6 \cdot \frac{60}{40 + 60} \cdot \frac{50 + 10}{50} = 4{,}3 \text{ mm}$$ nach oben zu verlegen ist. Daraus ist dann die Länge des Hebels E und der Drehwinkel der Regelwelle R nach konstruktiven Rücksichten zu bestimmen.

Bei Propellermaschinen muß die Regelwelle mit dem Regler kraftschlüssig verbunden sein, damit man sie von Hand verstellen kann, ohne den Widerstand der Reglerfedern überwinden zu müssen, anderseits darf auch der Regler durch die Handregelung nicht gehindert werden, bei Überschreitung einer gewissen Drehzahl die Füllung der Belastung entsprechend einzustellen. Eine solche Anordnung ist in Abb. 122 schematisch dargestellt. Die Feder F sucht die Regelwelle R auf größere Füllung einzustellen, so daß der Zapfen G in der Schleife der Stange H aufruht. Durch den Handhebel J, mit dem die Stange H verbunden

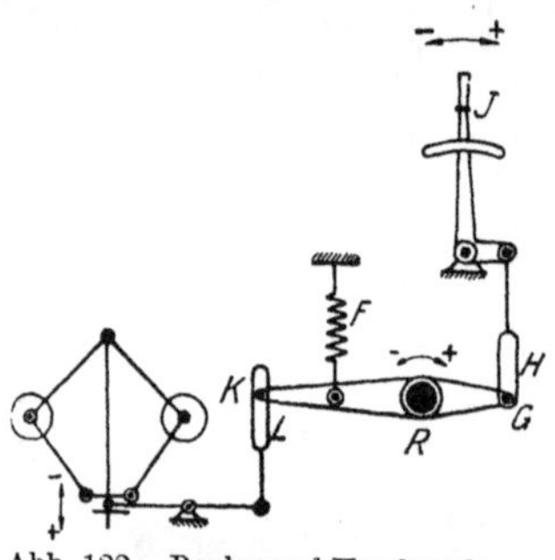

Abb. 122.   Regler und Handregelung.

ist, kann demnach der Welle R eine bestimmte Lage gegeben, und so die gewünschte Füllung eingestellt werden. Die Federn des Reglers werden so bemessen und gespannt, daß seine Gewichte bei allen im regelmäßigen Betriebe vorkommenden Drehzahlen in der innersten Lage verharren und der Zapfen K sich in der Schleife L frei bewegen kann. Wird aber aus irgendeiner Ursache die höchste Betriebsdrehzahl überschritten, so tritt der Regler aus seiner Ruhelage heraus, seine Muffe steigt, die Stange L zieht den Zapfen K herab und dreht die Regelwelle im Sinne kleinerer Brennstofförderung. In dieser Richtung kann sich nun der Zapfen G in der Schleife H frei bewegen, die Maschine reguliert wie eine normale Landmaschine, doch kann die durch den Handhebel J eingestellte Füllung nicht überschritten werden.

Diese freie Beweglichkeit der Regelwelle im Sinne kleinerer Füllung macht es möglich, verschiedene Abstellvorrichtungen auf sie einwirken zu lassen. So kann eine Fernabstellvorrichtung vorgesehen werden, die es ermöglicht, im Falle eines Brandes od. dgl. die Maschine pneumatisch oder elektrisch von einem entfernten Raum, z. B. der Kommandobrücke eines Schiffes aus, abzustellen. Im ersteren Falle wird ein kleiner Druckluftzylinder angeordnet, dessen eingeschliffener Kolben über einen Hebel die Regelwelle auf Nullfüllung stellt, wenn der Zylinder mit Druckluft beschickt wird. Diese wird der Einblaseleitung entnommen, die doch während des Betriebes stets unter Druck steht, und durch eine ganz dünne Leitung an den Ort, von dem aus das Abstellen erfolgen soll und wo zu diesem Zweck ein Ventil angebracht wird, und zurück zum Abstellzylinder geleitet. Anstatt dessen kann auch ein Elektromagnet oder ein Solenoid verwendet werden, doch ist diese Lösung als weniger zuverlässig anzusehen.

Auf Unterseebooten ist es vorgekommen, daß die Öffnung (Luke oder Luftschacht), durch die die Verbrennungsluft in den Maschinenraum einströmt, während des Betriebes der Dieselmaschinen versehentlich geschlossen wurde. Die weiterlaufenden Maschinen saugten dann die Luft aus dem Maschinenraum ab und der in kürzester Zeit entstehende Unterdruck hätte alle sich im Raume aufhaltende Menschen getötet, wenn nicht jemand die Geistesgegenwart besessen hätte, die Maschinen rechtzeitig abzustellen. Einem solchen Unfall kann durch eine Vorrichtung vorgebeugt werden, die, hauptsächlich aus einem Kolben oder einer Membran bestehend, bei einem bestimmten, nicht zu hoch bemessenem Unterdruck im Maschinenraum die Motoren abstellt.

Endlich wird die Regelwelle bei umsteuerbaren Maschinen mit dem Anlaßgestänge so verbunden, daß die Brennstofförderung aufhört, wenn der Anfahrhebel in Mittelstellung (Stopp) gebracht wird; damit wird erreicht, daß der Maschinist beim Abstellen, Anfahren und Umsteuern einen Griff weniger zu machen hat, bzw. daß der Zerstäuber während des Auslaufes nicht vollgepumpt wird, wenn der Maschinist nur mit dem Anfahrhebel abstellt, ohne die Handregelung auf Nullfüllung zu stellen. Bei Maschinen, bei denen die Zylinder gruppenweise angelassen werden, die aber, wie üblich, für alle Brennstoffpumpen eine gemeinsame Regelwelle haben, muß diese von demjenigen Handhebel beeinflußt werden, der zuerst in Betriebsstellung gelegt wird, damit die betreffende Zylindergruppe auch sofort Brennstoff erhält und zünden kann. Wird jedoch eine solche Maschine absichtlich oder versehentlich, wenn sich z. B. ein Anfahrhebel ausklinkt, und von selbst in Stoppstellung zurückkehrt, so betrieben, daß nur eine Zylindergruppe zündet, so können große Brennstoffmengen in die Zerstäuber der anderen Gruppe gepumpt werden, von da in die Einblaseleitung gelangen und schwere Unfälle verursachen. Es ist daher besser, die Brennstoffpumpen jeder Zylindergruppe getrennt durch den zugehörigen Anfahrhebel abstellen zu lassen. Bei gemeinsamer Regelwelle ist das nur möglich, indem man ein besonderes Hebelwerk anordnet, das die Saugventile unabhängig von der Lage der Regelwelle aufdrückt. Ein solches Hebelwerk ist in Abb. 130 zu sehen, das dort aber nicht vom Anfahrgestänge, sondern vom Sicherheitsregler betätigt wird.

Die Brennstoffpumpen kompressorloser Motoren unterscheiden sich, abgesehen von der seltenen Bauart mit Brennstoffspeicher (Vickers), von denen normaler Dieselmotoren hauptsächlich durch die Art des Antriebes und der Regelung. Der Beginn der Förderung kann nicht beliebig gewählt werden, er muß vielmehr durch Versuche genau festgelegt werden, da er auf die Diagrammform, die Güte der Verbrennung und die im Zylinder auftretenden Höchstdrucke von größtem Einfluß ist. Ebenso wichtig ist die Größe des Kurbelwinkels, in dem gefördert wird und auch die Fördergeschwindigkeit selbst, d. h. die Kolbengeschwindigkeit der Brennstoffpumpe darf sich bei manchen Bauarten nicht in allzu weiten Grenzen ändern. Aus diesen Zusammenhängen ergibt sich die Notwendigkeit, die Brennstoffpumpen durch Nocken anzutreiben; Exzenterantriebe könnten wegen des geringen Förderwinkels nur sehr schlecht ausgenützt werden. Selbstverständlich müssen die Brennstoffpumpen bei Viertaktmaschinen mit halber, bei Zweitaktmaschinen mit voller Drehzahl der Kurbelwelle angetrieben werden, wovon nur die erwähnte Bauart mit Brennstoffspeicher eine Ausnahme gestattet.

Die Regulierung kann in verschiedener Weise eingerichtet sein, sie darf jedoch, wieder mit der vorstehend erwähnten Ausnahme, im Gegensatz zu Lufteinblasemaschinen, den Beginn der Förderung nicht verschieben. Um dies zu erreichen, würde es genügen, eine Regelvorrichtung nach Abb. 121 so umzukehren, daß das Saugventil während des Druckhubes der Pumpe nicht erst schließt, sondern zu Beginn des Druckhubes geschlossen ist und während desselben durch die Regelvorrichtung aufgedrückt wird. Dazu ist aber bei hohen Pumpendrücken eine sehr erhebliche Kraft notwendig, die das Gestänge in unzulässiger Weise belasten und gewaltige Rückdrücke auf den Regler ergeben würde. Es ist daher besser, das Saugventil ungesteuert zu lassen und zur Regelung ein besonderes Überströmventil zu verwenden, das von der Regelung je nach Belastung der Maschine früher oder später während des Druckhubes geöffnet wird. Dieses Überströmventil kann mit ganz kleinem Querschnitt, also nadelförmig, und nach außen öffnend angeordnet werden und muß mit einer Feder belastet werden, die dem hohen Pumpendruck standhält. Im Augenblick des Öffnens ist der Rückdruck auf den Regler gering, da die Federkraft nicht viel größer ist, als die Kraft, die sich aus Brennstoffdruck und Ventilquerschnitt ergibt. Der Brennstoffdruck verschwindet aber mit dem Öffnen des Überströmventils und dann lastet die volle Federkraft auf dem Regelgestänge; doch ist dies erträglich, wenn man eben dem Ventil einen ganz geringen Querschnitt, etwa 2÷4 mm l. W. gibt. Ein solches Überströmventil dient zugleich als Sicherheitsventil für den Fall einer Düsenverstopfung od. dgl. Es hat ferner den Vorteil, daß seine Spindel nicht gegen hohe Drücke abgedichtet sein muß.

Eine andere, häufiger vorkommende Anordnung ist in Abb. 123[1] dargestellt. Das Überströmventil A öffnet ebenfalls nach außen, ist aber dadurch entlastet, daß seine Spindel durch den Pumpenraum nach unten durchgeführt und in der Büchse B gegen den hohen Druck abgedichtet ist. Letztere Notwendigkeit bedeutet zweifellos einen Nachteil dieser Bauart, der aber bei vorzüglicher Werkstattarbeit nicht allzu schwerwiegend ist. Die Rückwirkung auf die Regelung ist gering. Im übrigen ist die Abbildung wohl ohne weiteres klar. Der Raum über dem Überströmventil ist durch die teilweise sichtbare Bohrung C mit dem Saugraum D verbunden. Bei E greift der Regler an, der mittels der kleinen Kurbel F den Drehpunkt G des Hebels H verlegt und damit das Überströmventil nach einem kürzeren oder längeren Teil des Druckhubes der Pumpe öffnen läßt. Durch Anheben des kleinen Hebels J wird die Pumpenförderung unterbrochen, dieser Hebel wird vom Nocken K auf der Anlaß- und Abstellwelle L bestätigt.

---

[1] Ausführung der L. Láng, Maschinenfabrik-A.-G., Budapest.

Bei Vorkammermaschinen wird häufig die sog. Spindelregelung verwendet, die darauf beruht, daß ein nadelförmiges Überströmventil dauernd eine ganz enge Verbindung zwischen Pumpen- und Saugraum herstellt; es wird also nicht im Takte der Plungerbewegung angetrieben, sondern nur vom Regler durch Hinein- und Herausschrauben der Spindel mehr oder weniger geöffnet und bildet demnach einen bei gleichbleibender Belastung unveränderten Nebenschluß zum Saugventil der Pumpe. Diese Art der Regelung besitzt den offenbaren Nachteil, daß mit der Belastung die Geschwindigkeit des Brennstoffes in der Düse, sei es eine offene oder eine geschlossene, abnimmt und die Zerstäubung leidet. Sie ist daher für Maschinen mit Strahlzerstäubung unverwendbar, bei Vorkammermaschinen kommt es auf die Güte und Gleichmäßigkeit der Zerstäubung beim Eintritt des Brennstoffes in die Vorkammer weniger an.

Schließlich wird auch die Verschiebung eines schrägen Nockens, die den Pumpenplunger antreibt, zur Regelung verwendet. Diese Bauart besitzt den Vorteil, daß der Anfang des Einspritzens und der weitere Verlauf desselben der

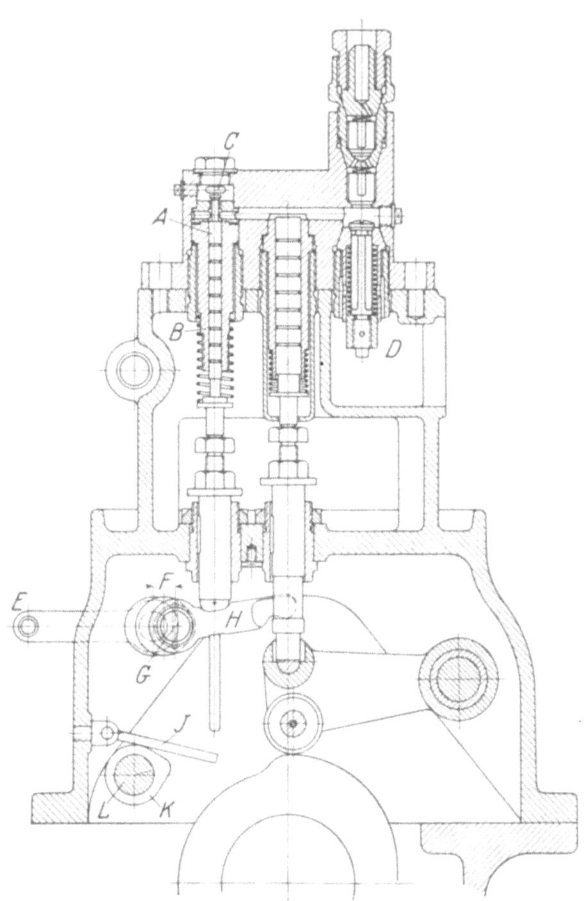

Abb. 123. Brennstoffpumpe mit Regelung.

Belastung angepaßt werden kann, wovon jedoch kaum Gebrauch gemacht wird. Da aber zwischen Nocken und Rolle — letztere muß tonnenförmig ausgebildet sein — nur Punktberührung auftreten kann, bleibt wegen der sonst allzu raschen Abnützung des Nockens diese Bauart auf Maschinen kleinerer Abmessungen mit Vorkammerzündung, bei denen man mit mäßigen Pumpendrücken auskommt, beschränkt.

10. Fliehkraftregler.

Der Regler soll möglichst nahe der Brennstoffpumpe angeordnet
sein, um lange Gestänge und Übertragungswellen zu vermeiden. Die
Steuerwelle eignet sich bei Viertaktmaschinen weniger zur Aufnahme
des Reglers, da ihre Drehzahl zu gering ist. Wird die Brennstoffpumpe
von der Antriebswelle der Steuerung angetrieben, so wird der Regler
am besten auf diese Welle gesetzt (Abb. 130), ebenso, wenn sich die
Pumpen auf Steuerseite befinden (Tafel II). Sind die Brennstoffpumpen
auf der vorderen Stirnseite angeordnet, so setzt man den Regler am
besten auf das Kurbelwellenende; für den Regler eine besondere Welle

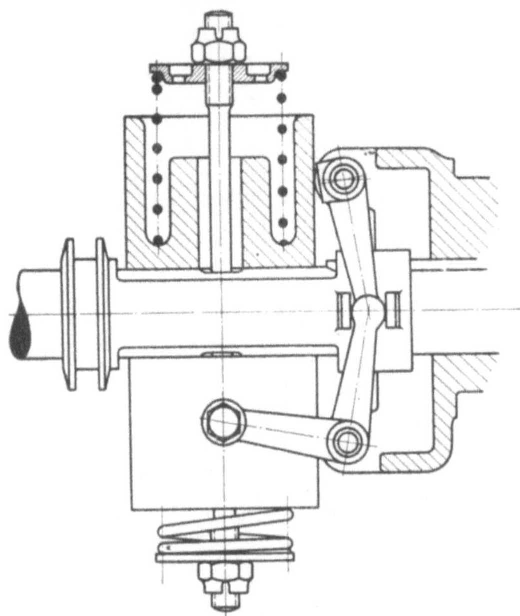

Abb. 124. Fliehkraftregler.

vorzusehen, bedeutet
wohl eine überflüssige
Vermehrung von Teilen
(Abb. 143, auch Ta-
fel III).

Am einfachsten ist die
Berechnung eines Feder-
reglers nach Abb. 124
wiederzugeben. Zu-
nächst muß man sich
über den Ungleichför-
migkeitsgrad δ des Reglers klar werden. Je
kleiner derselbe, desto
näher rückt die Gefahr
einer unruhigen, zu Pen-
delungen neigenden Re-
gulierung, mit der um so
mehr gerechnet werden
muß, als die schnell-
laufenden, vielzylindri-
gen Motoren meist ge-
ringe Schwungmassen
im Schwungrad oder
Dynamoanker erhalten. Wird δ zu groß gewählt, so ergeben sich zu
große Drehzahlunterschiede bei Belastungsschwankungen, bei Dieseldynamos wird daher der Ungleichförmigkeitsgrad der Regelung meist
vorgeschrieben, damit bei wechselnder Belastung die elektrischen Span-
nungsschwankungen nicht zu groß werden. Am gebräuchlichsten ist
der Wert $\delta = 5\%$, d. h. bei Entlastung von Vollast auf Leerlauf soll
die Drehzahl nach Erreichen des neuen Beharrungszustandes um nicht
mehr als 5% gestiegen sein und umgekehrt. Ferner wird vielfach verlangt, daß Belastungsänderungen von 25% der Normallast bleibende
Drehzahländerungen von höchstens 2% verursachen. Bei Propellermaschinen kommt es auf eine so genaue Regelung weniger an, da der
Regler nur die Aufgabe hat, ein Durchgehen der Maschine zu verhindern.
Doch soll auch hier ein Pendeln vermieden werden, damit die Maschine

bei plötzlicher Entlastung, z. B. Austauchen der Schraube, nicht in ein Gebiet kritischer Drehzahlen gerät, das oft nicht weit über der normalen Betriebsdrehzahl liegt.

Über die erforderliche Größe des Reglers zahlenmäßige Angaben zu machen, ist recht schwer, da sie von verschiedenen Umständen abhängt, die nicht leicht zu erfassen sind, hauptsächlich von den Reibungswiderständen des Reguliergestänges. Bei Dieseldynamos haben sich Regler mit einem Arbeitsvermögen von etwa 350 kgcm gut bewährt, Propellermaschinen erhalten weit schwächere Regler.

Nachstehend sei die Berechnung des Federreglers, Abb. 124, wiedergegeben: Jedes der beiden Reglergewichte hat ein Volumen von 461 cm³, bei Ausführung aus Gußeisen wiegt ein jedes 3,35 kg. Die Ermittlung des Schwerpunktes ergibt in der innersten Lage einen Abstand desselben vom Wellenmittel $r_1 = 5,15$ cm; der Hub der Gewichte wird mit $s = 2$ cm angenommen. Die Regelwelle (R in Abb. 121) ist mit der Muffe des Reglers derart zu verbinden, daß der innersten Lage der Gewichte die höchste Überlast, der äußersten aber Nullfüllung entspricht. Der Ungleichförmigkeitsgrad zwischen Vollast und Leerlauf betrage 4%. Es sind nun die Schwerpunktsabstände r_2 und r_3 für Vollast bzw. Leerlauf zu finden, wozu wenigstens die ungefähre Kenntnis der betreffenden Brennstoffverbrauchszahlen erforderlich ist. Angenommen, daß der Verbrauch bei Leerlauf 30% und der bei Überlast 120% des Vollastverbrauches beträgt, und daß sich der Hub der Reglergewichte proportional auf die Regelwelle oder richtiger auf den Punkt A in Abb. 121 überträgt, so entfallen auf den Leerlauf $\dfrac{30 \cdot 100}{120} = 25\%$ und auf die Vollast $\dfrac{100 \cdot 100}{120} = 83,3\%$ des ganzen Hubes, von der äußersten Lage (Nullfüllung) aus gerechnet. Es beträgt somit

$$r_2 = 5,15 + 2 - 0,833 \cdot 2 = 5,48 \text{ cm}$$

und

$$r_3 = 5,15 + 2 - 0,25 \cdot 2 = 6,65 \text{ cm};$$

$$r_4 = 5,15 + 2 = 7,15 \text{ cm}$$

entspricht der Lage der Nullfüllung.

Die normale Drehzahl bei Vollast soll 300 Uml./min betragen und werde mit n_2 bezeichnet, dann ist bei Leerlauf $n_3 = 300 + 0,04 \cdot 300 = 312$ Uml./min. Die zugehörigen Winkelgeschwindigkeiten sind $\omega_2 = 31,4$ und $\omega_3 = 32,6$, ihre Quadrate $\omega_2^2 = 986$ und $\omega_3^2 = 1063$. Die entsprechenden Fliehkräfte sind dann:

$$P_2 = \frac{3,35}{9,81} \cdot 0,0548 \cdot 986 = 18,5 \text{ kg} \quad \text{und} \quad P_3 = \frac{3,35}{9,81} \cdot 0,0665 \cdot 1063 = 24,1 \text{ kg}.$$

Dadurch sind die Federn festgelegt, sie müssen bei einer Verkürzung um je $r_3 - r_2 = 6,65 - 5,48 = 1,17$ cm eine Kraftsteigerung von je $P_3 - P_2 = 24,1 - 18,5 = 5,6$ kg ergeben. Um die Drahtstärke zu berechnen, ist jedoch die Kenntnis der größten Federkraft P_4 nötig, die in der äußersten Lage der Reglergewichte auftritt. P_4 ergibt sich aus

$$\frac{P_4 - P_2}{r_4 - r_2} = \frac{P_3 - P_2}{r_3 - r_2}, \quad P_4 = 26,5 \text{ kg}. \quad \text{Wird der mittlere Windungs-}$$

halbmesser $r = 3$ cm angenommen, so folgt die Drahtstärke aus $P_4 = \frac{\pi d^3 \cdot k_d}{16 \cdot r}$, wobei $k_d = 4000$ kg/cm²; $d = 0{,}464$ cm, was auf 5 mm aufgerundet werde. Sodann ist die wirksame Windungszahl n aus $r_3 - r_2 = \frac{64 \cdot n \cdot r^3 (P_3 - P_2)}{d^4 \cdot G}$ zu berechnen, sie ist $n = 6$.

Von Interesse ist noch die Ermittlung, welche Drehzahlen sich in den Endstellungen der Reglergewichte ergeben. Bei Nullfüllung gilt die Beziehung $P_4 = \frac{3{,}35}{9{,}81} \cdot r_4 \cdot \omega_4^2 = 26{,}5$ kg, woraus $\omega_4 = 32{,}9$ $n_4 = 314$, P_1 wird ähnlich wie P_4 ermittelt und ist $P_1 = 16{,}9$ kg, aus $P_1 = \frac{3{,}35}{9{,}81} \cdot r_1 \cdot \omega_1^2$ ist $\omega_1 = 31$ und $n_1 = 296$. Der Ungleichförmigkeitsgrad über den ganzen Reglerhub beträgt somit $2 \frac{n_4 - n_1}{n_4 + n_1} = 2 \frac{314 - 296}{314 + 296} = 5{,}9\%$, also weit mehr, als für den Ungleichförmigkeitsgrad zwischen Vollast und Leerlauf angenommen war.

11. Verdichter.

Zweistufige Einblasekompressoren wurden früher auch bei größeren schnellaufenden Dieselmaschinen verwendet, haben aber vielfach erhebliche Betriebsschwierigkeiten mit sich gebracht. Das gesamte Verdichtungsverhältnis ist nicht konstant, es wird bei gleichbleibendem Druck im Einblasegefäß, in das der Verdichter fördert, um so höher, je mehr die Leistung des Verdichters durch Drosseln der Saugöffnung vermindert wird. Das gesamte Verdichtungsverhältnis kann also nur bei einer bestimmten Leistung und einem bestimmten Enddruck auf beide Stufen gleichmäßig verteilt werden; ist es $\frac{p_3}{p_1}$, so müssen sich die Hubvolumina der beiden Stufen wie $\sqrt{\frac{p_3}{p_1}} : 1$ verhalten, da, Rückkühlung auf die Anfangstemperatur vorausgesetzt, $\frac{p_2}{p_1} = \frac{V_1}{V_2}$ ist und $\frac{p_2}{p_1} = \frac{p_3}{p_2}$ sein soll, somit $\frac{V_1}{V_2} = \sqrt{\frac{p_3}{p_1}}$ sein muß. Dabei ist p_1 und p_2 Druck vor, bzw. hinter der ersten Stufe, p_3 der Druck hinter der zweiten Stufe, V_1 und V_2 die Hubvolumina der ersten bzw. zweiten Stufe. Ist z. B. die Saugspannung in der ersten Stufe $p_1 = 0{,}7$ ata, die Endspannung $p_3 = 70$ ata, so ist das gesamte Verdichtungsverhältnis $\frac{p_3}{p_1} = 100$, die Hubvolumina der beiden Stufen sollen sich dann wie 10 : 1 verhalten. Damit ist das Verdichtungsverhältnis der Niederdruckstufe festgelegt, es ist konstant und beträgt $\frac{p_2}{p_1} = 10$, wobei von verschiedenen Nebeneinflüssen abgesehen sei. Wird stärker gedrosselt oder erhöht sich die Entspannung, so wird davon nur die Hochdruckstufe betroffen. Fällt z. B. p_1 auf 0,4 ata und erhöht sich gleichzeitig p_3 auf 80 ata, so wird $p_2 = 10 \cdot p_1 = 4$ ata und das Verdichtungsverhältnis im Hochdruckzylinder $\frac{p_3}{p_2} = \frac{80}{4} = 20$, was sehr hohe Temperaturen zur Folge haben muß und zu Schmierölzündungen führen kann. Zweistufige Kompressoren sollen also nicht zu reichlich bemessen werden, da die Hochdruckstufe bei starker Drosselung sehr ungünstig arbeitet.

Aber auch bei normalen Verhältnissen ergeben sich durch die Einwirkung der hochgespannten und erhitzten Luft auf das Schmieröl Betriebsschwierigkeiten. Das Öl bietet dem chemischen Angriff der Luft eine sehr große Oberfläche dar, da es in dünnster Schicht die Wandungen des Zylinders, Kolbens und der Kanäle bedeckt und in den Ventilen durch den Luftstrom zerstäubt wird, es wird zu einer harzartigen, klebrigen Masse oxydiert und verstopft die Einblaseleitungen und Zerstäuber manchmal derart, daß der Betrieb unterbrochen werden muß. Durch den Oxydationsprozeß kann die ohnehin hohe Temperatur noch so weit gesteigert werden, daß das Öl zu brennen anfängt, ohne daß es zu einer Explosion kommen müßte, und die Druckleitungen rotglühend werden. Bei genügender Ölmenge kommen auch Ölzündungen vor, die sich in harmlos verlaufenden Fällen durch das stets vorzusehende Sicherheitsventil entladen. Weitere Störungen entstehen durch Verstopfung der Verdichterventile durch Ölkoks, Ausglühen und Erlahmen der Ventilfedern usw.

Aus allen diesen Gründen sollen zweistufige Verdichter nur bei kleinen oder langsamlaufenden Maschinen Verwendung finden, wo durch die wassergekühlten Wandungen ein erheblicher Teil der Verdichtungswärme abgeführt wird.

Bei dreistufigen Kompressoren werden die Temperaturen niemals so hoch, daß sie zu störenden Erscheinungen Anlaß geben könnten, ihre Betriebssicherheit und die Lebensdauer ihrer Teile steht weit über der der zweistufigen Verdichter. Hier müssen die Verhältnisse der Hubvolumina zweier aufeinanderfolgenden Stufen der Kubikwurzel aus dem gesamten Verdichtungsverhältnis gleichen, wenn dieses auf die drei Stufen gleichmäßig verteilt werden soll. Wird der Enddruck mit p_4 bezeichnet, so ist $\dfrac{V_1}{V_2} = \dfrac{V_2}{V_3} = \sqrt[3]{\dfrac{p_4}{p_1}}$. Ist $\dfrac{p_4}{p_1}$ wieder $= 100$, so wäre $\dfrac{V_1}{V_2} = \dfrac{V_2}{V_3} = \dfrac{p_2}{p_1} = \dfrac{p_3}{p_2} = 4{,}64$ und auch das Verdichtungsverhältnis der dritten Stufe wäre $\dfrac{p_4}{p_3} = 4{,}64$. Da sich aber nur dieses bei Veränderung des gesamten Verdichtungsverhältnisses ändert, empfiehlt es sich, $\dfrac{p_4}{p_3}$ etwas kleiner zu machen und dafür die Verdichtungsverhältnisse der beiden ersten Stufen auf $5 \div 5{,}5$ zu vergrößern.

Vierstufige Verdichter werden bei Dieselmotoren nur dann verwendet, wenn Druckluft von wesentlich höherer Spannung, als zum Einblasen des Brennstoffes erforderlich, für andere Zwecke abgegeben werden muß. Ist z. B. der höchste Enddruck 160 at, so beträgt das gesamte Verdichtungsverhältnis etwa 200; man wird jedoch auch in diesem Falle nicht alle Verdichtungsverhältnisse $= \sqrt[4]{200} = 3{,}76$ machen, sondern die der ersten drei Stufen auf 4 bis 4,5 vergrößern, um die vierte Stufe zu entlasten, bei der infolge des außerordentlichen hohen

Druckes die Gefahren einer Ölzündung und anderer Störungen am größten sind.

Die Einblaseluft wird bei solchen Verdichtern hinter der vierten Stufe entnommen und durch ein Druckminderventil auf den erforderlichen Einblasedruck gebracht. Ein anderes, wohl etwas wirtschaftlicheres Verfahren, die Einblaseluft zwischen der dritten und vierten Stufe zu entnehmen und den Rest in der vierten Stufe weiter zu verdichten, ist weniger zu empfehlen, da das Hubvolumen der vierten Stufe dieser Restmenge angepaßt werden müßte, die aber erheblichen Schwankungen unterworfen sein kann. Wird sie größer als das Hubvolumen, so muß die Saugöffnung des Kompressors gedrosselt werden, weil sonst der Einblasedruck zu hoch steigt, und die Leistungsfähigkeit des Verdichters kann nicht voll ausgenützt werden; wird sie kleiner, so kann der Einblasedruck nicht auf der gewünschten Höhe gehalten werden,

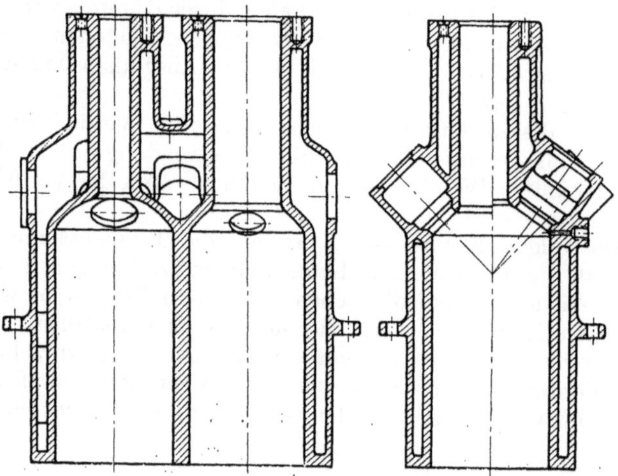

Abb. 125. Dreistufiger Verdichter.

es müßte denn eine Drosselvorrichtung vor der vierten Stufe eingebaut werden, wodurch aber eine Vergrößerung ihres Verdichtungsverhältnisses nicht verhindert werden kann und der Betrieb in unliebsamer Weise kompliziert würde.

Der Antrieb des Verdichters erfolgt fast ausschließlich vom vorderen Kurbelwellenende, andere Bauarten, wie Schwinghebel u. dgl. werden bei schnellaufenden Maschinen nicht mehr verwendet. Zwei- und dreistufige Kompressoren werden bei kleineren Maschinen mitunter von einer Kurbel angetrieben, häufiger und bei großen Maschinen ausschließlich verwendet ist die Verteilung auf zwei um 180° gegeneinander versetzte Kurbeln mit annähernd gleichen Gewichten der hin und her gehenden Teile, wodurch wenigstens die Massenkräfte 1. Ordnung ausgeglichen werden. Vierstufige Kompressoren müssen von zwei Kurbeln angetrieben werden, da vier Stufen übereinander angeordnet eine allzu große Bauhöhe ergeben würden und manche Teile, vor allem der Kolben, eine unhandliche Länge erhalten würden.

Bei zweistufigen Verdichtern wird der Hochdruckkolben stets über dem Niederdruckkolben angeordnet, der letztere enthält den Kolbenzapfen und dient zur Führung; er muß mit ein bis zwei Abstreifringen versehen sein, da wegen des Unterdrucks, der infolge der Drosselregelung während des Saughubes im Niederdruckzylinder herrscht, das vom Kurbellager auf die Zylinderwand geschleuderte Schmieröl besonders leicht in übermäßiger Menge hochgezogen wird. Sind zwei Kurbeln vorhanden, so werden zwei gleiche Zylinder, meist zusammengegossen, nebeneinander angeordnet; man erhält also einen Zwillingsverdichter und damit den Vorteil einer gewissen Reserve, da wenigstens die halbe Luftmenge weitergeliefert werden kann, wenn eine Verdichterhälfte aus irgendeinem Grunde außer Betrieb gesetzt werden muß. Die Zylinder werden in der Regel mit dem Kühlmantel aus einem Stück gegossen, ähnlich dem dreistufigen Verdichter in Abb. 125, nur die Hochdruckdeckel (Abb. 126) werden besonders aufgesetzt. Die Stufen-

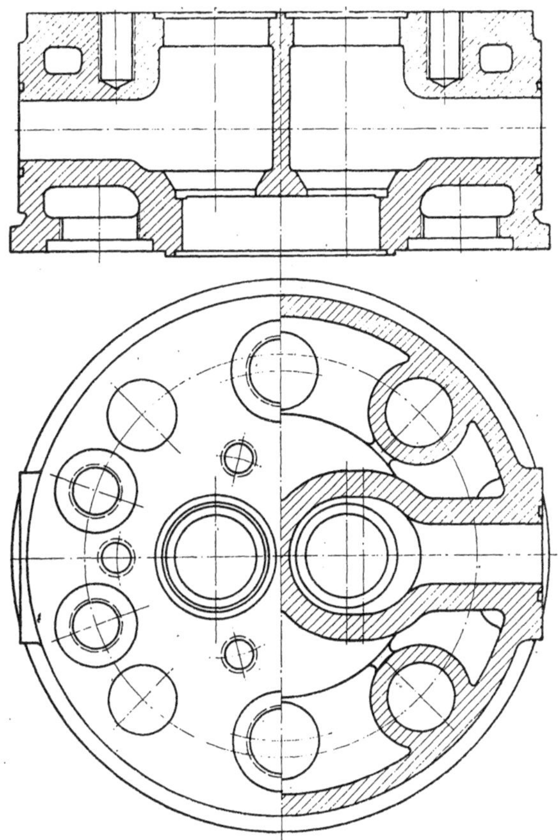

Abb. 126. Hochdruck-Zylinderdeckel.

kolben müssen also nach unten ausgebaut werden, wofür jedoch meistens der nötige Raum im Kurbelgehäuse fehlt, dann müssen die Zylinder von den Kolben abgezogen werden, die durch die Treibstangen mit den Kurbeln verbunden bleiben. Diese Art des Aus- und Einbauens ist recht umständlich, da verhältnismäßig große Gewichte und sperrige Stücke in meist engem Raum zu bewegen sind und viele Nebenteile, die Umsteuervorrichtung u. a. vorher ab- und nachher angebaut werden müssen.

Die Stirnfläche des Niederdruckkolbens wird in der Regel kugelförmig gemacht, weil in diesem Falle die Ventile mit dem geringsten schädlichen Raum eingesetzt werden können. Das Kühlwasser wird zweckmäßig außerhalb des Kurbelgehäuses, also ziemlich hoch zugeführt, um wasserführende Rohre und Verschraubungen innerhalb desselben zu vermeiden, es genügt auch vollkommen, wenn der untere Teil des Niederdruckzylinders mit stehendem Wasser erfüllt ist, da dort nur die geringe Reibungswärme abzuführen ist.

Der Hochdruck-Zylinderdeckel (Abb. 126) enthält je ein Saug- und Druckventil und die Kanäle zur Zu- und Ableitung der Luft, sein Hohlraum wird von Kühlwasser durchflossen, das ähnlich wie bei den Arbeitszylindern zugeführt wird. Eine gleichmäßige Verteilung des Kühlwassers und eine geordnete Zirkulation ist aber hier wegen der weit geringeren Temperaturen und Wärmemengen von untergeordneter Bedeutung, es genügt vollkommen, wenn alle erhitzten Wandungen mit dem Kühlwasser in Berührung stehen und störende Luftsäcke vermieden werden. Die Ableitung erfolgt natürlich an höchster Stelle. Die Stiftschrauben, mit denen der Deckel befestigt ist, sind zu berechnen, indem man den Enddruck der Verdichtung auf den äußeren Durchmesser der Deckeldichtung zugrunde legt und eine Zugspannung von etwa 500 kg/cm² zuläßt.

Die Kolbenkraft, die nur gegen Ende des Aufwärtshubes in ihrer vollen Größe auftritt, ergibt sich aus den wirksamen Flächen des Nieder- und Hochdruckkolbens und den zugehörigen Enddrücken. Die Flächendrücke in den Kolbenzapfen- und Kurbellagern können viel kleiner gewählt werden, wie bei den Arbeitszylindern, da dies hier die Raumverhältnisse gestatten; sonst gilt vom Triebwerk das dort Gesagte. Es sei nur noch erwähnt, daß wegen des kleineren Hubes die Massenkräfte eine geringe Rolle spielen, insbesondere ist es nicht möglich, daraus die Abmessungen der Treibstangenschrauben zu berechnen. man setze sie etwa in das gleiche Verhältnis zum Kurbelzapfendurchmesser wie bei den Arbeitszylindern. Durch die größte Kolbenkraft werden auch die Schrauben beansprucht, mit denen der oder die Kompressorzylinder am Kastengestell befestigt sind; wegen der unsicheren Kraftverteilung nehme man jedoch $k_z = 350 \div 400$ kg/cm² und ziehe nur diejenigen Schrauben in Betracht, die im Bereiche eines Zylinders liegen, auch wenn beide zu einem Gußstück vereinigt sein sollten.

Dreistufige Kompressoren mit einer Kurbel werden nach Abb. 23 ausgeführt. Der Zylinder wird an der Stelle geteilt, wo der zylindrische Teil der Niederdruckstufe in die Kugelkappe übergeht, außerdem wird der Hochdruckzylinderdeckel besonders aufgesetzt. Dadurch wird das Ausbauen der Kolben außerordentlich erleichtert, da nur die verhältnismäßig leichten Zylinderoberteile abzunehmen sind, die man bei sachgemäßer Konstruktion auch noch von allzu vielen Nebenteilen, die dabei abzubauen wären, freihalten kann, und die Kolben nach oben ausgebaut werden können.

Die Kolbenkraft, die auch hier für die Berechnung des Triebwerkes und der Befestigungsschrauben maßgebend ist, ist ebenfalls gegen Ende

des Aufwärtshubes am größten, von den Enddrücken der ersten und
dritten Stufe p_2 und p_4 auf die zugehörigen wirksamen Kolbenflächen
ist die Saugspannung p_2 im Mitteldruckzylinder auf die untere Ring-
fläche des Kolbens abzuziehen. Beim Abwärtshub entsteht eine nach
oben gerichtete Kraft, die sich aus dem Enddruck in der zweiten Stufe
p_3 und dem Unterdruck im Niederdruckzylinder $1 - p_1$ auf die zugehörigen Kolbenringflächen abzüglich der Saugspannung in der dritten
Stufe p_3 auf den Hochdruckkolben zusammensetzt. Es ergibt sich demnach bei jeder Umdrehung ein Druckwechsel im Triebwerk, was für die
Schmierung des Kolbenzapfens sehr vorteilhaft ist; bei zweistufigen
Verdichtern und dreistufigen nach Abb. 125 tritt ein Druckwechsel
nur bei sehr starker Drosselung oder großen Massenkräften auf. Mit
der nach oben gerichteten Kolbenkraft sind die Abmessungen der Treibstangenschrauben zu überprüfen. Der Kolbenzapfen wird im unteren
Teil des Kolbens befestigt, der die Führung besorgt, die übrigen Teile des
Kolbens erhalten größeres Spiel im Zylinder, um Anfressen zu vermeiden,
auch wenn sich der lange Kolben infolge ungleichmäßiger Erwärmung
etwas verzogen haben sollte.

Dreistufige Verdichter mit zwei Kurbeln können in verschiedener
Weise angeordnet werden. Vielfach werden zwei Zylinder nach Abb. 23
zu einem Zwillingskompressor vereinigt, so daß jede Hälfte bei Beschädigung der anderen selbständig weiterarbeiten kann. Billiger, leichter
und einfacher ist die in Abb. 125 dargestellte Bauart, wobei je ein
Niederdruckkolben mit dem Hoch- und Mitteldruckkolben vereinigt ist,
da die Zylinder ungeteilt bleiben können und acht gegenüber zwölf
Ventilen bei der erstgenannten Bauart vorhanden sind. Als Nachteil
ist hingegen der bereits erwähnte schwierigere Kolbenausbau und die
Unmöglichkeit, mit einer Kompressorhälfte selbständig weiterzuarbei-
ten, zu nennen. Der Deckel des Mitteldruckzylinders weist bis auf die
größeren Abmessungen und die schwächeren Schrauben und Wandstärken keine Verschiedenheiten gegenüber dem Hochdruckdeckel auf.
Eine noch einfachere Bauart wurde vom Verfasser dieses Abschnitts
bei kleinen Maschinen eingeführt, indem der Niederdruckkolben als
einfacher Tauchkolben, ganz ähnlich einem Arbeitskolben ausgebildet,
und die beiden anderen zu einem Stufenkolben, Mitteldruck unten,
Hochdruck oben, vereinigt wurden, Indem der Stufenkolben einen
weit geringeren Hub erhielt als der Niederdruckkolben, ergaben sich
für ersteren nicht allzu kleine Durchmesser und gleiche Höhen für beide
Zylinder. Die Anzahl der nötigen Ventile ist nur sechs, wie bei ein-
kurbeligen dreistufigen Verdichtern.

Vierstufige Verdichter werden in der Regel mit je zwei Zylindern
in der ersten und zweiten und je einem in der dritten und vierten Stufe
ausgeführt, so daß zwei Stufenkolben nach Abb. 23 entstehen, deren
oberste Teile die dritte und vierte Stufe bilden.

Der Verdichter muß so bemessen sein, daß er auch bei minder gutem
Betriebszustand die nötige Einblaseluft mit Sicherheit fördert und noch
ein gewisser Überschuß zum Auffüllen der Anlaßgefäße und unter Umständen für andere Zwecke verbleibt. Bezeichnet L den Einblaseluft-

verbrauch für die Pferdekraftstunde in Litern von atmosphärischer Spannung, λ den Lieferungsgrad des Verdichters, der vom schädlichen Raum, der Stufenzahl, der Luftgeschwindigkeit und den Widerständen in den Ventilen usw. abhängt, und V das Hubvolumen aller Arbeitszylinder, so ist das zur Förderung der Einblaseluft erforderliche Hubvolumen einer einfachwirkenden Niederdruckstufe für eine Viertaktmaschine $V_e = \dfrac{L \cdot N_e}{60 \cdot n \cdot \lambda}$, und da $N_e = \dfrac{V \cdot n \cdot p_e}{900}$, $V_e = \dfrac{L \cdot V \cdot p_e}{54\,000 \cdot \lambda}$.

Der Einblaseluftverbrauch beträgt für Vollast $300 \div 400$ l/PS_e-h, der geringere Wert gilt für kleine und mittlere Maschinen mit mäßig hohem p_e, der höhere für große, höchstbelastete Maschinen. Dies erklärt sich dadurch, daß bei den letzteren den einzelnen Brennstoffteilchen eine höhere Bewegungsenergie erteilt und stärkere Wirbelung im Verbrennungsraum erzeugt werden muß, um bei den größeren Entfernungen und dem geringeren Luftüberschuß vollkommene und rauchlose Verbrennung zu erzielen. Der Lieferungsgrad des Verdichters schwankt zwischen 0,65 und 0,80, der effektive mittlere Druck in den Arbeitszylindern $p_e = 5 \div 6$ at. Demnach liegt V_e zwischen den Grenzen $0,035 \cdot V$ und $0,068 \cdot V$. Die ausgeführten Verdichter besitzen bei Viertaktmaschinen in der Regel ohne Rücksicht auf die erwähnten Umstände ein Hubvolumen V_k, das vom Werte $V_k = 0,08 \cdot V$ nicht viel abweicht. Das würde also einen Wert α auf S. 27 von 0,16 entsprechen. Es ergibt sich daraus, daß die kleineren Maschinen einen weitaus größeren Luftüberschuß im Verdichter besitzen als die großen, was auch durch die praktischen Erfahrungen bestätigt wird.

Die Steuerung der Einblasekompressoren erfolgt fast ausschließlich durch selbsttätige Ventile, die als Kegel- und Plattenventile ausgeführt werden. Die ersteren können einen größeren Hub erhalten, bedürfen aber dann eines Luftpuffers, um die Stöße beim Öffnen und Schließen zu mildern, auch wenn ihre Masse nach Möglichkeit vermindert wird. Die Luftpuffer sind gegen Abnützung recht empfindlich, ihre Wirkung hört nach einiger Zeit auf, das Arbeiten wird geräuschvoll und die Dichtungsflächen und Hubbegrenzungen werden beschädigt. Verdicktes oder verharztes Schmieröl verursacht oft Hängenbleiben der Ventile in den Luftpuffern und Spindelführungen. Alle diese Übelstände treten bei Plattenventilen nicht auf, ihre Masse und Stoßarbeit sind gering, die Reibungswiderstände verschwindend, sie dürfen aber nur geringen Hub erhalten, wenn sie bei hohen Drehzahlen genügende Lebensdauer aufweisen sollen. Bei richtiger Ausführung und Materialauswahl (Chromnickelstahl für die Platten) haben sie sich für die höchsten Drücke bis 200 at vorzüglich bewährt. Die Ventilsitze und Ventilfänger werden aus einer harten Stahlsorte hergestellt, die Öffnungen für den Durchtritt der Luft werden meist gebohrt und erhalten daher kreisförmigen Querschnitt (Abb. 127). Die Ventilplatten erhalten eine Stärke von nur $1,5 \div 2$ mm, sie werden in der Regel am inneren Rande mit einem Spiel von einigen Zehnteln Millimeter geführt; der Hub soll 3, bei langsamer laufenden Maschinen 4 mm nicht übersteigen, wofür durch eine Hubbegrenzung zu sorgen ist. Die Abmessungen der Ventile ergeben sich aus der Beziehung $f = F \cdot \dfrac{c_m}{v}$, worin f der freie Ventilquerschnitt, F die wirksame Kolbenfläche der betreffenden Stufe und c_m die mittlere Geschwindigkeit des Verdichterkolbens ist. v gleicht beim Saugventil ungefähr der mittleren Luftgeschwindigkeit, beim Druckventil hat es nur die Bedeutung einer Verhältniszahl, da dieses nur während eines Teiles des Kolbenhubes geöffnet ist. Wird, wie vielfach üblich, v für das Saug- und Druckventil derselben Stufe gleich genommen, so ergeben sich dennoch im Druckventil geringere Luftgeschwindigkeiten als im Saugventil, da ersteres erst bei geringerer Kolbengeschwindigkeit öffnet. Dies ist durchaus erwünscht, da bei Luft von größerer Dichte kleinere Geschwindigkeiten mit Rücksicht auf die Widerstände zulässig sind. Aus dem gleichen Grunde werden die Werte für v bei den höheren Stufen niedriger angenommen als bei den unteren, und zwar darf v etwa betragen: in der ersten Stufe $80 \div 100$ m/s, in der zweiten $60 \div 80$ und in der dritten $30 \div 60$ m/s. Es ist natürlich sowohl im Hinblick auf den Kraftbedarf des Verdichters, als auch auf die Erwärmung der Luft von Vorteil, unter diesen Geschwindigkeiten zu bleiben, wenn dies die Raumverhältnisse für die Unterbringung der Ventile gestatten.

Ist danach der freie Querschnitt f eines Plattenventils bestimmt, so ist er sowohl in der den Ventilsitz bildenden Platte, als auch im Spalt zu verwirklichen. Im Ventilsitz ist der Querschnitt $f = n \dfrac{\pi \cdot d^2}{4}$, wenn darin n Bohrungen vom Durchmesser d ausgeführt werden, im Spalt ist $f = \pi D_a h + \pi D_i h$, worin D_a und D_i der äußere bzw. innere Durchmesser der Ventilplatte und h der Ventilhub ist. Setzt man

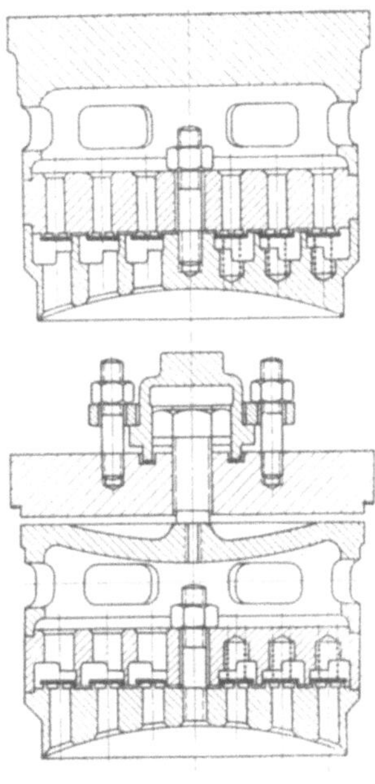

Abb. 127. Niederdruck-Plattenventile.

diese beiden Querschnitte einander gleich und bezeichnet man mit D_m den Lochkreisdurchmesser in der Sitzplatte, wobei $D_m = \dfrac{D_a + D_i}{2}$, ferner mit s den aus Festigkeitsrücksichten erforderlichen Abstand zwischen den Löchern, so ergibt sich aus $n\,(s + d) \approx \pi D_m$ durch einfache Umformung die Beziehung $s + d = \dfrac{\pi d^2}{8 \cdot h}$. Nimmt man $s = 2$ bis 3 mm und $h = 3$ mm an, so wird der Lochdurchmesser ungefähr $d = 10$ mm. Dementsprechend muß die Breite der Ventilplatte etwa $13 \div 14$ mm betragen, wenn man die Sitzbreite mit 1 mm annimmt. Man sieht also, daß durch den Ventilhub der Durchmesser der Bohrungen in der Sitzplatte und die Breite der Ventilplatte gegeben ist und daß eine Vergrößerung dieser beiden Werte keine Vorteile bringen kann. Nach der obigen

Annahme wäre die Luftgeschwindigkeit in den Löchern der Sitzplatte und im Spalt die gleiche; da aber ein Teil des inneren Spaltes oder auch der ganze durch die Führungsflächen des Ventilfängers verdeckt und unwirksam gemacht wird, ergibt sich eine geringere Geschwindigkeit in den Löchern als im Spalt, was wegen der Verringerung des Ventilwiderstandes nur erwünscht ist.

Aus dem berechneten freien Ventilquerschnitt f und dem angenommenen Hub h ergibt sich also der erforderliche gesamte Spaltumfang. Bei kleinen Ventilen wird schon der äußere Umfang der Ventilplatte genügen und der innere ohne Unterbrechung zur Führung dienen können, bei größeren würde eine Platte auch bei teilweiser Ausnutzung des inneren Umfanges zu großen Durchmesser erhalten. Man verteilt dann den ermittelten Spaltumfang auf zwei oder drei konzentrische Ventilplatten (Abb. 126 und 127). Der radiale Abstand je zweier Platten muß genügen, um neben den Führungsfortsätzen des Hubfängers der zu- bzw. abströmenden Luft den nötigen Querschnitt zu bieten.

Für die Berechnung der Ventilfedern kann die Formel von Hoerbiger benützt werden, nach der die Kraft sämtlicher auf eine Ventilplatte wirkenden Federn bei geschlossenem Ventil betragen soll:

$$P_1 = 0{,}00003 \cdot v \cdot \sqrt{n \cdot p}\ \text{kg},$$

worin F die luftberührte untere Oberfläche der Ventilplatte in Quadratzentimetern, v die Spaltgeschwindigkeit in m/s, n die minutliche Drehzahl und p der höchste zu beiden Seiten der Ventilplatte betriebsmäßig auftretende Druckunterschied in at ist. Bei kleinen Ventilen mit einer Platte wird man am besten eine um die Führung konzentrische Feder anordnen, bei größeren mehrere kleine Federn auf jede Platte wirken lassen.

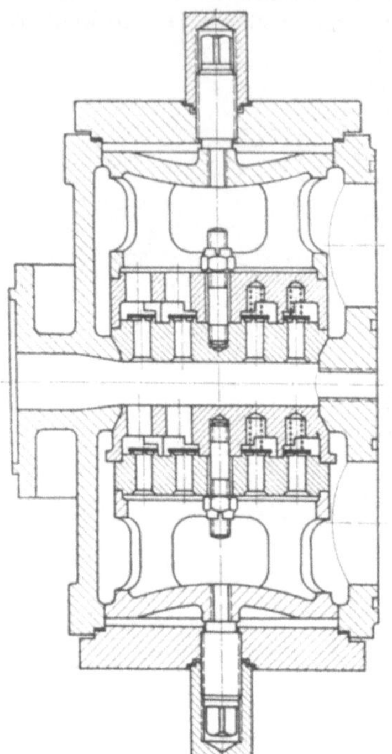

Abb. 128. Mitteldruck-Ventilgehäuse.

Die Unterseiten der Niederdruckventile werden kugelförmig ausgedreht, so daß sich beim Einbau in einen Zylinder nach Abb. 23 oder 125 ein möglichst geringer schädlicher Raum ergibt; die Achse des Ventils geht durch den Mittelpunkt der Kugel und schließt mit der Achse des Zylinders einen Winkel von $35 \div 45°$ ein. Bei schnellaufenden Maschinen werden die Ventile so groß, daß fast der ganze Kreisbogen des Kugelschnittes zwischen der Zylinderwand der ersten und der zweiten bzw. dritten oder vierten Stufe davon eingenommen wird, bei dreistufigen

Verdichtern nach Abb. 125 ist es daher meist nicht möglich, die Niederdruckventile der beiden Zylinder gleichzumachen und ihnen die gleiche Neigung zu geben.

Die Ventile der dritten und vierten Stufe sitzen stets in den Zylinderdeckeln, und zwar meistens mit lotrechter Achse (Abb. 126), das gleiche gilt von den Ventilen der zweiten Stufe bei zweistufigen Verdichtern und bei dreistufigen Kompressoren nach Abb. 125. Bei drei- und vierstufigen Kompressoren nach Abb. 23 werden sie hingegen meistens in einem besonderen Gehäuse untergebracht, das an den Zylinder angeschraubt wird und mit dem Verdichtungsraum durch einen Kanal verbunden ist (Abb. 128). Beim Entwurf dieses Gehäuses ist darauf zu achten, daß der schädliche Raum möglichst gering bleibt. Da aber dessen Vergrößerung im Verhältnis zu denen der anderen Stufen nur die Leistung der zweiten Stufe herabsetzt und dadurch das Verdichtungsverhältnis der ersten Stufe erhöht, empfiehlt es sich mitunter, das Hubvolumen der zweiten Stufe etwas zu vergrößern.

Die Befestigung der Ventile soll in der Weise ausgebildet sein, daß die Abdichtung der Sitzplatte bzw. des Ventilfängers das Zylinderinnere unabhängig von der des Abschlußflansches nach außen erfolgt; in Abb. 127 und 128 ist das dadurch erreicht, daß der quadratische Deckel durch vier (nicht dargestellte) Stiftschrauben befestigt ist, während das Ventil selbst durch eine zentrale Druckschraube und ein glockenförmiges Druckstück niedergehalten wird. Das Gewinde der Druckschrauben wird noch durch darüber gestülpte Kappen vollkommen abgedichtet, die gleichzeitig die Schrauben sichern. Beim Niederdruck-Saugventil kann eine bedeutende Vereinfachung vorgenommen werden, da hier eine vollkommene Abdichtung des Deckels nicht erforderlich ist, es könnte ja höchstens etwas Luft unter Umgehung der Drosselvorrichtung von außen eingesaugt werden.

12. Allgemeine Bemerkungen.

Außer den selbstverständlichen Forderungen nach Zuverlässigkeit und Betriebssicherheit soll beim Entwurf einer Maschine nicht unberücksichtigt bleiben, welche Vorteile eine wohldurchdachte Einfachheit der Konstruktion in bezug auf Aussehen, Fabrikation und Bedienung mit sich bringt. Je weniger Teile eine Maschine besitzt, je gleichartiger diese untereinander sind und je übersichtlicher ihre Anordnung, desto einfacher, damit aber auch zuverlässiger und vertrauenerweckender ist der auf den sachkundigen Beschauer gemachte Eindruck. Der früher oft ausgesprochene Grundsatz, daß für jede Aufgabe ein besonderer Maschinenteil geschaffen werden muß, ist durchaus zu verwerfen; im Gegenteil, je mehr Aufgaben einem Teil aufgebürdet werden können, desto weniger Teile werden notwendig und desto einfacher wird die Maschine. Die Kunst des Konstrukteurs wird darin bestehen, die Anordnung so zu treffen, daß verschiedene Aufgaben von einem Maschinenteil ohne gegenseitige Störung erfüllt werden können, z. B. daß eine mit Rücksicht auf die eine Aufgabe erforderliche Verstellung auf die Erfüllung der anderen keinen Einfluß hat.

Die Einfachheit des Aussehens steht oft in einem gewissen Gegensatz zur Einfachheit der Bedienung. Man darf sich durch die Rücksicht auf die erstere nicht abhalten lassen, Nebeneinrichtungen und automatische Vorrichtungen anzubringen, durch die dem Maschinisten Griffe erspart werden und seine Aufmerksamkeit entlastet wird, also die Einfachheit der Bedienung und vielfach auch die Betriebssicherheit gewinnt. Anderseits sollen solche, insbesondere automatische Einrichtungen nicht so kompliziert sein, daß sie selbst und ihre Wirkung unübersichtlich werden, und daß zu ihrer Erklärung umfangreiche schriftliche Erläuterungen mitgegeben werden müssen, die leider oft mißverstanden werden oder im entscheidenden Augenblick nicht gegenwärtig sind. Ebenso sollen Vorrichtungen, die kaum jemals eintretenden Möglichkeiten Rechnung tragen oder höchst unwahrscheinliche Gefahren beseitigen sollen, vermieden werden, da vielfach durch ihr bloßes Vorhandensein Störungen verursacht werden und nicht nur die bauliche Einfachheit der Maschine beeinträchtigt, sondern auch die Bedienung unnötigerweise belastet wird. Das gleiche gilt von vermeintlichen Verbesserungen, die, oft auf rein theoretischen Erwägungen beruhend, gar keine praktischen Vorteile bringen, aber durch wesentliche Komplikation und Verteuerung der Maschine erkauft werden müssen.

Die Einfachheit der Herstellung geht mit der Verbilligung und Beschleunigung der Fabrikation Hand in Hand. Der Konstrukteur muß jeden Teil, den er entwirft, im Geiste auf seinem Weg von der Materialbeschaffung bis zum endgültigen Einbau verfolgen und überall auch den kleinsten Vorteil für die Werkstatt herauszuschlagen suchen, dessen eingedenk, daß die Arbeitsersparnis, die er durch seine einmalige geistige Leistung erzielt, der Werkstatt bei der Herstellung des betreffenden Teiles jedesmal, also in vielfacher Wiederholung zugute kommt. So beschränke man z. B. diejenigen Maße, die erst beim Zusammenbau ermittelt werden sollen auf das Allernotwendigste und bringe sie womöglich an solchen Teilen an, die leicht ein- und auszubauen und wegen ihres geringen Gewichts leicht zu bewegen sind. Man vermeide Herstellungsverfahren, die außergewöhnliche Geschicklichkeit und Sorgfalt erfordern, oder solche, die überhaupt außerhalb der üblichen Arbeiten des normalen Maschinenbaus liegen und deren Gelingen nicht mit voller Sicherheit vorauszusehen ist. Schwierige Stücke, die in der Fabrikation viel Ausschuß ergeben, können oft durch Teilung leicht herstellbar gemacht werden; in solchen Fällen muß aber sorgfältig erwogen oder an Hand statistischer Aufzeichnungen geprüft werden, ob nicht durch eine solche Teilung, abgesehen von der Gewichtsvermehrung, die durchschnittlichen Kosten erhöht anstatt ermäßigt werden, was auch bei vollständigem Verschwinden des Fabrikationsausschusses der Fall sein kann. Hohe Genauigkeit der Herstellung soll nur dort vorgeschrieben werden, wo sie wirklich erforderlich ist; man verzichte darauf, wo irgend möglich und helfe sich durch Angabe genügenden Spielraumes und ähnliche Maßnahmen. Zwischen unbearbeiteten Stücken sehe man genügenden Abstand vor, um zeitraubende und kostspielige Nacharbeiten beim Zusammenbau zu vermeiden. Ist das nicht möglich, so ist es oft zweckmäßiger und billiger, solche Stellen im voraus bearbeiten zu lassen, wenn man auch im allgemeinen bestrebt sein wird, Anzahl und Inhalt der bearbeiteten Flächen nach Möglichkeit zu beschränken.

Auch die Auswahl des Baustoffes kann auf den Herstellungspreis bei gleicher Betriebssicherheit einen großen Einfluß haben. Teile, die aus Flußeisen geschmiedet, allseits bearbeitet werden mußten, konnten bei Herstellung in Stahlguß verhältnismäßig kleine Arbeitsflächen erhalten. Oft ist in Hinblick auf die Herstellungskosten für die Auswahl des Materials die anzufertigende Stückzahl von entscheidender Bedeutung. So kann z. B. ein Steuerhebel am billigsten werden, wenn er bei geringer Stückzahl aus vorgeschmiedetem Flußeisen herausgefräst, bei mittlerer aus Stahlformguß angefertigt und bei großer Anzahl aus Flußeisen gepreßt oder im Gesenk geschmiedet wird.

Wenn die Herstellung der Motoren in größeren Serien erfolgen soll, muß die Konstruktion den Arbeitsbedingungen der Massenfabrikation angepaßt werden. Es ist wohl möglich, für jeden Maschinenteil Aufspann- und Bohrvorrichtungen oder Sonderbearbeitungsmaschinen zu bauen, sie werden aber um so teurer und umständlicher, je weniger sich der Teil für Massenfabrikation eignet. Der Konstrukteur muß also darauf achten, daß nicht nur der von ihm entworfene Maschinenteil einfach und billig wird, sondern daß dasselbe auch für die dazugehörige Bearbeitungsvorrichtung zutrifft. Wenn diese auch in der Regel nicht von ihm, sondern von einer besonderen Abteilung konstruiert wird, so muß er doch, um obiger Bedingung zu entsprechen, mit den Bearbeitungsvorgängen durchaus vertraut sein, was leider nur selten zutrifft. Auf die Bedeutung der Normung und der Einhaltung vorhandener Normen braucht wohl kaum hingewiesen zu werden. Aber auch darüber hinaus sollen Teile, die gleichen Zwecken dienen, stets gleichartig gestaltet sein, und zwar auch dann, wenn ihre Abmessungen verschieden sind. Nichts macht einen so schlechten Eindruck, als wenn an einer Maschine jeder Bolzen, jede Zugstange, jeder Hebel oder jedes Handrad anders aussieht.

Wird einmal eine Maschine in Serien hergestellt, so dürfen Änderungen der Werkzeichnungen nur im äußersten Notfall vorgenommen werden, da die Massenfabrikation dadurch in empfindlichster Weise gestört wird. Es ist also verkehrt, eine Maschine, von deren Vollkommenheit man nicht ganz überzeugt ist, in Serien herstellen zu lassen, ebenso aber auch, die Fabrikation einer bewährten durch kleine Verbesserungen fortwährend zu stören. Ist die Möglichkeit einer tatsächlichen, nicht nur vermeintlichen, Verbesserung einwandfrei festgestellt, so muß erst sorgfältig erwogen werden, ob die Vorteile ihrer Einführung die dadurch in der Werkstatt entstehenden Nachteile tatsächlich überwiegen; in den meisten Fällen wird man dann von einer sofortigen Änderung absehen.

V. Der Betrieb der Dieselmaschine.

1. Vor der Inbetriebsetzung.

Vor der Wiederinbetriebnahme einer Dieselmaschine nach einer Überholung ist es nötig, eingehende Druckproben vorzunehmen. Vor allem müssen die Kühlwasserräume und Leitungen unter den vorgeschriebenen Druck gesetzt und Undichtigkeiten beseitigt werden. Nach Aufnehmen der Schaudeckel vom Kurbelkasten überzeugt man sich, daß an keiner Stelle Kühlwasser in die Kurbelwanne übertritt — das kann z. B. vorkommen an den unteren Kühlwasserraumstopfbüchsen der Arbeitszylinder sowie an evtl. vorhandenen Durchbrechungsstellen der Kurbelwanne zwischen zwei benachbarten Zylindern usw. Danach wird die gesamte Schmierölleitung mit Schmieröl gedrückt. Nachdem alle Undichtigkeiten beseitigt sind, wird nachgesehen, ob aus jedem Kolbenbolzenlager Öl austritt; hierzu ist es nötig, die Maschine von Hand zu drehen, da das Öl nicht in jeder Lage durch das Schubstangenlager in das Kreuzkopflager aufsteigt. Wenn aus einem Lager zu wenig oder kein Öl austritt, ist es aufzunehmen und der Fehler, meist eine Verstopfung der Ölbohrungen, zu beseitigen.

Es empfiehlt sich ferner, die Einblaseluftleitung vor der Inbetriebsetzung der Maschine unter Druck zu setzen. Schon eine kleine Undichtigkeit in der Einblaseluftleitung läßt so viel Luft entweichen, daß die Einblasepumpe nicht mehr genügend Einblaseluft für die Brennstoffventile liefern kann. Eine 500 PS schnellaufende Dieselmaschine hat z. B. bei voller Belastung einen Einblaseluftverbrauch von etwa 75 l von 1 Atm in der Sekunde. Die gleiche Luftmenge kann bei normalem Einblasedruck aus der Einblaseleitung durch ein Loch von nur etwa 4 mm Durchmesser entweichen. An dieser Zahl sieht man, welch großen Einfluß kleine Undichtigkeiten in der Luftleitung, die vor allem an den Packungen der Brennstoffnadeln und an den Flanschdichtungen der Einblaseluftleitung mitunter auftreten, auf die Einblaseluftmenge haben. Wenn die Einblaseluftleitung unter Luftdruck gesetzt wird, können die Undichtigkeiten an den Geräuschen und durch Abfühlen der Leitungen auf Luftzug festgestellt werden.

Wenn während der Überholungszeit Arbeiten am Verdichter vorgenommen worden sind, empfiehlt es sich, die einzelnen Verdichterstufen vor der Inbetriebnahme zu drücken. Zu diesem Zwecke wird zuerst die Einblaseluftleitung unter Druck gesetzt und der Indikatorhahn der Hochdruckstufe geöffnet. Wenn das Druckventil der Hochdruckstufe dicht ist, darf keine Luft aus dem Indikatorhahn austreten.

Dann wird der Ventilteller des Druckventils herausgenommen und der Indikatorhahn der Hochdruckstufe geschlossen; das Niederdruckventil darf keine Luft nach dem Mitteldruckluftkühler durchlassen. So werden nacheinander die Ventile auf Dichtigkeit geprüft. Man wird dabei feststellen, daß kleine Luftmengen längs der Kolben entweichen, was sich nicht vermeiden läßt. Durch Einpassen der Kolbenringe muß dafür gesorgt werden, daß diese Luftmengen nicht zu groß werden.

Dann wird die Einstellung der Steuerung geprüft. Es werden zunächst die Abstände zwischen Nockenscheibe und Rolle in einer Lage, in der die Rolle nicht auf den Nocken aufläuft oder aufgelaufen ist, mittels eines Spekulanten — Blechstreifen von verschiedener Stärke — nachgemessen (Abb. 129) und die von der Lieferfirma vorgeschriebenen Spiele eingestellt. Die Lieferfirma wird zweckmäßig ziemlich geringe Rollenspiele vorschreiben. Bei größerem Spiel schlägt die Rolle im Augenblick des Eröffnens zu hart an den Nocken an und der Nockenauflauf wird infolgedessen rasch abgenutzt. Wenn das Rollenspiel zu gering ist, besteht die Gefahr, daß die Rolle bei den durch die Erwärmung der Maschine erfolgenden Verziehungen der Bauteile dauernd auf der Scheibe läuft, so daß das Ventil nicht zum vollständigen Schluß kommt und durch die heißen Auspuffgase schließlich verbrennt. Das Spiel zwischen Ventilrolle und Nochen beträgt zwischen 0,3÷0,9 mm.

Von Zeit zu Zeit empfiehlt es sich, die Einstellung der Steuerung, nachdem die Rollenlose mittels Spekulanten auf das richtige Maß gebracht worden ist, nachzuprüfen. Zum Zwecke der Prüfung

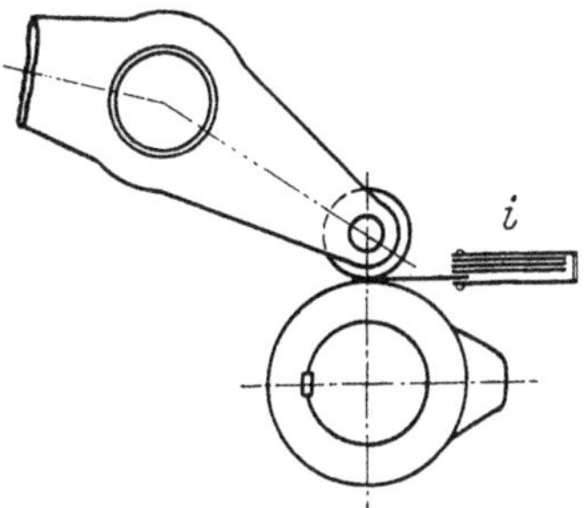

Abb. 129. Einstellen des Rollenabstandes.

des Brennstoffeintrittes wird Einblaseluft auf die Brennstoffventile angestellt und die Maschine mit geöffneten Indizierventilen so lange von Hand langsam gedreht, bis das Brennstoffventil des betreffenden Zylinders sich eben zu öffnen beginnt, was an einem leichten Blasen der durch die Brennstoffnadel in den Zylinder eintretenden Einblaseluft bemerkbar wird. In gleicher Weise wird der Ventilschluß festgestellt, hierzu wird die Maschine entgegen dem Drehsinn von Hand so lange gedreht, bis die Ablaufkurve des Nockens auf die Rolle einwirkt und das Brennstoffventil eben geöffnet wird.

Es ist zu beachten, daß während des Abblasens alle Indizierventile offen stehen, da bei Ansammlung von Einblaseluft in einem Arbeitszylinder die Gefahr besteht, daß die Maschine plötzlich anspringt und die eingeschaltete Handdrehvorrichtung beschädigt; das an der Handdrehvorrichtung beschäftigte Bedienungspersonal kann in einem solchen Falle leicht zu Schaden kommen.

Vor dem Anlassen wird ferner Brennstoff in die Treibölleitung der Maschine mit der an der Brennstoffpumpe angebrachten Handpumpe gepumpt. Zu diesem Zwecke werden die Probierventile in der Brennstoffleitung, die kurz vor dem Rückschlagventil am Brennstoffventil eingeschaltet sind, geöffnet. Es wird so lange von Hand gepumpt, bis reiner Brennstoff ohne Beimischung von Luftblasen aus jedem Probierventil austritt. Dann werden die Probierventile geschlossen und noch 2—3 Schlag Brennstoff mit der Handpumpe in das Brennstoffventil gedrückt.

Im Anschluß daran wird die Maschine durch Ingangbringen der elektrisch angetriebenen Reserveschmierpumpe oder, wenn keine solche vorhanden ist, der Handschmierölpumpe gut geschmiert. Die Schmierpressen oder Boschöler für die einzelnen Verdichterstufen — der Verdichter muß wegen des hohen Gegendruckes unter erheblichem Druck geschmiert werden — werden aufgefüllt und von Hand vorgepumpt. Die nicht an die Umlaufschmierung angeschlossenen Teile — z. B. die Ventilspindeln — werden von Hand durchgeschmiert.

Vor dem Ansetzen der Maschine mit Druckluft empfiehlt es sich ferner, die Maschine bei geöffneten Indizierventilen durch Betätigen der Handdrehvorrichtung einmal herumzudrehen. Wenn dabei Wasser aus einem Indizierventil austritt, so darf erst nach Beseitigung der Störungsursache zum Anlassen mit Druckluft übergegangen werden.

Beim ersten Ansetzen soll das Anlaßventil nur ganz vorsichtig geöffnet werden, so daß sich die Maschine nur langsam in Bewegung setzt. Wenn genügend Anlaßluft vorhanden ist, ist es zweckmäßig, die Maschine das erste Mal nach längerer Überholungszeit mit ein wenig geöffneten Indizierventilen in Gang zu setzen und den mit lautem Pfeifen aus den Indizierventilen austretenden Luftstrom auf Mitführen von Wasserteilchen zu untersuchen. Nach den ersten Umdrehungen werden die Indizierventile geschlossen und die Steuerung, nachdem die Umlaufzahl einen gewissen Wert erreicht hat, von Anlassen auf Betrieb umgelegt. Die Einblaseflasche soll beim Ansetzen auf etwa 10 Atm über dem Verdichtungsenddruck in den Arbeitszylindern, also auf 40 bis 50 Atm, aufgefüllt sein; das Drosselventil in der Ansaugeleitung des Verdichters ist ganz geöffnet.

2. Die erste Inbetriebnahme.

Nach dem Ansetzen überzeugt man sich, daß alle Zylinder zünden. Man öffnet zu diesem Zweck nacheinander die Indizierventile an den Arbeitszylindern und besichtigt den während der Verdichtungs- und Verbrennungsperiode austretenden Luft- bzw. Feuerstrahl. Die Manometer — insbesondere die für Einblasepumpe, Schmierung und evtl. Kühlung — werden beobachtet; sie müssen bald nach dem Ansetzen normale Werte anzeigen.

Während der Erprobung wird jedes außergewöhnliche Geräusch aufmerksam verfolgt. Sehr wertvoll ist es, wenn die Brennstoffzuführung für jeden Zylinder getrennt an der Brennstoffpumpe durch einfachen Handgriff abgestellt werden kann, wie das z. B. bei den Brennstoffpumpen der Firma Körting der Fall ist (das Saugventil eines jeden Pumpenaggregates kann durch Umlegen eines am Pumpengehäuse angebrachten Hebels dauernd aufgedrückt werden). Es empfiehlt sich in diesem Falle, alle Zylinder nacheinander für kurze Zeit aus- und dann sofort wieder einzuschalten und die Änderung des Maschinengeräusches, die durch das Abschalten eines jeden Zylinders verursacht wird, zu beobachten. Erfahrungsgemäß wird aber eine derartige Erprobung, die für das Erkennen von Unregelmäßigkeiten sehr wertvoll ist, vom Maschinenpersonal nur vorgenommen, wenn das Abstellen des einzelnen Zylinders an der Brennstoffpumpe mit einer Hand in kürzester Zeit — in einer Sekunde — bewerkstelligt werden kann.

Wenn im Betriebe ein klopfendes Geräusch an der Maschine auftritt, hat man zuerst festzustellen, ob das Geräusch auf eine scharfe Zündung oder auf das Klopfen eines Lagers zurückzuführen ist. In ersterem Fall wird man leicht mit Hilfe des Indikators nähere Aufschlüsse über die Ursache und den Weg zur Abhilfe finden. Wenn ein Lager klopft, überträgt sich das Geräusch oft auf benachbarte Maschinenteile. Es gehört dann viel Übung dazu, um die Stelle, von der das Geräusch ausgeht, ausfindig zu machen. Zur Feststellung läßt man zweckmäßig die Maschine in den verschiedenen Gangarten laufen und treibt sie, wenn es sich machen läßt, ohne Brennstoff und Anlaßluft von der getriebenen Maschine aus an. Einen Anhalt über die Stelle, von der das klopfende Geräusch ausgeht, kann man auch auf die Weise erhalten, daß man bei langsamer Drehzahl feststellt, in welcher Stellung sich die Kurbelwelle befindet, wenn der Schlag gehört wird. Schubstangenlager können z. B. nur klopfen, wenn der zugehörige Kolben im Totpunkt steht.

Die erste Inbetriebnahme einer Dieselmaschine nach einer längeren Überholung darf nur von kurzer Dauer — 5 bis 10 Minuten — sein; nach dem Stillsetzen werden sämtliche Lager, vor allem Kreuzkopf- und Schubstangenlager, mit der Hand auf Erwärmung untersucht. Wenn an einem Lager erhöhte Temperaturen festgestellt werden, wird man die Lagerscheibe etwas lösen und dann die Maschine vorsichtig weiter in Betrieb nehmen. Ganz besondere Vorsicht ist bei der ersten Erprobung anzuwenden, wenn in die Maschine neue Kolben eingebaut sind. Wenn in einem solchen Falle irgendeine Unregelmäßigkeit festgestellt wird — sei es, daß in einem Zylinder ein klopfendes Geräusch auftritt oder daß das aus einem Zylinder abfließende Kühlwasser oder das aus einem Kolben abfließende Kühlöl besonders stark erwärmt wird —, muß die Maschine sofort abgestellt und der betreffende Kolben ausgebaut werden. Die Störungen an neu eingebauten Kolben treten gewöhnlich erst nach längerer Betriebszeit — $1/_2$ bis 3 Stunden — auf; sie sind besonders gefährlich, weil ein warmlaufender Kolben schon wenige Minuten, nachdem das erste Geräusch festgestellt werden kann, in der Laufbüchse festfrißt und große Beschädigungen verursacht. Mit Rücksicht auf die große Gefahr, die mit einer zu spät erkannten Kolbenstörung verbunden ist, werden oft neue Kolben, nachdem sie 1 bis 2 Stunden mit Vollast unter dauernder Beaufsichtigung ohne Störung gelaufen sind, wieder ausgebaut und besichtigt, bevor sie in den normalen Betrieb übernommen werden. Diese Vorsichtsmaßnahme kann allerdings nur dann angewandt werden, wenn genügend Zeit zur Verfügung steht.

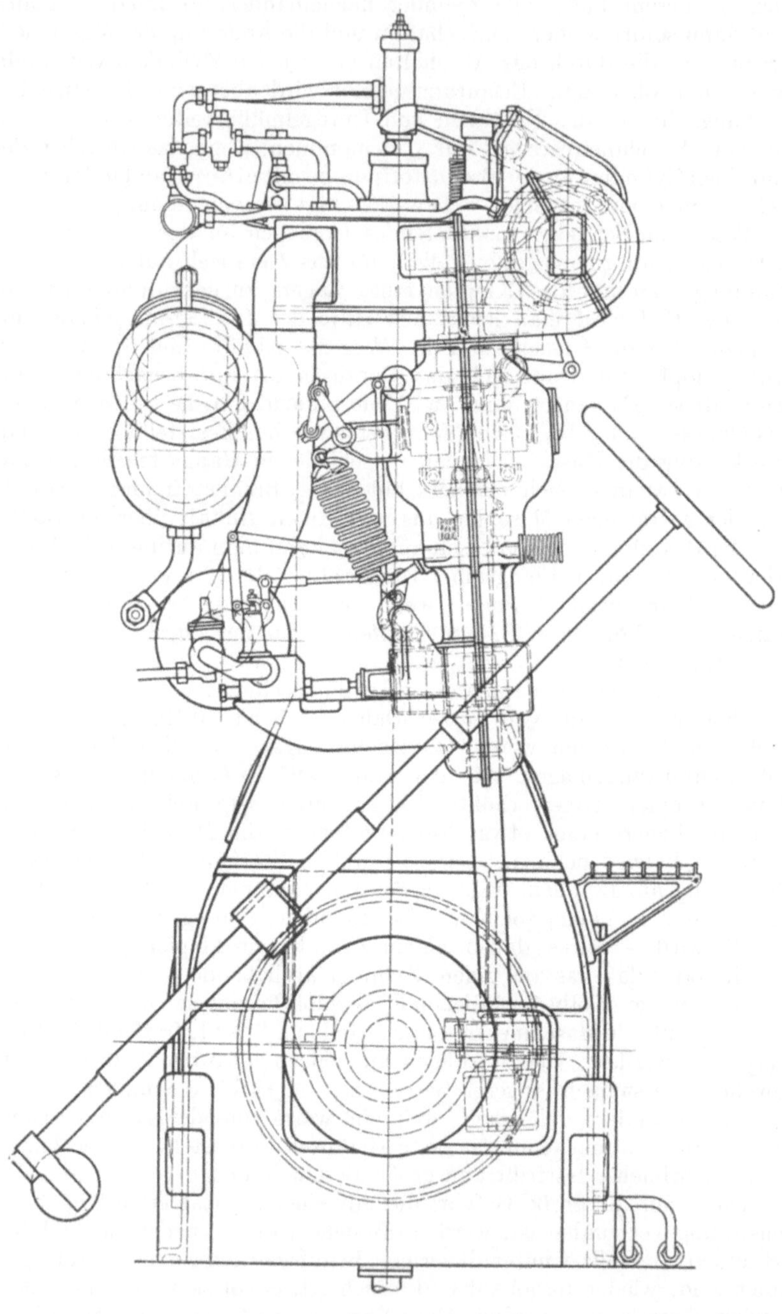

Abb. 130

Sechszylindrige Dieseldynamo der MAN, Werk Augsburg, von

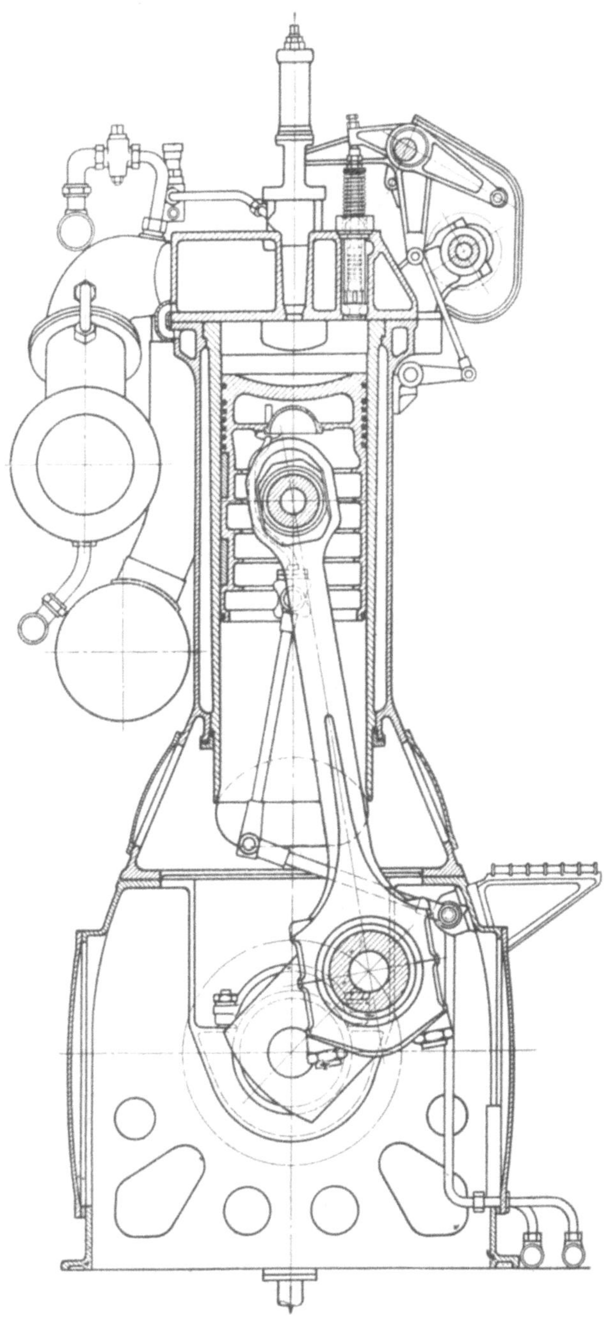

und Abb. 131.
450 PS-Leistung bei $n = 400$ A/Min., $d = 300$ mm, $h = 450$ mm.

Während des Betriebes müssen alle Luftleitungen in Zwischenräumen von $^1/_4$ Stunde entwässert werden. Zu diesem Zweck sind Entwässerungsleitungen an den tiefsten Stellen der Luftleitungen — auf den Böden der Luftkühler und Luftflaschen und an Sackstellen in der Einblaseluftleitung — angebracht. Die Entwässerungsleitungen sind in einem Ventilkasten zusammengeführt, wo sie am Ende je mit einem Ventil abgeschlossen sind. Von Zeit zu Zeit, etwa alle Viertelstunde einmal, werden nacheinander alle Ventile für 5—10 Sekunden geöffnet; dabei wird der austretende Luftstrom durch Zwischenschalten der Hand auf Verschmutzung beobachtet. Tritt aus einem Entwässerungsventil mit der Luft viel Wasser oder Öl aus, so muß die betreffende Leitung besonders oft und gründlich entwässert werden. Nachdem die Maschine einige Zeit gelaufen ist, empfiehlt es sich, eine Ölprobe aus der Schmierölleitung abzuzapfen und in einem Glas etwa 6 Stunden stehen zu lassen, um festzustellen, ob sich am Boden des Glases Wasser abscheidet. Eine Maschine, bei der mit der Zeit Wasser — besonders Seewasser — ins Schmieröl gelangt, darf nicht in Betrieb gehalten werden, da sonst schwere Maschinenbeschädigungen eintreten können.

Eine der wichtigsten Maßnahmen, die einen sicheren Betrieb mit Schiffsdieselmaschinen ermöglichen, ist dauernde Prüfung aller kontrollierbaren Meßwerte. Die Temperaturen des aus den einzelnen Kolben abfließenden Kühlöles und des Kühlwassers an den verschiedenen Stellen und die Zwischendrucke in den Verdichterstufen müssen ebenso wie die beim Betriebe auftretenden Geräusche ständig beobachtet werden, da durch sofortiges Erkennen irgendeiner Unregelmäßigkeit oft großem Schaden vorgebeugt werden kann. Von Zeit zu Zeit wird man die Arbeitszylinder indizieren, wobei folgendes zu beachten ist.

3. Das Indizieren.

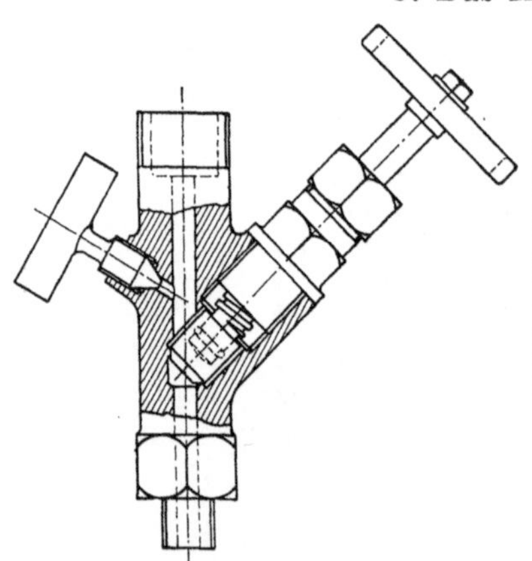

Abb. 132. Indizierventil.

Das Indizieren einer Dieselmaschine erfordert wesentlich mehr Sorgfalt als das Indizieren z. B. einer Dampfmaschine. Es treten höhere Drucke auf; der Indikator ist höheren Temperaturen ausgesetzt; wegen der heißen Gase ist besonders gründliche Schmierung des Indikatorkolbens nötig. Von Maschinisten, die lange Zeit eine Dampfmaschine bedient haben, werden diese Unterschiede vielfach nicht genügend beachtet und beim Indizieren der Dieselmaschine grobe Fehler begangen.

Zum Indizieren der Dieselmaschine ist ein Hahn, der durch Drehung um 90° aus der geschlossenen in die geöffnete Stellung gebracht wird, ungeeignet. Die Hähne, die ursprünglich auch auf U-Booten viel verwendet wurden, halten gegen die hohen Drucke nicht dicht; die Schraube, die das Küken festhält, wird dann so lange nachgezogen, bis das Küken festsitzt und sich überhaupt nicht mehr öffnen läßt. Zum Indizieren von Dieselmaschinen sollten nur Indizierventile (Abb. 132) verwendet werden. Das Indizierventil ist mit zwei Spindeln versehen; die größere (in Abb. 132 die rechte) dichtet die Zylinderbohrung gegen den Indikatorraum, die linke den Indikatorraum gegen die Außenluft ab. Für das Indizieren wird die linke Spindel dicht

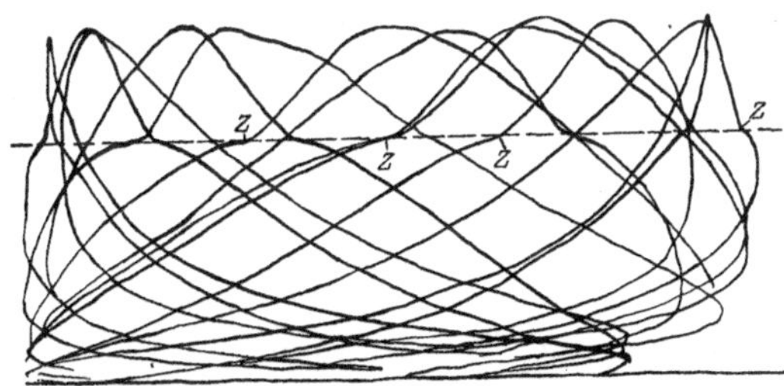

Abb. 133. Gezogenes Diagramm zur Feststellung des Verdichtungsdruckes.

gedreht und die rechte geöffnet. Das Öffnen des linken Luftventilchens nach der Diagrammentnahme wird vom Bedienungspersonal oft vergessen. Der Indikatorkolben steht dann bei geringer Undichtigkeit des Abschlusses auf der rechten Seite dauernd unter der Einwirkung der heißen Zylindergase, was für ihn sehr schädlich ist. Sobald aber das Luftventil geöffnet ist, können die kleinen Spuren von durchtretenden heißen Abgasen sofort ins Freie entweichen, so daß der Indikator nicht zu warm wird. Der Kolben des Indikators soll nach je drei Diagrammen, die mit ihm aufgenommen sind, herausgenommen und geschmiert

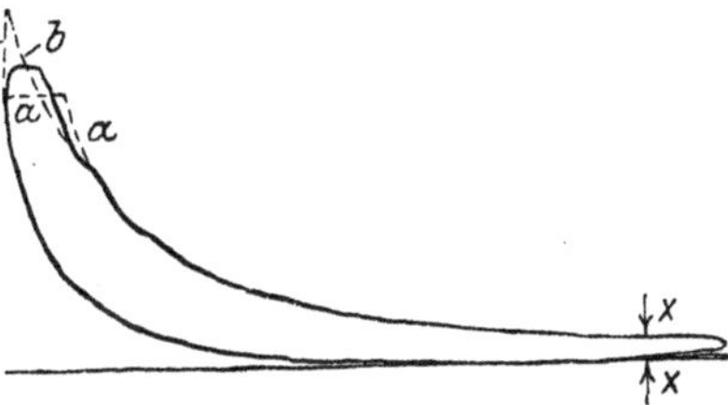

Abb. 134. Diagramm einer Viertakt-Dieselmaschine.

werden. Zum Schmieren des Kolbens bei Aufnahmen von Arbeitszylinderdiagrammen wird gewöhnliches Maschinenöl — kein zu dünnflüssiges Öl, das zu rasch weggetrieben und verbrannt wird — verwendet. Mit sehr dickflüssigem Öl (Zylinderschmieröl) lassen sich zwar gut aussehende Diagramme aufnehmen, da die Zähflüssigkeit des Öles die Ausbildung von Schwingungen des Indikatorkolbens beeinträchtigt. Durch die großen Kräfte, die das dickflüssige Öl einer Bewegung des Indikatorkolbens entgegensetzt, wird aber das Diagramm ver-

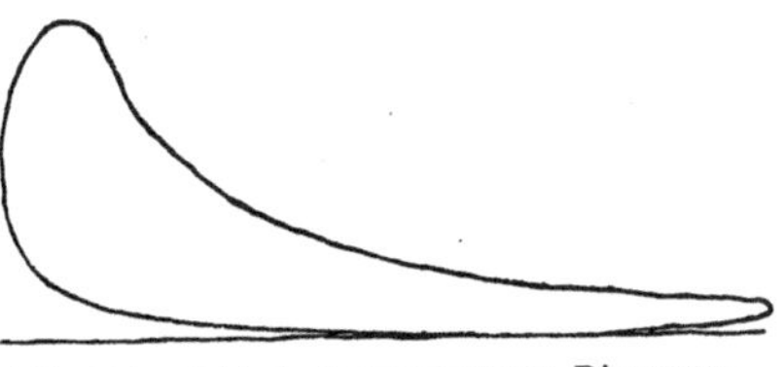

Abb. 135. Fehlerhaft genommenes Diagramm.

zeichnet, so daß mit Zylinderschmieröl aufgenommene Diagramme keine genauen Auswertungen ermöglichen.

Die Arbeitsdiagramme von Dieselmaschinen werden gewöhnlich mit einem Federmaßstab von $1\ \text{kg/cm}^2 = 0,7 - 1\ \text{mm}$ aufgenommen. In besonderen Fällen — z. B. zur Untersuchung der Ausschub- und Ansaugevorgänge — werden Diagramme mit schwachen Federn (1 kg/cm² = 10 mm) aufgenommen, bei denen der Indikatorkolben während der Zeit der hohen Kompressions- und Verbrennungsdrucke an einer Hemmung anliegt — daher auch vielfach Anschlagdiagramme genannt — und bei denen nur die Drücke unter 3—6 kg/cm² in ihrer wahren Größe aufgezeichnet werden.

Zur Feststellung des Verdichtungsenddruckes werden oft gezogene Diagramme genommen, bei denen der Antrieb der Indiziertrommel ausgehängt und die Trommel mit Hilfe der Indikatorschnur von Hand mehrmals hin und her gezogen wird. Beim gezogenen Diagramm ist die Kompressionslinie eine leicht geschwungene S-Linie, an der der Zündungspunkt aus der plötzlichen Änderung des Linienverlaufes (Abb. 133, Stelle z) ersichtlich ist.

In der Abb. 134 ist ein normales Arbeitsdiagramm wiedergegeben. Der Druck im Zylinder wird durch Verbrennung der zuerst eintretenden Brennstoffteilchen um etwa 4 Atm über den Verdichtungsenddruck gesteigert. Der später eintretende Brennstoff verbrennt dann bei etwa gleichbleibendem Druck. Der gestrichelt eingezeichnete Linienzug aa zeigt ein Diagramm, bei dem der Brennstoff zu spät in den Zylinder eintritt — zu späte Ventileröffnung oder zu geringer Einblasedruck — und ohne

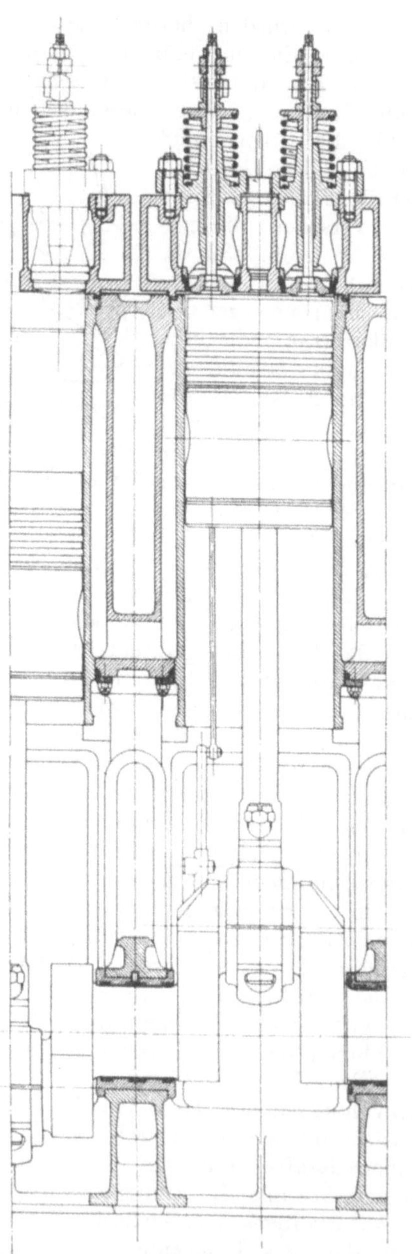

Abb. 136. Verdichterlose Dreizylinder-Dieselmaschine der MAN, Werk Augsburg. Leistung N_e = 45/65 PS, Hub H = 300 mm, Zylinderbohrung 210 mm, Drehzahl n = 275/400 $\frac{1}{\text{min}}$. (Siehe auch Abb. 37/38 und 137/138.)

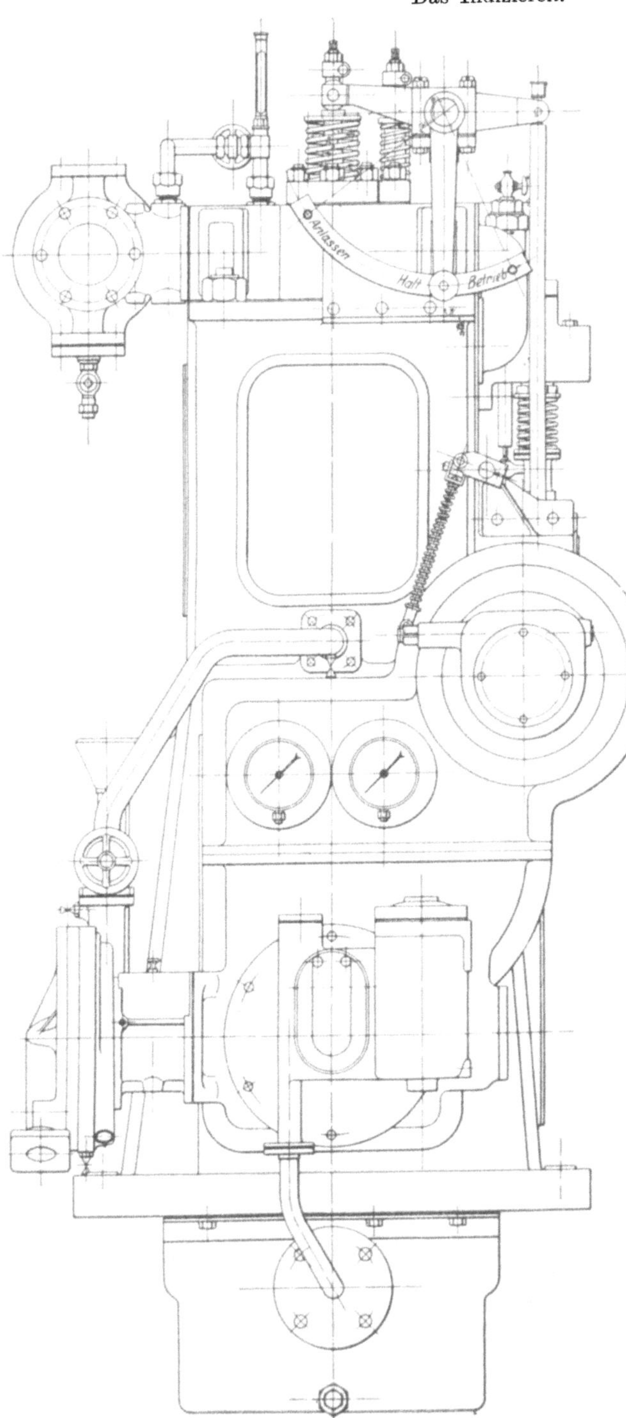

wesentliche Steigerung des Druckes über den Verdichtungsenddruck verbrennt. Die Maschine hat bei dieser Einstellung sichtbaren Auspuff; die Verbrennung ist unvollkommen, und Ventile und Auspuffrohrleitung werden rasch verschmutzen. Der gestrichelte Linienzug bb zeigt ein Diagramm mit scharfer Zündung — zu hoher Einblasedruck oder zu frühes Eröffnen des Brennstoffventils. Die Zündung erfolgt mit hörbarem Stoßen. An Hand des Diagramms wird der richtige Zündbeginn eingestellt, was sich gewöhnlich durch Veränderung der Rollenlose bewirken läßt. In Abb. 135 ist ein fehlerhaft genommenes Diagramm wiedergegeben, das in der Praxis öfters in ähnlicher Form zu finden ist. Die Verzeichnung ist auf eine Verstopfung der Indiziervorrichtung oder auf ungenügende Öffnung des Indizierventils zurückzuführen.

Die Diagramme der einzelnen Zylinder sollen gleiche Fläche umschließen, damit die Zylinder gleich hoch belastet sind. Die Bestimmung der Fläche erfolgt entweder mittels Planimeters oder angenähert durch Messung der Strecke $x-x$ (Abb. 134), die den Druck im Zylinder bei Öffnen des Auslaßventils anzeigt. Wenn an den Zylindern Diagramme von verschiedener Fläche erhalten werden, muß die Brennstoffverteilung an der Brennstoffpumpe entsprechend nachgeregelt werden. Ein guter Anhalt für die Einstellung der Maschine ist ferner der höchste Verbrennungsdruck, der in jedem Diagramm etwa den gleichen nicht zu hohen Wert haben soll.

4. Höhe des Verdichtungsdruckes in den Arbeitszylindern.

Die Verdichtung der Frischluft im Arbeitszylinder während des Kompressionshubes erfolgt annähernd adiabatisch. Zu Beginn der

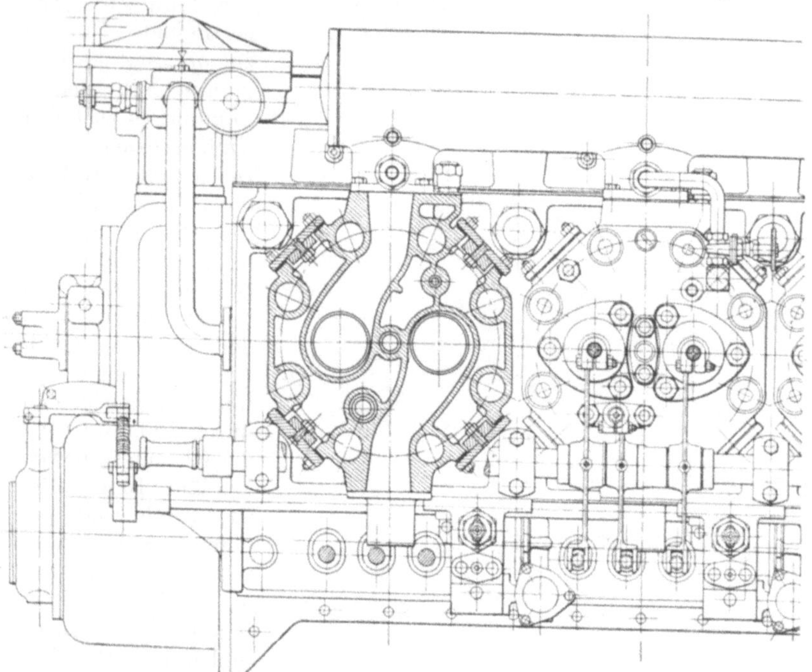

Abb. 137. Verdichterlose MAN-Maschine.

Verdichtung nimmt die kalte Frischluft etwas Wärme von der Wandung auf, gegen Ende der Verdichtung wird von der erhitzen Luft etwas Wärme an die Wandung abgegeben. Da aber die Temperaturunterschiede zwischen Wandung und Luft verhältnismäßig gering sind, bleibt der Wärmeübergang in engen Grenzen und der Verdichtungsexponent in der Formel $p \cdot v^n = \mathrm{const}$ ist etwa gleich dem adiabatischen Exponenten $n = \varkappa = 1{,}4$.

Wie hoch soll verdichtet werden? So hoch, daß die Selbstzündung des in den Arbeitszylinder eingespritzten Gemisches aus Luft und Brennstoff jederzeit sicher erfolgt, aber keine Atmosphäre höher. Je höher verdichtet wird, desto höher werden die Verbrennungsdrücke und -temperaturen im Zylinder, desto geringer wird die Betriebssicherheit und Lebensdauer der Maschine. Da aber die Betriebssicherheit der Dieselmaschinen (namentlich der schnellaufenden) einerseits nicht immer über alle Kritik erhaben und anderseits viel wichtiger als der Brennstoffverbrauch ist, soll das Verdichtungsverhältnis so niedrig, wie es die sichere Zündung eben zuläßt, gewählt werden.

Abb. 138. Verdichterlose MAN-Maschine.

Wenn die Maschine einmal in Gang gebracht ist, kommt es kaum vor, daß die Zündung infolge zu niedriger Temperatur der verdichteten Luft aussetzt. Das wäre nur bei ganz niedriger Drehzahl und kleiner Last möglich, die im allgemeinen außerhalb des Verwendungsbereiches der Maschinen liegen. Dagegen kommt es beim Ansetzen der Maschine oft vor, daß die Frischluft im Arbeitszylinder bei der Verdichtung nicht warm genug wird und daß deshalb keine Zündung zustandekommt. Für die Wahl des Verdichtungsverhältnisses sind also die näheren Umstände beim Anlassen der Maschine maßgebend. Eine Dieselmaschine, von der gefordert wird, daß sie nach längerem Stillstand im Winter in einem Raume von 0° sicher anspringen soll, muß höher verdichten als eine Maschine, die in einem Maschinenhaus steht, dessen Temperatur nicht unter 15° C sinkt. Ferner ist der Grad der Sicherheit, mit dem die Maschine anspringen muß, für die Wahl des Verdichtungsverhältnisses mitbestimmend. Wenn bei einer Maschine die Anlaßflaschen nach vergeblichen Anlaßversuchen rasch wieder von anderer Stelle aus aufgefüllt werden können, so genügt ein geringerer Verdichtungsenddruck (bei dem unter Umständen vergebliche Anlaßversuche vorkommen können) als bei einer Maschine, der keine Reserveanlaßluft zur Verfügung steht. An Bord von Schiffen ist es vorteilhaft, wenn man die Maschine vor dem Anlassen mit Dampf, der in die Kühlräume eingeleitet wird, vorwärmt, oder wenn man wenigstens den Maschinenraum im Winter durch Anstellen einer Dampfheizung vorwärmen kann. Bei Maschinen, die nicht sicher zünden, stellt man das Kühlwasser erst an, nachdem die Maschine in Gang gebracht worden ist. Zu beachten ist ferner, daß eine Maschine bei den Abnahmeversuchen auf dem Probestand der Baufirma immer sicher anspringen wird, da die Maschine von einem außergewöhnlich erfahrenen Personal bedient und jeder kleine Fehler sofort bemerkt und beseitigt wird. Im praktischen Betrieb ist das aber nicht in so weitgehendem Maße der Fall. Die Maschine muß auch einmal mit verschmutzten und etwas durchlässigen Kolbenringen oder mit nicht ganz richtig eingestellter Steuerung für das Brennstoffventil anspringen können. Bei der Wahl des Verdichtungsverhältnisses muß deshalb mit etwas Sicherheit gerechnet werden.

Wenn keine zu weitgehenden Bedingungen für das Anlassen der Maschine vorgeschrieben sind, kommt man bei sehr großen Maschinen von 300 PS/Zylinder mit einem Verdichtungsverhältnis ξ = (Kolbenhubraum + Kompressionsraum) : Kompressionsraum von etwa 13,0 aus. Bei kleineren Maschinen muß ein etwas kleinerer Verdichtungsraum gewählt werden, da die abkühlende Wandungsfläche verhältnisgleich der 2. Potenz, der Zylinderrauminhalt aber verhältnisgleich der 3. Potenz der Maschinenabmessung sind; so ist z. B. ξ etwa gleich 14,0 bei Maschinen von 100 PS/Zylinder. Man erhält dann Verdichtungsdrucke von etwa 33 bis 35 at (bei warmer Maschine, 760 mm Barometerstand und normaler Drehzahl gemessen). Wenn man zur Aufzeichnung des Verdichtungsenddruckes nur die Brennstoffpumpe abstellt, die Einblaseluft aber weiter in den Zylinder durch das Brennstoffventil eintreten läßt, erhöhen sich die angegebenen Drucke um etwa 1 at. Bei kalter Maschine — z. B. kurz nach dem Ansetzen — werden um 3—5 at niedrigere Drucke erzielt. Beim Umschalten des Anlaßhebels einer kalten Maschine von „Anlassen" auf „Betrieb" hat man mit Rücksicht auf die niedrigere Drehzahl der Maschine und die kalten Wandungen unter den angegebenen Verhältnissen nur 28—30 at Verdichtungsenddruck zu erwarten.

Für das Anlassen ist die Gestaltung des Kompressionsraumes sehr wesentlich. Je geringer die abkühlende Oberfläche im Verhältnis zum Kompressionsrauminhalt ist, desto weniger Wärme wird der Verdichtungsluft bei kalten Maschinen entzogen, desto leichter ist die Maschine in Gang zu setzen. Da das Volumen mit der dritten Potenz, die Oberfläche aber nur mit der zweiten Potenz der Maschinenabmessungen wächst, lassen sich allgemein große Maschinen bei gleichem Kompressionsverhältnis leichter ansetzen als kleine Maschinen. Besonders günstig liegen die Verhältnisse bei der Junkersmaschine, die infolge des Wegfalls der Deckel eine im Vergleich zu Einkolbenmaschinen sehr kleine Oberfläche des Totraumes im Arbeitszylinder hat. Bei ihr fällt die Temperatur der Verdichtungsluft bei kalter Maschine und geringer Drehzahl nicht so stark ab. Eine Junkersmaschine kann deshalb mit geringerem Kompressionsdruck als eine Einkolbenmaschine betrieben werden, wenn gleiche Sicherheit für das Anlassen und den langsamen Gang gefordert wird.

5. Der Einblasedruck und die Einblaseluftmenge.

Über die Regelung des Einblasedruckes (von Hand oder selbsttätig) ist Näheres gesagt in Kapitel II, 5, S. 59. Wichtig ist, daß beim Anlassen niedriger Einblasedruck gehalten wird, der bei kleinen Maschinen etwa 45, bei großen Maschinen nur etwa 40 Atm betragen mag. Mit steigender Belastung bei Landmaschinen und mit steigender Drehzahl bei Schiffsmaschinen wird der Einblasedruck erhöht. Der günstigste Einblasedruck von schnellaufenden Schiffsmaschinen beträgt etwa 70—80 at bei größter Drehzahl, 45—55 Atm bei dreiviertel Drehzahl und 40—45 at bei halber Drehzahl. Bei Landmaschinen, die bei allen Belastungen mit etwa gleicher Drehzahl umlaufen, sind die Werte des günstigsten Einblasedruckes bei den einzelnen Belastungsstufen nur wenig voneinander verschieden.

Sehr wichtig ist es, wenn sich das Bedienungspersonal nicht nur über den Einblasedruck, sondern auch über die Einblaseluftmenge stets im klaren ist. Die Luftmenge wird, wie schon vorher erwähnt, durch das Drosselventil in der Ansaugeleitung eingestellt. Die sämtliche angesaugte Luft wird auch verbraucht — mit Ausnahme der geringen Mengen, die durch die Undichtigkeiten der Verdichterkolben entweichen. Im Beharrungszustand saugen alle Stufen der Luftpumpe die gleiche Luftmenge an, die durch die Kühler zwischen den einzelnen Stufen auf etwa gleiche Temperatur gebracht ist. Das Produkt aus angesaugtem Volumen mal Ansaugedruck hat für alle Stufen den gleichen Wert. Der Ansaugedruck der ersten Stufe, der durch die Drosselklappe in der Saugeleitung beeinflußt ist, ist nicht bekannt. Dagegen sind die Ansaugedrucke der zweiten und dritten Stufe des Verdichters, die ein wenig niedriger als die Drucke in den Zwischenbehältern sind, in angenäherten Werten an den Manometern der Zwischenbehälter — in absoluten Drucken! — ablesbar. Da die Hubvolumina der Verdichterkolben ebenfalls bekannt sind und die volumetrischen Wirkungsgrade der einzelnen Stufen etwa den gleichen Wert (0,75—0,80) haben, kann

aus den Ablesungen der Zwischendrucke im Verdichter an Hand eines
kleinen Kurvenblattes (Abb. 139) vom Maschinisten stets der Luftverbrauch der Maschine bestimmt werden, der in der Abbildung
mit $\gamma = \dfrac{\text{vom Verd. anges. Luftmenge}}{\text{Hubvol. der Arbeitszyl.}}$ bezeichnet ist. Die Angaben der
Manometer an den einzelnen Zwischenstufen im ungestörten Betrieb
stehen in einem ganz bestimmten Verhältnis, das angenähert dem Verhältnis der Hubvolumina der nachfolgenden Verdichterstufen gleich
ist. Die Benutzung des Blättchens hat den Vorteil, daß sich der Maschinist einerseits besser über die Verhältnisse in der Maschine klar
wird und anderseits Störungen in einer Stufe an dem Umstand sofort
erkennt, daß die abgelesenen Drucke der verschiedenen Stufen in dem
Kurvenblatte nicht übereinanderliegen.

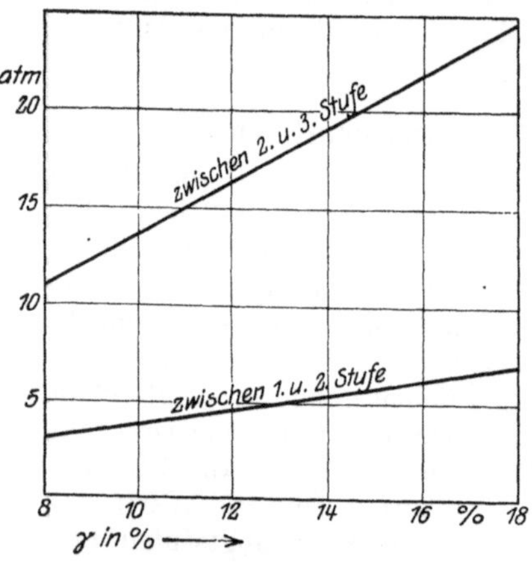

Abb. 139. Drucke in den Verdichterstufen
abhängig vom Luftverbrauch.

Bei der Auswertung der Diagramme der Arbeitszylinder ist der
Einfluß der eingepreßten Luft auf
die indizierte Diagrammfläche zu
beachten, wenn man weitergehende
Überlegungen an die Ergebnisse
anschließen will. Die vom Verdichter verbrauchte Leistung beträgt
8—10% der indizierten Maschinenleistung, die bei der Auswertung der
Diagramme gewöhnlich ähnlich der
Reibungsarbeit als Verluste gebucht werden. Tatsächlich wird
aber ein Teil der im Verdichter auf-
gewendeten Arbeit im Arbeitszylinder wieder gewonnen. Die Einblaseluft mischt sich mit der Verbrennungsluft und vergrößert dadurch den Druck und die Arbeits-
fähigkeit des Zylinderinhaltes. Angenähert nimmt das Gemisch nach
Austausch der Temperaturunterschiede bei gleichem Druck den
gleichen Raum ein, wie wenn Verbrennungsluft und Einblaseluft mit
ihren ursprünglichen Temperaturen nebeneinander, durch eine isolie-
rende Wand getrennt, expandieren würden. Die indizierte Diagrammfläche wird durch die Einblaseluft vergrößert und der indizierte Wirkungsgrad, der einen Maßstab geben soll für die Güte der Verbrennung,
wird erhöht. Das Bestreben liegt deshalb nahe, die durch die Einblaseluft erfolgte Mehrung der Diagrammfläche von der indizierten Leistung
abzuziehen, so daß der verbleibende Rest an indizierter Leistung allein
die Umsetzung von Wärme in Arbeit im Arbeitszylinder wiedergibt. Der
wirkliche Arbeitsvorgang soll also mit einem ideellen Arbeitsvorgang
verglichen werden, bei dem der Brennstoff ohne Einblaseluft in den
Zylinder eingespritzt wird und in gleich vollkommener Weise wie beim
tatsächlichen Arbeitsvorgang verbrennt, und bei dem nebenher die
Einblaseluft ohne Mischung mit den Verbrennungsgasen expandiert.

In Abb. 141, die das Diagramm einer Viertaktdieselmaschine darstellt, beginnt im Punkte d die Expansion, nachdem auf dem Wege $b—d$ der Brennstoff unter gleichem Druck verbrannt ist. $a—b$ gibt das Volumen des Kompressionsraumes wieder. Vom Gesamtvolumen $a—d$ des Zylinderinhaltes bei Beginn der Expansion ist das Stück $c—d$

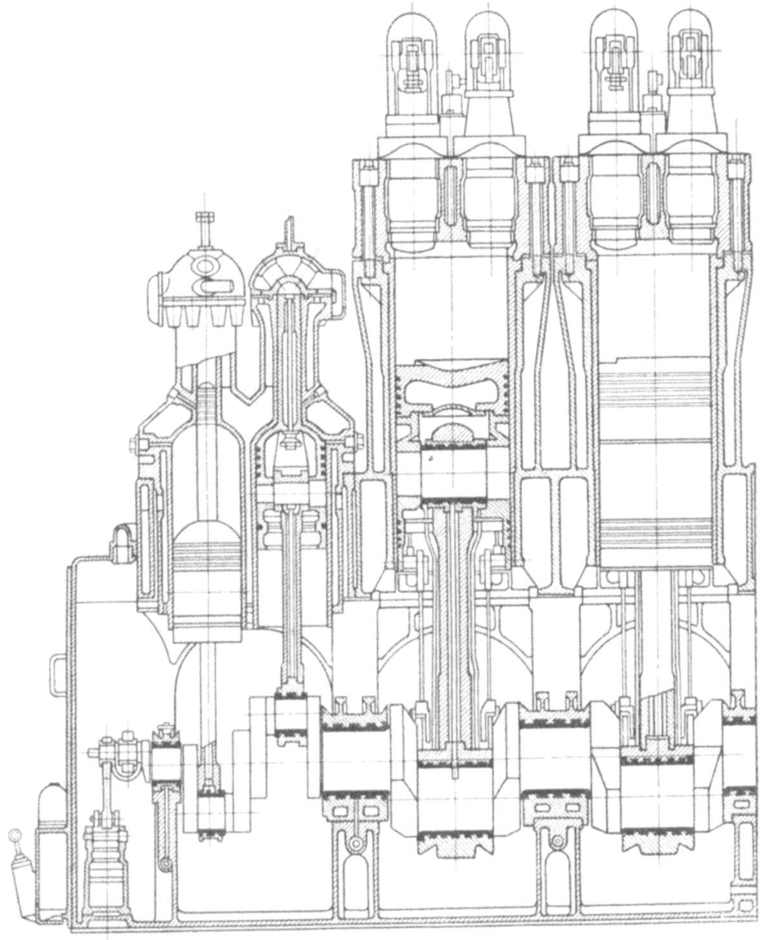

Abb. 140. Dieseldynamo von GMA. 6 Zylinder. $N_e = 450$ PS, $d = 320$ mm, $h = 420$ mm,
$$n = 400 \frac{1}{\text{min}}.$$

abgeteilt, das das Volumen der Einspritzluft beim Verbrennungsdruck p_v (etwa 36—40 at) und bei Raumtemperatur von etwa 20° vorstellt. Unter der Annahme, daß die Einblaseluft für sich isothermisch[1] expandiert, wird von der Einblaseluft die durch Schraffur hervorgehobene

---

[1] Die Annahme der Isotherme ist willkürlich und nur durch Abwägung der verschiedenen zu berücksichtigenden Einflüsse zu stützen.

Arbeitsfläche, deren mittlerer Druck mit $(p_\varepsilon)_\text{ind}$ bezeichnet wird, geleistet. $(p_\varepsilon)_\text{ind}$ bezieht sich dabei auf das gesamte Hubvolumen des Zylinders. Die Expansion der Einblaseluft möge bei 40 Atm beginnen und das Auslaßventil bei p_A at geöffnet werden; dann wird von der

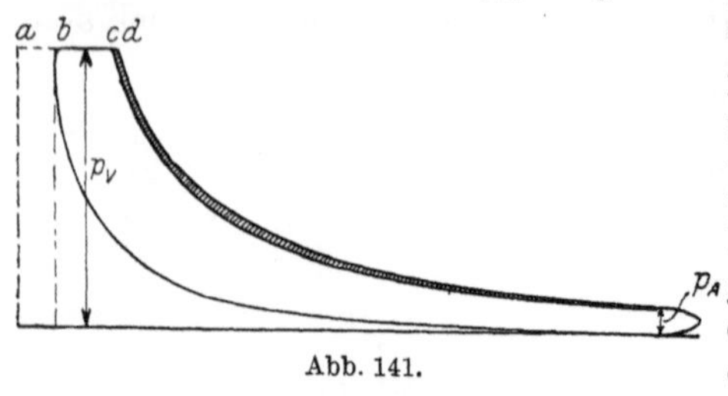

Abb. 141.

Einblaseluft eine bestimmte Arbeit geleistet, die von der Einblaseluftmenge — also dem Druck in einer Zwischenstufe des Verdichters — abhängt. Bei eingehenden Untersuchungen sollte die indizierte Arbeit der Einblaseluft $V \cdot (p_\varepsilon)_\text{ind}$ von der gesamten indizierten Leistung $V \cdot p_i$ abgezogen werden.

(V ist das Hubvolumen des Arbeitskolbens.) Der indizierte Wirkungsgrad ist dann $\dfrac{[p_i - (p_\varepsilon)_\text{ind}] \cdot V \cdot \text{const}}{\text{zugeführte Wärme}}$ und der effektive Wirkungsgrad ist $\dfrac{\text{Wellenleistung}}{[p_i - (p_\varepsilon)_\text{ind}] \cdot V \cdot \text{const}}$.

Die Arbeit der Einblaseluft sollte namentlich dann berücksichtigt werden, wenn die Ergebnisse von Maschinen mit verschieden großen Einblasepumpen oder von solchen mit und ohne Verdichter verglichen werden. So könnte z. B. beim Vergleich von zwei Maschinen, die den gleichen Gesamtwirkungsgrad haben, von denen aber die eine infolge besonderer Gestaltung des Zerstäubers, einen doppelt so großen Einblaseluftverbrauch — bei der einen Maschine $\gamma = 0{,}12$, bei der anderen $\gamma = 0{,}06$ — wie die andere hat, herauskommen, daß der indizierte Wirkungsgrad bei der ersteren Maschine ohne Berücksichtigung des Einflusses der Einblaseluft günstiger und der effektive Wirkungsgrad ungünstiger ist als bei der zweiten Maschine. Der Unterschied in den indizierten Wirkungsgraden mag im vorliegenden Fall allein auf die verschieden große Arbeitsleistung der Einblaseluft zurückzuführen sein. Der

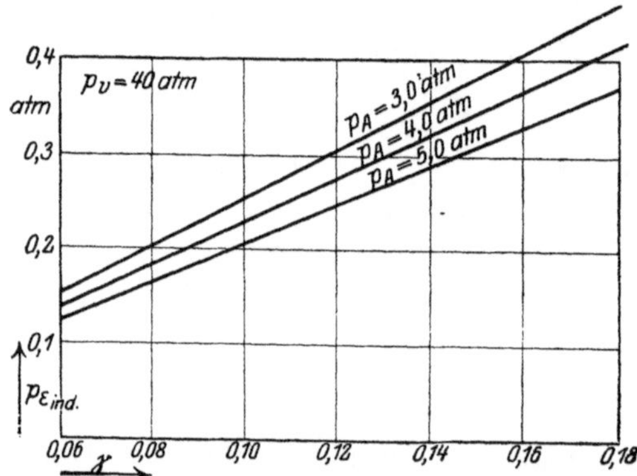

Abb. 142. Einfluß der Einblaseluftmenge auf den indizierten Druck im Arbeitszylinder.

indizierte Wirkungsgrad soll aber ein Wertmesser für die Güte der Leistungsumsetzung im Arbeitszylinder bilden, und das kann er nur, wenn die Arbeitsleistung der Einblaseluft von der indizierten Diagrammfläche abgezogen wird. Die Berücksichtigung der Einblaseluft im Sinne der vorausgehenden Ausführungen bewirkt im allgemeinen

einen Abzug von 0,2—0,3 at vom mittleren Druck der Arbeitsdiagrammfläche. Der Umstand, daß die Einblaseluft das für die Verbrennung
zur Verfügung stehende Luftgewicht im Arbeitszylinder mehrt und
daß deshalb eine größere Brennstoffmenge verbrannt werden kann,
wird durch die obige Korrektur nicht berücksichtigt.

In Abb. 142 ist ein Kurvenblättchen wiedergegeben, wie es zur
Berücksichtigung der Arbeit der Einblaseluft bei der Expansion im
Arbeitszylinder benutzt werden kann. Der Verbrennungsdruck p_V ist
mit 40 at, der Druck p_A beim Öffnen der Auslaßventile (oder Schlitze)
mit 3, 4 und 5 Atm abs. angenommen. Der indizierte Druck $(p_\varepsilon)_{ind}$ der
Einblaseluft im Arbeitszylinder ist abhängig von der Einblaseluftmenge
(ausgedrückt in Prozenten des Arbeitskolbenhubvolumens und zu entnehmen aus einer Kurventafel, die nach Art der Abb. 139 für die betreffende Maschine angefertigt ist) aufgetragen.

6. Störungen im Betrieb.

Allen größeren schnellaufenden Dieselmaschinen werden von der
Lieferfirma Betriebsvorschriften beigegeben sein, aus denen die hauptsächlichsten Störungen und die dagegen zu ergreifenden Maßnahmen
zu ersehen sind. Neben den für jede Maschinengattung besonderen
Störungsquellen können folgende für alle Maschinentypen gültigen Angaben gemacht werden:

a) Die Maschine kommt beim Anlassen mit Luft nicht auf Drehzahl.

Ursachen: Die Anlaßsteuerung ist gestört.
Ein Anlaßventil ist hängengeblieben.
Die Anlaßluft wird im Hauptanlaßventil zu stark gedrosselt.
Die Kolben sind nicht geschmiert evtl. festgerostet.

b) Die Maschine zündet nicht beim Umschalten auf Betrieb.

Ursachen: Die Maschine ist zu kalt. (Wenn genügend Anlaßluft
vorhanden, Anlassen nochmals versuchen!)
Die Brennstoffventile bekommen keinen Brennstoff. (Brennstoffdruckleitung absuchen! Mit Brennstoffhandpumpe nochmals
Brennstoff bei geöffnetem Probierventil durchpumpen!)
Die Brennstoffregelung steht auf zu geringer Füllung.
Der Einblasedruck ist zu hoch, der Brennstoff tritt deshalb
mit zuviel kalter Luft vermischt in den Zylinder ein.

c) Die Maschine bleibt plötzlich stehen.

Ursache: Der Brennstoffbehälter ist leer gefahren.

d) Die Drehzahl oder die Leistung gehen zurück.

Ursachen: Ein oder mehrere Zylinder setzen mit der Zündung
aus, weil sie keinen Brennstoff bekommen oder weil Einlaß- oder
Auslaßventile hängengeblieben sind. (Zylinder indizieren!)
Ein Kolben fängt an, sich festzufressen (gleichzeitig klopfende
Geräusche hörbar; Maschine sofort abstellen!).

Der Einblasedruck ist zu tief gesunken. (Maschine rußt gleichzeitig.)

e) Die Maschine klopft.

(Maschine abstellen; wenn Ursache nicht festgestellt werden kann, wieder anstellen und indizieren.)

Ursachen: Ein Lager wird warm.

Ein Kolben beginnt zu fressen.

Der Luftpumpenkolben hat zu geringen Totraum.

Ein Brennstoffventil ist in der Stopfbüchsenpackung hängengeblieben.

Ein Lager hat zu viel Lose.

Der Einblasedruck ist zu hoch.

f) Das Sicherheitsventil eines Zylinders tritt in Tätigkeit.

Ursache: Eine Brennstoffnadel ist in der Stopfbüchsenpackung hängengeblieben (Nadel drehen, Stopfbüchsenpackung vorsichtig lösen).

g) Die Einblaseluft entweicht aus der Stoffbüchsenpackung des Brennstoffventils längs der Brennstoffnadel.

(Packung vorsichtig unter Beigabe einiger Tropfen Zylinderschmieröl nachziehen, evtl. Nadel neu verpacken. Wenn auch dies erfolglos, ist wahrscheinlich Nadel krumm. Krumme Nadeln müssen ausgewechselt werden).

h) Die Maschine rußt bei normaler Belastung.

(Maschine indizieren; wenn möglich einen Zylinder nach dem andern abschalten und Auspuff besichtigen.)

Ursachen: Der Einblasedruck ist zu niedrig.

Die Maschine ist überlastet oder einzelne Zylinder sind überlastet.

Durch Undichtigkeiten des Kolbens oder eines Ventils entweicht ein Teil der Verbrennungsluft (besonders niedrige Kompressionsdrücke im Diagramm).

Die Zerstäuber sind verschmutzt.

i) Die Maschine hat weißlichen Auspuff.

Ursache: Es tritt Wasser in die Auspuffleitung oder in einen Arbeitszylinder ein. (Letzterer Fall nach Öffnen der einzelnen Indizierventile sofort zu erkennen.)

k) An einem Zylinder werden besonders volle Diagramme erhalten.

Ursachen: Indizierleitung ist teilweise verstopft.

Der Arbeitskolben saugt zuviel Schmieröl hoch, weil die Kurbel in das nicht genügend rasch aus der Wanne abfließende Öl schlägt. (Maschine rußt gleichzeitig.)

Störung an der Brennstoffpumpe.

l) Ein Lager läuft warm.

Ursachen: Das Lager ist mit zu geringer oder ohne jede Lose festgezogen.

Das Lager erhält zu wenig Öl. (Ölzuleitung verstopft oder zu geringer Ölstand im Behälter oder Schmieröl mit Wasser vermischt.)

m) Die Einblasepumpe schafft zu wenig Luft.

Ursachen: Der Einblasepumpenkolben hat zuviel Luft im Zylinder oder der Zylinder ist unrund ausgelaufen.

Die Kolbenringe sitzen fest.

Die Ventile sind undicht.

Sehr oft liegt die Störung aber nicht an der Pumpe selbst, sondern an zu großem Verbrauch, also:

Die Brennstoffventile sind mit besonders viel Voreilen eingestellt.

Eine oder mehrere Brennstoffventilnadeln blasen in der Stopfbüchse.

Die Einblaseleitung ist undicht.

Die Nadeln halten am Sitz nicht genügend dicht, es entweicht also dauernd Luft durch die Nadeln in den Zylinder. (Druckprobe bei abgestellter Maschine und geöffneten Indizierventilen: Die Steuerung liegt auf „Halt"; es wird Einblaseluft auf die Brennstoffventile gegeben; der Kolben in dem zu untersuchenden Zylinder steht in einer Stellung, in der kein Ventil geöffnet ist; eine undichte Nadel verrät sich an dem aus dem Indikatorstutzen austretenden Luftstrom.)

n) Der Verdichtungsenddruck in einem Arbeitszylinder geht mit der Zeit mehr und mehr zurück.

Ursachen: Die Schubstange ist (gewöhnlich infolge von Wasserschlag) durchgebogen und der Totraum infolgedessen vergrößert worden.

Die Ringe am Arbeitskolben sind durch verkoktes Öl festgebrannt. (Der Kolben muß herausgenommen und die Ringe müssen durch Abwaschen mit Brennstoff wieder gangbar gemacht oder gegebenenfalls ausgewechselt werden.)

7. Das Abstellen der Maschine.

Sofort nach Stillsetzen der Maschine werden folgende Arbeiten ausgeführt:

1. Die Kolbennachkühlpumpe, die ein Verkrusten des Öles in den heißen Kolben verhüten soll, wird für 5—10 Minuten in Gang gesetzt.

2. Sämtliche Entlüftungsventile werden geöffnet, nachdem man sich überzeugt hat, daß die Anlaßflasche abgeschaltet ist.

3. Bei Maschinen, bei denen die Gefahr des Übertretens von Kühlwasser in den Verbrennungsraum besteht, werden die Entwässerungsventile geöffnet und das Kühlwasser aus der Maschine abgelassen.

4. Die Indikatorventile von Arbeitszylindern und Einblasepumpe werden geöffnet.

5. Die Hähne in der Brennstoffzuleitung werden geschlossen, so daß kein Brennstoff mehr dem Saugeraum der Brennstoffpumpe zufließen kann.

6. Die Schaudeckel von der Kurbelwanne werden aufgenommen und die Lager auf Erwärmung abgefühlt. (Darf nur bei geöffneten Indizierventilen wegen der Gefahr, daß Luft in die Maschine eintritt und diese um einen kleinen Betrag gedreht wird, geschehen.)

Während eines längeren Stillstandes soll die Maschine täglich mit der Handdrehvorrichtung um $^3/_4$ oder $1^1/_4$ Umdrehung gedreht werden, damit sich die Kolben und Lagerungen nicht festsetzen.

8. Probestandsversuche an Dieselmaschinen und praktische Bewährung.

Die Dieselmaschinen bauenden Firmen sammeln größtenteils ihre Erfahrungen aus dem Fabrikprobestand, wo sie allerhand Versuche an den Maschinen vornehmen und aus den Ergebnissen die Lehren und Nutzanwendungen für die neu zu bauenden Maschinen ziehen. Die Maschinen werden aber nicht für den Probestand, sondern für den praktischen Betrieb gebaut. Und zwischen dem Betrieb einer Maschine auf dem Probestand und dem praktischen Betrieb ist ein wesentlicher Unterschied. Dort wird die Bedienung der Maschine von den erfahrensten Arbeitern der Fabrik ausgeübt, hier bedienen in vielen Fällen (z. B. an Bord von Schiffen) Maschinisten, die bald mit Dampfmaschinen, bald mit Dampfturbinen, bald mit Dieselmaschinen von der oder jener Firma zu tun haben. Es kommt hinzu, daß die Maschinen im Betrieb oft nicht so frei und von allen Seiten zugänglich dastehen wie auf dem Probestand, ferner, daß das eigentliche Maschinengeräusch durch Nebengeräusche gestört wird, kurz, daß die Bedienung und das sofortige Erkennen von kleinen Störungen wesentlich erschwert ist. Wenn nun an einer Maschine in der Praxis eine ernsthaftere Beschädigung eintritt, kann sehr oft die zum Schadenersatz aufgeforderte Firma darauf hinweisen, daß die Beschädigung auf den oder jenen „Bedienungsfehler" zurückzuführen ist. Bedienungsfehler sind aber im praktischen Betrieb unvermeidliche Begleiterscheinungen. Aus den obengenannten Gründen ist im Betrieb nicht alles so, wie es sein soll. Die beste Maschine ist aber jene, die trotz Bedienungsfehlern am wenigsten Betriebsstörungen erleidet, bei der also das Bedienungspersonal unter normalen Umständen keine folgenschweren Bedienungsfehler macht.

An einigen Beispielen soll gezeigt werden, wie die vorstehenden Ausführungen zu verstehen sind.

Eine Schiffsdieselmaschine hat einen Abstellhahn in der Kühlwasserabflußleitung, der nach dem Stillsetzen der Maschine abgestellt und vor dem Ingangsetzen wieder angestellt wird. Das Öffnen des Hahnes wird eines Tages beim Ansetzen der Maschine vergessen. Der Maschinist bemerkt beim ersten Blick auf die Manometertafel, daß der Zeiger am Kühlwassermanometer gewaltig angestiegen ist, da das von der an-

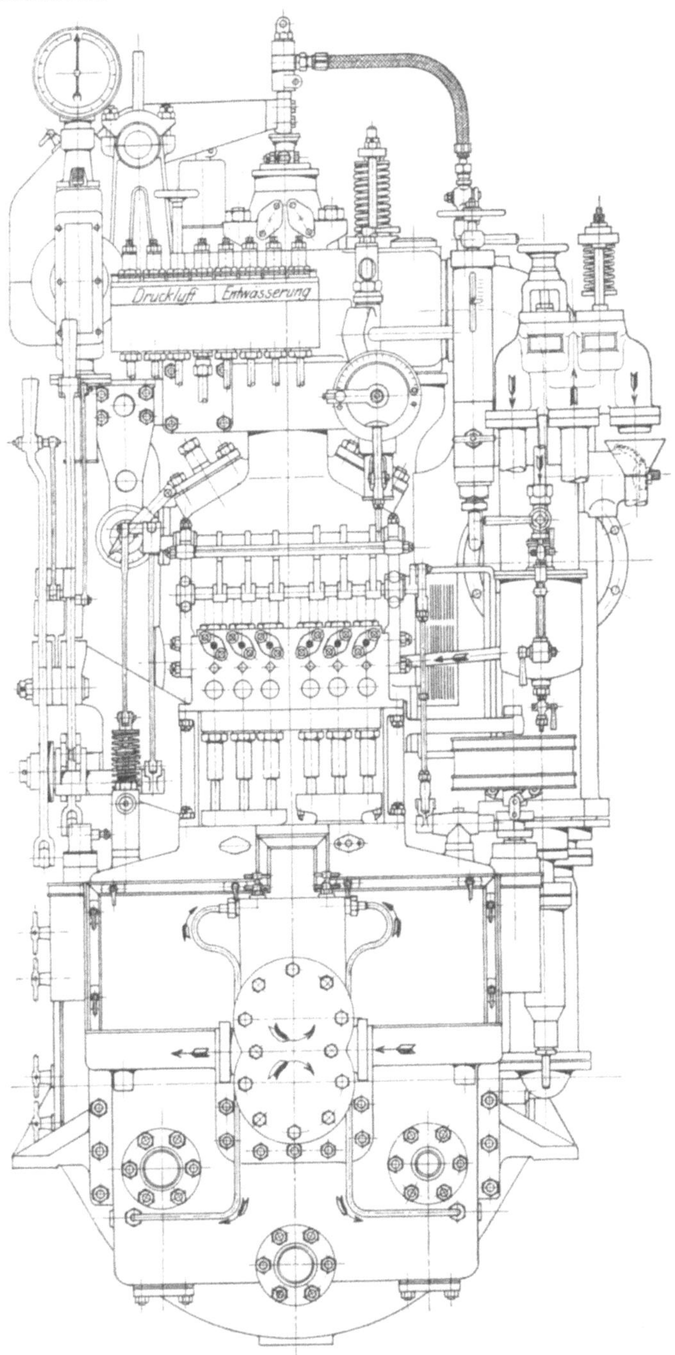

Abb. 143. AEG-Dieselmaschine, Ansicht vom Maschinistenstand aus (s. a. Taf. IV).

gehängten Kühlwasserpumpe geförderte Wasser nicht abfließen kann. Er springt sofort zum Hahn und öffnet ihn. Wenn kein Sicherheitsventil auf der Kühlwasserleitung sitzt, ist die Kühlwasserleitung infolge der kurzen Einwirkung des hohen Druckes an einer Stelle beschädigt und die Maschine ist nicht mehr betriebsfähig. Grund: Bedienungsfehler. Hätte aber ein Sicherheitsventil auf der Kühlwasserleitung gesessen, dann hätte der Bedienungsfehler keine weiteren Nachteile für die Maschine zur Folge gehabt.

Oder eine Maschine wird nach einer längeren Überholung wieder in Gang gesetzt und kommt nicht auf genügend hohen Einblasedruck. Nach verschiedenen vergeblichen Versuchen des Bedienungspersonals, den Fehler zu beseitigen, muß schließlich ein Monteur der Lieferfirma geholt werden. Dieser stellt durch eingehende Untersuchungen fest, daß neu aufgezogene Kolbenringe des Verdichterkolbens nicht gut angelegen haben, daß ferner ein wenig Luft durch eine kleine Undichtigkeit in der Einblaseleitung entweichen konnte und daß die Nocken mit reichlich großen Voreilen eingestellt waren. Nach Behebung sämtlicher Schäden, von denen ein jeder nur geringen Einfluß auf die Einblaseluftmenge hat, schafft der Verdichter genügend Luft, vielleicht sogar noch einen kleinen Überschuß. Die Lieferfirma schiebt die Betriebsunterbrechung auf das Bedienungspersonal, das die Schäden nicht erkannt und abgestellt hat. Ein gut Teil an der Schuld trägt aber die Lieferfirma selbst, die den Verdichter nicht groß genug vorgesehen hat, so daß er trotz kleiner Störungen genügend Luft fördern kann.

Oder bei einer Maschine ist der Boden eines Arbeitskolbens an der Stelle gerissen, auf die das Einspritzventil das Brennstoffluftgemisch spritzt. Nach eingehender Untersuchung aller in Frage kommenden Umstände wird festgestellt, daß sich die Brennstoffpumpe mit der Zeit verstellt hat und der betreffende Zylinder beträchtlich mehr Brennstoff zugemessen erhält als die übrigen Zylinder. Wie an anderer Stelle ausgeführt ist, kommt gerade dieser Fall in der Praxis häufig vor, ohne daß es bisher gelungen ist, eine einfache Vorrichtung zu schaffen, mit der die Brennstoffverteilung auf die einzelnen Zylinder rasch geprüft werden kann. Um die Brennstoffverteilung zu kontrollieren, müssen die einzelnen Zylinder indiziert und die Diagramme miteinander verglichen, am besten planimetriert werden, was bei einer sechszylindrigen Maschine längere Zeit in Anspruch nimmt. Die Lieferfirma kann den Beschädigungen, die durch ungleichmäßige Belastung einzelner Zylinder entstehen, vorbeugen, indem sie die Indiziervorrichtungen gut zugänglich anbringt und der Motorbesitzer, indem er sein Personal anweist, wenigstens jeden zweiten Tag einen Satz Diagramme zu nehmen. Wenn das unterlassen wird, sei es z. B. daß die Indiziervorrichtung im praktischen Betrieb nur nach großen Mühen benutzt werden kann, oder daß kein Indikator vorhanden ist, so fallen Beschädigungen der obengenannten Art in erster Linie der Lieferfirma oder dem Motorbesitzer und erst in zweiter Linie dem Bedienungspersonal zur Last.

Sachverzeichnis.

Additional material from *Schnellaufende Dieselmaschinen,*
ISBN 978-3-642-98675-8, is available at http://extras.springer.com

Der Bau des Dieselmotors. Von Professor Ing. **Kamillo Körner,** Prag. Zweite, wesentlich vermehrte und verbesserte Auflage. Mit 744 Abbildungen im Text und auf 8 Tafeln. VI, 531 Seiten. 1927.   Gebunden RM 73.50

Die Hochleistungs-Dieselmotoren. Von **M. Seiliger,** Ingenieur-Technolog. Mit 196 Abbildungen und 43 Zahlentafeln im Text. VI, 240 Seiten. 1926.   RM 17.40; gebunden RM 18.90

Kompressorlose Dieselmotoren und Semidieselmotoren. Von **M. Seiliger,** Ingenieur-Technolog. Mit 340 Abbildungen und 50 Zahlentafeln im Text. VI, 296 Seiten. 1929.   Gebunden RM 37.50

Graphische Thermodynamik und Berechnen der Verbrennungsmaschinen und Turbinen. Von **M. Seiliger,** Ingenieur-Technolog. Mit 71 Abbildungen, 2 Tafeln und 14 Tabellen im Text. VIII, 250 Seiten. 1922.   RM 6.40; gebunden RM 8.—

Rationeller Dieselmaschinen-Betrieb. Anleitung für Betrieb, Instandhaltung und Reparatur ortfester Viertakt-Dieselmaschinen. Von **Josef Schwarzböck.** Mit 62 Abbildungen im Text. VI, 143 Seiten. 1927.   RM 8.—; gebunden RM 9.--

Der Einblase- und Einspritzvorgang bei Dieselmaschinen. Der Einfluß der Oberflächenspannung auf die Zerstäubung. Von Dr.-Ing. **Heinrich Triebnigg,** Assistent an der Lehrkanzel für Verbrennungskraftmaschinenbau der Technischen Hochschule Graz. Mit 61 Abbildungen im Text. VI, 138 Seiten. 1925.   RM 11.40; gebunden RM 12.90
(Verlag von Julius Springer in Wien.)

Diesellokomotiven und ihr Antrieb. Von Dipl.-Ing. **Wilhelm Bauer,** Heidelberg. Mit 50 Abbildungen im Text. VIII, 96 Seiten. 1925.   Steif kartoniert RM 8.70
(C. W. Kreidels Verlag, München.)

Außergewöhnliche Druck- und Temperatursteigerungen bei Dieselmotoren. Eine Untersuchung von Dr.-Ing. **R. Colell.** Mit 26 Textfiguren. IV, 70 Seiten. 1921.   RM 2.40

Kleine Verbrennungsmaschinen für flüssige Brennstoffe. Ein Lehr- und Handbuch für Ingenieure, Konstrukteure, Studierende, Kleingewerbetreibende, Monteure usw. Von Ingenieur **Ludwig Ptaczowsky.** (Technische Praxis, Band XXIII.) Mit 119 Abbildungen und 13 Tabellen. 234 Seiten. 1919.   Gebunden RM 1.50
(Verlag von Julius Springer in Wien.)

Der Glühkopfmotor in Schiffahrt, Industrie und Landwirtschaft. Von Oberingenieur **Siegbert Welsch.** Mit 85 Abbildungen im Text und 24 Tabellen. VI, 120 Seiten. 1925.   RM 7.20

Schnellaufende Verbrennungsmaschinen. Von **Harry R. Ricardo.** Übersetzt und bearbeitet von Dr. A. Werner und Diplom-Ingenieur P. Friedmann. Mit 280 Textabbildungen. VII, 374 Seiten. 1926.

Gebunden RM 30.—

Schiffs-Ölmaschinen. Ein Handbuch zur Einführung in die Praxis des Schiffsölmaschinenbetriebes. Von Direktor Dipl.-Ing. Dr. **Wm. Scholz,** Hamburg. Dritte, verbesserte und erweiterte Auflage. Mit 188 Textabbildungen und 1 Tafel. VI, 270 Seiten. 1924.   Gebunden RM 13.50

Ölmaschinen, ihre theoretischen Grundlagen und deren Anwendung auf den Betrieb unter besonderer Berücksichtigung von Schiffsbetrieben. Von Marine-Oberingenieur a. D. **Max Wilh. Gerhards.** Zweite, vermehrte und verbesserte Auflage. Mit 77 Textfiguren. VIII, 160 Seiten. 1921.

Gebunden RM 5.80

Ölmaschinen. Wissenschaftliche und praktische Grundlagen für Bau und Betrieb der Verbrennungsmaschinen. Von Professor **St. Löffler,** Berlin, und Professor **A. Riedler,** Berlin. Mit 288 Textabbildungen. XVI, 516 Seiten. 1916. Unveränderter Neudruck 1922.   Gebunden RM 18.—

Skizzen von Gas- und Ölmaschinen. Zusammengestellt von Professor **R. Schöttler †,** Braunschweig. (Aus Schöttler, „Die Gasmaschine", fünfte Auflage, und anderen Werken.) Vierte, neubearbeitete Auflage. 44 Seiten. 1924.   RM 2.70

Öl- und Gasmaschinen (Ortfeste und Schiffsmaschinen). Ein Handbuch für Konstrukteure, ein Lehrbuch für Studierende von Professor **H. Dubbel,** Ingenieur. Mit 519 Textabbildungen. VI, 446 Seiten. 1926.

Gebunden RM 37.50

Kolbendampfmaschinen und Dampfturbinen. Ein Lehr- und Handbuch für Studierende und Konstrukteure. Von Professor **Heinrich Dubbel,** Ingenieur. Sechste, vermehrte und verbesserte Auflage. Mit 566 Textfiguren. VII, 523 Seiten. 1923.   Gebunden RM 14.—

Die Steuerungen der Dampfmaschinen. Von Professor **Heinrich Dubbel,** Ingenieur. Dritte, umgearbeitete und erweiterte Auflage. Mit 515 Textabbildungen. V, 394 Seiten. 1923.   Gebunden RM 10.—

Taschenbuch für den Maschinenbau. Bearbeitet von zahlreichen Fachleuten. Herausgegeben von Professor **H. Dubbel,** Ingenieur, Berlin. Fünfte, völlig umgearbeitete Auflage. Mit 2800 Textfiguren. In zwei Bänden. X, 853 und 903 Seiten. 1929.   Zusammen gebunden RM 26.—